高等学校"十一五"规划教材电子与通信工程系列

电磁场与电磁波

（第3版）

邱景辉　李在清
王　宏　王　欣　编

U0222719

哈爾濱工業大學出版社

内 容 提 要

本书系统地阐述了电磁场与电磁波的基本内容，包括：矢量分析、宏观电磁运动的基本规律、平面电磁波、平面波的反射与折射、导行电磁波、电磁波的辐射、静态场、稳恒场的解法和电磁场理论专题共九章。书中有一定数量的例题和习题以及相应的习题答案。

本书按由特殊到一般，再由一般到特殊的顺序组织内容，即先由基本实验定律归纳总结出描述宏观电磁运动普遍规律的麦克斯韦方程组，然后讨论时变场和静态场等具体情况。

本书适于作高等院校电子与通信工程及信息技术类等专业的教材或教学参考书，也可供其他相关专业的教师、学生和科技人员参考。

图书在版编目(CIP)数据

电磁场与电磁波/邱景辉主编.—3版.—哈尔滨：哈尔滨工业大学出版社，2008.6(2015.1重印)
ISBN 978-7-5603-1600-0

Ⅰ.电…　Ⅱ.邱…　Ⅲ.①电磁场②电磁波　Ⅳ.0441.4

中国版本图书馆CIP数据核字(2008)第076515号

责任编辑　王超龙
封面设计　卞秉利
出版发行　哈尔滨工业大学出版社
社　　址　哈尔滨市南岗区复华四道街10号　邮编150006
传　　真　0451-86414749
网　　址　http://hitpress.hit.edu.cn
印　　刷　肇东市一兴印刷有限公司
开　　本　787mm×1092mm　1/16　印张15.25　字数350千字
版　　次　2008年6月第3版　2015年1月第7次印刷
书　　号　ISBN 978-7-5603-1600-0
定　　价　26.00元

(如因印装质量问题影响阅读，我社负责调换)

前　言

《电磁场与电磁波》课程是电子、通信与信息技术类专业的一门专业基础课，研究的对象是电磁场与电磁波的基本属性、描述方法、运动规律与物质的相互作用及其应用。

本课程的特点是概念比较抽象，分析求解所用数学知识较多。因此本书在内容的组织上遵循由特殊到一般、再由一般到特殊的符合认识规律的顺序，由基本实验定律归纳总结出描述宏观电磁运动普遍规律的麦克斯韦方程组之后，讨论时变场和静态场等具体情况。

全书共分九章。第一章为矢量分析，是研究本课程的主要数学工具；第二章通过实验定律的分析、概括和提高，得到反映宏观电磁现象普遍规律的麦克斯韦方程组；第三、四、五章在波动方程的基础上，讨论了正弦电磁波在无界空间，半无界空间及有界空间内传播的基本规律；第六章介绍了电磁辐射的基本理论、辐射电磁场的基本计算方法及基本天线形式；第七、八章讨论了场量不随时间变化的稳恒场的基本性质和各种解法及其应用。第九章为电磁场理论专题，介绍了电磁场位函数理论及正弦电磁场的基本解法。

本书第五、六、九章由邱景辉编写，第二、三、四章由李在清编写，第三章第五节及第七、八章由王宏编写，王欣编写了第一章。

本书在编写过程中得到了哈尔滨工业大学微波教研室同仁的大量帮助，在此表示感谢。本书得以与读者见面尤其要感谢哈尔滨工业大学航天学院、教务处的鼎力支助。

编　者

2004 年 1 月

目　录

第一章　矢量分析

我们在研究电磁场和电磁波问题时，所使用的主要数学工具是矢量。在这一章里，我们主要介绍矢量分析和场论的一些基本概念，然后讨论柱坐标系和球坐标系，最后引入亥姆霍兹定理，该定理是矢量场性质的总结。

1.1　标量场与矢量场

所谓场，是某个物理量关于空间坐标和时间 t 的函数，即空间里每一点对应着某个物理量的确定的函数值。如果该物理量是标量，则称该物理量的场为标量场；若是矢量，则称该物理量的场为矢量场。例如温度场是标量场；速度场是矢量场。

若考虑到场函数随时间变化的情况，则把不随时间变化的场称为静态场或稳定场，否则称为动态场或时变场。

1.2　矢量函数的导数与积分

在电磁场理论中，我们主要研究矢量场。要研究矢量场，必然涉及到矢量的运算。矢量的代数运算主要有矢量的相加、相减及矢量的乘法（这里不再赘述）。下面主要讨论矢量函数的微分运算，并引入矢量微分算子∇。

1.2.1　矢量表示法

我们的讨论是在空间直角坐标系的前提条件下进行的。其坐标轴是 x、y、z 轴。一个矢量 $\boldsymbol{A}$ 在直角坐标系中有三个互相垂直的分量，用 A_x、A_y、A_z 表示，见图 1.1。A_x, A_y, A_z 是矢量 $\boldsymbol{A}$ 在三个坐标轴上的投影。这样 $\boldsymbol{A}$ 可表示为

$$\boldsymbol{A} = \boldsymbol{a}_x A_x + \boldsymbol{a}_y A_y + \boldsymbol{a}_z A_z \tag{1.2.1}$$

其中，$\boldsymbol{a}_x, \boldsymbol{a}_y, \boldsymbol{a}_z$ 称为坐标单位矢量。它们的模均等于 1，方向分别是三个坐标轴的正方向。从图 1.1 中我们还可以看出，矢量 $\boldsymbol{A}$ 与坐标轴正向之间夹角分别是 α, β, γ，把 $\cos\alpha, \cos\beta, \cos\gamma$，叫作矢量 $\boldsymbol{A}$ 的方向余弦。借助方向余弦的定义，式(1.2.1) 还可以表示成：

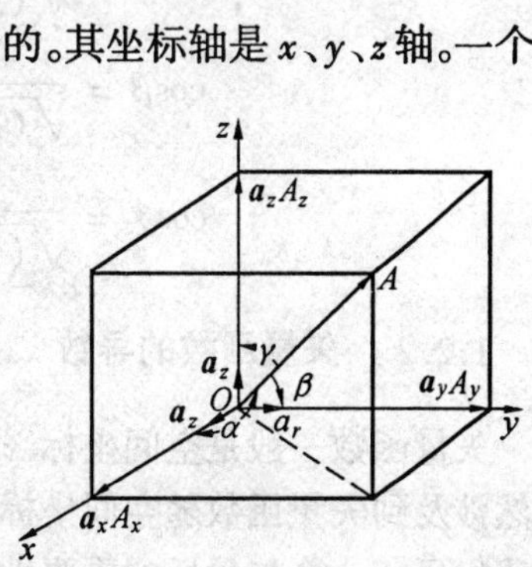

图 1.1

$$\begin{aligned}\boldsymbol{A} &= \boldsymbol{a}_x A_x + \boldsymbol{a}_y A_y + \boldsymbol{a}_z A_z \\ &= \boldsymbol{a}_x A\cos\alpha + \boldsymbol{a}_y A\cos\beta + \boldsymbol{a}_z A\cos\gamma\end{aligned} \tag{1.2.2}$$

其中 A 是矢量 $\boldsymbol{A}$ 的模值 $|\boldsymbol{A}|$，

$$A = \sqrt{A_x^2 + A_y^2 + A_z^2} \tag{1.2.3}$$

我们可以看到,矢量的表示及矢量之间运算都是借助于单位矢量进行的。任何一个矢量 $\boldsymbol{A}$ 都有一个与之同方向的单位矢量,用$\boldsymbol{A}^{\circ}$ 表示,这样矢量 $\boldsymbol{A}$ 就可以表示为:

$$\boldsymbol{A} = |\boldsymbol{A}|\boldsymbol{A}^{\circ} = A\boldsymbol{A}^{\circ} \tag{1.2.4}$$

在直角坐标系中,

$$\boldsymbol{A}^{\circ} = \frac{\boldsymbol{A}}{A} = \boldsymbol{a}_x\cos\alpha + \boldsymbol{a}_y\cos\beta + \boldsymbol{a}_z\cos\gamma \tag{1.2.5}$$

因$|\boldsymbol{A}^{\circ}| = 1$,故由(1.2.5)式可以看出方向余弦的一个性质:

$$\cos^2\alpha + \cos^2\beta + \cos^2\gamma = 1 \tag{1.2.6}$$

我们前面讨论的矢量 $\boldsymbol{A}$ 都是从坐标原点 O 为起点,指向空间任意一点 $M(x,y,z)$。这里 $\boldsymbol{A}$ 也称作点M 的矢径,以后我们谈到矢径时一般用 $\boldsymbol{r}$ 表示,显然点 $M(x,y,z)$ 的矢径

$$\boldsymbol{r} = \boldsymbol{a}_x x + \boldsymbol{a}_y y + \boldsymbol{a}_z z \tag{1.2.7}$$

空间一点 M 对应着一个矢径 $OM = \boldsymbol{r}$;反之每一个矢径 $\boldsymbol{r}$ 对应着空间的一点M,即矢径 $\boldsymbol{r}$ 的终点,故 $\boldsymbol{r}$ 又叫做位置矢量。空间的矢量的始点不是坐标原点时,见图 1.2 我们可以看出,利用两个矢量相减的形式可以表示矢量 $\boldsymbol{B}$($\boldsymbol{B}$ 的始点,不是坐标原点)。

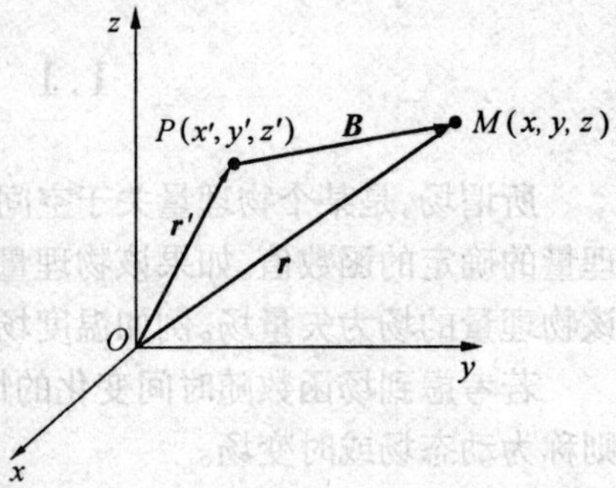

图 1.2

$$\boldsymbol{B} = \boldsymbol{r} - \boldsymbol{r}' = \boldsymbol{a}_x(x - x') + \boldsymbol{a}_y(y - y') + \boldsymbol{a}_z(z - z') \tag{1.2.8}$$

它的模 $|\boldsymbol{B}| = B = \sqrt{(x - x')^2 + (y - y')^2 + (z - z')^2}$ (1.2.9)

$\boldsymbol{B}$ 的方向余弦分别为

$$\cos\alpha = \frac{x - x'}{\sqrt{(x - x')^2 + (y - y')^2 + (z - z')^2}} \tag{1.2.10a}$$

$$\cos\beta = \frac{y - y'}{\sqrt{(x - x')^2 + (y - y')^2 + (z - z')^2}} \tag{1.2.10b}$$

$$\cos\gamma = \frac{z - z'}{\sqrt{(x - x')^2 + (y - y')^2 + (z - z')^2}} \tag{1.2.10c}$$

1.2.2 矢量函数的导数

矢量函数一般是空间坐标 x,y,z 的函数,有时它也是时间 t 的函数。研究矢量场时,必然涉及到矢量函数随空间坐标和时间的变化率问题,既对上述变量的导数问题。实际上当我们研究一个矢量场的重要性质时,必需依靠矢量函数的导数这一数学工具。

矢量函数 $\boldsymbol{F}$ 对空间坐标的导数定义是:

$$\frac{\mathrm{d}\boldsymbol{F}}{\mathrm{d}u} = \lim_{u\to 0}\frac{\Delta\boldsymbol{F}}{\Delta u} = \lim_{\Delta u\to 0}\frac{\boldsymbol{F}(u + \Delta u) - \boldsymbol{F}(u)}{\Delta u} \tag{1.2.11}$$

上述定义要求 $\boldsymbol{F}$ 函数在 u 的某一邻域内连续。

利用上述矢量函数导数的定义,可知常矢量 $\boldsymbol{C}$ 的导数恒等于零。

另外,由(1.2.11)式还可以得到 $\boldsymbol{F}$ 的二阶导数 $\frac{d^2\boldsymbol{F}}{du^2}$ 及更高阶的导数,$\boldsymbol{F}$ 的各阶导数也都是矢量函数。

若 f 和 $\boldsymbol{F}$ 分别是变量 u 的标量函数和矢量函数,$\boldsymbol{F}$ 对 u 的导数:

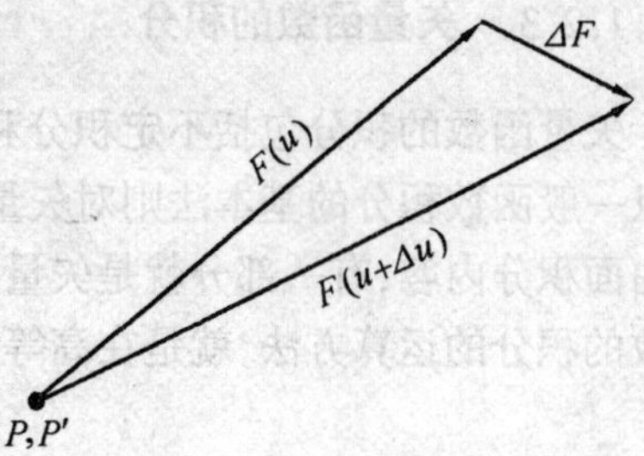

图 1.3

$$\begin{aligned}\frac{d(f\boldsymbol{F})}{du} &= \lim_{\Delta u\to 0}\frac{(f+\Delta f)(\boldsymbol{F}+\Delta\boldsymbol{F})-f\boldsymbol{F}}{\Delta u}\\ &= \lim_{\Delta u\to 0}\frac{\Delta f\boldsymbol{F}+f\Delta\boldsymbol{F}+\Delta f\Delta\boldsymbol{F}}{\Delta u}\\ &= \boldsymbol{F}\lim_{\Delta u\to 0}\frac{\Delta f}{\Delta u}+f\lim\frac{\Delta\boldsymbol{F}}{\Delta u}+\frac{\Delta f}{\Delta u}\Delta\boldsymbol{F}\end{aligned}\tag{1.2.12}$$

当 $\Delta u\to 0$ 时,上式最后一项趋于零,故(1.2.12)式变为

$$\frac{d(f\boldsymbol{F})}{du}=\boldsymbol{F}\frac{df}{du}+f\frac{d\boldsymbol{F}}{du}\tag{1.2.13}$$

因此一个标量函数与一个矢量函数之积的导数与高等教学中的两函数积的求导方法是相同的。

若 $\boldsymbol{F}$ 是两个变量 u_1 和 u_2 的函数,仿照高等数学中多元函数微分学中关于偏导数的定义,$\boldsymbol{F}$ 函数的偏导数

$$\frac{\partial\boldsymbol{F}}{\partial u_1}=\lim_{\Delta u_1\to 0}\frac{\boldsymbol{F}(u_1+\Delta u_1,u_2)-\boldsymbol{F}(u_1,u_2)}{\Delta u_1}\tag{1.2.14}$$

对三元及更多元函数的偏导数可仿照上式进行定义。由上式,还可以得出

$$\frac{\partial(f\boldsymbol{F})}{\partial u_1}=f\frac{\partial\boldsymbol{F}}{\partial u_1}+\boldsymbol{F}\frac{\partial f}{\partial u_1}\tag{1.2.15}$$

其中 f 和 $\boldsymbol{F}$ 分别是关于 u_1 和 u_2 的二元标量函数和矢量函数。

对二元矢量函数,对其一阶偏导数再取一次偏导数,可以得到其二阶偏导数。显然,矢量函数的二阶和更高阶偏导数仍然是矢量函数。若矢量函数 $\boldsymbol{F}$ 至少有连续的二阶偏导数,则有

$$\frac{\partial^2\boldsymbol{F}}{\partial u_1\partial u_2}=\frac{\partial^2\boldsymbol{F}}{\partial u_2\partial u_1}$$

在直角坐标系中,由于 $\boldsymbol{a}_x,\boldsymbol{a}_y,\boldsymbol{a}_z$,都不随空间坐标 x,y,z 和时间 t 变化,因此它们对 x,y,z 和 t 的导数为零。这样,利用式(1.2.15)可得

$$\begin{aligned}\frac{\partial\boldsymbol{F}}{\partial x} &= \frac{\partial}{\partial x}(\boldsymbol{a}_xF_x+\boldsymbol{a}_yF_y+\boldsymbol{a}_zF_z)\\ &= \boldsymbol{a}_x\frac{\partial F_x}{\partial x}+F_x\frac{\partial\boldsymbol{a}_x}{\partial x}+\boldsymbol{a}_y\frac{\partial F_y}{\partial x}+F_y\frac{\partial\boldsymbol{a}_y}{\partial x}+\boldsymbol{a}_z\frac{\partial F_z}{\partial x}+F_z\frac{\partial\boldsymbol{a}_z}{\partial x}\\ &= \boldsymbol{a}_x\frac{\partial F_x}{\partial x}+\boldsymbol{a}_y\frac{\partial F_y}{\partial x}+\boldsymbol{a}_z\frac{\partial F_z}{\partial x}\end{aligned}\tag{1.2.16}$$

(1.2.16)式说明在直角坐标系中,矢量函数对空间的偏导数仍是一个矢量,它的分量等于

原矢量函数各分量对该坐标的偏导数。这一结论同样适用于矢量函数对时间 t 求导数。

1.2.3 矢量函数的积分

矢量函数的积分包括不定积分和定积分两种，它们和一般函数的积分在形式上类似，所以一般函数积分的基本法则对矢量函数积分也都适用。在高等数学课程里的曲线积分和曲面积分内容，有一部分就是矢量函数的积分。而且我们在电磁场理论中所用到的矢量函数的积分的运算方法，就是在高等数学中的运算方法。

1.3 标量函数的梯度

1.3.1 等值面和等值线

为了更好地描述场，我们先引入等值面或等值线的概念，但这两个概念只能大致地了解标量场在场中总体的分布情况；我们还需要了解标量场的细节，即场中每一点函数值的变化情况，这就需要引入方向导数和梯度的概念。

梯度是描述标量函数在空间各点邻域的变化情况，是标量函数的一个重要性质。因为场的数学表示就是函数，故在后面的叙述中，我们一般采用标量场的梯度这一名称。

在标量场 f 中，为了直观地研究 f 在场中的分布情况，引入等值面的概念。所谓等值面，是指场中使函数 f 取相同数值的点所组成的曲面。例如温度场中的等值面。在二维场中，等值面退化为等值线，即相同函数值的点构成的曲线，如地图上表示的等高线。

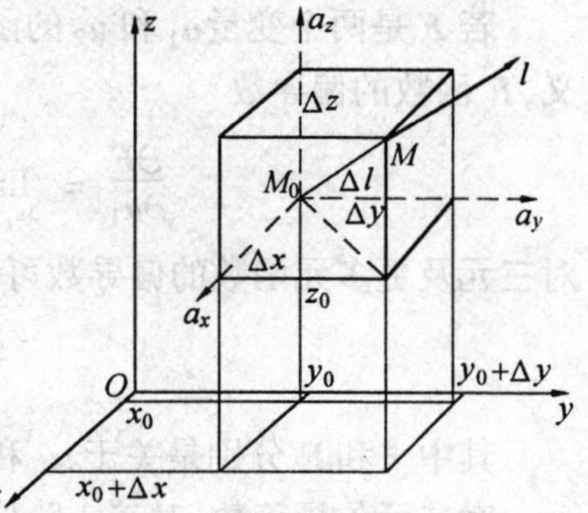

图 1.4

1.3.2 方向导数

如图1.4，设 $M_0(x_0, y_0, z_0)$ 是标量场 $u(x, y, z)$ 中的一点，从点 M_0 出发朝任一方向引出一条射线 l，并在该方向上靠近点 M_0 取一动点 $M(x+\Delta x, y+\Delta y, z+\Delta z)$，点 M_0 至 M 的距离用 Δl 表示。

$$\left.\frac{\partial u}{\partial l}\right|_{M_0} = \lim_{\Delta l \to 0} \frac{u(M) - u(M_0)}{\Delta l} \tag{1.3.1}$$

称为标量场 u 在 M_0 点沿 l 方向的方向导数。若 $\left.\frac{\partial u}{\partial l}\right|_{M_0} > 0$，说明函数 u 在 M_0 点 l 方向是增加的，若 $\left.\frac{\partial u}{\partial l}\right|_{M_0} < 0$，说明函数 u 在 M_0 点沿 l 方向是减少的。因此，方向导数是标量场在给定点沿某一方向上对距离的变化率。

在直角坐标系中，在点 M_0 沿 l 方向的方向导数的表达式

$$\left.\frac{\partial u}{\partial l}\right|_{M_0} = \frac{\partial u}{\partial x}\cos\alpha + \frac{\partial u}{\partial y}\cos\beta + \frac{\partial u}{\partial z}\cos\gamma \tag{1.3.2}$$

其中$\frac{\partial u}{\partial y},\frac{\partial u}{\partial x},\frac{\partial u}{\partial z}$是$u$在点$M_0$的偏导数。$\cos\alpha,\cos\beta,\cos\gamma$是$l$的方向余弦。其证明如下：

如图1.4，$\Delta u = u(M) - u(M_0)$

$$= \frac{\partial u}{\partial x}\Delta x + \frac{\partial u}{\partial y}\Delta y + \frac{\partial u}{\partial z}\Delta z + w \cdot \Delta l$$

其中w是Δl的高阶无穷小，当$\Delta l \to 0$时，显然也有$w \to 0$。上式两端除以Δl，得

$$\frac{\Delta u}{\Delta l} = \frac{\partial u}{\partial x}\frac{\Delta x}{\Delta l} + \frac{\partial u}{\partial y}\frac{\Delta y}{\Delta l} + \frac{\partial u}{\partial z}\frac{\Delta z}{\Delta l} + \omega$$

令$\Delta l \to 0$，取极限，注意到$\omega \to 0$，故得到式(1.3.2)。

【例1.1】 求函数$u = \sqrt{x^2 + y^2 + z^2}$在点$M(1,0,1)$处沿$\boldsymbol{l} = \boldsymbol{a}_x + 2\boldsymbol{a}_y + 2\boldsymbol{a}_z$方向的方向导数。

解： $\frac{\partial u}{\partial x} = \frac{x}{\sqrt{x^2 + y^2 + z^2}}$，$\frac{\partial u}{\partial y} = \frac{y}{\sqrt{x^2 + y^2 + z^2}}$，$\frac{\partial u}{\partial z} = \frac{z}{\sqrt{x^2 + y^2 + z^2}}$。

在点$M(1,0,1)$处有

$$\frac{\partial u}{\partial x} = \frac{1}{\sqrt{2}},\quad \frac{\partial u}{\partial y} = 0,\quad \frac{\partial u}{\partial z} = \frac{1}{\sqrt{2}}。$$

$\boldsymbol{l}$的方向余弦：

$$\cos\alpha = \frac{1}{3},\quad \cos\beta = \frac{2}{3},\quad \cos\gamma = \frac{2}{3}$$

再由公式(1.3.2)，就得到

$$\left.\frac{\partial u}{\partial l}\right|_M = \frac{1}{\sqrt{2}} \cdot \frac{1}{3} + 0 \cdot \frac{2}{3} + \frac{1}{\sqrt{2}} \cdot \frac{2}{3} = \frac{1}{\sqrt{2}}$$

1.3.3 梯度

方向导数表示出标量场沿某一特定方向对距离的变化率。在标量场中的给定点，可以引出无穷多个方向。设函数$u(x,y,z)$表示一个标量场，u沿哪个方向的变化率最大呢？这个变化率又是多少呢？梯度可以回答这两个问题。

我们分析直角坐标系中的方向导数公式(1.3.2)，根据式(1.2.5)，l方向的单位矢量是

$$\boldsymbol{l}^{\circ} = \boldsymbol{a}_x\cos\alpha + \boldsymbol{a}_y\cos\beta + \boldsymbol{a}_z\cos\gamma$$

把$\frac{\partial u}{\partial x},\frac{\partial u}{\partial y},\frac{\partial u}{\partial z}$看作一个矢量$\boldsymbol{G}$沿三个坐标轴方向的分量，表示为

$$\boldsymbol{G} = \boldsymbol{a}_x\frac{\partial u}{\partial x} + \boldsymbol{a}_y\frac{\partial u}{\partial y} + \boldsymbol{a}_z\frac{\partial u}{\partial z} \tag{1.3.3}$$

这样$\boldsymbol{G}$和$\boldsymbol{l}^{\circ}$的标量积(点乘)恰好等于u在l方向上的方向导数

即
$$\frac{\partial u}{\partial l} = \boldsymbol{G} \cdot \boldsymbol{l}^{\circ} = |\boldsymbol{G}|\cos(\boldsymbol{G},\boldsymbol{l}^{\circ}) \tag{1.3.4}$$

上式中的矢量$\boldsymbol{G}$在给定点是一个固定的矢量，即$\frac{\partial u}{\partial x},\frac{\partial u}{\partial y},\frac{\partial u}{\partial z}$都有一个确定的值，$\boldsymbol{l}^{\circ}$则是在给定点引出的任一方向上的单位矢量，它与函数$u(x,y,z)$无关。式(1.3.4)说明$u$在$l$方向上的方向导数等于$\boldsymbol{G}$在$l$方向上的投影。更进一步，当$l$的方向与$\boldsymbol{G}$的方向一致

时，方向导数取得最大值，亦即

$$\left.\frac{\partial u}{\partial l}\right|_{\max} = |\boldsymbol{G}| \cdot \cos(\boldsymbol{G}, \boldsymbol{l}^{\circ}) = |\boldsymbol{G}| \cdot \cos 0 = |\boldsymbol{G}|$$

所以矢量 $\boldsymbol{G}$ 的方向就是函数 $u(x,y,z)$ 在给定点变化率最大的方向，矢量 $\boldsymbol{G}$ 的模就是它的最大变化率。矢量 $\boldsymbol{G}$ 被称为函数 $u(x,y,z)$ 在给定点的梯度，记作

$$\mathrm{grad}u = \boldsymbol{G} \tag{1.3.5}$$

梯度的定义是与坐标系无关的，它是由标量场的分布所决定的。我们在上面借助于方向导数的公式得到它在直角坐标系中的表示式为

$$\mathrm{grad}u = \boldsymbol{a}_x \frac{\partial u}{\partial x} + \boldsymbol{a}_y \frac{\partial u}{\partial y} + \boldsymbol{a}_z \frac{\partial u}{\partial z} \tag{1.3.6}$$

它与(1.3.3)式实际上是完全一致的。

一个标量函数 u（亦即标量场）的梯度是一个矢量函数。从梯度的物理意义上可以看出，它总是指向函数增大的方向。梯度在 l 方向上的投影就是 l 的方向导数，这是梯度的第二个性质，亦即(1.3.4)式。另外，标量场中每一点 M 处的梯度，垂直于过该点的等值面，且指向函数增大的一方。这就是梯度的第三个性质。梯度的这几个性质，表明梯度矢量和方向导数以及标量场的等值面之间的关系，这使得梯度成为研究标量场时的一个极为重要的工具。

为了以后计算方便，我们引入一个算子符号

$$\nabla = \boldsymbol{a}_x \frac{\partial}{\partial x} + \boldsymbol{a}_y \frac{\partial}{\partial y} + \boldsymbol{a}_z \frac{\partial}{\partial z} \tag{1.3.7}$$

∇ 算子符号形式上像矢量，但与矢量的性质不同，只是矢量符号和微分符号的组合，它既谈不上有什么方向，也谈不上有什么长度，是矢量代数和微积分中都没有的一个新的数学符号。∇ 被称为 Hamilton 算子或 Nabla 算子，是 Hamilton 在四元算法中首先引入的。本书后面称为 ∇ 算子。

对 ∇ 不能套用矢量代数的公式，因为 ∇ 不是矢量。∇ 和其它函数结合的意义只能是定义而不是数学上的运算结果。

在直角坐标系中，算子 ∇ 与标量函数 u 相乘为一矢量函数

$$\begin{aligned}\nabla u &= \left(\boldsymbol{a}_x \frac{\partial}{\partial x} + \boldsymbol{a}_y \frac{\partial}{\partial y} + \boldsymbol{a}_z \frac{\partial}{\partial z}\right) u \\ &= \boldsymbol{a}_x \frac{\partial u}{\partial x} + \boldsymbol{a}_y \frac{\partial u}{\partial y} + \boldsymbol{a}_z \frac{\partial u}{\partial z}\end{aligned} \tag{1.3.8}$$

上式右端正是 grad u，所以用 ∇ 算子可将梯度记为

$$\mathrm{grad}\ u = \nabla u$$

有关 Hamilton 算子更深入的讨论，读者可参阅参考文献[8]。

梯度运算的基本公式

$$\nabla c = 0 \ (c \text{ 为常数}) \tag{1.3.9}$$

$$\nabla(cu) = c\nabla u \ (c \text{ 为常数}) \tag{1.3.10}$$

$$\nabla(u \pm v) = \nabla u \pm \nabla v \tag{1.3.11}$$

$$\nabla(uv) = u\nabla v + v\nabla u \tag{1.3.12}$$

$$\nabla\left(\frac{u}{v}\right) = \frac{1}{v^2}(v\nabla u - u\nabla v) \tag{1.3.13}$$

$$\nabla f(u) = f_u'(u)\nabla u \tag{1.3.14}$$

这些有关梯度运算的公式和对函数求导的方法类似，我们以最后一式为例，证明如下：

$$\begin{aligned}\nabla f(u) &= \left(\boldsymbol{a}_x\frac{\partial}{\partial x} + \boldsymbol{a}_y\frac{\partial}{\partial y} + \boldsymbol{a}_z\frac{\partial}{\partial z}\right)f(u)\\ &= \boldsymbol{a}_x\frac{\partial f}{\partial x} + \boldsymbol{a}_y\frac{\partial f}{\partial y} + \boldsymbol{a}_z\frac{\partial f}{\partial z}\\ &= \boldsymbol{a}_x\frac{\partial f}{\partial u}\cdot\frac{\partial u}{\partial x} + \boldsymbol{a}_y\frac{\partial f}{\partial u}\cdot\frac{\partial u}{\partial y} + \boldsymbol{a}_z\frac{\partial f}{\partial u}\cdot\frac{\partial u}{\partial z}\\ &= \frac{\partial f}{\partial u}\left[\boldsymbol{a}_x\frac{\partial u}{\partial x} + \boldsymbol{a}_y\frac{\partial u}{\partial y} + \boldsymbol{a}_z\frac{\partial u}{\partial z}\right] = \frac{\mathrm{d}f}{\mathrm{d}u}\left[\boldsymbol{a}_x\frac{\partial u}{\partial x} + \boldsymbol{a}_y\frac{\partial u}{\partial y} + \boldsymbol{a}_z\frac{\partial u}{\partial z}\right]\end{aligned}$$

即(1.3.14)式成立。

【例1.2】 设有位于坐标原点的点电荷 q，在其周围空间的任一点 $M(x,y,z)$ 处所产生的电位为

$$\phi = \frac{q}{4\pi\varepsilon r}$$

其中 ε 为介电常数，$\boldsymbol{r} = \boldsymbol{a}_x x + \boldsymbol{a}_y y + \boldsymbol{a}_z z$，$r = |\boldsymbol{r}|$。试求电位 ϕ 的梯度。

解： 根据梯度运算的基本公式 $\nabla f(u) = f_u'(u)\nabla u$ 得

$$\nabla\phi = \nabla\left(\frac{q}{4\pi\varepsilon r}\right) = \frac{-q}{4\pi\varepsilon r^2}\nabla r$$

而
$$\begin{aligned}\nabla r &= \frac{\partial r}{\partial x}\boldsymbol{a}_x + \frac{\partial r}{\partial y}\boldsymbol{a}_y + \frac{\partial r}{\partial z}\boldsymbol{a}_z\\ &= \frac{x}{r}\boldsymbol{a}_x + \frac{y}{r}\boldsymbol{a}_y + \frac{z}{r}\boldsymbol{a}_z\\ &= \frac{\boldsymbol{r}}{r}\end{aligned}$$

所以
$$\nabla\phi = \frac{-q}{4\pi\varepsilon r^2}\cdot\frac{\boldsymbol{r}}{r} = -\frac{q}{4\pi\varepsilon r^3}\boldsymbol{r}$$

在后面的章节我们会看到，电场强度 $\boldsymbol{E}$ 恰好和 $-\nabla\phi$ 相等即

$$\boldsymbol{E} = -\nabla\phi$$

【例1.3】 $R = [(x-x')^2 + (y-y')^2 + (z-z')^2]^{\frac{1}{2}}$，试证明

$$\nabla\left(\frac{1}{R}\right) = -\nabla'\left(\frac{1}{R}\right) \tag{1.3.15}$$

其中 R 表示空间点 (x,y,z) 和点 (x',y',z') 之间的距离。符号 ∇' 表示对 x', y', z' 微分，即

$$\nabla' = \boldsymbol{a}_x\frac{\partial}{\partial x'} + \boldsymbol{a}_y\frac{\partial}{\partial y'} + \boldsymbol{a}_z\frac{\partial}{\partial z'} \tag{1.3.16}$$

解： $\nabla\left(\frac{1}{R}\right) = \nabla[(x-x')^2 + (y-y')^2 + (z-z')^2]^{-\frac{1}{2}}$

$$= \boldsymbol{a}_x \frac{\partial}{\partial x}[(x - x')^2 + (y - y')^2 + (z - ')^2]^{-\frac{1}{2}} +$$

$$\boldsymbol{a}_y \frac{\partial}{\partial y}[(x - x')^2 + (y - y')^2 + (z - z')^2]^{-\frac{1}{2}} +$$

$$\boldsymbol{a}_z \frac{\partial}{\partial z}[(x - x')^2 + (y - y')^2 + (z - z')^2]^{-\frac{1}{2}}$$

$$= \frac{-[\boldsymbol{a}_x(x - x') + \boldsymbol{a}_y(y - y') + \boldsymbol{a}_z(z - z')^2]}{[(x - x')^2 + (y - y')^2 + (z - z')^2]^{\frac{3}{2}}}$$

所以

$$\nabla(\frac{1}{R}) = -\frac{\boldsymbol{R}}{R^3} = -\frac{\boldsymbol{R}^o}{R^2} \tag{1.3.17}$$

对于$\nabla'(\frac{1}{R})$，仿照$\nabla(\frac{1}{R})$可求得$\nabla'(\frac{1}{R}) = \frac{\boldsymbol{R}}{R^3} = \frac{\boldsymbol{R}^o}{R^3}$所以欲证明的等式成立。

公式(1.3.15)我们在后面的章节要用到，读者应该熟练掌握。

1.4 矢量函数的散度

为了研究矢量场在空间的分布及变化规律，我们引入矢量线、通量和散度的概念。

我们用矢量函数表示矢量场，因此，以后讲到矢量场，意味着有一个矢量函数与之相对应。

1.4.1 矢量线和通量

为了形象地刻画矢量场在空间的分布情况，我们引入矢量线的概念。矢量线上每一点的切线方向都代表该点的矢量场方向。一般说来，矢量场中的每一点均有唯一的一条矢量线通过，矢量线充满了整个矢量场所在空间。电场中的电力线就是矢量线的例子。

矢量线的曲线方程显然依赖于矢量场的方程。对矢量场

$$\boldsymbol{F} = \boldsymbol{a}_x F_x + \boldsymbol{a}_y F_y + \boldsymbol{a}_z F_z \tag{1.4.1}$$

在矢量线上任一点的切向长度元 $\mathrm{d}\boldsymbol{l}$ 与该点的矢量场 $\boldsymbol{F}$ 的方向平行，亦即

$$\boldsymbol{F} \times \mathrm{d}\boldsymbol{l} = 0 \tag{1.4.2}$$

其中

$$\mathrm{d}\boldsymbol{l} = \boldsymbol{a}_x \mathrm{d}x + \boldsymbol{a}_y \mathrm{d}y + \boldsymbol{a}_z \mathrm{d}z \tag{1.4.3}$$

将(1.4.1)式和(1.4.3)式均代入(1.4.2)式，再根据零矢量的三个分量均为零的性质，可得

$$\frac{\mathrm{d}x}{F_x} = \frac{\mathrm{d}y}{F_y} = \frac{\mathrm{d}z}{F_z} \tag{1.4.4}$$

有了矢量线的定义，我们可以描述通量这一概念了。通量可以看作是穿过曲面的矢量线的总数。用数学公式描述通量则是由矢量函数的曲面积分来表示的

$$\psi = \int_S \boldsymbol{F} \cdot \mathrm{d}\boldsymbol{s} = \int_S \boldsymbol{F} \cdot \boldsymbol{n}^\circ \mathrm{d}s \tag{1.4.5}$$

称 ψ 为矢量场 $\boldsymbol{F}$ 在场中某一个曲面 S 上的面积分为 $\boldsymbol{F}$ 通过此曲面的通量。

我们结合图 1.5 讨论一下通量的取值。在矢量场中的任意曲面 S 上的点 M 周围取一

小面积元 ds,这一小面元有两个方向相反的单位法线矢量 $\pm \boldsymbol{n}^{\circ}$,设取如图 1.5 所示的单位法线矢量 $\boldsymbol{n}^{\circ}$,则 $\theta < 90°$,可知 $d\psi = \boldsymbol{F} \cdot \boldsymbol{n}^{\circ} ds = F\cos\theta ds > 0$;反之,若取单位法线矢量 $-\boldsymbol{n}^{\circ}$,则可得 $d\psi < 0$。

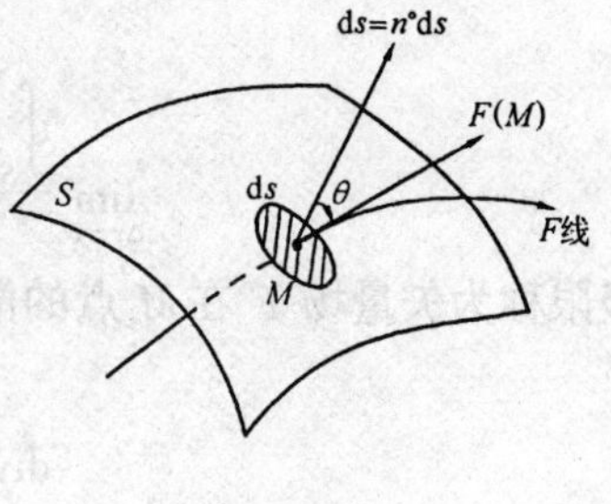

图 1.5

因此,通量是一个代数量,其正负与面积元的法线方向有关。

在电磁场理论中,我们感兴趣的情况是在一个闭合曲面上的通量。此时因为曲面是闭合的,通常矢量线穿入、穿出此曲面两次。结合图 1.6 我们讨论一下闭合曲面的通量。

对于空间任一闭合曲面 S,我们对其上小面积元 d$\boldsymbol{s}$ 的单位法线矢量方向作出规定:$\boldsymbol{n}^{\circ}$ 由面内指向面外,即图 1.6 中 $d\boldsymbol{s}_1$ 和 $d\boldsymbol{s}_2$ 的方向均由面内指向面外。在图中的 M_1 点,$\boldsymbol{F}$ 与 $d\boldsymbol{s}_1$ 之间的夹角 $\theta < 90°$,穿过 M_1 点周围小面元 $d\boldsymbol{s}_1$ 的通量为正值;穿过 M_2 点周围小面元 $d\boldsymbol{s}_2$ 的通量为负值。

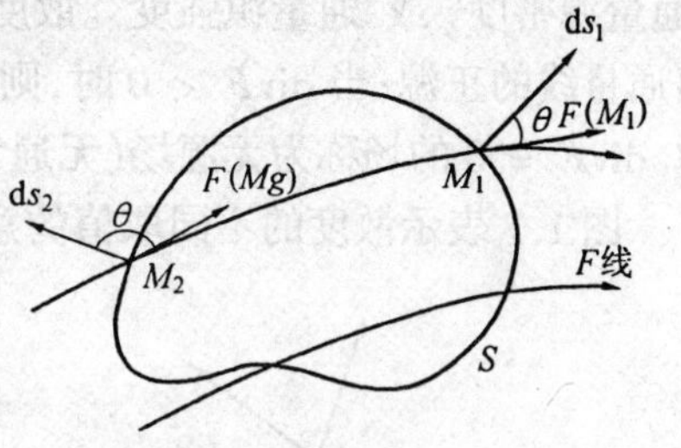

图 1.6

$$\psi = \oint_S \boldsymbol{F} \cdot d\boldsymbol{s} = \oint_S \boldsymbol{F} \cdot \boldsymbol{n}^{\circ} ds \qquad (1.4.6)$$

上式表示通过闭合曲面总通量,它既包含了像穿过 $d\boldsymbol{s}_1$ 面元的正通量,也包括穿过 $d\boldsymbol{s}_2$ 小面元的负通量。当 $\psi > 0$ 时,穿出闭合面 S 的通量线多于穿入 S 的通量线,这时在 S 内必然有发出产生通量线的源,我们称为正源。当 $\psi < 0$ 时,S 内必然有吸收(中止)通量线的源,我们称为负源。$\psi = 0$ 时,这时 S 内或者根本没有源,或者 S 内的正源和负源完全相等并抵消。我们把和通量有关的源称为通量源。后面我们还将讲述矢量场的另外一种源 —— 旋涡源。这两种源都是刻画矢量场特性的。

由矢量函数的可叠加性,我们可以得出结论,通量是可叠加的,即若有

$$\boldsymbol{F} = \boldsymbol{F}_1 + \boldsymbol{F}_2 + \cdots + \boldsymbol{F}_n = \sum_{i=1}^{n} \boldsymbol{F}_i$$

则通过 S 面的矢量场 $\boldsymbol{F}$ 的通量是

$$\psi = \oint_S \boldsymbol{F} \cdot d\boldsymbol{s} = \oint_S \left(\sum_{i=1}^{n} \boldsymbol{F}_i\right) \cdot d\boldsymbol{s} = \sum_{i=1}^{n} \oint_S \boldsymbol{F}_i \cdot d\boldsymbol{s} \qquad (1.4.7)$$

1.4.2 散度

前面讨论闭合曲面 S 的通量时,若 $\psi \neq 0$,则必有通量源存在于闭曲面 S 内,但具体在 S 内的什么位置上,通量源的强度如何也是我们研究矢量场时所关心的内容。这就是需要用散度这一概念。

设有矢量场 $\boldsymbol{F}$。在 $\boldsymbol{F}$ 中任意一点 M 的某个领域内作一包含 M 点的任一闭合面 S,设 S

所包围的体积为 $\Delta\tau$，当 S 以任意方式趋于零($\Delta\tau$ 同时也趋于零，即缩至 M 点)，取下述极限

$$\lim_{\Delta\tau\to 0}\frac{\oint_S \boldsymbol{F}\cdot \mathrm{d}\boldsymbol{s}}{\Delta\tau} = \lim_{\Delta\tau\to 0}\frac{\oint_S \boldsymbol{F}\cdot \boldsymbol{n}^{\circ}\mathrm{d}s}{\Delta\tau}$$

这个极限称为矢量场 $\boldsymbol{F}$ 在 M 点的散度，记为 $\mathrm{div}\boldsymbol{F}$。即

$$\mathrm{div}\boldsymbol{F} = \lim_{\Delta\tau\to 0}\frac{\oint_S \boldsymbol{F}\cdot \boldsymbol{n}^{\circ}\mathrm{d}s}{\Delta\tau} \tag{1.4.8}$$

这个定义与所选取的坐标系是无关的。散度是一个标量，表示在矢量场中一点处通量对体积的变化率，也就是在该点处对一个单位体积的表面穿过的通量，故可将散度称为“通量源密度”或“通量源强度”。散度可能有三种取值：在 M 点，当 $\mathrm{div}\boldsymbol{F} > 0$，则该点有发出通量线的正源；当 $\mathrm{div}\boldsymbol{F} < 0$ 时，则该点有吸收通量线的负源；当 $\mathrm{div}\boldsymbol{F} = 0$ 时，则该点无源。$\mathrm{div}\boldsymbol{F} = 0$ 的场称为无源场(无通量源)。$|\mathrm{div}\boldsymbol{F}|$ 表示该点处散发或吸收通量线的强度。

图 1.7 表示散度的不同取值的意义。

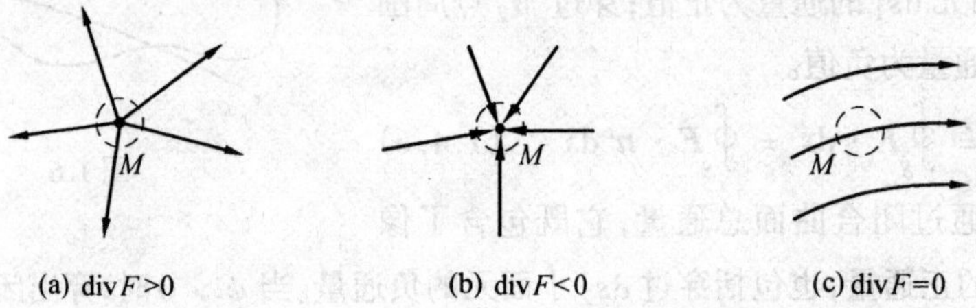

图 1.7

下面我们结合图 1.8 推导散度在直角坐标系中的表达式。

在图 1.8 中，我们以点 (x, y, z) 为顶点作一个平行六面体，其三个边分别为 $\Delta x, \Delta y, \Delta z$，分别计算三对表面(上下表面、左右表面和前后表面)穿出的 $\boldsymbol{F}$ 的通量。

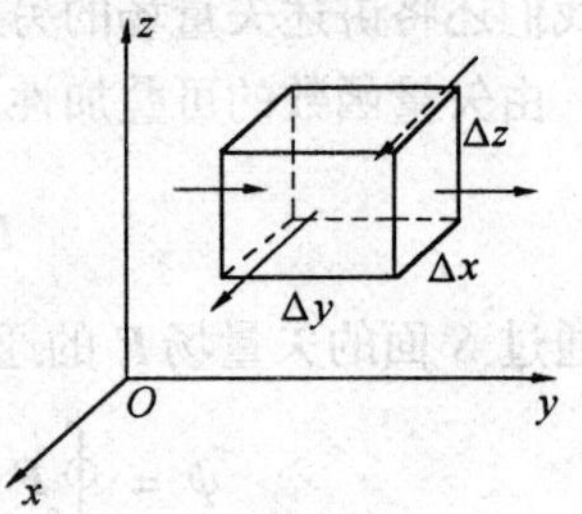

图 1.8

从左右表面穿出的净通量等于

$$-F_y\Delta z\Delta x + \left(F_y + \frac{\partial F_y}{\partial y}\Delta y\right)\Delta z\Delta x$$

$$= \frac{\partial F_y}{\partial y}\Delta y\Delta z\Delta x$$

从上下表面穿出的净通量等于

$$-F_z\Delta x\Delta y + \left(F_z + \frac{\partial F_z}{\partial z}\Delta z\right)\Delta x\Delta y$$

$$= \frac{\partial F_z}{\partial z}\Delta z\Delta x\Delta y$$

从前后表面穿出的净通量等于

$$-F_x\Delta y\Delta z + \left(F_x + \frac{\partial F_x}{\partial x}\Delta x\right)\Delta y\Delta z$$

$$= \frac{\partial F_x}{\partial x}\Delta x\Delta y\Delta z$$

故从六面体穿出的净通量等于

$$\oint_S \boldsymbol{F}\cdot \mathrm{d}\boldsymbol{s} = (\frac{\partial F_x}{\partial x} + \frac{\partial F_y}{\partial y} + \frac{\partial F_z}{\partial z})\Delta x\Delta y\Delta z$$

$$= (\frac{\partial F_x}{\partial x} + \frac{\partial F_y}{\partial y} + \frac{\partial F_z}{\partial z})\Delta \tau$$

令 $\Delta\tau \to 0$,则散度

$$\mathrm{div}\boldsymbol{F} = \lim_{\Delta\tau\to 0}\frac{\oint_S \boldsymbol{F}\cdot \mathrm{d}\boldsymbol{s}}{\Delta\tau} = \frac{\partial F_x}{\partial x} + \frac{\partial F_y}{\partial y} + \frac{\partial F_z}{\partial z} \tag{1.4.9}$$

借助于算符“∇”,散度可以算化表示为∇和矢量 $\boldsymbol{F}$ 的标量积(点乘),即

$$\mathrm{div}\boldsymbol{F} = (\boldsymbol{a}_x\frac{\partial}{\partial x} + \boldsymbol{a}_y\frac{\partial}{\partial y} + \boldsymbol{a}_z\frac{\partial}{\partial z})\cdot(\boldsymbol{a}_xF_x + \boldsymbol{a}_yF_y + \boldsymbol{a}_zF_z)$$

$$= \frac{\partial F_x}{\partial x} + \frac{\partial F_y}{\partial y} + \frac{\partial F_z}{\partial z} \tag{1.4.10}$$

可见,一个矢量函数的散度是一个标量函数。在矢量场中任一点的散度等于 $\boldsymbol{F}$ 在各坐标轴上的分量对各自坐标变量的偏导数之和。在柱坐标系和球坐标系内的散度表达式比在直角坐标系内的复杂一些,在后面讨论柱坐标系和球坐标系时会给出其表达式。

散度的基本运算公式如下:

$$\nabla\cdot\boldsymbol{C} = 0 \quad (\boldsymbol{C}\text{ 为常矢量}) \tag{1.4.11}$$

$$\nabla\cdot(C\boldsymbol{F}) = C\nabla\cdot\boldsymbol{F}(C\text{ 为常数}) \tag{1.4.12}$$

$$\nabla\cdot(\boldsymbol{F}\pm\boldsymbol{G}) = \nabla\cdot\boldsymbol{F}\pm\nabla\cdot\boldsymbol{G} \tag{1.4.13}$$

$$\nabla\cdot(u\boldsymbol{F}) = u\nabla\cdot\boldsymbol{F} + \boldsymbol{F}\cdot\nabla u(u\text{ 为标量函数}) \tag{1.4.14}$$

上述各式与所取坐标系无关。在直角坐标系中,我们以最后一个公式 1.4.14 为例进行证明:

$$\nabla\cdot(u\boldsymbol{F}) = \nabla\cdot(uF_x\boldsymbol{a}_x + uF_y\boldsymbol{a}_y + uF_z\boldsymbol{a}_z)$$

$$= \frac{\partial(uF_x)}{\partial x} + \frac{\partial(uF_y)}{\partial y} + \frac{\partial(uF_z)}{\partial z}$$

$$= \frac{\partial u}{\partial x}F_x + \frac{\partial F_x}{\partial x}u + \frac{\partial u}{\partial y}F_y + \frac{\partial F_Y}{\partial y}F_y + \frac{\partial Fu}{\partial y}u + \frac{\partial u}{\partial z}F_z + \frac{\partial F_z}{\partial z}u$$

$$= \boldsymbol{F}\cdot\nabla u + u\nabla\cdot\boldsymbol{F}$$

1.4.3 高斯散度定理

矢量场 $\boldsymbol{F}$ 的散度的物理意义是空间某一点从包围该点的单位体积内穿出的通量。所以空间任一体积 τ 内穿出的通量应等于散度在 τ 内的体积分,即

$$\psi = \int_\tau(\nabla\cdot\boldsymbol{F})\mathrm{d}\tau$$

这个通量也就是从限定体积 τ 的闭合面 S 上穿出的净通量。所以有

$$\int_\tau(\nabla\cdot\boldsymbol{F})\mathrm{d}\tau = \oint_S\boldsymbol{F}\cdot\mathrm{d}\boldsymbol{s} \tag{1.4.15}$$

上式就是高斯散度定理。在高等教学课程里的奥 - 高公式,与我们所讨论的高斯散度定理其实是相同的,在电磁场理论里将大量应用高斯散度定理分析、解决问题。

散度定理的意义是:$\boldsymbol{F}$ 的散度在场中任意一个体积内的体积分等于矢量场 $\boldsymbol{F}$ 在限定该体积的闭合曲面上的法向分量沿闭合面的积分。这种矢量场中的积分变换关系在电磁场理论中将经常用到。

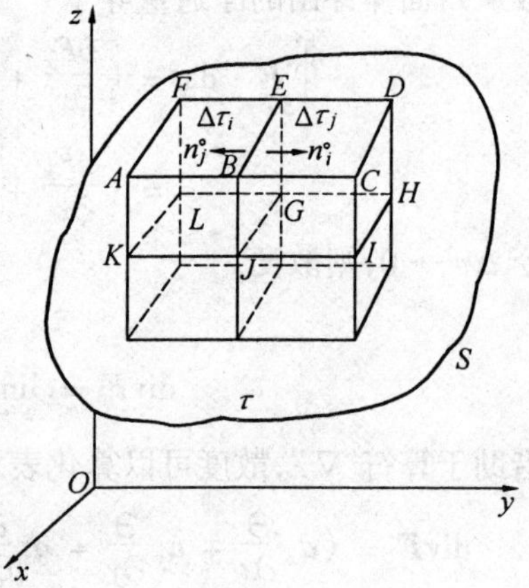

图 1.9

高斯散度定理的证明如下。

如图 1.9 所示,在矢量场 $\boldsymbol{F}$ 中,任取一体积 τ,限定此体积的闭合表面是 S。可以把体积 τ 分为 N 个小体积元,它们的体积分别是 $\Delta\tau_1$、$\Delta\tau_2$、$\cdots\Delta\tau_N$。每个小体积元的表面积是 Δs_1、Δs_2、$\cdots\Delta s_N$。对其中的任意一个小体积元 $\Delta\tau_i$,根据散度的定义式 $\nabla\cdot\boldsymbol{F}=\dfrac{\oint_{\Delta S_i}\boldsymbol{F}\cdot\mathrm{d}\boldsymbol{s}}{\Delta\tau_i}$,在 $\Delta\tau_i\to0$ 的条件下,下式成立

$$\Delta\psi_i=\oint_{\Delta S_i}\boldsymbol{F}\cdot\mathrm{d}\boldsymbol{s}=\oint_{\Delta S_i}(\boldsymbol{F}\cdot\boldsymbol{n}^\circ{}_i)\mathrm{d}s$$
$$=\lim_{\Delta\tau_i\to0}(\nabla\cdot\boldsymbol{F})\Delta\tau_i$$

式中 $\Delta\psi_i$ 表示矢量场 $\boldsymbol{F}$ 在闭合表面 ΔS_i 的通量,也就是从体积元 $\Delta\tau_i$ 内穿出的通量。

再考虑与 $\Delta\tau_i$ 相邻的体积元 $\Delta\tau_j$,也存在

$$\Delta\psi_j=\oint_{\Delta S_j}\boldsymbol{F}\cdot\mathrm{d}\boldsymbol{s}=\oint_{\Delta S_j}(\boldsymbol{F}\cdot\boldsymbol{n}^\circ{}_j)\mathrm{d}s$$
$$=\lim_{\Delta\tau_j\to0}(\nabla\cdot\boldsymbol{F})\Delta\tau_j$$

由 $\Delta\tau_i$ 和 $\Delta\tau_j$ 组成的体积中穿出的通量应为

$$\lim_{\Delta\tau_i\to0}(\nabla\cdot\boldsymbol{F})\Delta\tau_i+\lim_{\Delta\tau_j\to0}(\nabla\cdot\boldsymbol{F})\Delta\tau_j$$
$$=\oint_{\Delta S_i}(\boldsymbol{F}\cdot\boldsymbol{n}^\circ{}_i)\mathrm{d}s+\oint_{\Delta S_j}(\boldsymbol{F}\cdot\boldsymbol{n}^\circ{}_j)\mathrm{d}s$$

我们从图 1.9 中可以看出,$\Delta\tau_i$ 和 $\Delta\tau_j$ 有公共面 $BEGJ$,在这个公共面上 $\boldsymbol{n}^\circ{}_i=-\boldsymbol{n}^\circ{}_j$,但 $\boldsymbol{F}$ 相同,所以计算总通量,公共面上的面积分相互抵消。结果等式右边的积分值等于由 $\Delta\tau_i$ 和 $\Delta\tau_j$ 组成的体积的外表面上的通量。以此类推,当体积 τ 是由 N 个小体积元组成时,穿出体积 τ 的通量 ψ 应等于限定它的闭合面 S 上的通量。即

$$\boldsymbol{\Psi}=\sum_{n=1}^{N}\lim_{\Delta\tau_i\to0}\nabla\cdot\boldsymbol{F})\boldsymbol{\Delta\tau_i}=\sum_{n=1}^{N}\oint_{\Delta S_i}(\boldsymbol{F}\cdot\boldsymbol{n}^\circ{}_i)\mathrm{d}s$$
$$=\oint_S\boldsymbol{F}\cdot\mathrm{d}\boldsymbol{s}$$

上式中,当 $\Delta\tau_i\to0$ 时,$N\to\infty$,根据体积分的定义

$$\sum_{i=1}^{N}\lim_{\substack{\Delta\tau_i\to0\\N\to\infty}}(\nabla\cdot\boldsymbol{F})\Delta\tau_i=\int_\tau\nabla\cdot\boldsymbol{F}\mathrm{d}\tau$$

所以

$$\int_\tau \nabla\cdot \boldsymbol{F}\mathrm{d}\tau = \oint_S \boldsymbol{F}\cdot \mathrm{d}\boldsymbol{s}$$

上述证明只在体积的边界由单一曲面形成的情况下适用。但我们可以将这个证明推广到边界是由几个面所形成的区域，例如一个空心球体。如图 1.10 所示，图中给出了由两个曲面 S_1 和 S_2 所围成的体积 V；这个体积 V 可以被分解为 V_1 和 V_2（被平面 $ABCD$）。现在，体积 V_1 和 V_2 都可看作是由一个曲面所包围，二者的公共面是 $ABCD$，因为在公共面 $ABCD$ 上的法线方向是相反的，因此有

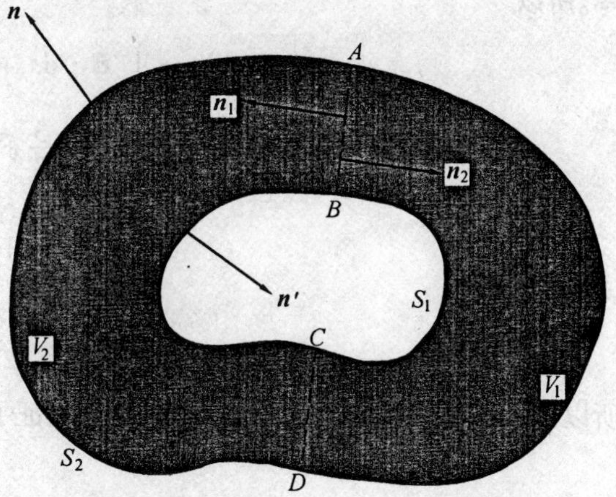

图 1.10

$$\int_{V_1+V_2} \nabla\cdot \boldsymbol{F}\mathrm{d}\tau = \int_{S_1} \boldsymbol{F}\cdot \mathrm{d}\boldsymbol{s} + \int_{S_2} \boldsymbol{F}\cdot \mathrm{d}\boldsymbol{s} + \int_{ABCD} \boldsymbol{F}\cdot \boldsymbol{n}^\circ{}_2\mathrm{d}s + \int_{ABCD} \boldsymbol{F}\cdot \boldsymbol{n}^\circ{}_1\mathrm{d}s$$

$$= \int_{S_1+S_2} \boldsymbol{F}\cdot \mathrm{d}\boldsymbol{s}$$

这样，就证明了两个曲面所限定的体积也适合高斯散度定理。这个证明可以推广到任意多个边界面的情况，在证明时只需适当引入类似 $ABCD$ 那样的交截面就行了。

【例 1.4】 在 $\boldsymbol{E} = \boldsymbol{a}_x \dfrac{3}{8}x^3y^2$ 的矢量场中，假设有一个边长为 $2a$，中心在直角坐标系原点，各表面与三个坐标面平行的正六面体，如图 1.11 所示，试求从正六面体内穿出的电场净通量 Ψ，并验证高斯散度定理。

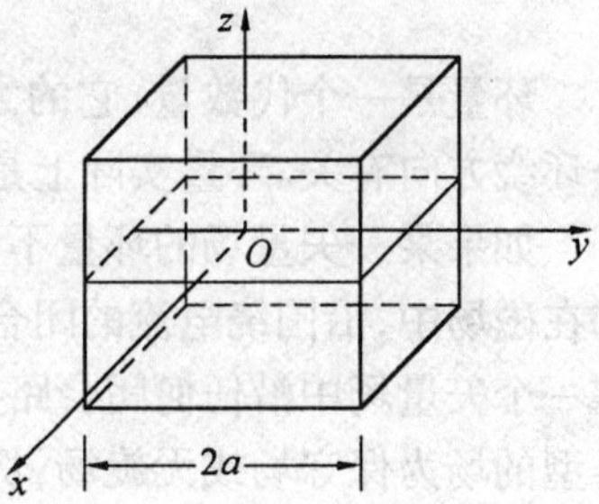

图 1.11

解 思路：用散度的体积分计算通量，再用矢量 $\boldsymbol{E}$ 的曲面积分计算通量，用这两种方法计算得到的结果恰好相等。

先用公式 $\int_\tau \nabla\cdot \boldsymbol{E}\mathrm{d}\tau$ 计算通量。

$$\nabla\cdot \boldsymbol{E} = \frac{\partial}{\partial x}\left(\frac{3}{8}x^3y^2\right) = \frac{9}{8}x^2y^2,$$

$$\int_\tau \nabla\cdot \boldsymbol{E}\mathrm{d}\tau = \int_\tau \frac{9}{8}x^2y^2\mathrm{d}x\mathrm{d}y\mathrm{d}z$$

$$= \int_{-a}^{a} \frac{9}{8}x^2\mathrm{d}x\int_{-a}^{a} y^2\mathrm{d}y\int_{-a}^{a}\mathrm{d}z$$

$$= \frac{3}{4}a^3\cdot\frac{2}{3}a^3\cdot 2a$$

$$= a^7$$

再用公式 $\psi = \oint_S \boldsymbol{E}\cdot \mathrm{d}\boldsymbol{s}$ 计算通量。

因为 $\boldsymbol{E}$ 只有$\boldsymbol{a}_x$ 分量，在六面体的上、下、左、右四个表面上 $\boldsymbol{E}$ 和 $\mathrm{d}\boldsymbol{s}$ 垂直，曲面积分为零。所以

$$\begin{aligned}\psi &= \oint_S \boldsymbol{E}\cdot \mathrm{d}\boldsymbol{s} = \int_{S_{前}} \boldsymbol{E}\cdot \mathrm{d}\boldsymbol{s} + \int_{S_{后}} \boldsymbol{E}\cdot \mathrm{d}\boldsymbol{s} \\ &= \int_{S_{前}} \left(\boldsymbol{a}_x \frac{3}{8}x^3y^2\right)\cdot(\boldsymbol{a}_x\mathrm{d}s) + \int_{S_{后}} \left(\boldsymbol{a}_x \frac{3}{8}x^3y^2\right)\cdot(-\boldsymbol{a}_x\mathrm{d}s) \\ &= \int_{-a}^{a}\frac{3}{8}a^3y^2\mathrm{d}y\int_{-a}^{a}\mathrm{d}z - \int_{-a}^{a}\frac{3}{8}(-a)^3y^2\mathrm{d}y\int_{-a}^{a}\mathrm{d}z \\ &= \frac{a^7}{2} - \left(-\frac{a^7}{2}\right) = a^7\end{aligned}$$

所以 $\psi = \int_\tau \nabla\cdot \boldsymbol{E}\mathrm{d}\tau = \oint_S \boldsymbol{E}\cdot \mathrm{d}\boldsymbol{s}$，从而验证了高斯散度定理。

1.5 矢量函数的旋度

上一节讨论的是矢量场的散度与通量源之间的关系。这一节我们将讨论矢量场的旋涡源与矢量场的旋度之间的关系，并介绍斯托克斯定理。

1.5.1 环量

矢量 $\boldsymbol{F}$ 沿某一闭合曲线(路径)的线积分，称为该矢量沿此闭合曲线的环量。记为

$$\Gamma = \oint_l \boldsymbol{F}\cdot \mathrm{d}\boldsymbol{l} = \oint_l F\cos\theta \mathrm{d}l \tag{1.5.1}$$

环量是一个代数量，它的大小和正负不仅与矢量场 $\boldsymbol{F}$ 的分布有关，而且与所取的积分环绕方向有关。环量实际上是高等数学的中的第二类曲线积分。

如果某一矢量场的环量不等于零，则认为此矢量场中必定有产生这种场的旋涡源。例如在磁场中，沿围绕电流的闭合路径的环量不等于零，电流即是产生磁场的旋涡源。如果在一个矢量场中沿任何闭合路径上的环量恒等于零，则这个场中不可能有旋涡源。称这种类型的场为保守场或无旋场，例如静电场和重力场。

1.5.2 旋度

我们经常需要研究矢量场 $\boldsymbol{F}$ 的每个点附近环量的情况。为此，对空间一点 M 将计算环量的闭合路径缩小(以任意方式)使整个闭合路径无限趋近于点 M，此时闭合路径包围的面积 Δs 趋近于零，取极限

$$\lim_{\Delta S\to 0}\frac{\oint_C \boldsymbol{F}\cdot \mathrm{d}\boldsymbol{l}}{\Delta S} \tag{1.5.2}$$

此极限具有环量面密度的意义。上式反映了矢量场在点 M 沿 ΔS 的法线 $\boldsymbol{n}$ 的旋转的强弱情况。从上式可知极限的取值与闭合路径 C 的方向有关。在空间任一点，方向 $\boldsymbol{n}$ 可以任意选取，于是有无穷多个如(1.5.2)式的极限值，这些值中必有一个最大值，M 点在该方向旋转最强，于是我们引入旋度的概念。

若在矢量场 $\boldsymbol{F}$ 中的一点 M 处存在矢量 $\boldsymbol{R}$，它的方向是 $\boldsymbol{F}$ 在该点环量面密度最大值的方向，它的模就是这个最大的环量面密度。矢量 $\boldsymbol{R}$ 称为矢量场中 $\boldsymbol{F}$ 在点 M 的旋度，记为 $\mathrm{rot}\boldsymbol{F}$。

旋度是刻画矢量场的一个特征量。它说明矢量场是否有旋，旋转强弱（大小）。旋度与环量中曲线 C 的形状，取向都无关，只与场在 M 点的量 $\boldsymbol{F}(M)$ 本身有关，它是代表矢量场本身内在属性的量。旋度是一个矢量，其方向表示矢量场在该点旋转方向，其模表示场在该点旋转的强弱。

1.5.3 旋度在直角坐标系中的表示式

旋度是借助于环量面密度的概念来定义的，而环面密度的取值与所取面元的形状无关。我们以研究的点 M 为顶点，取一个平行于 yz 面的矩形面元，参看图 1.12，则面元的法线矢量与 x 轴平行，其模用 ΔS_x 表示。M 点的 $\boldsymbol{F} = \boldsymbol{a}_x F_x + \boldsymbol{a}_y F_y + \boldsymbol{a}_z F_z$，$\boldsymbol{F}$ 沿闭合回路 1234 的积分为

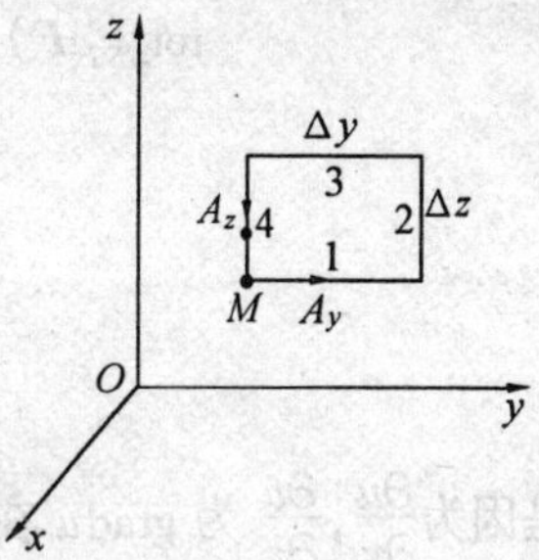

图 1.12

$$\oint_{1234} \boldsymbol{F} \cdot \mathrm{d}\boldsymbol{l}$$

$$= F_y \Delta y + \left(F_z + \frac{\partial F_Z}{\partial y}\Delta y\right)\Delta z - \left(F_y + \frac{\partial F_y}{\partial z}\Delta z\right)\Delta y - F_z \Delta z$$

$$= \frac{\partial F_z}{\partial y}\Delta y \Delta z - \frac{\partial F_y}{\partial z}\Delta y \Delta z$$

故环量面密度

$$\lim_{\Delta S_x \to 0} \frac{\oint \boldsymbol{F} \cdot \mathrm{d}\boldsymbol{l}}{\Delta S_x} = \frac{\partial F_z}{\partial y} - \frac{\partial F_y}{\partial z}$$

依此类推，我们可以得到 $\mathrm{rot}\boldsymbol{F}$ 在 y 轴和 z 轴上的投影。于是我们得到

$$\mathrm{rot}\boldsymbol{F} = \boldsymbol{a}_x\left(\frac{\partial F_z}{\partial y} - \frac{\partial F_y}{\partial z}\right) + \boldsymbol{a}_y\left(\frac{\partial F_x}{\partial z} - \frac{\partial F_z}{\partial x}\right) + \boldsymbol{a}_z\left(\frac{\partial F_y}{\partial x} - \frac{\partial F_x}{\partial y}\right) \tag{1.5.3}$$

式(1.5.3)就是旋度在直角坐标系的表达式，但它较难记忆。利用我们已有的线性代数的知识及哈密尔顿算子∇，我们可以把(1.5.3)式改写为

$$\mathrm{rot}\boldsymbol{F} = \nabla \times \boldsymbol{F} = \begin{vmatrix} \boldsymbol{a}_x & \boldsymbol{a}_y & \boldsymbol{a}_z \\ \dfrac{\partial}{\partial x} & \dfrac{\partial}{\partial y} & \dfrac{\partial}{\partial z} \\ F_x & F_y & F_z \end{vmatrix} \tag{1.5.4a}$$

以后计算旋度时，一般使用式(1.5.4a)。旋度的另一定义式为

$$\mathrm{rot}\boldsymbol{F} \cdot \boldsymbol{n} = \lim_{\Delta s \to 0} \frac{\oint_l \boldsymbol{F} \cdot \boldsymbol{dl}}{\Delta s} \tag{1.5.4b}$$

有关旋度的基本运算公式：

$$\nabla \times \boldsymbol{C} = 0 \quad (\boldsymbol{C}\text{ 为常矢}) \tag{1.5.5}$$

$$\nabla \times (C\boldsymbol{F}) = C\nabla \times \boldsymbol{F} \quad (C\text{ 为常数}) \tag{1.5.6}$$

$$\nabla \times (\boldsymbol{F} \pm \boldsymbol{G}) = \nabla \times \boldsymbol{F} \pm \nabla \times \boldsymbol{G} \tag{1.5.7}$$

$$\nabla \times (u\boldsymbol{F}) = u\nabla \times \boldsymbol{F} + \nabla u \times \boldsymbol{F}(u\text{ 为标量函数}) \tag{1.5.8}$$

$$\nabla \cdot (\boldsymbol{F} \times \boldsymbol{G}) = \boldsymbol{G} \cdot \nabla \times \boldsymbol{F} - \boldsymbol{F} \cdot \nabla \times \boldsymbol{G} \tag{1.5.9}$$

我们仅对后两式进行证明。

对(1.5.8)式，先写出$\nabla \times (u\boldsymbol{F})$在 x 轴上的投影：

$$\begin{aligned}
\mathrm{rot}_x(\mu\boldsymbol{F}) &= \frac{\partial}{\partial y}(uF_z) - \frac{\partial}{\partial z}(uF_y) \\
&= u\frac{\partial F_z}{\partial y} + F_z\frac{\partial u}{\partial y} - u\frac{\partial F_y}{\partial z} - F_y\frac{\partial u}{\partial z} \\
&= u\left(\frac{\partial F_z}{\partial y} - \frac{\partial F_y}{\partial z}\right) + F_z\frac{\partial u}{\partial y} - F_y\frac{\partial u}{\partial z} \\
&= u\,\mathrm{rot}_x\boldsymbol{F} + (\mathrm{grad}u \times \boldsymbol{F})_x
\end{aligned}$$

这是因为$\frac{\partial u}{\partial y}$，$\frac{\partial u}{\partial z}$为 grad$u$ 在 y，z 轴上的投影。与此相类似：

$$rot_y(\mathrm{u}\boldsymbol{F}) = u\,\mathrm{rot}_y\boldsymbol{F} + (\mathrm{grad}u \times \boldsymbol{F})_y$$

$$\mathrm{rot}_z(u\boldsymbol{F}) = u\,\mathrm{rot}_z\boldsymbol{F} + (\mathrm{grad}u \times \boldsymbol{F})_z$$

由于(1.5.8)左边的矢量与右边的矢量在坐标轴上的投影都相等，故矢量本身也相等。

对于(1.5.9)证明如下：

$$\begin{aligned}
\nabla \cdot (\boldsymbol{F} \times \boldsymbol{G}) &= \frac{\partial}{\partial x}(\boldsymbol{F} \times \boldsymbol{G})_x + \frac{\partial}{\partial y}(\boldsymbol{F} \times \boldsymbol{G})_y + \frac{\partial}{\partial z}(\boldsymbol{F} \times \boldsymbol{G})_z \\
&= \frac{\partial}{\partial x}(F_yG_z - F_zG_y) + \frac{\partial}{\partial y}(F_zG_x - F_xG_z) + \frac{\partial}{\partial z}(F_xG_y - F_yG_x) \\
&= G_x\left(\frac{\partial F_z}{\partial y} - \frac{\partial F_y}{\partial z}\right) + G_y\left(\frac{\partial F_x}{\partial z} - \frac{\partial F_z}{\partial x}\right) + G_z\left(\frac{\partial F_y}{\partial x} - \frac{\partial F_x}{\partial y}\right) - \\
&\quad F_x\left(\frac{\partial G_z}{\partial y} - \frac{\partial G_y}{\partial z}\right) - F_y\left(\frac{\partial G_x}{\partial z} - \frac{2G_z}{\partial x}\right) - F_z\left(\frac{\partial G_y}{\partial z} - \frac{\partial G_z}{\partial y}\right) \\
&= \boldsymbol{G} \cdot (\nabla \times \boldsymbol{F}) - \boldsymbol{F} \cdot (\nabla \times \boldsymbol{G})
\end{aligned}$$

1.5.4 旋度与散度的区别

旋度与散度都是描述矢量场中某一点的性质，但二者有着明显的区别。首先，一个矢量场的散度是一个标量函数；而一个矢量场的旋度是一个矢量函数。其次，从散度和旋度在直角坐标系中的计算公式中可以看出若矢量场为 $\boldsymbol{F}$，散度公式是场分量 F_x，F_y，F_z 分别对坐标变量 x、y、z 求偏导数，故散度描述的是场分量沿着各自方向上的变化规律。旋度公式中，矢量场 $\boldsymbol{F}$ 的 x 分量 F_x 只对 y、z 求偏导数，F_y 和 F_z 也类似地只对与其垂直方向的坐标变量求偏导数，所以旋度描述场分量沿着与它相垂直的方向上的变化规律。第三，散度与旋度均描述矢量场与源的关系；但散度描述的矢量场与通量源之间的关系，而旋度描述的矢量场与旋涡源之间的关系。前者是利用通量(矢量函数的曲面积分)来描述场的，后者是利用环量(矢量函数的曲线积分)来描述场的。

1.5.5 斯托克斯定理

关于矢量场的散度，我们讨论了高斯散度定理；关于矢量场的旋度，我们有斯托克斯定理，斯氏定理描述的是由环量联系起来的曲面积分和曲线积分之间的积分变换关系。

F 沿封闭曲线 L 的环路积分，等于 **F** 的旋度通过在 L 上的任意曲面 S 上的通量：

$$\oint_L \boldsymbol{F} \cdot \mathrm{d}\boldsymbol{l} = \int_S (\nabla \times \boldsymbol{F}) \cdot \mathrm{d}\boldsymbol{s} \tag{1.5.10}$$

上式就是斯托克斯定理，这里 $\mathrm{d}\boldsymbol{l}$ 是沿环路绕行方向的矢量线元。环路绕行方向是这样现定的：假如一观察者站在 L 的边界上，他的站立方向与曲面 S 的法线方向 $\boldsymbol{n}$ 是一致的，当他沿着 L 的正方向前进时，曲面 S 始终在他的左侧。

证明斯氏定理的方法与证明高斯定理类似。如图1.13所示，在矢量场 **F** 中，任取一个非闭曲面 S，它的周界是 L，把 S 分成许多面积元 $\boldsymbol{n}^\circ_1\Delta S_1, \boldsymbol{n}^\circ_2\Delta S_2, \cdots$。对于其中任一个面积元 $\boldsymbol{n}^\circ_i\Delta S_i = \Delta \boldsymbol{S}_i$，其周界为 Δl_i，应用式(1.5.4b)得

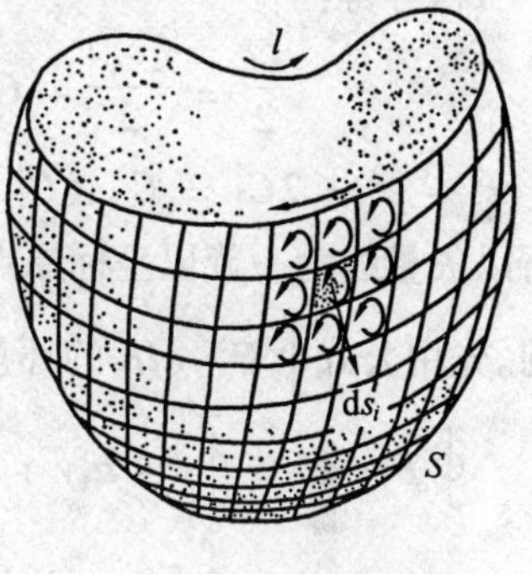

图 1.13

$$\lim_{\Delta S_i \to 0} \frac{\oint_{\Delta l_i} \boldsymbol{F} \cdot \mathrm{d}\boldsymbol{l}}{\Delta S_i} = (\nabla \times \boldsymbol{F}) \cdot \boldsymbol{n}^\circ_i$$

在 $\Delta S_i \to 0$ 的条件下，下式成立

$$\begin{aligned}\oint_{\Delta l_i} \boldsymbol{F} \cdot \mathrm{d}\boldsymbol{l} &= \lim_{\Delta S_i \to 0} (\nabla \times \boldsymbol{F}) \cdot \boldsymbol{n}^\circ_i \Delta S_i \\ &= \lim_{\Delta S_i \to 0} (\nabla \times \boldsymbol{F}) \cdot \Delta \boldsymbol{S}_i\end{aligned}$$

上式左端表示 **F** 在 Δl_i 上的环量；右端表示 $\nabla \times \boldsymbol{F}$ 在小面元 ΔS_i 上的通量。把上式两端分别求和，即

$$\sum_{i=1}^{N} \oint_{\Delta l_i} \boldsymbol{F} \cdot \mathrm{d}\boldsymbol{l} = \sum_{i=1}^{N} \lim_{\Delta S_i \to 0} (\nabla \times \boldsymbol{F}) \cdot \Delta \boldsymbol{S}_i \tag{1.5.11}$$

我们注意到上式左端的求和项，各小面元之间的公共边上都经过两次积分，但因公共边上 **F** 相同而积分元 $\mathrm{d}\boldsymbol{l}$ 方向相反，即 $\mathrm{d}\boldsymbol{l}_i = -\mathrm{d}\boldsymbol{l}_j$，所以整个求积项就只剩下曲面周界 L 上的各个线元的积分值不被抵消。即

$$\sum_{i=1}^{N} \oint_{\Delta l_i} \boldsymbol{F} \cdot \mathrm{d}\boldsymbol{l} = \oint_L \boldsymbol{F} \cdot \mathrm{d}\boldsymbol{l}$$

式(1.5.11)右端的求和在 $N \to \infty$ 时，即为 $\nabla \times \boldsymbol{F}$ 在曲面 S 上的面积分，即

$$\sum_{i=1}^{N=\infty} \lim_{\Delta S_i \to 0} (\nabla \times \boldsymbol{F}) \cdot \Delta \boldsymbol{S}_i = \int_S (\nabla \times \boldsymbol{F}) \cdot \mathrm{d}\boldsymbol{s}$$

综上，我们可以得到

$$\oint_L \boldsymbol{F} \cdot \mathrm{d}\boldsymbol{l} = \int_S (\nabla \times \boldsymbol{F}) \cdot \mathrm{d}\boldsymbol{s}$$

这就证明了斯托克斯定理。提请读者注意的是，斯氏定理中的曲面是周界为 L 的任意曲面，这使得我们可以在某些场合选择最特殊的曲面 —— 平面来使问题简化。

【例 1.5】 $\boldsymbol{F} = -\boldsymbol{a}_x y + \boldsymbol{a}_y x$，试求它沿图1.14中的 l_1、l_2、l_3 所组成的闭合曲线 l 上的环量，并验证斯托克斯定理。

解 由矢量线方程(参见式 1.4.4)

$$\frac{dx}{F_x} = \frac{dy}{F_y}$$

得

$$\frac{dx}{-y} = \frac{dy}{x}$$

$$x dx = (-y) dy$$

积分得：

$$\frac{x^2}{2} = \frac{-y^2}{2} + C_1$$

$$x^2 + y^2 = 2C_1 = C \quad (C_1 \text{为任意常数})$$

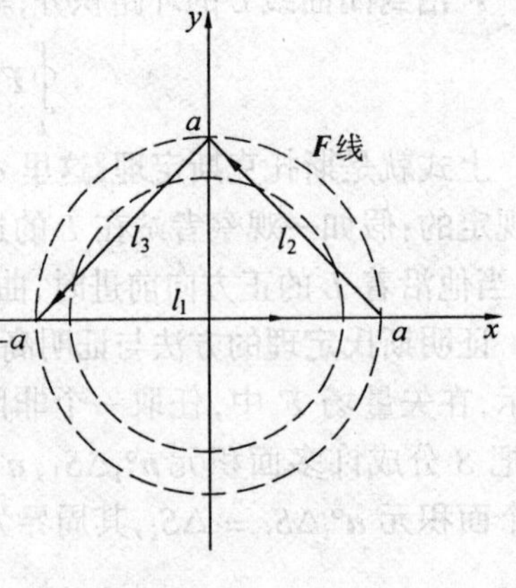

图 1.14

所以矢量线为一族以坐标原点为中心的平面圆。先用公式$\oint \boldsymbol{F} \cdot \mathrm{d}\boldsymbol{l}F$ 的环量：

$$\oint \boldsymbol{F} \cdot d\boldsymbol{l} = \oint_l (-\boldsymbol{a}_x y + \boldsymbol{a}_y x) \cdot (\boldsymbol{a}_x dx + \boldsymbol{a}_y dy)$$

$$= \oint_l [(-y dx) + x dy]$$

$$= \int_{l_1} [(-y dx) + x dy] + \int_{l_2} [(-y dx) + (dy)] + \int_{l_3} [(-y dx) + (x dy)]$$

$$= \int 0 + 0 + \int_a^0 -(-x+a) dx + \int_0^a (a-y) dy + \int_0^{-a} (-x-a) dx + \int_a^0 (y-a) dy$$

$$= \left(\frac{x^2}{2} - ax\right)\Big|_a^0 + \left(ay - \frac{y^2}{2}\right)\Big|_0^a + \left(-\frac{x^2}{2} - ax\right)\Big|_0^{-a} + \left(\frac{y^2}{2} - ay\right)\Big|_a^0$$

$$= \frac{a^2}{2} + \frac{a^2}{2} + \frac{a^2}{2} + \frac{a^2}{2}$$

$$= 2a^2$$

其次，用$\int_S (\nabla \times \boldsymbol{F}) \cdot \mathrm{d}s$ 方法计算环量：(这里 S 是平面三角形)

$$\nabla \times \boldsymbol{F} = \begin{vmatrix} \boldsymbol{a}_x & \boldsymbol{a}_y & \boldsymbol{a}_z \\ \frac{\partial}{\partial x} & \frac{\partial}{\partial y} & \frac{\partial}{\partial z} \\ -y & x & 0 \end{vmatrix} = \boldsymbol{a}_x \left(\frac{\partial}{\partial y} 0 - \frac{\partial x}{\partial z}\right) + \boldsymbol{a}_y \left(\frac{\partial(-y)}{\partial z} - \frac{\partial 0}{\partial x}\right) + \boldsymbol{a}_z \left[\frac{\partial x}{\partial x} - \frac{\partial(-y)}{\partial y}\right]$$

$$= 2\boldsymbol{a}_z$$

$$\int_S (\nabla \times \boldsymbol{F}) \cdot ds = \int_S 2\boldsymbol{a}_z \cdot ds = 2\int_S dx dy = 2a^2$$

从而验证了斯托克斯定理。

1.6 三种常用坐标系

在实际工程技术领域中，遇到的物体的边界形状是多种多样的。为了方便地研究各种形状的物体，除了直角坐标系外，还需要选用其他形式的坐标系。本章我们要介绍正交曲线坐标系中的直角坐标系、圆柱坐标系和球坐标系。

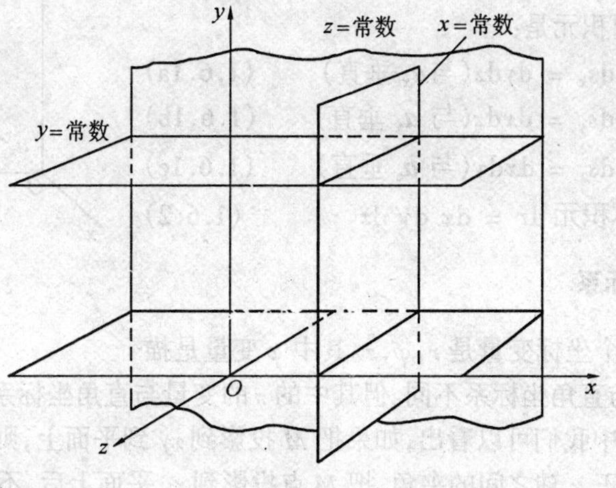

图 1.15

在三维空间中，我们用三个坐标变量来描述空间中任一点的位置，当固定其中一个坐标变量，而另两个坐标变量任意变化，所有这样的空间点形成一个曲面。所谓正交曲线坐标系就是当三个坐标面中的任意两个都相互垂直时，这样的坐标系就称为正交曲线坐标系。

例如，在直角坐标系中，三个坐标面均为平面，在柱坐标系中，其三个坐标面分别为两个平面和一个圆柱面；球坐标系的三个坐标面分别为球面、圆锥面和半平面。这三种坐标系的三个坐标面中的任意两个平面相互垂直。参见图 1.15，图 1.17(b)，图 1.20(b)。

1.6.1 直角坐标系

在直角坐标系中，三个坐标变量 x,y,z 都是长度单位。它们各自的变化范围是

$$-\infty < x < +\infty \qquad -\infty < y < +\infty \qquad -\infty < z < +\infty$$

决定空间任一点 $M(x_1、y_1、z_1)$ 的三个坐标曲面是：

1. $x = x_1, y, z$ 变量任意变化，这是垂直于 x 轴的平面，参见图1.15。其中，x_1 也等于点 M 到 yOz 平面的垂直距离；

2. $y = y_1, x, z$ 变量任意变化，这是垂直于 y 轴的平面；

3. $z = z_1, x, y$ 变量任意变化，这是垂直于 z 轴的平面。

过空间任意点 $M(x,y,z)$ 的单位矢量通常记为 $\boldsymbol{a}_x, \boldsymbol{a}_y, \boldsymbol{a}_z$。实际上我们在前几节的讨论中，已经用到了单位矢量 $\boldsymbol{a}_x$、$\boldsymbol{a}_y$、$\boldsymbol{a}_z$。它们相互正交，而且有 $\boldsymbol{a}_x \times \boldsymbol{a}_y = \boldsymbol{a}_z$ 的右手螺旋法则。$\boldsymbol{a}_x, \boldsymbol{a}_y, \boldsymbol{a}_z$ 的方向不随 M 点位置的变化而变化，这是直角坐标系的一个很重要的特征。柱坐标系和球坐标系中的任一点 M 的单位矢量是随 M 点位置变化而不同的，这一点请读者注意。

利用单位矢量表示任一矢量 $\boldsymbol{F}$：

$$\boldsymbol{F} = \boldsymbol{a}_x F_x + \boldsymbol{a}_y F_y + \boldsymbol{a}_z F_z$$

其中 F_x, F_y, F_z，分别是矢量 $\boldsymbol{F}$ 在三个坐标轴上的投影。

以点 $M(x,y,z)$ 为参考点，沿 $\boldsymbol{a}_x, \boldsymbol{a}_y, \boldsymbol{a}_z$ 方向分别取微元 dx, dy, dz。由 $x, x+dx; y, y$

$+ dy$；$z, z + dz$ 这六个面决定一个直角六面体，参见图 1.16。它的各个面的面积元是：

$$ds_x = dydz(\text{与 } \boldsymbol{a}_x \text{ 垂直}) \qquad (1.6.1a)$$

$$ds_y = dxdz(\text{与 } \boldsymbol{a}_y \text{ 垂直}) \qquad (1.6.1b)$$

$$ds_z = dxdy(\text{与 } \boldsymbol{a}_z \text{ 垂直}) \qquad (1.6.1c)$$

$$\text{体积元 } d\tau = dx\,dy\,dz \qquad (1.6.2)$$

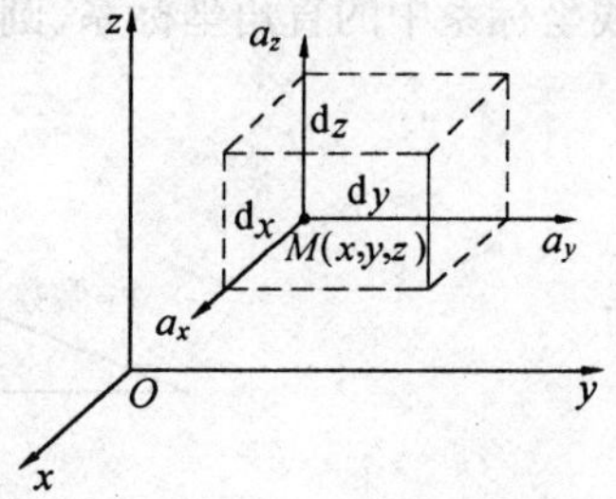

图 1.16

1.6.2 柱坐标系

柱坐标中的三个坐标变量是 r, φ, z。其中 φ 变量是描述角度的，这一点与直角坐标系不同。但其中的 z 的变量与直角坐标系中的 z 变量相同，参见图 1.17(a)。从图中我们可以看出，如果把 M 投影到 xy 到平面上，则 r_1 就是这个投影的长度，φ_1 则是 r_1 与正 x 轴之间的夹角。把 M 点投影到 xy 平面上后，不考虑 z 坐标，柱坐标系就转化为二维空间中的极坐标系。

柱坐标系中各变量的变化范围是：

$$0 \leqslant r < +\infty$$

$$0 \leqslant \varphi < 2\pi$$

$$-\infty < z < +\infty$$

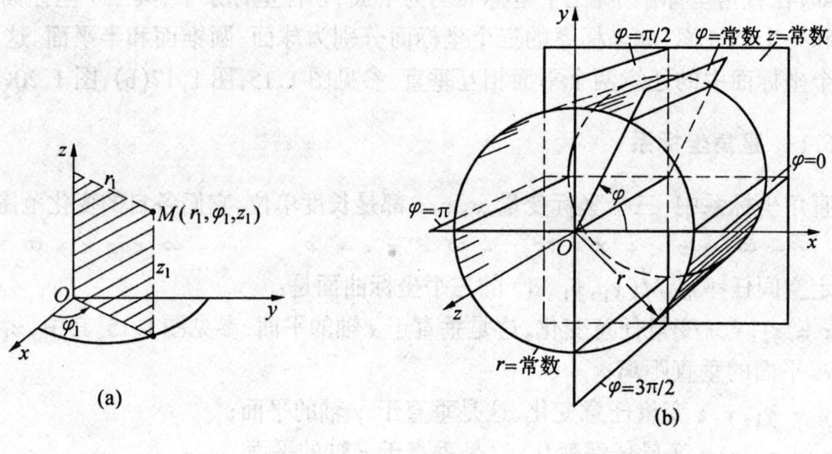

图 1.17

决定空间任一点 $M(r_1, \varphi_1, z_1)$ 的三个坐标曲面是：

1. $r = r_1$，这是以 z 轴为轴线，以 r_1 为半径的圆柱面。

2. $\varphi = \varphi_1$，这是以 z 轴为边界的半平面。φ_1 是 xOz 平面与此半平面之间的夹角。若 M 点在 z 轴上则 φ 角是不确定的。

3. $z = z_1$，这是与 z 轴垂直的平面。z_1 是 M 点到 xOy 平面的垂直距离。

柱坐标系的三个坐标曲面参见图1.17(b)。如图 1.17，空间任意一点 $M(r, \varphi, z)$，我们可以定义如下三个相互垂直的单位矢量。首先，$\boldsymbol{a}_z$ 与直角坐标系中的单位矢量 $\boldsymbol{a}_z$ 相同；其次，选择 r 增大的方向为 $\boldsymbol{a}_r$ 的方向，并且 $\boldsymbol{a}_r$ 垂直于 $\boldsymbol{a}_z$，所以 $\boldsymbol{a}_r$ 平行于 xOy 平面；第三，定义 $\boldsymbol{a}_\varphi$ 垂直于这两者，并指向图中所示的方向。由此可见，$\boldsymbol{a}_\varphi$ 是垂直于 φ = 常数的半无限大平

面的，它的方向是 φ 增加的方向。如果 M 点变化，只有 $\boldsymbol{a}_z$ 不改变，$\boldsymbol{a}_\varphi$ 和 $\boldsymbol{a}_r$ 都要改变方向，因此点 M 处的单位矢量是点 M 的函数。这一点与直角坐标系不同。

以 M 点为始点的任一矢量，可由 $\boldsymbol{a}_r, \boldsymbol{a}_\varphi, \boldsymbol{a}_z$ 的线性组合来表示，即对矢量 $\boldsymbol{F}$，有

$$\boldsymbol{F} = \boldsymbol{a}_r F_r + \boldsymbol{a}_\varphi F_\varphi + \boldsymbol{a}_z F_z$$

其中 F_r, F_φ 和 F_z 分别是矢量 $\boldsymbol{F}$ 在 $\boldsymbol{a}_r, \boldsymbol{a}_\varphi, \boldsymbol{a}_z$ 方向上的投影。

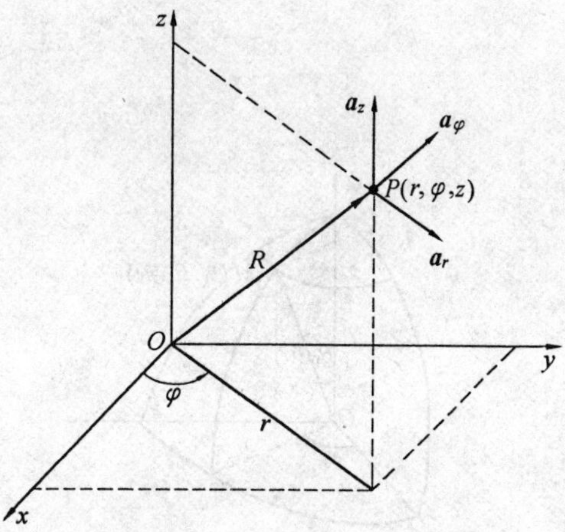

图 1.18

对于图 1.18 中的矢量 $\boldsymbol{R}$，则是一种特殊的情况，

$$\boldsymbol{R} = r\boldsymbol{a}_r + z\boldsymbol{a}_z$$

参见图 1.19，可得 $\mathrm{d}\tau$ 在 r, φ, z 增加的方向上的分量分别为 $\mathrm{d}r$、$r\mathrm{d}\varphi$、$\mathrm{d}z$。

从图中可以看出，这些分量位移相当于由于改变任何一个坐标将其它两坐标固定不变时所引起点 P 运动的距离。图中阴影的体积元由下式给出：

$$\mathrm{d}\tau = r\mathrm{d}r\,\mathrm{d}\varphi\,\mathrm{d}z \qquad (1.6.3)$$

图中还可以看出，垂直于单位矢量的面积分别是 $r\mathrm{d}\varphi\,\mathrm{d}z, \mathrm{d}r\,\mathrm{d}z, r\mathrm{d}r\,\mathrm{d}\varphi$，因此各面积元分别为

$\mathrm{d}s_r = \mathrm{d}\varphi\,\mathrm{d}z$ （与 $\boldsymbol{a}_r$ 垂直） (1.6.4a)

$\mathrm{d}s_\varphi = \mathrm{d}r\,\mathrm{d}z$ （与 $\boldsymbol{a}_\varphi$ 垂直） (1.6.4b)

$\mathrm{d}s_z = r\mathrm{d}\varphi\,\mathrm{d}r$ （与 $\boldsymbol{a}_z$ 垂直） (1.6.4c)

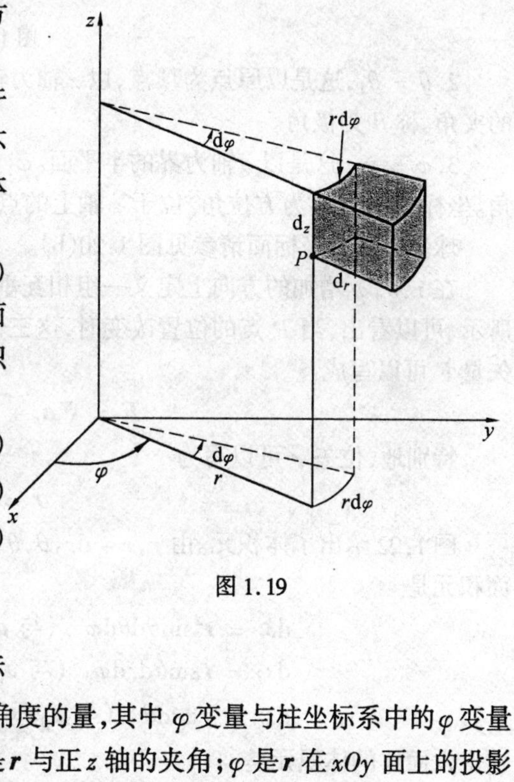

图 1.19

1.6.3 球坐标系

参见图 1.20(a) 球坐标系中的三个坐标变量是 r, θ, φ，后两个变量 θ 和 φ 都是描述角度的量，其中 φ 变量与柱坐标系中的 φ 变量意义相同。其中 r 是 M 点与原点的距离；θ 是 $\boldsymbol{r}$ 与正 z 轴的夹角；φ 是 $\boldsymbol{r}$ 在 xOy 面上的投影与正 x 轴的夹角。三个坐标变量的变化范围是

$$0 \leqslant r < +\infty$$
$$0 \leqslant \theta \leqslant \pi$$
$$0 \leqslant \varphi < 2\pi$$

决定空间中任一点 $M(r_1, \theta_1, \varphi_1)$ 的三个坐标曲面是：

1. $r = r_1$，这是以原点为中心，以 r_1 为半径的球面。

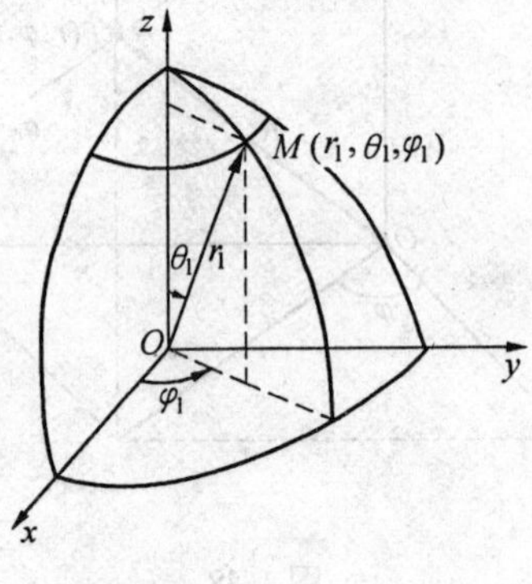

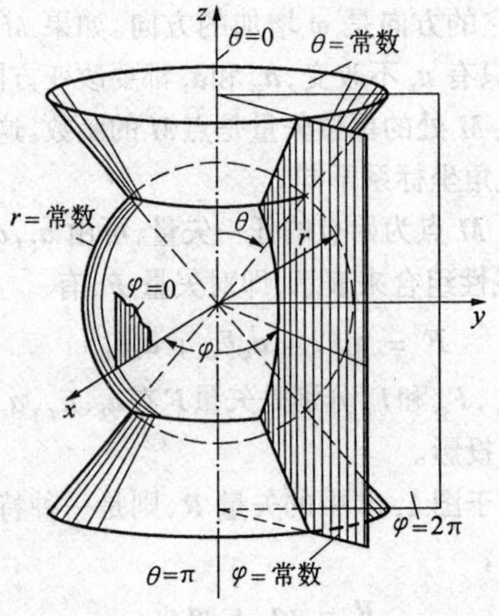

图 1.20

2. $\theta = \theta_1$,这是以原点为顶点,以 z 轴为轴线的圆锥面。θ_1 是正向 z 轴与联线 OM 之间的夹角。称 θ 为极角。

3. $\varphi = \varphi_1$,这是以 z 轴为界的半平面。φ_1 是 xOy 平面与通过 M 点的一半平面之间的夹角。坐标变量 φ 称为方位角。位于 z 轴上的点的 φ 坐标是不确定的。

球坐标系各坐标面请参见图 1.20(b)。

在 r,θ,φ 增加的方向上定义一组相互垂直的单位矢量,分别为 $\boldsymbol{a}_r,\boldsymbol{a}_\theta,\boldsymbol{a}_\varphi$,如图 1.21 所示。可以看出,当 P 点的位置改变时,这三个单位矢量都要改变。以 P 点为始点的任意矢量 $\boldsymbol{F}$ 可以写成

$$\boldsymbol{F} = F_r\boldsymbol{a}_r + F_\theta\boldsymbol{a}_\theta + F_\varphi\boldsymbol{a}_\varphi$$

特别地,位矢 $\boldsymbol{r}$ 可以写为

$$\boldsymbol{r} = r\boldsymbol{a}_r$$

图 1.22 给出了体积元。由 $r, r+\mathrm{d}r, \theta, \theta+\mathrm{d}\theta; \varphi, \varphi+\mathrm{d}\varphi$ 六个坐标面决定的六面体的面积元是

$$\mathrm{d}s_r = r^2\sin\theta\mathrm{d}\theta\mathrm{d}\varphi \quad (\text{与 } \boldsymbol{a}_r \text{ 垂直}) \tag{1.6.5a}$$

$$\mathrm{d}s_\theta = r\sin\theta\mathrm{d}r\mathrm{d}\varphi \quad (\text{与 } \boldsymbol{a}_\theta \text{ 垂直}) \tag{1.6.5b}$$

$$\mathrm{d}s_\varphi = r\mathrm{d}r\mathrm{d}\theta \quad (\text{与 } \boldsymbol{a}_\varphi \text{ 垂直}) \tag{1.6.5c}$$

这个六面体的体积元是

$$\mathrm{d}\tau = r^2\sin\theta\mathrm{d}r\mathrm{d}\theta\mathrm{d}\varphi \tag{1.6.6}$$

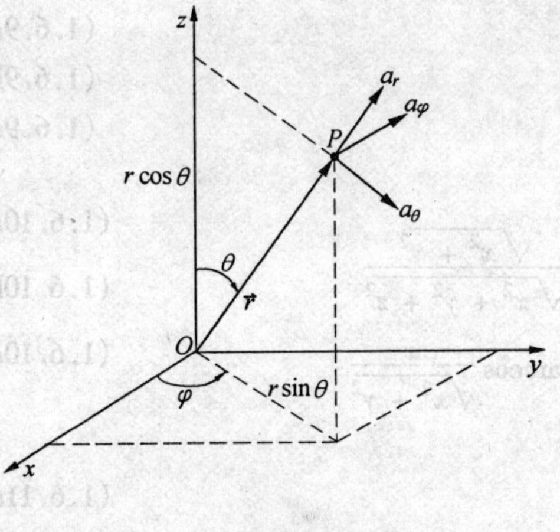

图 1.21

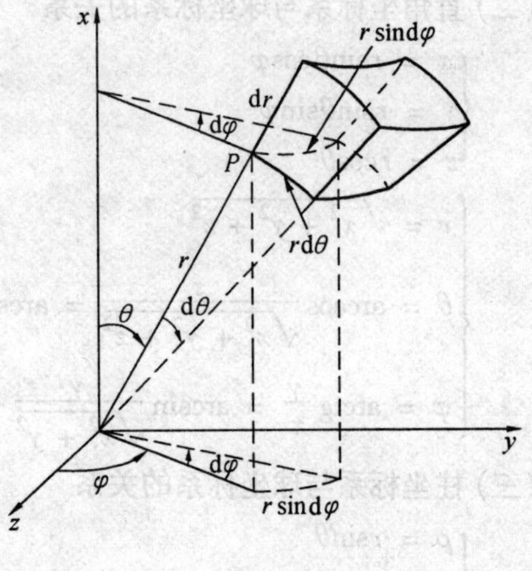

图 1.22

1.6.4 三种坐标系之间的关系

描述空间任一点的位置，到目前为止我们讲述了三种坐标系。既然用三种坐标描述同一点，那么这三种坐标系之间必然存在某种联系。

参见图 1.23，我们可以得出三种坐标系坐标变量之间的关系。

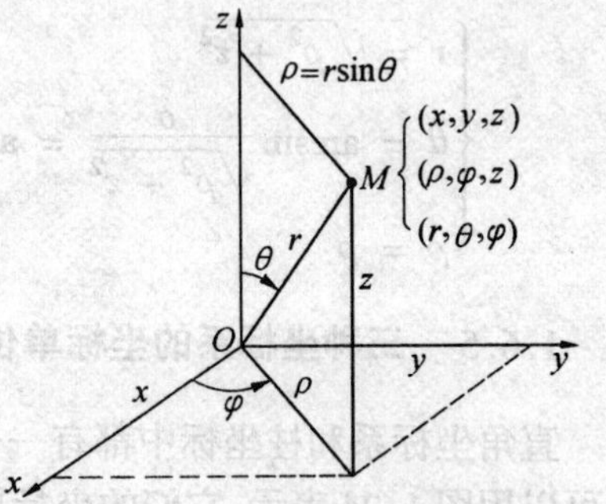

图 1.23

在前面的讨论中，对柱坐标系而言，三个坐标变量分别为 r,φ,z。而球坐标系的三个坐标变量分别为 r,θ,φ。而 r 这一变量在上述两个坐标系中的含义不相同，在下面的讨论中，为了不致引起混淆，我们将用 ρ,φ,z 这三个变量来描述柱坐标系，即用 ρ 代替柱坐标系中的 r，这样可以很容易地区分柱坐标系和球坐标系中的 r 变量。

(一) 直角坐标系与柱坐标系的关系

$$\begin{cases} x = \rho\cos\varphi & (1.6.7a) \\ y = \rho\sin\varphi & (1.6.7b) \\ z = z & (1.6.7c) \end{cases}$$

$$\begin{cases} \rho = \sqrt{x^2 + y^2} & (1.6.8a) \\ \varphi = \operatorname{arctg}\dfrac{y}{x} \\ \quad = \arcsin\dfrac{y}{\sqrt{x^2+y^2}} \\ \quad = \arccos\dfrac{x}{\sqrt{x^2+y^2}} & (1.6.8b) \\ z = z & (1.6.8c) \end{cases}$$

(二) 直角坐标系与球坐标系的关系

$$\begin{cases} x = r\sin\theta\cos\varphi & (1.6.9a) \\ y = r\sin\theta\sin\varphi & (1.6.9b) \\ z = r\cos\theta & (1.6.9c) \end{cases}$$

$$\begin{cases} r = \sqrt{x^2 + y^2 + z^2} & (1.6.10a) \\ \theta = \arccos\dfrac{z}{\sqrt{x^2 + y^2 + z^2}} = \arcsin\dfrac{\sqrt{x^2 + y^2}}{\sqrt{x^2 + y^2 + z^2}} & (1.6.10b) \\ \varphi = \mathrm{arctg}\dfrac{y}{x} = \arcsin\dfrac{y}{\sqrt{x^2 + y^2}} = \arccos\dfrac{x}{\sqrt{x^2 + y^2}} & (1.6.10c) \end{cases}$$

(三) 柱坐标系与球坐标系的关系

$$\begin{cases} \rho = r\sin\theta & (1.6.11a) \\ \varphi = \varphi & (1.6.11b) \\ z = r\cos\theta & (1.6.11c) \end{cases}$$

$$\begin{cases} r = \sqrt{\rho^2 + z^2} & (1.6.11d) \\ \theta = \arcsin\dfrac{\rho}{\sqrt{\rho^2 + z^2}} = \arccos\dfrac{z}{\sqrt{\rho^2 + z^2}} & (1.6.11e) \\ \rho = \rho & (1.6.11f) \end{cases}$$

1.6.5 三种坐标系的坐标单位矢量之间的关系

直角坐标系和柱坐标中都有一个 z 变量，因此，这两种坐标系的坐标单位矢量及其关系可以用图 1.24 表示。它们的坐标单位矢量之间的相互转换关系见表 1.1。

例如，$\boldsymbol{a}_x = \boldsymbol{a}_\rho\cos\varphi - \boldsymbol{a}_\varphi\sin\varphi$

$\boldsymbol{a}_\varphi = \boldsymbol{a}_x(-\sin\varphi) + \boldsymbol{a}_y\cos\varphi$

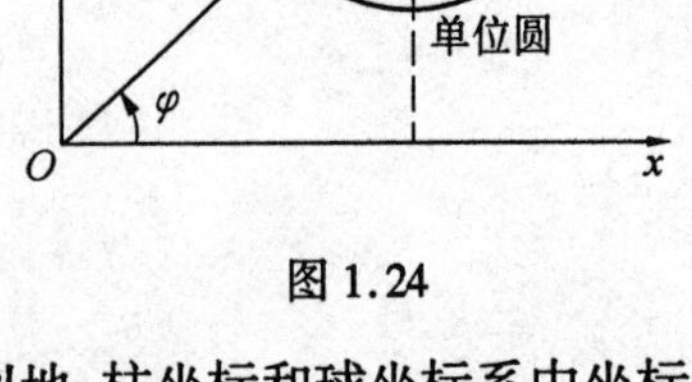

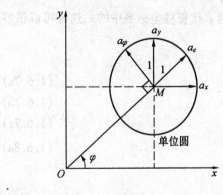

图 1.24

表 1.1 直角坐标系与柱坐标系坐标单位矢量之间的转换关系

直角 / 柱	$\boldsymbol{a}_x$	$\boldsymbol{a}_y$	$\boldsymbol{a}_z$
$\boldsymbol{a}_\rho$	$\cos\varphi$	$\sin\varphi$	0
$\boldsymbol{a}_\varphi$	$-\sin\varphi$	$\cos\varphi$	0
$\boldsymbol{a}_z$	0	0	1

类似地，柱坐标和球坐标系中坐标中坐标单位矢量之间的关系可以参见图 1.25 和表 1.2。

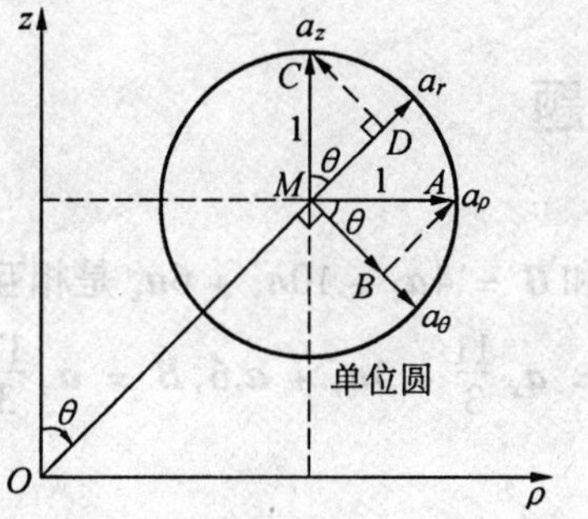

图 1.25

表 1.2　柱坐标系与球坐标系单位矢量之间的转换关系

柱 \ 球	a_ρ	a_φ	a_z
a_r	$\sin\theta$	0	$\cos\theta$
a_θ	$\cos\theta$	0	$-\sin\theta$
a_φ	0	1	0

我们直接给出球坐标系与直角坐标系坐标单位矢量之间的转换表 1.3。

表 1.3 直角坐标系与球坐标系坐标单位矢量之间的转换关系

直角 \ 球	a_x	a_y	a_z
a_r	$\sin\theta\cos\varphi$	$\sin\theta\sin\varphi$	$\cos\theta$
a_θ	$\cos\theta\cos\varphi$	$\cos\theta\sin\varphi$	$-\sin\theta$
a_φ	$-\sin\varphi$	$\cos\varphi$	0

本节我们主要讨论了三种常用的坐标系的单位矢量、面积元、体积元等问题。关于柱坐标系和球坐标系内∇算子及梯度、散度、旋度的表述式请参阅附录 1。

1.7　亥姆霍兹定理

在曲面 S 围成的空间 V 内有定义的任一有界、连续的矢量函数，均可表示为一个标量函数的梯度和一个无源矢量的旋度之和，即

$$\left.\begin{aligned} \boldsymbol{F} &= \nabla\phi + \nabla\times\boldsymbol{A} \\ \nabla\cdot\boldsymbol{A} &= 0 \end{aligned}\right\}$$

上式中 ϕ 叫做 $\boldsymbol{F}$ 的标量位，$\boldsymbol{A}$ 叫做 $\boldsymbol{F}$ 矢量位，这个定理称为亥姆霍兹定理。

亥姆霍兹定理的另一种说法是：在空间有限区域 τ 内的 $\boldsymbol{F}$，由它的散度、旋度和边界条件（即限定体积 τ 的闭合面 S 上的矢量场分布）惟一地确定。

现代电磁学的许多内容涉及到各种电场矢量和磁场矢量，因此，我们要致力于研究电场矢量和磁场矢量的散度表达式和旋度表达式。亥姆霍兹定理给我们指出了为什么要知道这些表达式。

习　　题

1.1　证明两个矢量 $\boldsymbol{A} = 2\boldsymbol{a}_x + 5\boldsymbol{a}_y + 3\boldsymbol{a}_z$ 和 $\boldsymbol{B} = 4\boldsymbol{a}_x + 10\boldsymbol{a}_y + 6\boldsymbol{a}_x$ 是相互平行的。

1.2　证明下列三个矢量在同一平面上，$\boldsymbol{A} = \boldsymbol{a}_x\dfrac{11}{3} + 3\boldsymbol{a}_y + \boldsymbol{a}_z 6$，$\boldsymbol{B} = \boldsymbol{a}_x\dfrac{17}{3} + 3\boldsymbol{a}_y + 9\boldsymbol{a}_z$，$\boldsymbol{C} = 4\boldsymbol{a}_x - 6\boldsymbol{a}_y + 5\boldsymbol{a}_z$。

1.3　在球坐标系中，试求点 $M(6,\dfrac{2\pi}{3},\dfrac{2\pi}{3})$ 与点 $N(4,\dfrac{\pi}{3},0)$ 之间的距离。(提示：换为直角坐标求解)

1.4　求下列矢量场的散度和旋度：

(1) $\boldsymbol{A} = (3x^2y + z)\boldsymbol{a}_x + (y^3 - xz^2)\boldsymbol{a}_y + 2xyz\boldsymbol{a}_z$

(2) $\boldsymbol{A} = yz^2\boldsymbol{a}_x + zx^2\boldsymbol{a}_y + xy^2\boldsymbol{a}_z$

(3) $\boldsymbol{A} = P(x)\boldsymbol{a}_x + Q(y)\boldsymbol{a}_y + R(z)\boldsymbol{a}_z$

1.5　在圆柱坐标中，一点的位置由 $(4,2\pi/3,3)$ 定出，求该点在(1) 直角坐标中；(2) 球坐标中的坐标。

1.6　求 $\mathrm{div}\boldsymbol{A}$ 在给定点处的值。

(1) $\boldsymbol{A} = x^3\boldsymbol{a}_x + y^3\boldsymbol{a}_y + z^3\boldsymbol{a}_z$，在点 $M(1,0,-1)$ 处。

(2) $\boldsymbol{A} = 4x\boldsymbol{a}_x + 2xy\boldsymbol{a}_y + z^2\boldsymbol{a}_z$，在点 $M(1,1,3)$ 处。

1.7　一球面 S 半径为 5，球心在原点上，计算 $\oint_S (\boldsymbol{a}_r 3\sin\theta)\cdot \mathrm{d}\boldsymbol{s}$ 的值。

1.8　求(1) 矢量 $\boldsymbol{A} = \boldsymbol{a}_x x^2 + \boldsymbol{a}_y (xy)^2 + \boldsymbol{a}_z 24x^2y^2z^3$ 的散度；(2) 求 $\nabla\cdot A$ 对中心在原点的一个单位立方体的积分；(3) 求 A 对此立方体表面的积分，验证散度定理。

1.9　求矢量 $\boldsymbol{A} = \boldsymbol{a}_x x + \boldsymbol{a}_y x^2 + \boldsymbol{a}_z y^2 z$ 沿 xy 平面上的一个边长 2 的正方形回路的线积分，此正方形的两个边分别与 x 轴与和 y 轴相重合。再求 $\nabla\times A$ 对此回路所包围的表面积分，验证斯托克斯定理。

1.10　给定矢量 $\boldsymbol{A} = 4\boldsymbol{a}_r + 3\boldsymbol{a}_\theta - 2\boldsymbol{a}_\varphi$，试求矢量 $\boldsymbol{A}$ 沿着图示的闭合路径的线积分。路径的曲线部分是以原点为圆心，以 r_0 为半径的圆弧；求 $\nabla\times\boldsymbol{A}$ 在它所封闭的面上的面积分。并将这两个积分结果相比较。

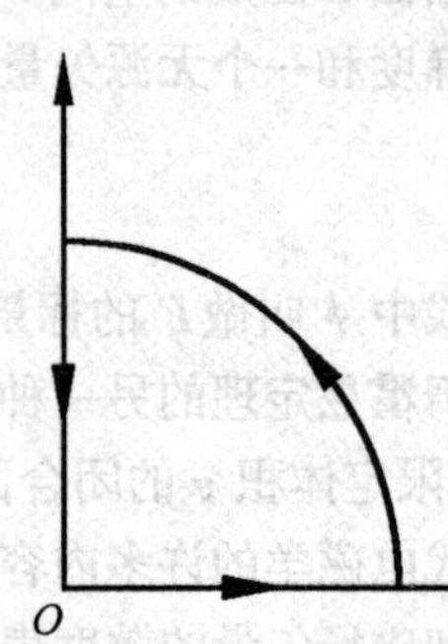

1.11　设 $\boldsymbol{F} = -\boldsymbol{a}_x a\sin\theta + \boldsymbol{a}_y b\cos\theta + \boldsymbol{a}_z c$，式中 a,b,c 为常数，求积分 $S = \dfrac{1}{2}\displaystyle\int_0^{2x}(\boldsymbol{F}\times\dfrac{\mathrm{d}\boldsymbol{F}}{\mathrm{d}\theta})\mathrm{d}\theta$。

1.12　设 $\boldsymbol{r} = \boldsymbol{a}_x x + \boldsymbol{a}_y y + \boldsymbol{a}_z z$，$r = |\boldsymbol{r}|$，$n$ 为正整数。试求 $\nabla r, \nabla r^n, \nabla f(r)$。

1.13　矢量 $\boldsymbol{A}$ 的分量是 $A_x = y\dfrac{\partial f}{\partial z} - z\dfrac{\partial f}{\partial y}$，$A_y = z\dfrac{\partial f}{\partial x} -$

$x\dfrac{\partial f}{\partial z}, A_z = x\dfrac{\partial f}{\partial y} - y\dfrac{\partial f}{\partial x}$,其中 f 是 x, y, z 的函数。还有 $\boldsymbol{r} = \boldsymbol{a}_x x + \boldsymbol{a}_y y + \boldsymbol{a}_z z$。证明:$\boldsymbol{A} = \boldsymbol{r} \times \nabla f, \boldsymbol{A} \cdot \boldsymbol{r} = 0, \boldsymbol{A} \cdot \nabla f = 0$。

1.14 已知 $u = 3x^2 z - y^2 z^3 + 4x^3 y + 2x - 3y - 5$,求 Δu〔$\Delta u = \mathrm{div}(\mathrm{grad} u)$〕

1.15 求矢量场 $\boldsymbol{A} = xyz(\boldsymbol{a}_x + \boldsymbol{a}_y + \boldsymbol{a}_z)$ 在点 $M(1,3,2)$ 的旋度以及在这点沿方向 $\boldsymbol{n} = \boldsymbol{a}_x + 2\boldsymbol{a}_y + \boldsymbol{a}_z 2$ 的环量面密度。

1.16 设 $\boldsymbol{r} = \boldsymbol{a}_x x + \boldsymbol{a}_y y + \boldsymbol{a}_z z, r = |\boldsymbol{r}|$, $\boldsymbol{C}$ 为常矢,求:

(1) $\nabla \times \boldsymbol{r}$, (2) $\nabla \times [f(r)\boldsymbol{r}]$,

(3) $\nabla \times [f(r)\boldsymbol{C}]$, (4) $\nabla \cdot [\boldsymbol{r} \times f(r)\boldsymbol{C}]$。

1.17 已知 $\boldsymbol{A}(r,\theta,\varphi) = r^2 \sin\varphi \boldsymbol{a}_r + 2r\cos\theta \boldsymbol{a}_\theta + \sin\theta \boldsymbol{a}_\varphi$,求 $\dfrac{\partial \boldsymbol{A}}{\partial \varphi}$。

1.18 已知 $\boldsymbol{A}(r,\theta,\varphi) = \dfrac{2\cos\theta}{r^3}\boldsymbol{a}_r + \dfrac{\sin\theta}{r^3}\boldsymbol{a}_\theta$,求 $\nabla \cdot \boldsymbol{A}$。

1.19 证明 $\oint_l u \mathrm{d}l = -\int_S \nabla u \times \mathrm{d}\boldsymbol{s}$, l 为曲面 s 的周界。[提示:用常矢 $\boldsymbol{C}$ 与函数 u 相乘再取旋度,然后利用斯托克斯定理。]

1.20 利用直角坐标,证明 $\nabla \cdot (f\boldsymbol{A}) = f\nabla \cdot \boldsymbol{A} + \boldsymbol{A} \cdot \nabla f$

1.21 试证明:如果仅仅已知一个矢量场 $\boldsymbol{F}$ 的旋度,不可能惟一地确定这个矢量场。

1.22 试证明:如果仅仅已知一个矢量场 $\boldsymbol{F}$ 的散度,不可能惟一地确定这个矢量场。

第二章　宏观电磁运动的普遍规律

本章主要研究宏观电磁运动的基本规律。我们首先从真空中的基本实验定律出发，总结出麦克斯韦方程组。然后讨论介质分界面上的边界条件。本章还讨论电磁场的波动性以及电磁场的能量守恒定律。在本章的最后，我们讨论为简化电磁场的计算而引入的辅助位函数及其方程。

2.1　电荷与电流

2.1.1　电荷 电荷密度

自然界中存在两种电荷：正电荷和负电荷。实验表明，电荷是守恒的，既不能被创造也不能被消灭，它只能从一个物体转移到另一个物体，或者从物体的一部分转移到另一部分。换句话说，在任何物理过程中，电荷的代数和是守恒的，这就是电荷守恒定律。

物体所带电荷数量的多少，叫做电荷量。实验表明，带电体的电荷量总是为质子或电子所带电量的整数倍。换句话说，电荷量不能连续地变化，只能取基本电荷的整数倍。

从物质的结构理论上说，电荷的分布是不连续的，但在研究宏观的电磁现象时，能观察到的多为大量微观粒子的平均效应，而且即使是很大的原子核，其直径也只有 10^{-14}m 的数量级，因此常用电荷连续分布的概念来代替电荷的分离性。

根据电荷的分布形式可将电荷分为体电荷、面电荷、线电荷和点电荷。下面我们以电荷密度的概念来描述它们的分布情况。

连续但不一定均匀分布在一个体积 V 内的电荷称为体电荷。设 P 为体积 V 内任意一点，取一小体积元 ΔV 包围 P 点，其中所含的电荷量为 Δq，取 Δq 和 ΔV 之比的极限，即

$$\rho = \lim_{\Delta V \to 0} \frac{\Delta q}{\Delta V} = \frac{dq}{dV} \tag{2.1.1}$$

称为该点的电荷密度，单位为 C/m^3。应当指出，这里的 ΔV 趋于零不同于纯数学意义上的无穷小，称为物理无穷小量。就是说，在宏观 ΔV 应足够小，而在微观上 ΔV 又足够大，其中包含着大量的微观粒子，Δq 是它们所带电量的代数和。只有这样，体电荷密度 ρ 才是可以用连续函数表示的有意义的物理量。由于基本电荷的体积非常小，就允许采用物理无穷小量代替严格的数学意义上的无穷小量，从而把微观的不连续分布过渡到宏观的连续分布，使我们仍然可以足够精确地使用微积分的方法来研究电磁现象及其规律。

电荷有时连续分布在一个厚度趋于零的表面薄层内，称为面电荷。我们同样可以引入面电荷密度来描述这种电荷分布，设 P 为曲面 S 上任意一点，取一小面元 ΔS 包围 P 点，其中所包含的电荷量为 Δq，取 Δq 与 ΔS 之比的极限，即

$$\rho_S = \lim_{\Delta s \to 0} \frac{\Delta q}{\Delta S} = \frac{dq}{dS} \tag{2.1.2}$$

定义为面电荷密度,单位为 C/m^2。

电荷连续分布于横截面可忽略的曲线上,称为线电荷。我们引入线电荷密度来描述这种电荷分布。在曲线上任取一线元 Δl,所带电荷量为 Δq,取 Δq 与 Δl 之比的极限,即

$$\rho_l = \lim_{\Delta l \to 0} \frac{\Delta q}{\Delta l} = \frac{dq}{dl} \tag{2.1.3}$$

定义为线电荷密度,单位为 C/m。

点电荷是电荷分布的极限情况,可以视为一个体积很小而密度很大的带电球体的极限。如果能够以函数的形式表示其密度,那么便可以把它当作分布电荷来看待,这样会给我们的研究带来很多方便。现在考察一个中心在坐标原点而半径为 a 的带有单位电荷电量的小球体。在 $|\boldsymbol{r}| > a$ 的球外区域电荷密度等于零,而在 $|\boldsymbol{r}| < a$ 的球内区域密度具有很大的值。当 $a \to 0$(即小的球体的体积趋于零)时,在 $|\boldsymbol{r}| < a$ 的范围内,电荷密度 $\rho(\boldsymbol{r}) \to \infty$,但总电荷量仍保持为一个单位。因此,我们可以借助于数学上的 δ 函数来描述点电荷的这种密度分布。对处于原点单位点电荷,其电荷密度可表示为

$$\delta(\boldsymbol{r}) = \delta(x,y,z) = \begin{cases} 0, & (\boldsymbol{r} \neq 0) \\ \infty & (\boldsymbol{r} = 0) \end{cases} \tag{2.1.4}$$

$$\int_V \delta(\boldsymbol{r}) dV = \int_V \delta(x,y,z) dV = \begin{cases} 0, & (\text{积分区域不包含 } \boldsymbol{r} = 0 \text{ 点}) \\ 1, & (\text{积分包含 } \boldsymbol{r} = 0 \text{ 点}) \end{cases} \tag{2.1.5}$$

如果单位点电荷不在坐标原点而在 (x', y', z') 处,用 δ 函数表示的电荷密度为

$$\delta(\boldsymbol{r} - \boldsymbol{r}') = \delta(x - x', y - y', z - z') = \begin{cases} 0, & (\boldsymbol{r} \neq \boldsymbol{r}') \\ \infty, & (\boldsymbol{r} = \boldsymbol{r}') \end{cases} \tag{2.1.6}$$

$$\int_V \delta(\boldsymbol{r} - \boldsymbol{r}') dV = \int_V \delta(x - x', y - y', z - z') dx dy dz = \begin{cases} 0, & (\text{积分区域 } V \text{ 不包含 } \boldsymbol{r}') \\ 1, & (\text{积分域 } V \text{ 包含 } \boldsymbol{r}') \end{cases} \tag{2.1.7}$$

电荷量为 q 的点电荷若在 $\boldsymbol{r}'$ 即 (x', y', z') 处,则电荷密度分布可表示为

$$\rho(\boldsymbol{r}) = q\delta(\boldsymbol{r} - \boldsymbol{r}') \tag{2.1.8}$$

对于分离的 N 个点电荷构成的点电荷系统,电荷密度分布可表示为

$$\rho(\boldsymbol{r}) = \sum_{i=1}^{N} q_i \delta(\boldsymbol{r} - \boldsymbol{r}'_i) \tag{2.1.9}$$

δ 函数在近代物理学中有着广泛的应用。这里我们不对它的一般理论作深入讨论,只是把它作为点电荷密度分布的一种表达形式,并从某种连续函数的极限来理解它。下面列出在电磁场理论中将要用到的有关 δ 函数的一些重要性质:

(1)
$$\int_V f(\boldsymbol{r}) \delta(\boldsymbol{r} - \boldsymbol{r}') dV = \begin{cases} 0, & (\text{积分区域 } V \text{ 不包含 } \boldsymbol{r}') \\ f(\boldsymbol{r}'), & (\text{积分区域 } V \text{ 包含 } \boldsymbol{r}') \end{cases} \tag{2.1.10}$$

式中 $f(\boldsymbol{r})$ 为在点 $\boldsymbol{r}'$ 处连续的任意标量函数。上式说明 δ 函数具有抽样特性,可以把任意函数 $f(\boldsymbol{r})$ 在 $\boldsymbol{r}'$ 处的值抽选出来。

(2)
$$\nabla^2\left(\frac{1}{r}\right) = -4\pi\delta(x,y,z) \tag{2.1.11}$$

式中 $r = (x^2 + y^2 + z^2)^{1/2}$ 表示(x,y,z)点与原点之间的距离,相当于点电荷在原点时的情况。

(3) $$\nabla^2\left(\frac{1}{R}\right) = -4\pi\delta(x - x', y - y', z - z') \tag{2.1.12}$$

式中 $R = |\boldsymbol{r} - \boldsymbol{r}'| = [(x - x')^2 + (y - y')^2 + (z - z')^2]^{1/2}$ 表示从(x,y,z)点到(x',y',z')点之间的距离,相当于点电荷在点(x',y',z')时的情况。

实际上,理想的点电荷并不存在。但在电磁理论中,点电荷概念占有重要地位。这不仅是因为可把带电粒子及线度很小的带电体(与观察者到该带电体的距离相比)看作点电荷,而且也可以把连续分布的体、面、线电荷分割成无限多个点电荷。

2.1.2 电流 电流密度

电荷的运动形成电流。在导电媒质(导体或半导体)中,电荷运动形成的电流称为传导电流。真空或气体中电荷运动形成的电流,称为运流电流,例如离子束或电真空器件中的电流。传导电流和运流电流都是由自由电荷的运动引起的,统称为自由电流。不随时间变化的电流称为稳恒电流。随时间变化的电流称为时变电流。

用来描述电流强弱的物理量是电流强度,习惯上简称为电流。若在时间 Δt 内通过某一面积 S 的电荷量为 Δq 时,则定义

$$I = \lim_{\Delta t \to 0} \frac{\Delta q}{\Delta t} = \frac{\mathrm{d}q}{\mathrm{d}t} \tag{2.1.13}$$

为时变电流强度,单位为 A(安培)。对于稳恒电流,有

$$I = \frac{\Delta q}{\Delta t} \tag{2.1.14}$$

电流是一标量,人们规定正电荷运动的方向是电流方向。

电流可分为体电流、面电流和线电流。电荷在某一体积中流动形成的电流称为体电流。有时电荷集中在一表面薄层内流动,若薄层的厚度趋于零,可以看作是电荷在一表面上流动,所形成的电流称为面电流。另外,若电荷沿着一横截面可以忽略的曲线流动时形成的电流称为线电流。

电流所描述的是一截面上电荷流动的情况,并未说的各点处电荷流动的情况,而且它只给出电荷流动数量,并未说明其流动方向。为了说明电流的分布情况。我们引入一物理量 —— 电流密度矢量 $\boldsymbol{J}$。

空间(或导体中)任一点的体电流密度 $\boldsymbol{J}$ 是一个矢量,它的方向为该点正电荷运动的方向,大小等于通过垂直于电流方向的单位面积的电流,即单位时间内垂直通过单位面积的电荷量:

$$\boldsymbol{J} = \lim_{\Delta S \to 0} \frac{\Delta I}{\Delta S} = \frac{\mathrm{d}I}{\mathrm{d}s} \tag{2.1.15}$$

式中 ΔI 为垂直通过面元 ΔS 的电流。体电流密度的单位为 $\mathrm{A/m^2}$(安/米^2)。如果 $\boldsymbol{J}$ 的方向与面元矢量 $\mathrm{d}\boldsymbol{s}$ 的方向不平行,则通过该面元的电流为

$$\mathrm{d}I = \boldsymbol{J} \cdot \mathrm{d}\boldsymbol{s}$$

流过任一曲面 S 的电流可表示为

$$I = \int_S \boldsymbol{J} \cdot \mathrm{d}\boldsymbol{s} \tag{2.1.16}$$

即电流是电流密度的通量，曲面 S 可以是封闭的，也可以是非封闭的。

下面推导任一点体电流密度 $\boldsymbol{J}$ 同该点的电荷密度 ρ 以及电荷运动的速度 v 之间的关系。设在空间一点，电荷的运动速度为 $\boldsymbol{v}$，该点的电荷密度为 ρ，过该点取一垂直于电荷运动方向的面元 $\mathrm{d}s$，并沿电荷运动的方向取长度元 $\mathrm{d}l$，则体积元 $\mathrm{d}V = \mathrm{d}s \cdot \mathrm{d}l$ 内的电荷量 $\mathrm{d}q = \rho \mathrm{d}s \mathrm{d}l$，这些电荷在 $\mathrm{d}t = \mathrm{d}l/v$ 时间内都将穿过面元 $\mathrm{d}s$，由电流强度的定义

$$\mathrm{d}I = \frac{\mathrm{d}q}{\mathrm{d}t} = \frac{\rho \mathrm{d}s \mathrm{d}l}{\frac{\mathrm{d}l}{v}} = \rho v \mathrm{d}s$$

则电流密度

$$J = \frac{\mathrm{d}I}{\mathrm{d}s} = \rho v \tag{2.1.17}$$

或 $$\boldsymbol{J} = \rho \boldsymbol{v}$$

上式对运流电流和传导电流都适用。

如果同时存在几种具有不同的体密度和速度的电荷，则该点电流密度为它们各自的电流密度的矢量和

$$\boldsymbol{J} = \sum_i \rho_i \boldsymbol{v}_i \tag{2.1.18}$$

对于面电流，同样可以定义一面电流密度 $\boldsymbol{J}_S$ 来描述其分布情况。在表面上垂直于电荷运动方向取一线元 Δl，如图 2.1 所示。如果穿过此线元的电流为 ΔI，则定义面电流密度 $\boldsymbol{J}_S$ 的值为

$$J_S = \lim_{\Delta l \to 0} \frac{\Delta I}{\Delta l} = \frac{\mathrm{d}I}{\mathrm{d}l} \tag{2.1.19}$$

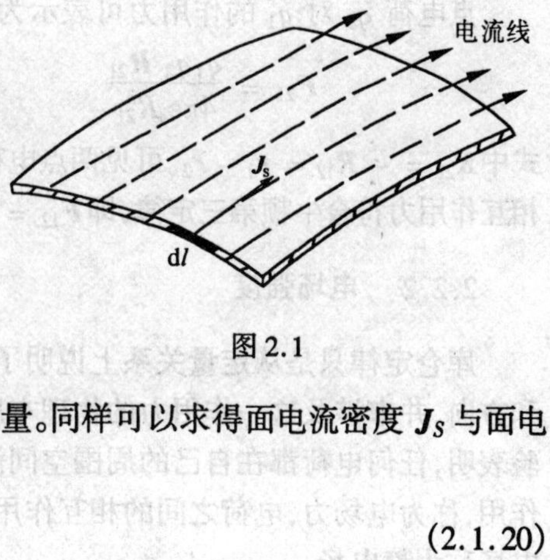

图 2.1

方向为正电荷运动的方向，单位为 A/m（安/米）。它表示单位时间内垂直通过单位长度的电荷量。同样可以求得面电流密度 $\boldsymbol{J}_S$ 与面电荷密度 ρ_s 和电荷运动的速度 $\boldsymbol{v}$ 之间的关系为

$$\boldsymbol{J}_S = \rho_s \boldsymbol{v} \tag{2.1.20}$$

对于线电流，有

$$I = \rho_l v \tag{2.1.21}$$

另外，我们常用到电流元 $I\mathrm{d}\boldsymbol{l}$ 的概念，对于体电流、面电流和线电流，分别表示为

$$I\mathrm{d}\boldsymbol{l} = \begin{cases} \boldsymbol{J}\mathrm{d}V & \text{（体电流）} \\ \boldsymbol{J}_S\mathrm{d}S & \text{（面电流）} \\ I\mathrm{d}\boldsymbol{l} & \text{（线电流）} \end{cases} \tag{2.1.22}$$

2.2　库仑定律 静电场的基本方程

2.2.1　库仑定律

库仑定律是从实验中总结出的描述真空中两个静止的点电荷 q_1 和 q_2 之间相互作用力的基本定律,可表述为:两个点电荷 q_1 和 q_2 之间的相互作用力 $\boldsymbol{F}$ 的大小与乘积 q_1q_2 成正比;与它们之间的距离 R 的平方成反比;$\boldsymbol{F}$ 的方向沿它们间的连线方向;两点电荷同号时为斥力,异号时为吸力。在合理化 MKSA 单位制中的数学表达式为

$$\boldsymbol{F}_{12}=\frac{q_1q_2\boldsymbol{R}_{12}}{4\pi\varepsilon_0R_{12}^3}\tag{2.2.1}$$

式中 $\boldsymbol{F}_{12}$ 表示点电荷 q_1 对点电荷 q_2 的作用力;$\boldsymbol{R}_{12}$ 是由 q_1 指向 q_2 的距离矢量,如图 2.2 所示,$R_{12}=|\boldsymbol{R}_{12}|=[(x_2-x_1)^2+(y_2-y_1)^2+(z_2-z_1)^2]^{1/2}$;$\varepsilon_o$ 称为真空介电常数或真空电容率,其值为 $1/(36\pi\times10^9)$F/m(法拉/米);$\boldsymbol{F}$、$\boldsymbol{R}$ 与 q 的单位分别为牛顿、米和库仑。

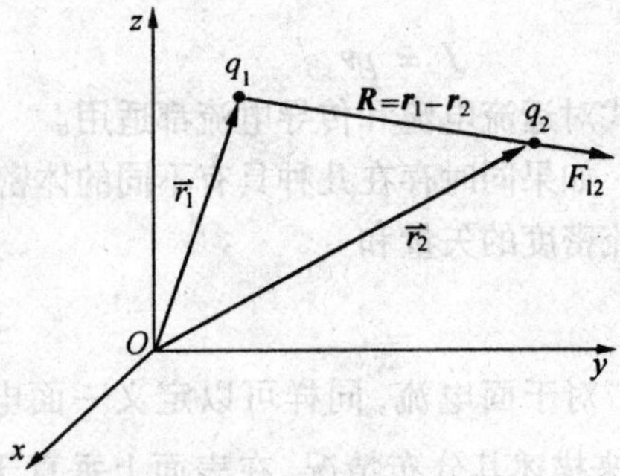

图 2.2

点电荷 q_2 对 q_1 的作用力可表示为

$$\boldsymbol{F}_{21}=\frac{q_1q_2\,\boldsymbol{R}_{21}}{4\pi\varepsilon_oR_{21}^3}\tag{2.2.2}$$

式中$\boldsymbol{R}_{21}=-\boldsymbol{R}_{12}=\boldsymbol{r}_1-\boldsymbol{r}_2$。可见两点电荷之间的相互作用力符合牛顿第三定律,即$\boldsymbol{F}_{12}=-\boldsymbol{F}_{12}$。

2.2.2　电场强度

库仑定律只是从定量关系上说明了真空中两个静止点电荷之间的相互作用力的大小和方向,并未涉及这一作用力的物理本质问题,即这一作用力是通过什么途径传递的。实验表明,任何电荷都在自己的周围空间激发电场,而电场对处于其中的其它电荷都有力的作用,称为电场力,电荷之间的相互作用力正是通过电场来传递的。由静止电荷所激发的电场称为静电场。

我们引入电场强度 $\boldsymbol{E}$ 这样一个物理量来表征电场的特性,其定义为

$$\boldsymbol{E}=\frac{\boldsymbol{F}}{q_o}\tag{2.2.3}$$

式中 q_o 为试验电荷,所谓试验电荷,是指带电量趋于零的点电荷,即它的引入不致影响场源电荷的状态;$\boldsymbol{F}$ 为q_o 所受的作用力。电场强度的单位为 V/m(伏特/米)或 N/C(牛顿/库仑)。上式的物理意义是单位实验正电荷在电场中所受的作用力。

根据库仑定律和电场强度的定义可以得出点电荷 q 在其周围空间任一点所产生的电场强度为

$$E = \frac{F}{q_o} = \frac{1}{q_o}\frac{qq_oR}{4\pi\varepsilon_o R^3} = \frac{qR}{4\pi\varepsilon_o R^3} \tag{2.2.4}$$

式中 $R = |r - r'| = [(x - x')^2 + (y - y')^2 + (z - z')^2]^{1/2}$,而 r 是观察点(称作场点)的位置矢量,r' 是点电荷 q 所在点(称作源点)的位置矢量。

式(2.2.4)表明,电场强度与产生电场的电荷 q 之间存在简单的线性关系,这使我们可以利用迭加原理来计算由 N 个点电荷所组成的点电荷系统在空间任一点激发的电场强度。即场中任一点的电场强度等于各个点电荷单独在该点产生的电场强度的矢量和。其数学表达式为

$$E = \sum_{i=1}^{N}\frac{q_i}{4\pi\varepsilon_o R_i^3}R_i \tag{2.2.5}$$

式中 $R_i = |r - r'_i| = [(x - x'_i)^2 + (y - y'_i)^2 + (z - z'_i)^2]^{1/2}$,表示源点 r'_i 到点 r 处的距离。

对于电荷密度为 $\rho(r')$ 的体电荷,我们在其分布区域 V' 内任取一体积元 dV',电量为 $\rho(r')dV'$ 可将其视为一点电荷,而体电荷就是由无穷多个这样的点电荷所构成。根据迭加原理,可得体电荷在空间任一点产生的电场强度为

$$E = \frac{1}{4\pi\varepsilon_o}\int_{V'}\frac{\rho(r')R}{R^3}dV' \tag{2.2.6}$$

式中 $R = |r - r'| = [(x - x')^2 + (y - y')^2 + (z - z')^2]^{1/2}$,$r$ 是场点的距离矢量,r' 是源点(体电荷元 $\rho dV'$)的距离矢量。

用同样的分析方法,可以得到面电荷和线电荷的电场强度分别为

$$E = \frac{1}{4\pi\varepsilon_o}\int_{S'}\frac{\rho_S(r')R}{R^3}dS' \tag{2.2.7}$$

$$E = \frac{1}{4\pi\varepsilon_o}\int_{l'}\frac{\rho_l(r')R}{R^3}dl' \tag{2.2.8}$$

2.2.3 静电场的基本方程

由第一章的内容我们知道,一个矢量场的性质可以用矢量对闭合面的通量和矢量对闭合回路的环流来表示,所得到的方 程称为场的基本方程的积分形式。当然,一个矢量场也可由它的散度和旋度来确定,而所得到的方程称为场的基本方程的微分形式。

1.高斯定理

我们首先讨论静电场通过任意闭合曲面的通量,对点电荷 q,有

$$\oint_S E\cdot ds = \oint_S\frac{q}{4\pi\varepsilon_o R^3}R\cdot ds = \frac{q}{4\pi\varepsilon_o}\oint_S\frac{a_R\cdot ds}{R^2} = \frac{q}{4\pi\varepsilon_o}\oint_S d\Omega \tag{2.2.9}$$

式中 $\oint_S d\Omega$ 表示闭合面对点电荷 q 所张的立体角,若点电荷在闭合面外,其值为零,故 E 通过闭合面的通量为零;若点电荷在闭合面内,闭合面对其所张的立体角为 4π,式(2.2.9)变为

$$\oint_S E\cdot ds = \frac{q}{\varepsilon_o} \tag{2.2.10}$$

如果闭合面内有 N 个点电荷 $q_1, q_2, \cdots, q_N$，则穿出闭合面的通量等于各点电荷所产生的通量的代数和，即

$$\oint_S \boldsymbol{E}\cdot\mathrm{d}\boldsymbol{s} = \oint_S \boldsymbol{E}_1\cdot\mathrm{d}\boldsymbol{s} + \oint_S \boldsymbol{E}_2\cdot\mathrm{d}\boldsymbol{s} + \cdots + \oint_S \boldsymbol{E}_N\cdot\mathrm{d}\boldsymbol{s}$$

$$= \frac{q_1}{\varepsilon_o} + \frac{q_2}{\varepsilon_o} + \cdots + \frac{q_N}{\varepsilon_o} = \frac{1}{\varepsilon_o}\sum_{i=1}^{N} q_i \tag{2.2.11}$$

上式很容易推广到体电荷、面电荷和线电荷的情形。对所有情形恒有

$$\oint_S \boldsymbol{E}\cdot\mathrm{d}\boldsymbol{s} = \frac{\sum q}{\varepsilon_o} \tag{2.2.12}$$

式中 $\sum q$ 表示闭合曲面 S 内的总电量。上式称为积分形式的高斯定理，是真空中静电场的一个基本方程。它表明电场强度矢量 $\boldsymbol{E}$ 穿过任意闭合面 S 的电通量只与该闭合面所包围的电荷的代数和成正比，而与这些电荷的分布无关。高斯定理的积分形式给出了计算具有对称性分布电场的一种简单方法。对于非对称分布电场，一般不能利用高斯定理的积分形式求解，但在某些特殊情况下，可以根据高斯定理和场的叠加原理，利用补偿法来进行求解。

对于连续分布的体电荷的电场，式(2.2.12)可写为

$$\oint_S \boldsymbol{E}\cdot\mathrm{d}\boldsymbol{s} = \frac{1}{\varepsilon_o}\int_V \rho\mathrm{d}V \tag{2.2.13}$$

式中 V 是闭合曲面 S 所包围的体积。

积分形式的高斯定理反映了一个有限范围内场与源之间的关系。为了得到在空间无限小区域内场与源之间的关系，即反映点的情况，对式(2.2.13)左端应用高斯散度定理 $\int_V \nabla\cdot\boldsymbol{A}\mathrm{d}V = \oint_S \boldsymbol{A}\cdot\mathrm{d}\boldsymbol{s}$ 可得

$$\oint_V \nabla\cdot\boldsymbol{E}\mathrm{d}V = \frac{1}{\varepsilon_o}\int_V \rho\mathrm{d}V$$

由于闭合面是任取的，所包围的体积也是任意的，于是有

$$\nabla\cdot\boldsymbol{E} = \frac{\rho}{\varepsilon_o} \tag{2.2.14}$$

这就是高斯定理的微分形式，这表明电荷是电场的源，电力线从正电荷出发而终止于负电荷电力线不闭合。

2. 环路定理

现在我们来讨论静电场沿任一闭合曲线的环流，首先考虑点电荷的情况，在点电荷 q 的场中任取一条曲线 C 连接 A、B 两点，如图 2.3 所示，$\boldsymbol{E}$ 沿此曲线的线积分为

$$\int_C \boldsymbol{E}\cdot\mathrm{d}\boldsymbol{l} = \frac{q}{4\pi\varepsilon_o}\int_C \frac{\boldsymbol{a}_R}{R^2}\cdot\mathrm{d}\boldsymbol{l} = \frac{q}{4\pi\varepsilon_o}\int_{R_A}^{R_B}\frac{\mathrm{d}R}{R^2}$$

$$= -\frac{q}{4\pi\varepsilon_o}\left[\frac{1}{R}\right]\Bigg|_{R_A}^{R_B} = \frac{q}{4\pi\varepsilon_o}\left(\frac{1}{R_A} - \frac{1}{R_B}\right)$$

当积分路径是闭合路径，即当 A、B 两点重合时，由上式可见

$$\oint_C \boldsymbol{E} \cdot \mathrm{d}\boldsymbol{l} = 0 \tag{2.2.15}$$

上式是由点电荷得出的结论，利用场的迭加原理，很容易推到任意分布电荷情形，即在静电场中，上式普遍成立。式(2.2.15)称为静电场环路定理的积分形式，是静电场的第二个基本方程，它表明一个单位点电荷在静电场 $\boldsymbol{E}$ 中沿任一闭合回路 C 移动一周时，电场力所做的功为零。

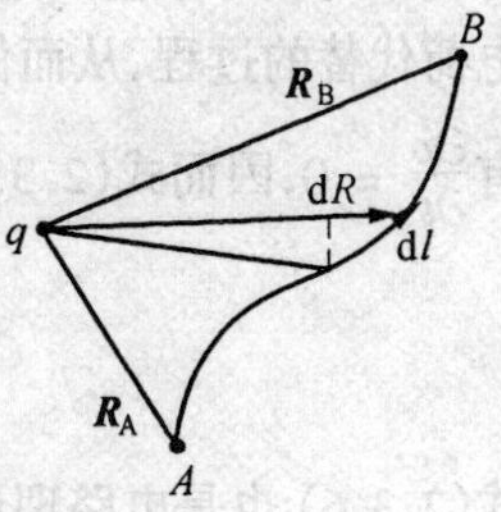

图 2.3

利用斯托克斯定理 $\int_S \nabla \times \boldsymbol{A} \cdot \mathrm{d}\boldsymbol{s} = \oint_C \boldsymbol{A} \cdot \mathrm{d}\boldsymbol{l}$ 可得

$$\oint_C \boldsymbol{E}\mathrm{d}\boldsymbol{l} = \int_S \nabla \times \boldsymbol{E} \cdot \mathrm{d}\boldsymbol{s} = 0$$

由于回路 C 是任意的，即对于任意的 S 上式均成立，于是有

$$\nabla \times \boldsymbol{E} = 0 \tag{2.2.16}$$

这就是静电场环路定理的微分形式，它表明静电场是一种无旋场，也就是保守场。

2.3 稳恒电场和稳恒磁场的基本方程

前一节我们讨论了与静止电荷相联系的静电场，现在讨论导体中稳恒电流产生的稳恒电场和稳恒磁场，它们彼此间不存在相互影响，各自独立存在。

2.3.1 电流连续性方程 稳恒电场的基本方程

我们在体电流分布 $\boldsymbol{J}$ 的区域内任取一闭合曲面 S 包围的体积 V，由于电荷是守恒的，所以从闭合面流出的电流应等于此体积内单位时间内电荷的减小量，即

$$\oint_S \boldsymbol{J} \cdot \mathrm{d}\boldsymbol{s} = -\frac{\mathrm{d}q}{\mathrm{d}t} = -\frac{\mathrm{d}}{\mathrm{d}t}\int_V \rho \mathrm{d}V \tag{2.3.1}$$

$$\oint_S \boldsymbol{J} \cdot \mathrm{d}\boldsymbol{s} = -\frac{\mathrm{d}}{\mathrm{d}t}\int_V \rho \mathrm{d}V \tag{2.3.2}$$

若 S 面包围的体积 V 在空间是静止或固定的，则 $\frac{\mathrm{d}}{\mathrm{d}t}$ 变为 $\frac{\partial}{\partial t}$，
上式左端应用高斯散度定理，并将右端的微分和积分交换次序(体积 V 的大小和形状不随时间变化)，得

$$\int_V \nabla \cdot \boldsymbol{J}\mathrm{d}V = -\int_V \frac{\partial \rho}{\partial t}\mathrm{d}V \tag{2.3.3}$$

由于体积 V 是任意的，则必然有

$$\nabla \cdot \boldsymbol{J} = -\frac{\partial \rho}{\partial t} \tag{2.3.4}$$

式(2.3.3)与式(2.3.4)分别称为电流连续性方程的积分形式与微分形式。电流连续性是包括极化电流在内的任何电流都必须满足的一个基本性质。

对于导体中不随时间变化的稳恒电流，要求维持电荷运动的电场也必须是稳恒的，这就要求电荷在空间的分布也不随时间变化，即在导体内某一点处，其流出的电荷量必被别

处流来的相等数量的电荷所补充，电荷的流动正是导体内每一点的一些电荷被另外一些电荷代替的过程，从而保证电荷的空间分布不随时间变化达到一种动态平衡。所以，我们有$\frac{\partial \rho}{\partial t} = 0$，因而式(2.3.3) 和式(2.3.4) 简化为

$$\oint_S \boldsymbol{J} \cdot \mathrm{d}\boldsymbol{s} = 0 \tag{2.3.5}$$

$$\nabla \cdot \boldsymbol{J} = 0 \tag{2.3.6}$$

式(2.3.6) 也是电路理论中的基尔霍夫定律，该式表明，稳恒电流是连续的，其电流线是闭合曲线，没有发源点和终止点。因此，稳恒电流只能存在于闭合回路中。

根据上面的分析，尽管电流是电荷的运动，但是在稳恒电流情形下电荷的分布并不随时间变化。因此我们可以得出，稳定流动的电荷产生的稳恒电场必定同静止电荷产生的静电场具有相同的性质，即它也是保守场。所以，单位点电荷在稳恒电场中沿任一闭合路径 C 移动一周时，电场力所做的功恒为零，即

$$\oint_C \boldsymbol{E} \cdot \mathrm{d}\boldsymbol{l} = 0 \tag{2.3.7}$$

其微分形式为

$$\nabla \times \boldsymbol{E} = 0 \tag{2.3.8}$$

式(2.3.5) 和式(2.3.7) 是稳恒电场的基本方程的积分形式；式(2.3.6) 和式(2.3.8) 则是相应的微分形式。

2.3.2 导电媒质中的传导电流

在静电场情形下，导体内部电场为零，导体是等位体。但当导体中有传导电流存在时，必然存在电场，正是该电场作用于导体中的自由电荷，使其定向运动形成传导电流。以金属导体为例，其中的自由电子运动时要不断地同组成晶格的正离子相碰撞失去其动能而转化为热能，所以需要电场对其做功。要维持持续的电流必须在导体上连接电源，在电源内部有非静电力或称局外力存在，这种非静电力(如电池中的化学作用力，洛仑兹力等)有驱使电荷运动的作用，使正电荷由负极向正极运动，不断补充电极上的电荷，使电极间存在电位差，连接在电源两端的导体中就有电场存在。在稳定情况下两极上的电荷分布保持不变，这样在导体中便得到了稳定的流动的电流。因此，电源中的非静电力是维持导体中电流流动的必要条件。虽然非静电力和静电力性质不同，但都有推动电荷的运动而产生电流的作用。故可以将非静电力与被推动电荷的比值定义为非静电场强度 $\boldsymbol{E}'$；其方向从电源负极指向正极。$\boldsymbol{E}'$ 只存在于电源内部，在电源外部只有稳恒电场 $\boldsymbol{E}$；在电源内部，既有稳恒电场$\boldsymbol{E}$，又有非静电场 $\boldsymbol{E}'$，且 $\boldsymbol{E}'$ 与$\boldsymbol{E}'$ 方向相反。因此，电流是静电力和非静电力共同作用的结果。

实验表明，对于各向同性的线性导体，其中任一点的电流密度 $\boldsymbol{J}$ 与该点的电场强度$\boldsymbol{E}$ 存在如下关系

$$\boldsymbol{J} = \sigma \boldsymbol{E} \tag{2.3.9}$$

上式称为欧姆定律的微分形式，也称为导电媒质的本构关系。式中 σ 是导体材料的电导率，单位是 S/m(西门子 / 米)。通常的欧姆定律为

$$U = RI \tag{2.3.10}$$

对于一段均匀导线,其电阻为

$$R = \frac{l}{\sigma S} \tag{2.3.11}$$

如果导体横截面不均匀,上式应写为

$$R = \int_l \frac{\mathrm{d}l}{\sigma S} \tag{2.3.12}$$

式(2.3.9) 描述的是导体中任一点 $\boldsymbol{J}$ 与 $\boldsymbol{E}$ 之间的关系,不仅适用于稳定情况,而且对不稳定情况也适用。式(2.3.10) 描述的是一段长度和截面均有限的导线中的导电规律。只适用于稳定情况,应当注意,运流电流不服从欧姆定律。

对于包含电源的导体回路,式(2.3.9) 应写的

$$\boldsymbol{J} = \sigma(\boldsymbol{E} + \boldsymbol{E}') \tag{2.3.13}$$

上式通常称为含源的欧姆定律的微分形式。

将式(2.3.13) 的两边点乘以 $\mathrm{d}\boldsymbol{l}$,并沿一个包含电源的均匀导体回路积分,则

$$\oint_C \frac{1}{\sigma}\boldsymbol{J}\cdot\mathrm{d}\boldsymbol{l} = \oint_C \boldsymbol{E}\cdot\mathrm{d}\boldsymbol{l} + \oint_C \boldsymbol{E}'\cdot\mathrm{d}\boldsymbol{l}$$

由于$\oint_C \frac{1}{\sigma}\boldsymbol{J}\cdot\mathrm{d}\boldsymbol{l} = \oint_C \frac{1}{\sigma}J\mathrm{d}l = \oint \frac{I}{\sigma S}\mathrm{d}l = IR, \oint_C \boldsymbol{E}\cdot\mathrm{d}\boldsymbol{l} = 0, \oint_C \boldsymbol{E}'\cdot\mathrm{d}\boldsymbol{l} = \varepsilon$,故有

$$\varepsilon = IR \tag{2.3.14}$$

式中 ε 是电源的电动势,R 是包括电源内阻在内的导体回路的总电阻。式(2.3.14) 就是电路理论中含源回路的欧姆定律。

下面讨论导体中的功率密度。$\mathrm{d}t$ 时间内电场力对以速度 $\boldsymbol{v}$ 运动的电荷 $\rho\mathrm{d}V$ 所做的功为

$$\mathrm{d}W = \rho\mathrm{d}V\boldsymbol{E}\cdot\boldsymbol{v}\mathrm{d}t = \rho\boldsymbol{v}\cdot\boldsymbol{E}\mathrm{d}V\mathrm{d}t = \boldsymbol{J}\cdot\boldsymbol{E}\mathrm{d}V\mathrm{d}t$$

由此可得单位体积的功率为

$$P = \boldsymbol{J}\cdot\boldsymbol{E} \tag{2.3.15}$$

称为功率密度,单位是 $\mathrm{W/m^3}$。上式也适用于运流电流。对于传导电流,单位体积的功率变为热损耗,称为焦尔损耗,式(2.3.15) 可写为

$$P = \boldsymbol{J}\cdot\boldsymbol{E} = \sigma E^2 \tag{2.3.16}$$

这就是焦耳定律的微分形式。它表示场中任一点的单位体积中的功率损耗。

因此整个体积 V 内的导体的损耗功率为

$$P = \int_V \boldsymbol{J}\cdot\boldsymbol{E}\mathrm{d}V \tag{2.3.17}$$

对于一段长度为 L 横截面为 S 的导线,由上式可得其中的损耗功率为

$$P = \int_V EJ\mathrm{d}V = \int_L E\mathrm{d}l\int_S J\mathrm{d}s = UI = I^2R \tag{2.3.18}$$

这就是焦耳定律的积分形式。

下面说明稳恒电场中均匀导体中的电荷分布情况。由式(2.3.6) 和式(2.3.9) 可得

$$\nabla\cdot\boldsymbol{J} = \nabla\cdot\sigma\boldsymbol{E} = \sigma\nabla\cdot\boldsymbol{E} = 0,$$

即 $$\nabla \cdot \boldsymbol{E} = 0 \tag{2.3.19}$$
它表明均匀导体内部任一点都有 $\rho = 0$，即净电荷密度处处为零，因而产生稳恒电场的必需的电荷只能分布在导体的表面上。

事实上，导体内部 $\rho = 0$ 是指电荷分布达到稳态时的情形。在给导体充电时，开始时是有电荷进入导体内的，电荷密度的初始值 $\rho_0 \neq 0$，但是由于电荷互相排斥，它们都向导体表面扩散。我们看一下这个过程，由 $\nabla \cdot \boldsymbol{J} = -\dfrac{\partial \rho}{\partial t}$，$\boldsymbol{J} = \sigma \boldsymbol{E}$ 及 $\nabla \cdot \boldsymbol{E} = \rho / \varepsilon$ 可得

$$-\frac{\partial \rho}{\partial t} = \nabla \cdot \boldsymbol{J} = \sigma \nabla \cdot \boldsymbol{E} = \frac{\sigma}{\varepsilon}\rho$$

即
$$\frac{\partial \rho}{\partial t} = -\frac{\sigma}{\varepsilon}\rho$$

其解为
$$\rho = \rho_0 e^{-\frac{\sigma}{\varepsilon}t} = \rho_0 e^{-\frac{t}{\tau}} \tag{2.3.20}$$

式中 $\tau = \varepsilon / \sigma$ 称为弛豫时间，表示 ρ 从 ρ_0 变成为 ρ_0 / e 所需时间，将按指数规律衰减，其衰减速度取决于 τ。对于大多数金属导体，其内部电荷总是迅速扩散到表面。

2.3.3 安培定律 毕奥 - 萨伐尔定律

安培定律是描述真空中两个稳恒电流元或两个回路电流之间相互作用力的实验定律。其在静磁学中的作用等同于静电学中的库仑定律，而毕奥 - 萨伐尔定律则建立了磁场和电流之间的关系。

1. 安培定律

假设真空中存在两个电流回路 C_1 和 C_2，分别用 $I_1 d\boldsymbol{l}_1$ 和 $I_2 d\boldsymbol{l}_2$ 表示两回路的电流元，如图 2.4 所示，安培通过实验总结出 C_1 对 C_2 的作用力为

$$\boldsymbol{F}_{C_1C_2} = \frac{\mu_o}{4\pi}\oint_{C_1}\oint_{C_2}\frac{I_2 d\boldsymbol{l}_2 \times (I_1 d\boldsymbol{l}_1 \times \boldsymbol{R}_{12})}{R_{12}^3} \tag{2.3.21}$$

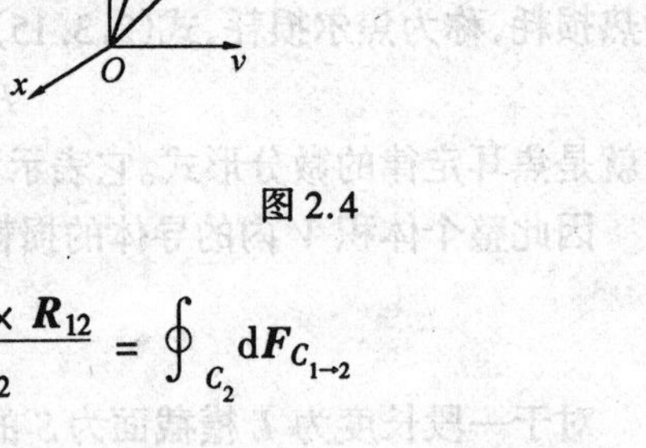

图 2.4

式中 $R_{12} = |\boldsymbol{R}_{12}| = |\boldsymbol{r}_2 - \boldsymbol{r}_1| = [(x_2 - x_1)^2 + (y_2 - y_1)^2 + (z_2 - z_1)^2]^{1/2}$，

$\mu_o = 4\pi \times 10^{-7}$ H/m(亨/米)，称为真空磁导率。

式(2.3.21) 可写为

$$\boldsymbol{F}_{C_1C_2} = \oint_{C_2}\frac{u_o}{4\pi}I_2 d\boldsymbol{l}_2 \times \oint_{C_1}\frac{I_1 d\boldsymbol{l}_1 \times \boldsymbol{R}_{12}}{R_{12}^3} = \oint_{C_2} d\boldsymbol{F}_{C_{1\to2}}$$

则被积函数

$$d\boldsymbol{F}_{C_{1\to2}} = \frac{u_o}{4\pi}I_2 d\boldsymbol{l}_2 \times \oint_{C_1}\frac{I_1 d\boldsymbol{l}_1 \times \boldsymbol{R}_{12}}{R_{12}^3} \tag{2.3.22}$$

可看作回路 C_1 对电流元 $I_2 d\boldsymbol{l}_2$ 的作用力，进一步将式(2.3.22) 变为

$$\mathrm{d}\boldsymbol{F}_{C_{1\to2}} = \oint_{C_1} \frac{\mu_o}{4\pi} \frac{(I_2\mathrm{d}\,\boldsymbol{l}_2 \times I_1\mathrm{d}\,\boldsymbol{l}_1 \times \boldsymbol{R}_{12})}{R_{12}^3} \tag{2.3.23}$$

则被积函数

$$\mathrm{d}\boldsymbol{F}_{12} = \frac{\mu_o}{4\pi} \frac{I_2\mathrm{d}\boldsymbol{l}_2 \times (I_1\mathrm{d}\boldsymbol{l}_1 \times \boldsymbol{R}_{12})}{R_{12}^3}$$

即为电流元 $I_1\mathrm{d}\,\boldsymbol{l}_1$ 作用在电流元 $I_2\mathrm{d}\,\boldsymbol{l}_2$ 上的力。通常将式(2.3.21)和式(2.3.23)均称为安培定律。

应当指出电流回路间的相互作用力满足牛顿第三定律，即 $\boldsymbol{F}_{C_1C_2} = \boldsymbol{F}_{C_2C_1}$。但两个电流元间的相互作用力一般不满足牛顿第三定律，因为孤立的电流元是不存在的。

2. 毕奥 - 萨伐尔定律

如同点电荷之间的相互作用力是通过场来传递的一样，电流元之间的相互作用力也是通过场来传递的，这种场称为磁场。也就是说，电流或磁铁在其周围空间要激发磁场，而磁场对处于场内的电流或磁铁有力的作用。为此我们定义磁感应强度 $\boldsymbol{B}$ 这样一个物理量来表征磁场特性。注意到式(2.3.22)右端积分号内的量与 $I_2\mathrm{d}\,\boldsymbol{l}_2$ 无关，只与回路 C_1 的电流元分布及场点位置 $\boldsymbol{r}_2$ 有关，因此，可将式(2.3.22)写为

$$\mathrm{d}\boldsymbol{F}_2 = I_2\mathrm{d}\,\boldsymbol{l}_2 \times \boldsymbol{B} \tag{2.3.24}$$

式中

$$\boldsymbol{B} = \frac{\mu_o}{4\pi}\oint_{C_1} \frac{I_1\mathrm{d}l_1 \times R_{12}}{r_{12}^3} \tag{2.3.25}$$

(2.3.24)式即为磁感应强度 $\boldsymbol{B}$ 的定义式。$\boldsymbol{B}$ 的单位为 T(特斯拉)或用 $\mathrm{Wb/m^2}$(韦伯/米^2)表示。

式(2.3.24)去掉下标后变为

$$\mathrm{d}\boldsymbol{F} = I\mathrm{d}\boldsymbol{l} \times \boldsymbol{B} \tag{2.3.26}$$

称为安培力公式，它反映了一个电流元在磁场中受力的基本规律，同时又是定义磁场 $\boldsymbol{B}$ 的依据。

式(2.3.25)去掉下标后变为

$$\boldsymbol{B} = \frac{\mu_o}{4\pi}\oint_C \frac{I\mathrm{d}l \times \boldsymbol{R}}{R^3} \tag{2.3.27}$$

式中 $R = |\boldsymbol{r} - \boldsymbol{r}'| = [(x - x')^2 + (y - y')^2 + (z - z')^2]^{1/2}$ 是场点到源点的距离。上式是任意回路电流在空间产生的磁场，可将其看作是沿回路各电流元 $I\mathrm{d}\boldsymbol{l}$ 所产生的磁场 $\mathrm{d}\boldsymbol{B}$ 的矢量叠加，则有

$$\mathrm{d}\boldsymbol{B} = \frac{\mu_o}{4\pi} \frac{I\mathrm{d}\boldsymbol{l} \times \boldsymbol{R}}{R^3} \tag{2.3.28}$$

式(2.3.27)和式(2.3.28)称为毕奥 - 萨伐尔定律。

从上面对线电流的分析结果，结合式(2.1.22)很容易推广到体电流和面电流的情况。对体电流，有

$$\mathrm{d}\boldsymbol{B}(\boldsymbol{r}) = \frac{\mu_o}{4\pi} \frac{\boldsymbol{J}(\boldsymbol{r}') \times \boldsymbol{R}}{R^3}\mathrm{d}V' \tag{2.3.29}$$

$$\boldsymbol{B}(\boldsymbol{r}) = \frac{\mu_o}{4\pi}\int_V \frac{\boldsymbol{J}(\boldsymbol{r}') \times \boldsymbol{R}}{R^3}\mathrm{d}V' \tag{2.3.30}$$

对面电流,有

$$\mathrm{d}\boldsymbol{B}(\boldsymbol{r}) = \frac{\mu_o}{4\pi}\frac{\boldsymbol{J}_S(\boldsymbol{r}') \times \boldsymbol{R}}{R^3}\mathrm{d}S' \tag{2.3.31}$$

$$\boldsymbol{B}(\boldsymbol{r}) = \frac{\mu_o}{4\pi}\int_S \frac{\boldsymbol{J}_S(\boldsymbol{r}') \times \boldsymbol{R}}{R^3}\mathrm{d}S' \tag{2.3.32}$$

2.3.4 稳恒磁场的基本方程

从毕奥 - 萨伐尔定律入手,可以得到真空中稳恒磁场的基本方程。

1. 磁场的高斯定理

利用恒等式$\nabla \frac{1}{R} = -\frac{\boldsymbol{R}}{R^3}$和$\nabla \times (\phi \boldsymbol{A}) = \nabla\phi \times \boldsymbol{A} + \phi\nabla \times \boldsymbol{A}$,则有

$$\boldsymbol{J} \times \frac{\boldsymbol{R}}{R^3} = \nabla\frac{1}{R} \times \boldsymbol{J} = \nabla \times \frac{\boldsymbol{J}}{R}$$

于是式(2.3.30)可写为

$$\boldsymbol{B}(\boldsymbol{r}) = \frac{u_o}{4\pi}\int_V \nabla \times \frac{\boldsymbol{J}(\boldsymbol{r}')}{R}\mathrm{d}V'$$

注意到上式中∇算符是对场点坐标的运算,故可交换微分和积分次序,有

$$\boldsymbol{B}(\boldsymbol{r}) = \nabla\frac{u_o}{4\pi} \times \int_V \frac{\boldsymbol{J}(\boldsymbol{r}')}{R}\mathrm{d}V' \tag{2.3.33}$$

对上式两端取散度,并利用恒等式$\nabla \cdot (\nabla \times \boldsymbol{A}) = 0$,可得

$$\nabla \cdot \boldsymbol{B} = 0 \tag{2.3.34}$$

这就是磁场的高斯定理的微分形式。它表明磁场是一种无散场,磁力线总是无头无尾的闭合曲线,不存在与自由电荷相对应的自由磁荷。

将式(2.3.34)在体积 V 内积分,并利用高斯散度定理,可得

$$\oint_s \boldsymbol{B} \cdot \mathrm{d}\boldsymbol{s} = 0 \tag{2.3.35}$$

这就是磁场的高斯定理的积分形式。它表明磁感应强度穿过任意闭合曲面的通量为零,磁场是一种无源场(无通量源场),即无散场。

2. 安培环路定理

对式(2.3.33)两端取旋度,有

$$\nabla \times \boldsymbol{B} = \frac{\mu_o}{4\pi}\nabla \times \nabla \times \int_V \frac{\boldsymbol{J}(\boldsymbol{r}')}{R}\mathrm{d}V'$$

利用矢量恒等式$\nabla \times \nabla \times \boldsymbol{A} = \nabla(\nabla \cdot \boldsymbol{A}) - \nabla^2\boldsymbol{A}$和$\nabla \cdot (\phi\boldsymbol{A}) = \nabla\phi \cdot \boldsymbol{A} + \phi\nabla \cdot \boldsymbol{A}$,并注意到$\boldsymbol{J}(\boldsymbol{r}')$与$\nabla$无关,则

$$\nabla \times \boldsymbol{B} = \frac{\mu_o}{4\pi}\nabla\int_V \boldsymbol{J}(\boldsymbol{r}') \cdot \nabla\frac{1}{R}\mathrm{d}V' - \frac{\mu_o}{4\pi}\int_V \boldsymbol{J}(\boldsymbol{r}')\nabla^2\frac{1}{R}\mathrm{d}V' \tag{2.3.36}$$

利用恒等式$\nabla \frac{1}{R} = -\nabla' \frac{1}{R}$和$\nabla' \cdot (\phi \boldsymbol{A}) = \nabla' \phi \cdot \boldsymbol{A} + \phi \nabla' \cdot \boldsymbol{A}$,上式右端第一项可改写为

$$\frac{\mu_o}{4\pi}\int_V \boldsymbol{J}(\boldsymbol{r}') \cdot \nabla \frac{1}{R} \mathrm{d}V' = -\frac{\mu_o}{4\pi}\int_V \boldsymbol{J}(\boldsymbol{r}') \cdot \nabla' \frac{1}{R} \mathrm{d}V'$$

$$= -\frac{\mu_o}{4\pi}\int_V \nabla' \cdot \frac{\boldsymbol{J}(\boldsymbol{r}')}{R} \mathrm{d}V' + \frac{\mu_o}{4\pi}\int_V \frac{1}{R} \nabla' \cdot \boldsymbol{J}(\boldsymbol{r}') \mathrm{d}V'$$

上式右边第一项可化为面积分$-\frac{\mu_o}{4\pi}\oint_s \frac{\boldsymbol{J}(\boldsymbol{r}')}{R} \cdot \mathrm{d}\boldsymbol{s}'$,由于电流分布在积分区域$V$内,因此没有电流通过区域$V$的界面$S$,即该面积分为零。考虑到稳恒电流的条件$\nabla' \cdot \boldsymbol{J}(\boldsymbol{r}') = 0$,上式右端第二项亦为零,则

$$\frac{\mu_o}{4\pi}\int_V \boldsymbol{J}(\boldsymbol{r}') \cdot \nabla \frac{1}{R} \mathrm{d}V' = 0$$

再利用恒等式$\nabla^2 \frac{1}{R} = -4\pi\delta(\boldsymbol{r} - \boldsymbol{r}')$以及$\delta$函数的挑选性质,式(2.3.36)右端第二项为$\mu_o \boldsymbol{J}(\boldsymbol{r})$),故式(2.3.36)变为

$$\nabla \times \boldsymbol{B} = \mu_o \boldsymbol{J} \tag{2.3.37}$$

这就是安培环路定理的微分形式。它表明磁场是一种有旋场。在稳定电流的磁场中,其涡旋源是稳定的传导电流,任一点的磁感应强度$\boldsymbol{B}$的旋度只与该点的电流密度有关,而与其它各处的电流分布无关。

将式(2.3.37)两端在任意面积S上积分,并利用斯托克斯定理,则有

$$\oint_C \boldsymbol{B} \cdot \mathrm{d}\boldsymbol{l} = \mu_o \int_S \boldsymbol{J} \cdot \mathrm{d}\boldsymbol{s} = \mu_o I \tag{2.3.38}$$

这就是安培环路定理的积分形式。它表明磁感应强度沿任一闭合路径的环流等于该闭合路径所交链的总电流的μ_o倍。总电流I等于闭合路径C所交链的各个电流的代数和,与C的环绕方向成右手螺旋关系的电流取正值,反之取负值,因此,磁场是非保守场。

与利用高斯定理计算电场一样,在场具有对称性的情形下,可以利用安培环路定理的积分形式来计算磁场。对某些不对称情形,也可以根据安培环路定理和场的迭加原理,利用补偿法进行计算。

式(2.3.35)和式(2.3.38)即为真空中稳恒磁场的基本方程的积分形式。式(2.3.34)和式(2.3.37)则为对应的微分形式。

2.4 介质中静电场和稳恒磁场的基本方程

介质在电磁场的作用下,其内部电荷的运动主要有极化、磁化和传导的三种状态。关于导电介质的传导特性$\boldsymbol{J} = \sigma \boldsymbol{E}$,我们已在2.3.2节中作了介绍,下面我们着重分析介质的极化和磁化以及介质中电磁场的性质。事实上,所有介质都是由带正电和负电的粒子组成的。介质的存在相当于真空中有大量的带电粒子。在宏观电磁场的作用下,介质内部带电粒子的分布要发生变化,从而可能产生介质中电荷分布的不平衡,即出现宏观的附加电荷和电流。这些附加的电荷和电流也要激发电磁场,使原来的宏观电磁场改变。我们需要研究的就是介质中可能出现哪些附加电荷和电流以及它们对电磁场的影响。

2.4.1 介质的极化 介质中静电场的基本方程

在电场的作用下,介质分子和原子的正负电荷,由于受到方向相反的力的作用,正负电荷中心会有一微小位移,其宏观效应可用一正负电荷间的相对小位移来表示,这就相当于产生一电偶极矩,这种现象称为介质的极化。

介质极化有三种不同的现象。第一种是组成原子的电子云在电场作用下相对于原子核发生位移,称为电子极化。第二种是分子由正负离子组成,在电场作用下正负离子从其平衡位置发生位移,称为离子极化。第三种是分子具有固有电矩,但由于热运动分子的电矩零乱排列而使合成电矩为零,在电场作用下分子的电矩向电场方向转动而产生合成电矩,称为取向极化。单原子的介质只有电子极化;所有化合物都存在离子极化和电子极化;某些具有固有电矩的化合物分子同时存在三种极化。

1.极化强度

介质的极化状态由极化强度矢量 $\boldsymbol{P}$ 表示,其定义是介质中某点单位体积内的总电偶极矩。设介质中某点体积元 ΔV 内的总电偶极矩为 $\sum \boldsymbol{p}$,则

$$\boldsymbol{P} = \lim_{\Delta V \to 0} \frac{\sum \boldsymbol{p}}{\Delta V} \tag{2.4.1}$$

它等于该点分子的平均电偶极矩 $\boldsymbol{P}_o$ 与分子密度 N 的乘积,即

$$\boldsymbol{P} = N\boldsymbol{P}_o \tag{2.4.2}$$

$\boldsymbol{P}$ 单位是 C/m^2。通常,极化强度是空间和时间坐标的函数。如果介质内各点处的 $\boldsymbol{P}$ 均相同,则此介质处于均匀极化状态。

2.极化电荷(束缚电荷)

由于介质极化,体积 V 内的正、负电荷可能不完全抵消,从而出现净的正电荷或负电荷,即出现宏观电荷分布,称为极化电荷或束缚电荷。而介质极化对电场的影响就取决于这些极化电荷的分布。

在介质内任取一闭合曲面 S 包围体积 V,如图 2.5 所示。我们只需考察移出 S 面的电荷量,就可确定 V 内的净余电荷。为方便起见,我们以无极分子为例加以讨论,并假设介质极化时,每 个分子的负电荷中心固定不动,正电荷中心相对于负电荷中心发生一个小的位移 $\boldsymbol{l}$,其分子的电偶极矩为 $\boldsymbol{p} = q\boldsymbol{l}$。可见,当介质极化时,远离 S 面的介质分子对极化电荷没有贡献,只有靠近 S 面处的介质分子的正电荷才有可能穿出或穿进 S 面。当穿出与穿进 S 面的电荷不等时,在 V 内就出现净余电荷,即出现极化电荷。

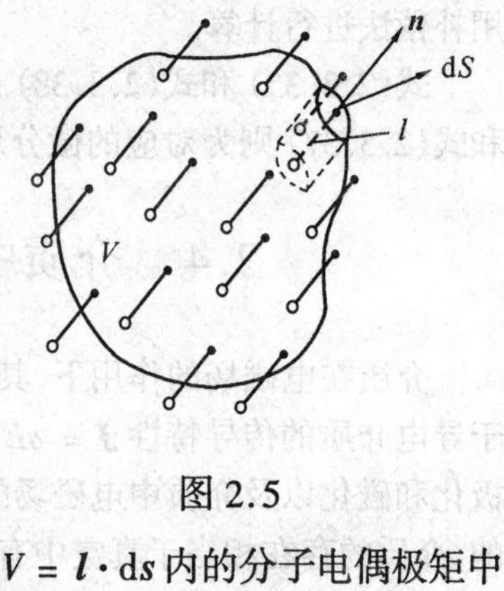

图 2.5

如图 2.5 所示,在 S 面上取一面元 $\mathrm{d}s$,并设在 $\mathrm{d}s$ 附近的介质是均匀极化的,则在以 $\mathrm{d}s$ 为底,l 为斜高的体积元 $\mathrm{d}V = \boldsymbol{l} \cdot \mathrm{d}\boldsymbol{s}$ 内的分子电偶极矩中的正电荷 q 都要穿出 $\mathrm{d}s$ 面,同一分子的电偶极子的负电荷 $-q$ 就留在 $\mathrm{d}V$ 内,因此穿过 $\mathrm{d}s$ 的正电荷量 $\mathrm{d}Q$ 就等于没有外电场作用时体积元 $\boldsymbol{l} \cdot \mathrm{d}\boldsymbol{s}$ 内的正电荷量,即

$$\mathrm{d}Q = Nq\boldsymbol{l} \cdot \mathrm{d}\boldsymbol{s} = N\boldsymbol{p} \cdot \mathrm{d}\boldsymbol{s} = \boldsymbol{P} \cdot \mathrm{d}\boldsymbol{s}$$

则通过 V 的界面 S 穿出去的电荷量为 $\oint_S \boldsymbol{P} \cdot \mathrm{d}\boldsymbol{s}$，由于极化前介质是电中性的，因此，$V$ 内的净余电荷量 Q_q 应与穿出 S 面的电荷量 $\oint_S \boldsymbol{P} \cdot \mathrm{d}\boldsymbol{s}$ 等值异号，即

$$Q_p = \int_V \rho_p \mathrm{d}V = -\oint_S \boldsymbol{P} \cdot \mathrm{d}\boldsymbol{s} \tag{2.4.3}$$

应用高斯散度定理，可得

$$\rho_p = -\nabla \cdot \boldsymbol{P} \tag{2.4.4}$$

上式即为极化电荷体密度 ρ_p 与极化强度之间的关系。

介质均匀极化时，$\boldsymbol{P}$ 为常矢，$\nabla \cdot \boldsymbol{P} = 0$，介质内就不存在极化体电荷分布，极化电荷只出现在介质的分界面上，称为面极化电荷。下面来计算面极化电荷分布。

设两种介质内的极化强度分别为 $\boldsymbol{P}_1$ 和 $\boldsymbol{P}_2$，在介质分界面上取一个上、下底面积均为 $\mathrm{d}s$ 的扁平圆柱形盒子，高度为 h，如图 2.6 所示，$\boldsymbol{n}$ 为分界面上由介质 2 指向介质 1 的法向单位矢量。当 $h \to 0$ 时，圆柱面内总的极化电荷与 $\mathrm{d}s$ 之比，称为分界面上的极化电荷面密度，记为 ρ_{sp}。由于 $\mathrm{d}s$ 很小，可认为每一底面上的极化强度是均匀的，将式 $Q_p = -\oint_s \boldsymbol{P} \cdot \mathrm{d}s$ 应用到此圆柱盒内，由于 $h \to 0$ 而 $\boldsymbol{P}_1$、$\boldsymbol{P}_2$ 为有限值，因此，圆柱盒侧面的积分量为零，则盒内出现的净余电荷量为

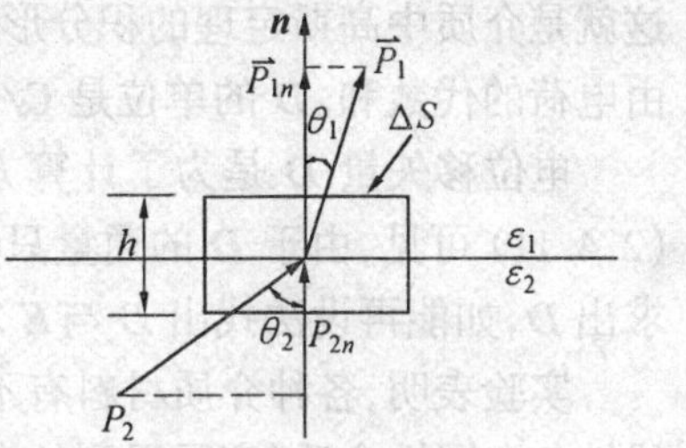

图 2.6

$$-(\boldsymbol{P}_1 \cdot \boldsymbol{n}\mathrm{d}s - \boldsymbol{P}_2 \cdot \boldsymbol{n}\mathrm{d}s) = -(\boldsymbol{P}_1 - \boldsymbol{P}_2) \cdot \boldsymbol{n}\mathrm{d}s = \rho_{sp}\mathrm{d}s$$

由此可得

$$\rho_{sp} = -\boldsymbol{n} \cdot (\boldsymbol{P}_1 - \boldsymbol{P}_2) \tag{2.4.5}$$

若介质 1 为真空，即 $\boldsymbol{P}_1 = 0$ 则上式变为

$$\rho_{sp} = \boldsymbol{n} \cdot \boldsymbol{P} \tag{2.4.6}$$

3. 介质中静电场的基本方程

由上面的分析可见，外加电场使介质极化而产生极化电荷分布，而这些极化电荷激发电场，因而会改变原来电场的分布。因此，介质对电场的影响可归结为极化电荷所产生的影响。换句话说，在计算电场时，如果考虑了介质表面或体内的极化电荷，原来介质所占的空间可视为真空。介质中的电场就由两部分迭加而成：极化电荷产生的电场及自由电荷产生的外电场。所以只需要将真空中的高斯定理式(2.2.14) 中的 ρ 换成 $\rho + \rho_p$，便可得到介质中的高斯定理的微分形式，即

$$\nabla \cdot \boldsymbol{E} = \frac{\rho + \rho_p}{\varepsilon_o} \tag{2.4.7}$$

将式(2.4.4) 代入上式可得

$$\nabla \cdot \boldsymbol{E} = \frac{1}{\varepsilon_o}(\rho - \nabla \cdot \boldsymbol{P})$$

或 $$\nabla \cdot (\varepsilon_o \boldsymbol{E} + \boldsymbol{P}) = \rho \tag{2.4.8}$$

定义电位移矢量

$$\boldsymbol{D} = \varepsilon_o \boldsymbol{E} + \boldsymbol{P} \tag{2.4.9}$$

式(2.4.8) 变为

$$\nabla \cdot \boldsymbol{D} = \rho \tag{2.4.10}$$

上式同式(2.4.7) 都是介质中高斯定理的微分形式。它表明介质中任一点的电位移矢量 $\boldsymbol{D}$ 的散度等于该点的自由电荷体密度 ρ。$\boldsymbol{D}$ 的源是自由电荷，$\boldsymbol{D}$ 的力线的起点和终点都在自由电荷上，而 $\boldsymbol{E}$ 的力线的起点和终点既可以是自由电荷，也可以是极化电荷。

将式(2.4.9) 两端在体积 V 内积分，并应用高斯散度定理，可得

$$\int_V \nabla \cdot \boldsymbol{D} \mathrm{d}V = \int_V \rho \mathrm{d}V \quad \text{和} \quad \oint_S \boldsymbol{D} \cdot \mathrm{d}\boldsymbol{s} = q \tag{2.4.11}$$

这就是介质中高斯定理的积分形式。它表明 $\boldsymbol{D}$ 穿出任一闭合面的通量等于该闭合面内自由电荷的代数和。$\boldsymbol{D}$ 的单位是 $\mathrm{C/m^3}$。

电位移矢量 $\boldsymbol{D}$ 是为了计算方便而引入的一个辅助量，并不代表介质中的场强。由式(2.4.11) 可见，由于 $\boldsymbol{D}$ 的通量只与自由电荷有关，因此，对某些对称分布情形可由 q 直接求出 $\boldsymbol{D}$，如能再设法找出 $\boldsymbol{D}$ 与 $\boldsymbol{E}$ 之间的联系，则可在求电场 $\boldsymbol{E}$ 时避免求极化电荷的困难。

实验表明，各种介质材料有不同的电磁特性，$\boldsymbol{D}$ 与 $\boldsymbol{E}$ 之间的关系也有多种形式。对于线性各向同性介质(实际遇到的大多是这种介质)，极化强度 $\boldsymbol{P}$ 和电场强度 $\boldsymbol{E}$ 之间存在简单的线性关系

$$\boldsymbol{P} = \varepsilon_o X_e \boldsymbol{E} \tag{2.4.12}$$

或中 X_e 称为介质的极化率，是一个无量纲的纯数。将上式代入式(2.4.10) 得

$$\boldsymbol{D} = (1 + X_e)\varepsilon_o \boldsymbol{E} = \varepsilon_r \varepsilon_o \boldsymbol{E} = \varepsilon \boldsymbol{E} \tag{2.4.13}$$

式中

$$\varepsilon_r = 1 + X_e \qquad \varepsilon = \varepsilon_r \varepsilon_o \tag{2.4.14}$$

ε_r 和 ε 分别称为介质的相对介电常数和介电常数，是表示介质性质的物理量。ε_r 为无量纲纯数，ε 和 ε_o 的单位相同。在均匀介质中 ε 是常数，在非均匀介质中，ε 是空间坐标的函数。

对于各向异性介质，一般说来 $\boldsymbol{D}$ 与 $\boldsymbol{E}$ 的方向不同，介电常数是一个二阶张量。

2.4.2 介质的磁化 介质中稳恒磁场的基本方程

物质中的带电粒子总是处于永恒的运动之中，它包括：电子的自旋，电子绕核的轨道运动和原子核的自旋等。在一般分析中，核自旋的作用很小，可忽略不计。这些带电粒子的运动从电磁学的角度可以等效为一个小的环电流，称为分子电流，分子电流可用一磁偶极矩矩 $\boldsymbol{p}_m$ 来描述，其定义是

$$\boldsymbol{p}_m = i\boldsymbol{s} \tag{2.4.15}$$

其中 i 为等效分子电流强度，$\boldsymbol{s}$ 的大小为分子电流所包括的面积，其方向与电流 i 成右手螺旋关系，如图 2.7 所示，习惯上也它称为分子磁矩。没有外磁场时，这些分子磁矩的取向是杂乱无章的，对外并不呈现宏观的结果，当有外磁场作用时，这些分子磁距将按一定方向排列而呈现宏观的磁效应，这种现象叫做介质的磁化。一个取向排列了的分子电流会引起宏观电流分布而激发宏观磁场，从而改变原来的磁场分布。因此，介质中的磁场由两部分组成，即由自由电流产生的外磁场和所有分子电流产生的磁场迭加而成，

1. 磁化强度

介质的磁化状态由磁化强度矢量 $\boldsymbol{M}$ 表示，其定义是介质中某点单位体积内的总磁偶极矩。设介质中某点体积元 ΔV 内的总磁偶极矩为 $\sum \boldsymbol{p}_m$，则

$$\boldsymbol{M} = \lim_{\Delta V \to 0} \frac{\sum \boldsymbol{p}_m}{\Delta V} \tag{2.4.16}$$

它等于该点分子的平均磁矩 $\boldsymbol{p}_{mo}$ 与分子密度 N 的乘积，即

$$\boldsymbol{M} = N\boldsymbol{p}_{mo} \tag{2.4.17}$$

$\boldsymbol{M}$ 的单位是 A/m。一般情况下，$\boldsymbol{M}$ 是空间和时间坐标的函数。如果介质内各点处的 $\boldsymbol{M}$ 均相同，则此介质处于均匀磁化状态。

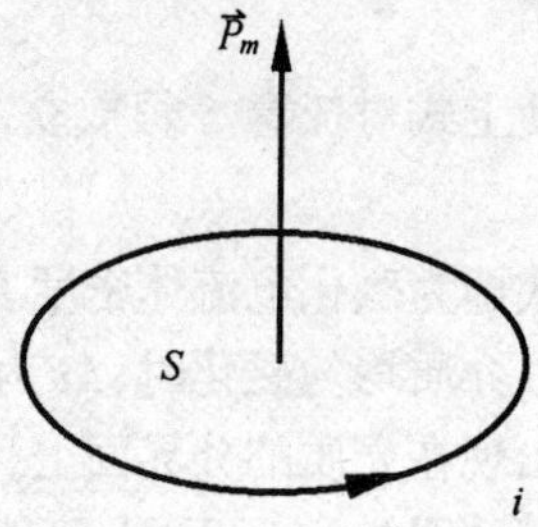

图 2.7

2. 磁化电流

介质磁化引起的宏观电流称为磁化电流，记为 I_m，介质磁化对磁场的影响就取决于这些磁化电流的分布。

在介质内任取一曲面 S，其边界为 C，如图 2.8 所示。可见，只有与边界线 C 交链的分子电流才对磁化电流有贡献。对于其它分子电流，或者不通过 S 面，或者穿进穿出 S 面各一次，因此，对磁化电流没有贡献。与边界线 C 交链的分子电流或者流出 S 面或者流入 S 面，当流出与流入的分子电流不相等时，就有净电流通过 S 面。因此，只要确定出与边界线交链的分子电流，便可求出通过 S 面的磁化电流。

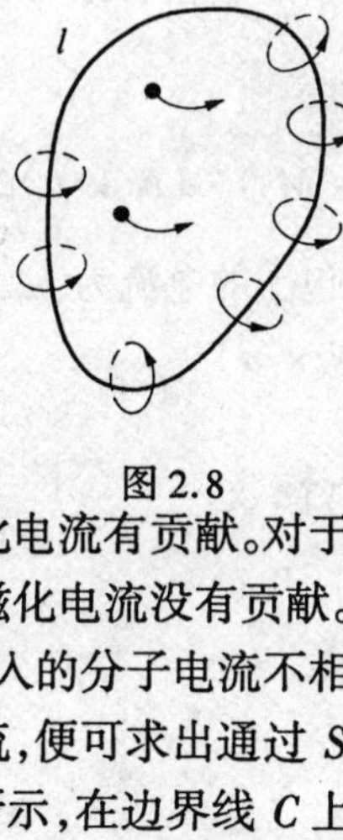

图 2.8

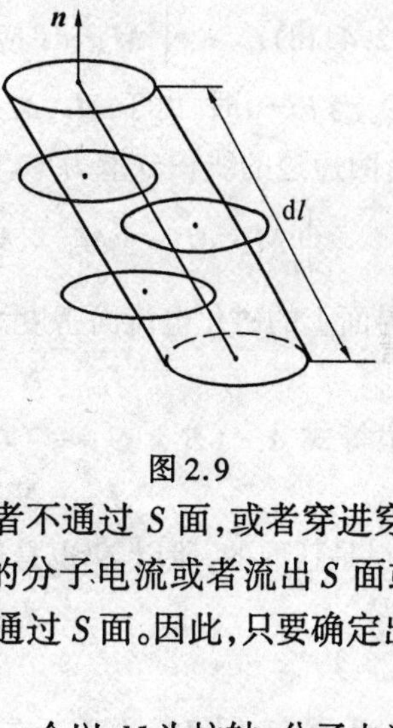

图 2.9

如图 2.9 所示，在边界线 C 上任取一线元 $\mathrm{d}\boldsymbol{l}$，作一个以 $\mathrm{d}\boldsymbol{l}$ 为柱轴，分子电流环面积 $\boldsymbol{S}$ 为底的斜圆柱元。凡中心落在体积为 $\boldsymbol{S} \cdot \mathrm{d}\boldsymbol{l}$ 的斜柱体内的分子，分子电流均与 $\mathrm{d}\boldsymbol{l}$ 相链。设该斜柱体内分子平均磁矩为 $\boldsymbol{p}_{mo}$，分子密度为 N，则其内所有分子所贡献的电流为

$$\mathrm{d}I_m = iN\boldsymbol{S} \cdot \mathrm{d}\boldsymbol{l} = N\boldsymbol{p}_{mo} \cdot \mathrm{d}\boldsymbol{l} = \boldsymbol{M} \cdot \mathrm{d}\boldsymbol{l}$$

上式沿边界线 C 积分，则得穿过 S 面的总磁化电流为

$$I_m = \oint_C \boldsymbol{M} \cdot \mathrm{d}\boldsymbol{l} \tag{2.4.18}$$

从宏观角度来说，可以认为这些分子电流是连续分布的，其体密度为 $\boldsymbol{J}_m$，则有

$$\int_s \boldsymbol{J}_m \cdot \mathrm{d}\boldsymbol{s} = \oint_C \boldsymbol{M} \cdot \mathrm{d}\boldsymbol{l} \tag{2.4.19}$$

利用斯托克斯定理,上式可改写为

$$\int_S \boldsymbol{J}_m \cdot \mathrm{d}\boldsymbol{s} = \int_S \nabla \times \boldsymbol{M} \cdot \mathrm{d}\boldsymbol{s}$$

要使上式对任意 S 恒成立,只有

$$\boldsymbol{J}_m = \nabla \times \boldsymbol{M} \tag{2.4.20}$$

上式即为磁化电流体密度 $\boldsymbol{J}_m$ 与磁化强度之间的关系式。

介质均匀磁化时,$\boldsymbol{M}$ 为常矢,$\nabla \times \boldsymbol{M} = 0$,介质内就不存在磁化体电流分布,磁化电流只出现在介质的分界面上,称为面磁化电流。下面来计算面磁化电流分布。

如图2.10所示,设两种介质的磁化强度分别为 $\boldsymbol{M}_1$ 和 $\boldsymbol{M}_2$,在分界面上作一个很小的矩形回路 C,长为 Δl 的两条边分别位于分界面两侧并与分界面平行,宽度为 h。并设回 C 所围面积的法向单位矢量为 $\boldsymbol{N}$,界面法向单位矢量为 $\boldsymbol{n}$,界面上沿 Δl 方向的切向单位矢量为 $\boldsymbol{t}$ 且满足 $\boldsymbol{N} \times \boldsymbol{n} = \boldsymbol{t}$。

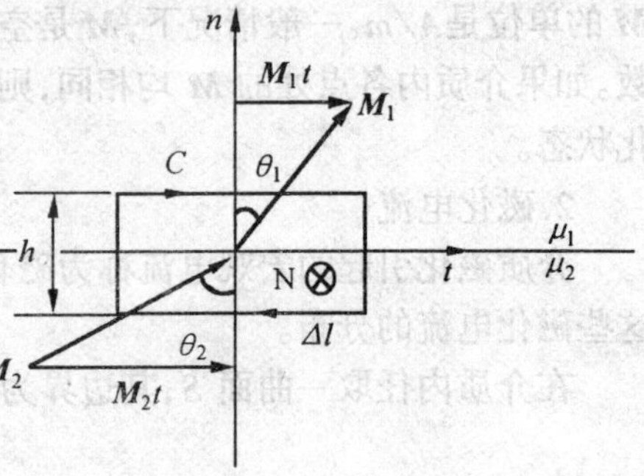

图 2.10

将式(2.4.18) $I_m = \oint_C \boldsymbol{M} \cdot \mathrm{d}\boldsymbol{l}$ 应用于上述回路 C,当 $h \to 0$ 时,由于 $\boldsymbol{M}_1$、$\boldsymbol{M}_2$ 为有限值,$\boldsymbol{M}$ 沿两短边的线积分量为零,则

$$\oint_C \boldsymbol{M} \cdot \mathrm{d}\boldsymbol{l} = (\boldsymbol{M}_1 - \boldsymbol{M}_2) \cdot \boldsymbol{t}\Delta l = (\boldsymbol{M}_1 - \boldsymbol{M}_2) \cdot (\boldsymbol{N} \times \boldsymbol{n})\Delta l$$

设分界面上的磁化电流面密度为 $\boldsymbol{J}_{sm}$,则回路 C 所包围的电流为 $\boldsymbol{J}_{sm}\Delta l$,于是,有

$$\boldsymbol{J}_{sm} \cdot \boldsymbol{N} = (\boldsymbol{M}_1 - \boldsymbol{M}_2) \cdot (\boldsymbol{N} \times \boldsymbol{n})$$

利用矢量恒等式 $\boldsymbol{A} \cdot (\boldsymbol{B} \times \boldsymbol{C}) = (\boldsymbol{C} \times \boldsymbol{A}) \cdot \boldsymbol{B}$,可得

$$\boldsymbol{J}_{sm} \cdot \boldsymbol{N} = [\boldsymbol{n} \times (\boldsymbol{M}_1 - \boldsymbol{M}_2)] \cdot \boldsymbol{N}$$

由于回路 C 是任取的,所以 $\boldsymbol{N}$ 也是任意的,因而有

$$\boldsymbol{J}_{sm} = \boldsymbol{n} \times (\boldsymbol{M}_1 - \boldsymbol{M}_2) \tag{2.4.21}$$

如果介质1为真空,即 $\boldsymbol{M}_1 = 0$,上式变为

$$\boldsymbol{J}_{sm} = -\boldsymbol{n} \times \boldsymbol{M} = \boldsymbol{M} \times \boldsymbol{n} \tag{2.4.22}$$

3.介质中稳恒磁场的基本方程

根据前面的分析,介质中的磁场由自由电流产生的磁场和磁化电流产生的磁场迭加而成。在计算磁场时,如果考虑了介质表面或内部的磁化电流,原来介质所占的空间可视为真空。因此,只要将真空中安培环路定理式(2.3.37)中的 $\boldsymbol{J}$ 换成 $\boldsymbol{J} + \boldsymbol{J}_m$,便可得到介质中安培环路的定理的微分形式,即

$$\nabla \times \boldsymbol{B} = \mu_o(\boldsymbol{J} + \boldsymbol{J}_m) \tag{2.4.23}$$

将式(2.4.20)代入上式,可得

$$\nabla \times \boldsymbol{B} = \mu_o(\boldsymbol{J} + \nabla \times \boldsymbol{M}) = \mu_o\boldsymbol{J} + \mu_o \nabla \times \boldsymbol{M}$$

或

$$\nabla \times (\frac{\boldsymbol{B}}{\mu_o} - \boldsymbol{M}) = \boldsymbol{J} \tag{2.4.24}$$

定义磁场强度矢量

$$\boldsymbol{H} = \frac{\boldsymbol{B}}{\mu_o} - \boldsymbol{M} \tag{2.4.25}$$

或式(2.4.24) 变为

$$\nabla \times \boldsymbol{H} = \boldsymbol{J} \tag{2.4.26}$$

上式称为介质中安培环路定理的微分形式。它表明介质中任一点的磁场强度 $\boldsymbol{H}$ 的旋度等于该点的自由电流体密度 $\boldsymbol{J}$。磁场强度的涡旋源是自由电流，而磁感应强度的涡旋源是自由电流和磁化电流。

将式(2.4.26) 两端取面积分，并应用斯托克斯定理，可得

$$\oint_C \boldsymbol{H} \cdot \mathrm{d}\boldsymbol{l} = \int_S \boldsymbol{J} \cdot \mathrm{d}\boldsymbol{s} = I \tag{2.4.27}$$

这就是介质中安培环路定理的积分形式。它表明磁场强度沿任一闭合路径的环流等于闭合路径的包围的自由电流的代数和，与 C 的环绕方向成右手螺旋关系的电流取正值，反之取负值，$\boldsymbol{H}$ 的单位是 A/m。

由于介质中磁化电流所产生的磁场的磁力线仍然是闭合的，所以由自由电流和磁化电流所激发的合成磁场仍满足

$$\oint_S \boldsymbol{B} \cdot \mathrm{d}\boldsymbol{s} = 0 \tag{2.4.28}$$

$$\nabla \cdot \boldsymbol{B} = 0 \tag{2.4.29}$$

分别是介质中磁场的高斯定理的积分和微分形式。

$\boldsymbol{H}$ 与 $\boldsymbol{D}$ 一样是为了计算方便而引入的量，并不代表介质内的场强，而 $\boldsymbol{B}$ 是介质内的总场强，是基本物理量，但由于历史习惯，却把 $\boldsymbol{H}$ 称为磁场强度。引入 $\boldsymbol{H}$ 后，其旋度仅由自由电流 $\boldsymbol{J}$ 决定，而与磁化电流 $\boldsymbol{J}_m$ 无关，从而避免了计算 $\boldsymbol{J}_m$ 的困难。但为了求出磁场 $\boldsymbol{B}$，还需给出 $\boldsymbol{H}$ 与 $\boldsymbol{B}$ 之间的关系。

实验指出，除铁磁性物质外的其它线性各向同性介质，$\boldsymbol{M}$ 与 $\boldsymbol{H}$ 间呈线性关系

$$\boldsymbol{M} = X_m\boldsymbol{H} \tag{2.4.30}$$

式中 X_m 称为介质磁化率，是一个无量纲的纯数。将上式代入式(2.4.25)，得

$$\boldsymbol{B} = \mu_o(1 + X_m)\boldsymbol{H} = \mu_o\mu_r\boldsymbol{H} = \mu\boldsymbol{H} \tag{2.4.31}$$

式中

$$\mu_r = 1 + X_m \qquad \mu = \mu_r\mu_o \tag{2.4.32}$$

μ_r 和 μ 分别称为介质的相对磁导率和磁导率，均为表征介质性质的物理量。μ_r 是无纲量的纯数，μ 的单位与 μ_o 相同。

对于顺磁性物质(如铝)，$X_m > 0, \mu_r > 1$；抗磁性物质(如铜银) $X_m < 0, \mu_r < 1$；在真空中，$X_m = 0, \mu_r = 1$。所有顺磁性物质和抗磁性物质的 $|X_m| \approx 0, \mu_r \approx \mu_o$ 说明这些物质对磁场的影响很小。

铁磁性物质(如铁等) 的 $\boldsymbol{B}$ 与 $\boldsymbol{H}$ 间不满足线性关系。μ 不是常数，而是 $\boldsymbol{H}$ 的函数，并且

与其原来的磁化状态有关。铁磁性物质的磁化强度比顺磁性物质和抗磁性物质要大若干数量级,即 μ_r 很大。在外磁场停止作用后,铁磁性物质仍能保留部分磁性,因而可制成永磁体。

对于各向异性介质(如铁氧体),磁导率是一个二阶张量。

2.5 电磁感应定律

前面讨论的静电场、稳恒电场和稳恒磁场都是场量不随时间变化的情形,仅是空间坐标的函数,统称为静态场。一般情况下,场量是时间和空间坐标的函数,因此称为时变电磁场,从本节开始我们研究时变场的规律。

1831年法拉第通过实验发现,当穿出闭合线圈的磁通量由于某种原因发生变化时,在此闭合线圈中就有感应电流产生,表明回路中感应了电动势,并由此总结出电磁感应定律:当通过任意导体回路的磁通量 Φ 发生变化时,回路中就产生感应电动势,这等于磁通量 Φ 的时间变化率的负值,即

$$\varepsilon = -\frac{\mathrm{d}\Phi}{\mathrm{d}t} \tag{2.5.1}$$

式中负号是楞次定律的体现,表示感应电动势的作用总是要阻止回路中磁通量 Φ 的改变。而且已规定感应电动势的正方向和磁通的正方向之间存在右手螺旋关系。穿过导体回路的磁通量 Φ 为

$$\Phi = \int_S \boldsymbol{B} \cdot \mathrm{d}\boldsymbol{s} \tag{2.5.2}$$

由于感应电动势是感应电场沿导体回路的线积分,故式(2.5.1)变为

$$\oint_C \boldsymbol{E}' \cdot \mathrm{d}\boldsymbol{l} = -\frac{\mathrm{d}}{\mathrm{d}t}\int_S \boldsymbol{B} \cdot \mathrm{d}\boldsymbol{s} \tag{2.5.3}$$

式中 $\boldsymbol{E}'$ 是感应的电场强度。麦克斯韦认为,上述变化的磁场产生的感应电场不仅存在于导体回路中,而且也存在于空间任意点,电磁波的存在证明了这一推广的正确性。

如果空间同时存在库仑电场 $\boldsymbol{E}_C$,则总电场 $\boldsymbol{E} = \boldsymbol{E}' + \boldsymbol{E}_C$,而$\oint_C \boldsymbol{E}_C \cdot \mathrm{d}\boldsymbol{l} = 0$,故有

$$\oint_C \boldsymbol{E} \cdot \mathrm{d}\boldsymbol{l} = -\frac{\mathrm{d}}{\mathrm{d}t}\int_S \boldsymbol{B} \cdot \mathrm{d}\boldsymbol{s} \tag{2.5.4}$$

上式适用于 $\boldsymbol{B}$ 随时间变化或回路运动的情形,是一普遍公式。

对于只有磁场变化而回路静止的情形,式(2.5.4)中的全导数可改为偏导数,即$\frac{\mathrm{d}}{\mathrm{d}t} \to \frac{\partial}{\partial t}$,可得

$$\oint_C \boldsymbol{E} \cdot \mathrm{d}\boldsymbol{l} = -\int_S \frac{\partial \boldsymbol{B}}{\partial t} \cdot \mathrm{d}\boldsymbol{s} \tag{2.5.5}$$

利用斯托克斯定理,上式变为

$$\int_S (\nabla \times \boldsymbol{E}) \cdot \mathrm{d}\boldsymbol{s} = -\int_S \frac{\partial \boldsymbol{B}}{\partial t} \cdot \mathrm{d}\boldsymbol{s}$$

要使上式对任意曲面 S 均成立,只有

$$\nabla \times \boldsymbol{E} = -\frac{\partial \boldsymbol{B}}{\partial t} \tag{2.5.6}$$

式(2.5.5) 和式(2.5.6) 分别称为电磁感应定律的积分形式和微分形式。式(2.5.6) 表明,当空间某点磁场发生变化时,在该点就有感应场出现,这种电场不同于库仑电场,它是有旋度的场,称为涡旋电场,它的电力线是闭合的。即时变的磁场在其周围空间激发涡旋电场。

2.6　麦克斯韦方程组

2.6.1　位移电流

前面几节我们讨论了电磁现象的基本实验定律,归纳如下

$$\nabla \cdot \boldsymbol{D} = \rho \tag{2.6.1}$$

$$\nabla \times \boldsymbol{E} = -\frac{\partial \boldsymbol{B}}{\partial t} \tag{2.6.2}$$

$$\nabla \cdot \boldsymbol{B} = 0 \tag{2.6.3}$$

$$\nabla \times \boldsymbol{H} = \boldsymbol{J} \tag{2.6.4}$$

$$\nabla \cdot \boldsymbol{J} = -\frac{\partial \rho}{\partial t} \tag{2.6.5}$$

以上方程中式(2.6.1)、式(2.6.3) 和式(2.6.4) 是从静态场研究得到的,都有自己的适用条件和范围,因而是具体的,有条件的特殊规律,麦克斯韦正是从上述电磁场方程出发,考虑到时间这一因素,进行符合逻辑的分析,提出科学的假设,引入位移电流的概念,最终获得时变电磁场的基本方程,揭示了电场和磁场之间以及场与场源之间相互联系的普遍规律。

式(2.6.1) 是从静场中得到的,它反映了 $\boldsymbol{D}$ 线与电荷间的定量关系,在时变场情形下,实验和理论分析都没有发现不合理的地方,因而可以将其推广到普遍情形。

对于式(2.6.3),可从适用于时变情况的法拉第电磁感应定律推得,对式(2.6.2) 两边取散度,有

$$\nabla \cdot \nabla \times \boldsymbol{E} = -\frac{\partial}{\partial t} \nabla \cdot \boldsymbol{B} \equiv 0$$

所以

$$\nabla \cdot \boldsymbol{B} = g(x, y, z)$$

式中 $g(x,y,z)$ 相对于时间 t 来说是常数,由初始条件决定。假定某处原来不存在磁场或只有稳恒磁场,后来才有场值随时间变化的场,则必有 $t = 0, \nabla \cdot \boldsymbol{B} = 0$,故 $g(x,y,z) = 0$。因此,式(2.6.3) 在普遍情形下成立。

式(2.6.4) 也是在稳恒情形下导出的,对其两端取散度,有 $\nabla \cdot \boldsymbol{J} = \nabla \cdot \nabla \times \boldsymbol{H} = 0$,即 $\nabla \cdot \boldsymbol{J} = 0$,但在普遍情形下,适用的电流连续性方程式(2.6.5) 说明,在非稳恒电流情形下,$\nabla \cdot \boldsymbol{J} \neq 0$。因此,将安培环路定理推广到时变场中会与电流连续性方程产生矛盾。麦克

斯韦首先指出了矛盾,并对静态场中的安培环路定理进行了巧妙的修正。

若将式(2.6.5)与式(2.6.1)合并,则有

$$\nabla\cdot \boldsymbol{J}+\frac{\partial \rho}{\partial t}=\nabla\cdot(\boldsymbol{J}+\frac{\partial \boldsymbol{D}}{\partial t})=0$$

可见,只要用 $\boldsymbol{J}+\frac{\partial \boldsymbol{D}}{\partial t}$ 取代式(2.6.4)中的 $\boldsymbol{J}$,即

$$\nabla\times \boldsymbol{H}=\boldsymbol{J}+\frac{\partial \boldsymbol{D}}{\partial t} \tag{2.6.6}$$

矛盾便迎刃而解,麦克斯韦称

$$J_{\mathrm{d}}=\frac{\partial \boldsymbol{D}}{\partial t} \tag{2.6.7}$$

为位移电流密度矢量。它与自由电流密度矢量具有相同的量纲,且具有相同的磁效应。它的引入是麦克斯韦做出的最杰出的贡献。

将式(2.4.9)代入式(2.6.7),有

$$\frac{\partial \boldsymbol{D}}{\partial t}=\varepsilon_0\frac{\partial \boldsymbol{E}}{\partial t}+\frac{\partial \boldsymbol{P}}{\partial t} \tag{2.6.8}$$

上式表明,在一般介质中位移电流由两部分组成,一部分是由电场随时间的变化所引起,它在真空中同样存在,并不代表任何形式的电荷运动,只是在产生磁效应方面和一般意义下的电流等效。另一部分是由于极化强度的变化所引起,可称为极化电流,它代表极化电荷的运动。

2.6.2 麦克斯韦方程组

概括以上分析,我们得到描述宏观电磁运动规律的麦克斯韦方程组如下

$$\nabla\times \boldsymbol{E}=-\frac{\partial \boldsymbol{B}}{\partial t} \tag{2.6.9}$$

$$\nabla\times \boldsymbol{H}=\boldsymbol{J}+\frac{\partial \boldsymbol{D}}{\partial t} \tag{2.6.10}$$

$$\nabla\cdot \boldsymbol{D}=\rho \tag{2.6.11}$$

$$\nabla\cdot \boldsymbol{B}=0 \tag{2.6.12}$$

电流连续性方程

$$\nabla\cdot \boldsymbol{J}=-\frac{\partial \rho}{\partial t} \tag{2.6.13}$$

可以从麦克斯韦方程组导出。事实上,上述五个方程中只有两个旋度方程和任一个散度方程是独立的,另外两个散度方程可由三个独立方程导出,因而是非独立方程。

麦克斯韦方程组中共有五个未知矢量($\boldsymbol{E},\boldsymbol{D},\boldsymbol{B},\boldsymbol{H},\boldsymbol{J}$)和一个未知标量 ρ,因而实际上有十六个未知标量,而独立的标量方程仅七个,所以还必须补充另外几个独立的标量方程,这九个独立方程就是媒质的本构关系,又称状态方程。

对静止的各向同性媒质,其本构关系为

$$\boldsymbol{D}=\varepsilon\boldsymbol{E},\quad \boldsymbol{B}=\mu\boldsymbol{H},\boldsymbol{J}=\sigma\boldsymbol{E}$$

将高斯散度定理和斯托克斯定理应用于麦克斯韦方程组的积分形式,便可得该方程

组的积分形式如下

$$\oint_C \boldsymbol{E} \cdot \mathrm{d}\boldsymbol{l} = -\int_S \frac{\partial \boldsymbol{B}}{\partial t} \cdot \mathrm{d}\boldsymbol{s} \tag{2.6.14}$$

$$\oint_C \boldsymbol{H} \cdot \mathrm{d}\boldsymbol{l} = \int_S \left(\boldsymbol{J} + \frac{\partial \boldsymbol{D}}{\partial t}\right) \cdot \mathrm{d}\boldsymbol{s} \tag{2.6.15}$$

$$\oint_S \boldsymbol{D} \cdot \mathrm{d}\boldsymbol{s} = \int_V \rho \mathrm{d}V \tag{2.6.16}$$

$$\oint_S \boldsymbol{B} \cdot \mathrm{d}\boldsymbol{s} = 0 \tag{2.6.17}$$

下面我们进一步阐述该方程组的物理意义。麦克斯韦方程组反映了电荷与电流激发电磁场以及电场与磁场相互转化的运动规律。电荷与电流可以激发电磁场,而且变化的电场与变化的磁场也可以互相激发。因此,只要在空间某处发生电磁扰动,由于电场与磁场互相激发,就会在紧邻的地方激发起电磁场,形成新的电磁扰动,新的扰动又会在稍远一些的地方激发电磁场,如此继续下去形成电磁波的运动。由此可见,在不存在电荷与电流区域,电场与磁场可以通过本身的变化互相激发而运动传播。这也进一步揭示出电磁场的物质性。当麦克斯韦于 1873 年提出完整的电磁理论时,就预言了电磁波的存在,并指出光波也是一种电磁波。1888 年赫兹的实验和近代无线电技术的广泛应用,完全证实了麦克斯韦的预言及其方程组的正确性。

应当指出:(1) 微分形式的方程组只适用于连续性媒质内部,而积分形式适用于有场存在的任何区域。(2) 麦克斯韦方程组是一组线性微分方程,迭加原理照样适用。(3) 麦克斯韦方程组是宏观电磁现象的总规律,电磁场与电磁波的求解都归结为求麦克斯韦方程组的解。静电场,稳恒电流的电场及磁场都满足特定条件下的麦克斯韦方程组。

2.6.3　麦克斯韦方程组的复数形式

在稳定状态下,各场量均随时间作简谐变化的电磁场,称为时谐场或简谐场。时谐场在工程实际中具有广泛的应用。而且应用傅立叶变换或傅立叶级数,可以将任意时变场展开为连续频谱(对非周期函数)或离散频谱(对周期函数)的简谐分量。因此,简化时谐场的计算方法具有普遍意义。

在时变电磁场中,如果场源(电荷或电流)以一定的角频率 ω 随时间作简谐变化,则它所激发的电磁场的每一个坐标分量都可以相同的角频率 ω 随时间作简谐变化。以电场强度为例并以余弦函数为基准则有

$$\begin{aligned} \boldsymbol{E}(x,y,z,t) = {} & \boldsymbol{a}_x E_{xm}(x,y,z)\cos[\omega t + \varphi_x(x,y,z)] \\ & + \boldsymbol{a}_y E_{ym}(x,y,z)\cos[\omega t + \varphi_y(x,y,z)] \\ & + \boldsymbol{a}_z E_{zm}(x,y,z)\cos[\omega t + \varphi_z(x,y,z)] \end{aligned} \tag{2.6.18}$$

式中各坐标分量的振幅值 E_{xm}、E_{ym}、E_{zm} 以及相位 φ_x、φ_y、φ_z 都不随时间变化,只是空间位置的函数。

我们知道,对正弦函数在线性运算的条件下,采用复数表示可以简化运算。将式(2.6.18) 每一个分量用复数的实部表示,即取

$$\left.\begin{aligned} E_x(\boldsymbol{r},t) &= Re[E_{xm}(\boldsymbol{r})e^{j\varphi_x(\boldsymbol{r})}e^{j\omega t}] = Re[\dot{E}_{xm}(\boldsymbol{r})e^{j\omega t}] \\ E_y(\boldsymbol{r},t) &= Re[E_{ym}(\boldsymbol{r})e^{j\varphi_y(\boldsymbol{r})}e^{j\omega t}] = Re[\dot{E}_{ym}(\boldsymbol{r})e^{j\omega t}] \\ E_z(\boldsymbol{r},t) &= Re[E_{zm}(\boldsymbol{r})e^{j\varphi_z(\boldsymbol{r})}e^{j\omega t}] = Re[\dot{E}_{zm}(\boldsymbol{r})e^{j\omega t}] \end{aligned}\right\} \tag{2.6.19}$$

其中

$$\left.\begin{aligned} \boldsymbol{E}_{xm}(\boldsymbol{r}) &= \dot{\boldsymbol{E}}_{xm}(\boldsymbol{r})e^{j\varphi_x(\boldsymbol{r})} \\ \dot{\boldsymbol{E}}_{ym}(\boldsymbol{r}) &= \boldsymbol{E}_{ym}(\boldsymbol{r})e^{j\varphi_y(\boldsymbol{r})} \\ \dot{\boldsymbol{E}}_{zm}(\boldsymbol{r}) &= \boldsymbol{E}_{zm}(\boldsymbol{r})e^{j\varphi_z(\boldsymbol{r})} \end{aligned}\right\} \tag{2.6.20}$$

于是

$$\begin{aligned} \boldsymbol{E}(\boldsymbol{r},t) &= Re[\boldsymbol{a}_x\dot{\boldsymbol{E}}_{xm}(\boldsymbol{r})e^{j\omega t} + \boldsymbol{a}_y\dot{\boldsymbol{E}}_{ym}(\boldsymbol{r})e^{j\omega t} + \boldsymbol{a}_z\dot{\boldsymbol{E}}_{zm}(\boldsymbol{r})e^{j\omega t}] \\ &= Re[\dot{\boldsymbol{E}}_m(\boldsymbol{r})e^{j\omega t}] \end{aligned} \tag{2.6.21}$$

式中

$$\dot{\boldsymbol{E}}_m(\boldsymbol{r}) = \boldsymbol{a}_x\dot{\boldsymbol{E}}_{xm}(\boldsymbol{r}) + \boldsymbol{a}_y\dot{\boldsymbol{E}}_{ym}(\boldsymbol{r}) + \boldsymbol{a}_z\dot{\boldsymbol{E}}_{zm}(\boldsymbol{r}) \tag{2.6.22}$$

称为电场强度的复振幅矢量。

另外，利用复数表示后，时谐场量对时间的偏导数将变得很简单，如

$$\frac{\partial \boldsymbol{D}}{\partial t} = \frac{\partial}{\partial t}Re[\dot{\boldsymbol{D}}_m(\boldsymbol{r})e^{j\omega t}] = Re[j\omega\dot{\boldsymbol{D}}_m(\boldsymbol{r})e^{j\omega t}] \tag{2.6.23}$$

根据式(2.6.21)和(2.6.23)，麦克斯韦方程组中 $\boldsymbol{H}$ 的旋度方程可表示为

$$\nabla\times[Re\,\dot{\boldsymbol{H}}_m e^{j\omega t}] = Re[\dot{\boldsymbol{J}}_m e^{j\omega t}] + Re[j\omega\dot{\boldsymbol{D}}_m e^{j\omega t}] \tag{2.6.24}$$

式中∇是对空间坐标微分算子，可以和取实部符号 Re 调换次序。省略等式两边的 Re，再省去时间因子 $e^{j\omega t}$，式(2.6.24)变为

$$\nabla\times\dot{\boldsymbol{H}}_m = \dot{\boldsymbol{J}} + j\omega\dot{\boldsymbol{D}}_m \tag{2.6.25}$$

同理，可得

$$\nabla\times\dot{\boldsymbol{E}}_m = -j\omega\dot{\boldsymbol{B}}_m \tag{2.6.26}$$

$$\nabla\cdot\dot{\boldsymbol{B}}_m = 0 \tag{2.6.27}$$

$$\nabla\cdot\dot{\boldsymbol{D}}_m = \dot{\rho}_m \tag{2.6.28}$$

为书写简便起见，可将表示复数的点“·”和表示振幅的下标“m”去掉，即用符号 $\boldsymbol{E}(\boldsymbol{r})$、$\boldsymbol{D}(\boldsymbol{r})$、$\boldsymbol{B}(\boldsymbol{r})$、$\boldsymbol{J}(\boldsymbol{r})$ 表示复振幅矢量，用 $\rho(\boldsymbol{r})$ 表示 ρ_m，一般不致引起混淆。于是麦克斯韦方程组的复数形式可写为

$$\nabla\times\boldsymbol{E} = -j\omega\boldsymbol{B} \tag{2.6.29}$$

$$\nabla\times\boldsymbol{H} = \boldsymbol{J} + j\omega\boldsymbol{D} \tag{2.6.30}$$

$$\nabla\cdot\boldsymbol{D} = \rho \tag{2.6.31}$$

$$\nabla\cdot\boldsymbol{B} = 0 \tag{2.6.32}$$

在线性各向同性媒质中，本构关系不变，仍有

$$\boldsymbol{D} = \varepsilon\boldsymbol{E}, \quad \boldsymbol{B} = \mu\boldsymbol{H}, \quad \boldsymbol{J} = \sigma\boldsymbol{E} \tag{2.6.33}$$

最后再说明一下复振幅矢量的概念。它是各复振幅的组合，可看作是复数空间中的一个复矢量。复数空间和复数平面是两个不同的概念。一般情况下，复矢量不能用三维空间

的一个矢量来表示，除非只有一个分量或者三个分量的初相位相等。从这个意义上讲，复矢量只是一种简化的书写形式，表示等式两端沿同一坐标分量的复数相等而已。

2.7　电磁场的边界条件

在实际问题中，经常遇到两种不同媒质分界面的情形。由于在分界面两侧的媒质的特性参数发生突变，导致场矢量在分界面两侧也发生突变。描述不同媒质分界面两侧场矢量突变关系的方程，称为电磁场的边界条件。边界条件与麦克斯韦方程组相当，是麦克斯韦方程组在分界面上的表述形式。

由于在媒质分界面处场矢量不连续，微分形式的麦克斯韦方程组在分界面上已失去意义，但积分形式的麦克斯韦方程组仍然适用。因此，从积分形式的麦克斯韦方程组出发，可导出电磁场的边界条件。

2.7.1　场矢量 $\boldsymbol{D}$ 和 $\boldsymbol{B}$ 的法向分量的边界条件

先推导 $\boldsymbol{D}$ 的法向分量边界条件。图 2.11 表示两种媒质的分界面，媒质Ⅰ的电磁参数为 ε_1、μ_1、σ_1；媒质 Ⅱ 的电磁参数为 ε_2、μ_2、σ_2。

跨分界面两侧作一上、下底面积均为 ΔS、高度为 h 的扁平圆柱状盒子。ΔS 很小，可认为每一底面上的场是均匀的。$\boldsymbol{n}$ 为由媒质 Ⅱ 指向媒质 Ⅰ 的法向单位矢量。将积分形式的麦克斯韦方程

$$\oint_S \boldsymbol{D} \cdot \mathrm{d}\boldsymbol{s} = q = \int_V \rho \mathrm{d}V$$

应用到此圆柱盒上，可得

$$\boldsymbol{D}_1 \cdot \boldsymbol{n}\Delta S - \boldsymbol{D}_2 \cdot \boldsymbol{n}\Delta S + \Delta\psi = \rho h \Delta S$$

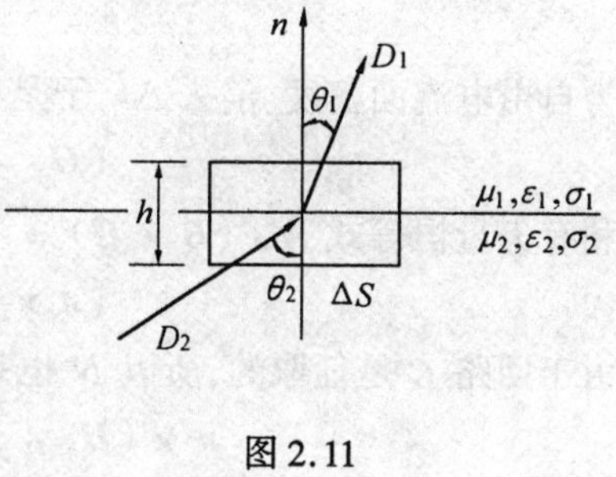

图 2.11

式中，ρ 为自由电荷密度，$\Delta\psi$ 为 $\boldsymbol{D}$ 通过柱体侧面的电位移通量。今 $h \to 0$ 即过渡到分界面两侧的情形。此时，$\Delta\psi \to 0$，在分界面上存在自由面电荷的情况下，有

$$\lim_{h \to 0} \rho h = \rho_s$$

为自由面电流密度。消去 ΔS，于是有

$$\boldsymbol{n} \cdot (\boldsymbol{D}_1 - \boldsymbol{D}_2) = \rho_s \quad 或 \quad D_{1n} - D_{2n} = \rho_s \tag{2.7.1}$$

上式表明，在任意带自由电荷的分界上，$\boldsymbol{D}$ 的法向分量不连续，其突变量等于该处的自由电荷面密度 ρ_s。

同理，对于 $\boldsymbol{B}$ 的法向分量的边界条件，将式(2.6.17) 应用到分界面上的扁平圆柱状盒子上，并令 h 趋于零，即有

$$\boldsymbol{n} \cdot (\boldsymbol{B}_1 - \boldsymbol{B}_2) = 0 \quad 或\ B_{1n} = B_{2n} \tag{2.7.2}$$

上式表明，$\boldsymbol{B}$ 的法向分量在分界面上总是连续的。

2.7.2　场矢量 $\boldsymbol{E}$ 和 $\boldsymbol{H}$ 的切向分量的边界条件

先推导 $\boldsymbol{H}$ 的切向分量的边界条件。在分界面上任作一小的矩形回路 C,长为 Δl 的两条边分别位于分界面两侧且与分界面平行,高度为 h。并设回路所围面积的法向单位矢量为 $\boldsymbol{N}$,界面的法向单位矢量为 $\boldsymbol{n}$,界面上沿 Δl 方向的切向单位矢量为 $\boldsymbol{t}$,且满足 $\boldsymbol{N}\times\boldsymbol{n}=\boldsymbol{t}$,如图 2.12 所示。

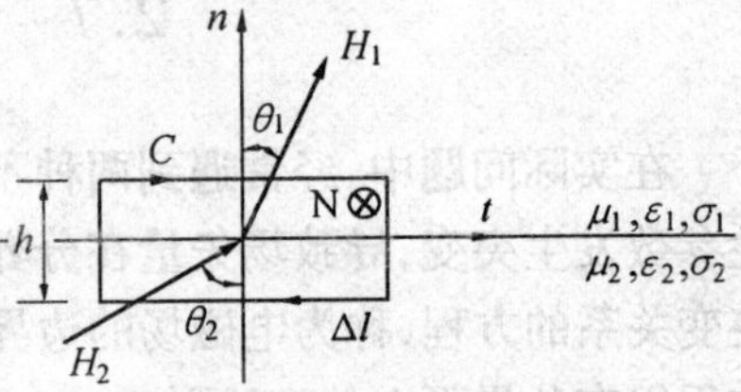

图 2.12

将积分形式的麦克斯韦方程式(2.6.15)

$$\oint_C \boldsymbol{H}\cdot \mathrm{d}\boldsymbol{l}=\int_S\left(\boldsymbol{J}+\frac{\partial \boldsymbol{D}}{\partial t}\right)\cdot \mathrm{d}\boldsymbol{s}$$

应用于回路上,并令 $h\to 0$,由于 $\boldsymbol{H}$ 及 $\frac{\partial \boldsymbol{D}}{\partial t}$ 均为有限值,故 $\boldsymbol{H}$ 沿两短边的线积分量为零;

$\int_S \frac{\partial \boldsymbol{D}}{\partial t}\cdot \mathrm{d}\boldsymbol{s}=0$,则上式写为

$$\boldsymbol{H}_1\cdot \boldsymbol{t}\Delta l-\boldsymbol{H}_2\cdot \boldsymbol{t}\Delta l=\lim_{h\to 0}\boldsymbol{J}\cdot \Delta \boldsymbol{S}=\lim_{h\to 0}\boldsymbol{J}\cdot h\Delta l\boldsymbol{N}$$

在分界面上存在自由面电流的情形下,有

$$\lim_{h\to 0}\boldsymbol{J}h=\boldsymbol{J}_S$$

为自由电流面密度。消去 Δl,于是有

$$(\boldsymbol{H}_1-\boldsymbol{H}_2)\cdot(\boldsymbol{N}\times\boldsymbol{n})=\boldsymbol{J}_S\cdot\boldsymbol{N}$$

利有矢量恒等式 $\boldsymbol{A}\cdot(\boldsymbol{B}\times\boldsymbol{C})=(\boldsymbol{C}\times\boldsymbol{A})\cdot\boldsymbol{B}$,可得

$$[\boldsymbol{n}\times(\boldsymbol{H}_1-\boldsymbol{H}_2)]\cdot\boldsymbol{N}=\boldsymbol{J}_S\cdot\boldsymbol{N}$$

由于回路 C 是任取的,所以 $\boldsymbol{N}$ 也是任意的,因而有

$$\boldsymbol{n}\times(\boldsymbol{H}_1-\boldsymbol{H}_2)=\boldsymbol{J}_S \quad 或 \quad H_{1t}-H_{2t}=J_S \tag{2.7.3}$$

上式表明,在存在自由面电流的分界面上,$\boldsymbol{H}$ 的切向分量不连续,其突变量等于该处的自由电流面密度。

同理,对于 $\boldsymbol{E}$ 的切向分量的边界条件,将式(2.6.14)应用于分界面上的矩形回路 C 上,即有

$$\boldsymbol{n}\times(\boldsymbol{E}_1-\boldsymbol{E}_2)=0 \text{ 或 } E_{1t}=E_{2t} \tag{2.7.4}$$

上式表明,$\boldsymbol{E}$ 的切向分量在分界面上总是连续的。

将麦克斯韦方程组与边界条件的对应关系重写如下

麦克斯韦方程组	边界条件
$\nabla\times\boldsymbol{E}=-\frac{\partial \boldsymbol{B}}{\partial t}$	$\boldsymbol{n}\times(\boldsymbol{E}_1-\boldsymbol{E}_2)=0$
$\nabla\times\boldsymbol{H}=\boldsymbol{J}+\frac{\partial \boldsymbol{B}}{\partial t}$	$\boldsymbol{n}\times(\boldsymbol{H}_1-\boldsymbol{H}_2)=\boldsymbol{J}_S$
$\nabla\cdot\boldsymbol{D}=\rho$	$\boldsymbol{n}\cdot(\boldsymbol{D}_1-\boldsymbol{D}_2)=\rho_s$
$\nabla\cdot\boldsymbol{B}=0$	$\boldsymbol{n}\cdot(\boldsymbol{B}_1-\boldsymbol{B}_2)=0$

可以看出,边界条件与麦克斯韦方程组具有相似的形式,只是微分算子 ∇ 用 $\boldsymbol{n}$ 代替,场量

用边界两侧的场值代替，时间导数用零代替，而 $\boldsymbol{J}$ 和 ρ 分别用面电流密度 $\boldsymbol{J}_S$ 和面电荷密度 ρ_s 代替。

下面我们讨论两种常用的特殊情形下的边界条件。

(1) 两种理想介质分界面

在理想介质中，电导率等于零，因而分界面上一般不存在自由电荷和电流，即 $\boldsymbol{J}_S = 0$ 和 $\rho_s = 0$，故边界条件可简化为

$$\boldsymbol{n} \times (\boldsymbol{E}_1 - \boldsymbol{E}_2) = 0 \tag{2.7.5}$$

$$\boldsymbol{n} \times (\boldsymbol{H}_1 - \boldsymbol{H}_2) = 0 \tag{2.7.6}$$

$$\boldsymbol{n} \cdot (\boldsymbol{D}_1 - \boldsymbol{D}_2) = 0 \tag{2.7.7}$$

$$\boldsymbol{n} \cdot (\boldsymbol{B}_1 - \boldsymbol{B}_2) = 0 \tag{2.7.8}$$

(2) 理想导体与介质分界面

理想导体是指电导率为无限大的理想情况，实际上并不存在。但在实际问题中，为了简化分析，常常把电导率很大的导体视为理想导体。由于理想导体的 $\sigma = \infty$，根据 $\boldsymbol{J}$ 为有限值，必有理想导体内部的 $\boldsymbol{E}$ 处处为零。再由 $\nabla \times \boldsymbol{E} = -\dfrac{\partial \boldsymbol{B}}{\partial t}$ 可得 $\dfrac{\partial \boldsymbol{B}}{\partial t} = 0$，积分得

$$\boldsymbol{B} = g(x, y, z)$$

式中 $g(x, y, z)$ 是与时间 t 无关的常数，由初始条件决定。假定某处原来 $\boldsymbol{B} = 0$，则 $g(x, y, z)$ 在该瞬时等于零，且在任何 $t > 0$ 的时刻仍为零，所以 $\boldsymbol{B}$ 为零。因此，理想导体内部电、磁场强度均为零。设 Ⅰ 区为介质，Ⅱ 区为理想导体，则 $\boldsymbol{E}_2 = 0, \boldsymbol{D}_2 = 0, \boldsymbol{H}_2 = 0, \boldsymbol{B}_2 = 0$，去掉 Ⅰ 区场矢量下标，边界条件要简化为

$$\boldsymbol{n} \times \boldsymbol{E} = 0 \tag{2.7.9}$$

$$\boldsymbol{n} \times \boldsymbol{H} = \boldsymbol{J}_S \tag{2.7.10}$$

$$\boldsymbol{n} \cdot \boldsymbol{D} = \rho_s \tag{2.7.11}$$

$$\boldsymbol{n} \cdot \boldsymbol{B} = 0 \tag{2.7.12}$$

式(2.7.10) 和式(2.7.11) 还经常被用来从已知的 $\boldsymbol{H}$ 和 $\boldsymbol{D}$ 确定分界面(或表面) 上的自由电流面密度 $\boldsymbol{J}_S$ 和电荷面密度 ρ_s。

2.8 时谐场中媒质的特性

在静态场情况下，媒质的电磁参数 ε、μ 和 σ 均为常数且与频率无关。但在时谐场中，媒 质的电磁参数要发生变化，且与频率有关。下面简要分析媒质在时谐场中的特性。

2.8.1 媒质的色散

媒质是一种具有一定结构的宏观上显中性但微观上又带电的体系。在有电磁场存在的情形下，媒质中的微观带电粒子与场相互作用而表现出极化、磁化和传导特性。在时谐场中，发生极化、磁化、定向运动时，粒子的惯性是不能忽略的，因此，即使是均匀媒质，它的 ε、μ、σ 也是频率的函数，即 $\varepsilon = \varepsilon(\omega), \mu = \mu(\omega), \sigma = \sigma(\omega)$。但当频率较低时，带电粒子在场的作用下强迫振动，属于同步振动。媒质的极化、磁化和粒子的运动没有滞后现象，

因此，ε、μ、σ 仍为常量，并和静态场中所测得的数据相同。当频率升高时，由于带电粒子的惯性，在高频场的作用下粒子的运动跟不上场的变化，产生滞后效应，ε、μ、σ 就不再是实数，而变为复数，甚至，当频率高达(或接近) 物质的固有振动频率时，将发生共振现象。此时，粒子从电磁场中攫取能量，作单色散射。

媒质的电磁参数随频率的变化而变化的现象称为媒质色散。在色散媒质中，介电常数和磁导率均变为复数，即

$$\tilde{\varepsilon} = \varepsilon' - j\varepsilon'' \tag{2.8.1}$$

$$\tilde{\mu} = \mu' - j\mu'' \tag{2.8.2}$$

实部 ε' 和 μ' 分别代表媒质的极化和磁化，而虚部 ε'' 和 μ'' 则分别代表由粒子滞后效应引起的介电损耗和磁滞损耗，不过，滞后效应仅对介电常数影响较大，一般非铁磁性物质的磁导率仍为实数。对于良导体中自由电子的惯性，即使在红外频谱也可忽略，因此，可以认为电导率 σ 与 ω 无关，均等于在稳恒场中的值。

对于具有复介电常数的介质，复数形式的麦克斯韦方程组中 $\boldsymbol{H}$ 的旋度方程变为

$$\begin{aligned}\nabla \times \boldsymbol{H} &= \sigma \boldsymbol{E} + j\omega(\varepsilon' - j\varepsilon'')\boldsymbol{E} \\ &= j\omega\left(\varepsilon' - j\frac{\sigma + \omega\varepsilon''}{\omega}\right)\boldsymbol{E} \\ &= j\omega\varepsilon_f \boldsymbol{E}\end{aligned}$$

式中

$$\varepsilon_f = \varepsilon' - j\frac{\sigma + \omega\varepsilon''}{\omega} \tag{2.8.3}$$

称为等效复介电常数。引入等效复介电常数可以将传导电流和位移电流用一个等效的位移电流代替，而可以把导电媒质也视为一种等效的电介质，从而使包括导电媒质在内的所有各向同性媒质均可采用同样的方法研究。

下面再来说明等效复介电常数的含义。观察下式

$$\nabla \times \boldsymbol{H} = \sigma \boldsymbol{E} + \omega\varepsilon''\boldsymbol{E} + j\omega\varepsilon'\boldsymbol{E}$$

式中含 σ 项相应于传导电流，产生焦耳热损耗；含 ε'' 项可称为电滞损耗电流，产生介电损耗，传导电流和电滞损耗电流均为有功电流；含 ε' 项相应于媒质中的位移电流，是无功流，反映介质的极化特性。

通常取有功电流对无功电流的比值

$$\mathrm{tg}\delta = \frac{\sigma + \omega\varepsilon''}{\omega\varepsilon'}$$

表示电介质的损耗，称为电介质的损耗角正切，δ 称为电介质的损耗角。对高频绝缘材料，$\sigma \approx 0$，则

$$\mathrm{tg}\delta = \frac{\varepsilon''}{\varepsilon'}$$

良好介质的损耗角正切在 10^{-3} 或 10^{-4} 以下。

2.8.2 媒质的分类

在高频场中，为了区别不同的媒质特性，我们通常根据传导电流与位移电流的比值，

即

$$\frac{|\sigma \boldsymbol{E}|}{|\mathrm{j}\omega\varepsilon'\boldsymbol{E}|}=\frac{\sigma}{\omega\varepsilon'}$$

来对媒质进行分类：

(1) 若$\frac{\sigma}{\omega\varepsilon'}\gg 1$,即其中传导电流远大于位移电流的媒质称为良导体,此时电滞损耗电流可忽略,$\varepsilon''\approx 0$。当 σ 无穷大于时称为理想导体。

(2) 若$\frac{\sigma}{\omega\varepsilon'}\approx 1$,即传导电流和位移电流可比拟,哪一个都不能忽略的媒质称为半导体或半电介质,此时 $\varepsilon''\approx 0$。

(3) $\frac{\sigma}{\omega\varepsilon'}\ll 1$,即其中传导电流远小于位移电流的媒质,称为电介质(或绝缘介质)。$\sigma=0,\varepsilon''=0$ 的介质称为理想介质;$\sigma=0,\varepsilon''\ll\varepsilon'$ 的介质称为良价质;ε'' 与 ε' 相比不可忽略的介质称为不良介质。

可见,媒质的分类并没有绝对的界限。工程实用中通常取$\frac{\sigma}{\omega\varepsilon'}\geqslant 100$ 时的媒质为良导体;$0.01<\frac{\sigma}{\omega\varepsilon'}<100$ 的媒质为半导体或半电介质;$\frac{\sigma}{\omega\varepsilon'}\leqslant 0.01$ 的媒质为电介质。

需要指出的是,在时谐场中,判断某种媒质是导体或电介质还是半导体,除要考虑媒质本身的性质外,还必须同时考虑频率因素。同一媒质在不同频率下可以是导体,也可以是电介质。

2.9 坡印廷定理

电磁场作为一种特殊形态的物质,同样具有能量,而且电磁能量一如其它能量服从能量守恒定律。由于时变场中电场,磁场都要随时间变化,空间各点的电场能量密度、磁场能量密度也要随之变化,从而引起能量流动。我们定义单位时间内穿过与能量流动方向相垂直的单位面积的能量为能流密度矢量或功率流密度矢量,亦称坡印廷矢量,记为 $\boldsymbol{S}(\boldsymbol{r},t)$,其方向为该点能量流动的方向。

下面我们将从麦克斯韦方程组出发,导出表征电磁场的能量守恒与转换关系的坡印廷定理及坡印廷矢量的表达式。

2.9.1 坡印廷定理

将麦克斯韦方程组中 $\boldsymbol{E}$ 和 $\boldsymbol{H}$ 的旋度方程代入矢量恒等式

$$\nabla\cdot(\boldsymbol{E}\times\boldsymbol{H})=\boldsymbol{H}\cdot(\nabla\times\boldsymbol{E})-\boldsymbol{E}\cdot(\nabla\times\boldsymbol{H})$$

可得

$$\nabla\cdot(\boldsymbol{E}\times\boldsymbol{H})=-\boldsymbol{H}\cdot\frac{\partial\boldsymbol{B}}{\partial t}-\boldsymbol{E}\cdot\frac{\partial\boldsymbol{D}}{\partial t}-\boldsymbol{J}\cdot\boldsymbol{E}\tag{2.9.1}$$

设媒质是线性各向同性的非色散媒质,且电磁参数 ε、μ、σ 均不随时间变化,则有

$$\boldsymbol{H}\cdot\frac{\partial\boldsymbol{B}}{\partial t}=\mu\boldsymbol{H}\cdot\frac{\partial\boldsymbol{H}}{\partial t}=\frac{1}{2}(\boldsymbol{H}\cdot\frac{\partial\boldsymbol{B}}{\partial t}+\boldsymbol{B}\cdot\frac{\partial\boldsymbol{H}}{\partial t})=\frac{\partial}{\partial t}(\frac{1}{2}\boldsymbol{B}\cdot\boldsymbol{H})\tag{2.9.2}$$

$$\boldsymbol{E}\cdot\frac{\partial \boldsymbol{D}}{\partial t}=\varepsilon\boldsymbol{E}\cdot\frac{\partial \boldsymbol{E}}{\partial t}=\frac{1}{2}\left(\boldsymbol{E}\cdot\frac{\partial \boldsymbol{D}}{\partial t}+\boldsymbol{D}\cdot\frac{\partial \boldsymbol{E}}{\partial t}\right)=\frac{\partial}{\partial t}\left(\frac{1}{2}\boldsymbol{E}\cdot\boldsymbol{D}\right) \tag{2.9.3}$$

将以上两式代入式(2.9.1)，得到

$$\nabla\cdot(\boldsymbol{E}\times\boldsymbol{H})=-\frac{\partial}{\partial t}\left(\frac{1}{2}\boldsymbol{B}\cdot\boldsymbol{H}+\frac{1}{2}\boldsymbol{E}\cdot\boldsymbol{D}\right)-\boldsymbol{J}\cdot\boldsymbol{E} \tag{2.9.4}$$

这就是坡印廷定理的微分形式。两端在体积 V 内积分，并应有高斯散度定理，就得到坡印廷定理的积分形式

$$-\oint_S(\boldsymbol{E}\times\boldsymbol{H})\cdot\mathrm{d}\boldsymbol{s}=\frac{\partial}{\partial t}\int_V\left(\frac{1}{2}\boldsymbol{B}\cdot\boldsymbol{H}+\frac{1}{2}\boldsymbol{E}\cdot\boldsymbol{D}\right)\mathrm{d}V+\int_V\boldsymbol{E}\cdot\boldsymbol{J}\mathrm{d}V \tag{2.9.5}$$

式中 $\frac{1}{2}\boldsymbol{B}\cdot\boldsymbol{H}$ 为磁场能量密度，记为 w_m；$\frac{1}{2}\boldsymbol{E}\cdot\boldsymbol{D}$ 为电场能量密度，记为 w_e；$\frac{1}{2}\boldsymbol{B}\cdot\boldsymbol{H}+\frac{1}{2}\boldsymbol{D}\cdot\boldsymbol{E}=w_m+w_e=w$ 为电磁场的能量密度；$\boldsymbol{E}\cdot\boldsymbol{J}=\sigma E^2$ 是单位体积内的焦耳热损耗。

式(2.9.5)右端第一项代表体积 V 内电磁场能的增加率，右端第二项代表体积 V 内总的损耗，根据能量守恒定律，此两项之和必等于通过体积 V 的表面 S 进入该体积的功率。即式(2.9.5)左端表示通过曲面 S 进入体积 V 的功率，因此，$\boldsymbol{E}\times\boldsymbol{H}$ 具有通过单位面积的功率流矢量的意义，即为坡印廷矢量 $\boldsymbol{S}$，故有

$$\boldsymbol{S}=\boldsymbol{E}\times\boldsymbol{H} \tag{2.9.6}$$

$\boldsymbol{S}$ 的单位是 $\mathrm{W/m^2}$。由于 $\boldsymbol{S}$ 的方向即为功率传输的方向，因此，式(2.9.6)表明，电磁能量总是沿着垂直于 $\boldsymbol{E}$ 和 $\boldsymbol{H}$ 的方向传输。

2.9.2 坡印廷定理的复数形式

坡印廷矢量 $\boldsymbol{S}=\boldsymbol{E}\times\boldsymbol{H}$ 表示任一点功率流密度的瞬时值。在时谐场情形下，讨论坡印廷矢量在一个周期 T 内的时间平均值更有意义。

$$\boldsymbol{S}_{av}=\frac{1}{T}\int_0^T(\boldsymbol{E}\times\boldsymbol{H})\mathrm{d}t \tag{2.9.7}$$

$\boldsymbol{S}_{av}$ 称为平均坡印廷矢量。由于上式中存在非线性项 $\boldsymbol{E}\times\boldsymbol{H}$，所以不能直接采用复数表示。因此，我们首先给出求二次式平均值的一般公式。

设 $\boldsymbol{A}(\boldsymbol{r},t)$ 和 $\boldsymbol{B}(\boldsymbol{r},t)$ 是两个简谐变化的矢量函数，其复振动矢量分别为 $\boldsymbol{A}=\boldsymbol{A}_R+\mathrm{j}\boldsymbol{A}_I$ 和 $\boldsymbol{B}=\boldsymbol{B}_R+\mathrm{j}\boldsymbol{B}_I$，这里 $\boldsymbol{A}_R$、$\boldsymbol{B}_R$ 和 $\boldsymbol{A}_I$、$\boldsymbol{B}_I$ 分别是它们的实部和虚部。则有

$$\boldsymbol{A}(\boldsymbol{r},t)=Re[\boldsymbol{A}(\boldsymbol{r})\mathrm{e}^{\mathrm{j}\omega t}]=\boldsymbol{A}_R\cos\omega t-\boldsymbol{A}_I\sin\omega t$$

$$\boldsymbol{B}(\boldsymbol{r},t)=Re[\boldsymbol{B}(\boldsymbol{r})\mathrm{e}^{\mathrm{j}\omega t}]=\boldsymbol{B}_R\cos\omega t-\boldsymbol{B}_I\sin\omega t$$

$\boldsymbol{A}(\boldsymbol{A},t)$ 与 $\boldsymbol{B}(\boldsymbol{A},t)$ 的矢积为

$$\boldsymbol{A}(\boldsymbol{r},t)\times\boldsymbol{B}(\boldsymbol{r},t)=\boldsymbol{A}_R\times\boldsymbol{B}_R\cos^2\omega t+\boldsymbol{A}_I\times\boldsymbol{B}_I\sin^2\omega t$$
$$-\frac{1}{2}[\boldsymbol{A}_R\times\boldsymbol{B}_I+\boldsymbol{A}_I\times\boldsymbol{B}_R]\sin2\omega t \tag{2.9.8}$$

因此，$\boldsymbol{A}(\boldsymbol{r},t)\times\boldsymbol{B}(\boldsymbol{A},t)$ 的时间平均值

$$[\boldsymbol{A}(\boldsymbol{r},t)\times\boldsymbol{B}(\boldsymbol{r},t)]_{av}=\frac{1}{T}\int_o^T\boldsymbol{A}(\boldsymbol{r},t)\times\boldsymbol{B}(\boldsymbol{r},t)\mathrm{d}t=\frac{1}{2}(\boldsymbol{A}_R\times\boldsymbol{B}_R+\boldsymbol{A}_I\times\boldsymbol{B}_I) \tag{2.9.9}$$

复振幅矢量$\dot{\boldsymbol{A}}(\boldsymbol{r})$与$\boldsymbol{B}(\boldsymbol{r})$的共轭$\boldsymbol{B}^*(\boldsymbol{r})$的矢积可表示为

$$\boldsymbol{A}(\boldsymbol{r}) \times \boldsymbol{B}^*(\boldsymbol{r}) = \boldsymbol{A}_R \times \boldsymbol{B}_R + \boldsymbol{A}_I \times \boldsymbol{B}_I + \mathrm{j}(\boldsymbol{A}_I \times \boldsymbol{B}_R - \boldsymbol{A}_R \times \boldsymbol{B}_I) \tag{2.9.10}$$

比较式(2.9.9)和(2.9.10),可见

$$[\boldsymbol{A}(\boldsymbol{r},t) \times \boldsymbol{B}(\boldsymbol{r},t)]_{av} = \frac{1}{2} Re[\boldsymbol{A}(\boldsymbol{r}) \times \boldsymbol{B}^*(\boldsymbol{r})] \tag{2.9.11}$$

同理,可得

$$[\boldsymbol{A}(\boldsymbol{r},t) \cdot \boldsymbol{B}(\boldsymbol{r},t)]_{av} = \frac{1}{2} Re[\boldsymbol{A}(\boldsymbol{r})\, \boldsymbol{B}^*(\boldsymbol{r})] \tag{2.9.12}$$

于是,时谐场的平均坡印廷矢量可表示为

$$\boldsymbol{S}_{av} = \frac{1}{2} Re[\boldsymbol{E} \times \boldsymbol{H}^*] \tag{2.9.13}$$

电场和磁场能量密度的时间平均值分别为

$$w_e = \frac{1}{4} Re[\boldsymbol{E} \cdot \boldsymbol{D}^*] \tag{2.9.14}$$

$$w_m = \frac{1}{4} Re[\boldsymbol{B} \cdot \boldsymbol{H}^*] \tag{2.9.15}$$

下面我们复数形式的麦克斯韦方程出发,导出复数形式坡印廷定理。由矢量恒等式

$$\nabla \cdot (\boldsymbol{E} \times \boldsymbol{H}^*) = \boldsymbol{H}^* \cdot (\nabla \times \boldsymbol{E}) - \boldsymbol{E} \cdot (\nabla \times \boldsymbol{H}^*)$$

和 $\boldsymbol{E}$、$\boldsymbol{H}^*$ 的旋度方程

$$\nabla \times \boldsymbol{E} = -\mathrm{j}\omega \boldsymbol{B}$$

$$\nabla \times \boldsymbol{H}^* = \boldsymbol{J}^* - \mathrm{j}\omega \boldsymbol{D}^*$$

可得

$$\nabla \cdot (\boldsymbol{E} \times \boldsymbol{H}^*) = -\mathrm{j}\omega(\boldsymbol{B} \cdot \boldsymbol{H}^* - \boldsymbol{E} \cdot \boldsymbol{D}^*) - \boldsymbol{J}^* \cdot \boldsymbol{E}$$

上式两端在体积 V 内积分,并应用高斯散度定理,可以导出

$$-\oint_S \left(\frac{1}{2} \boldsymbol{E} \times \boldsymbol{H}^*\right) \cdot \mathrm{d}\boldsymbol{s} = \int_V \frac{1}{2} \boldsymbol{E} \cdot \boldsymbol{J}^* \mathrm{d}V + \mathrm{j}2\omega \int_V \left(\frac{1}{4} \boldsymbol{B} \cdot \boldsymbol{H}^* - \frac{1}{4} \boldsymbol{E} \cdot \boldsymbol{D}^*\right) \mathrm{d}V \tag{2.9.16}$$

这就是复数形式的坡印廷定理。

考虑到媒质的频率色散,有

$$\boldsymbol{D} = \varepsilon \boldsymbol{E} = (\varepsilon' - \mathrm{j}\varepsilon'')\boldsymbol{E}, \boldsymbol{B} = \mu \boldsymbol{H} = (\mu' - \mathrm{j}\mu'')H, \boldsymbol{J} = \sigma \boldsymbol{E}$$

将其入式(2.9.16),并令等式两端实部和虚部相等,可得

$$\begin{aligned} -Re\oint_S \left(\frac{1}{2} \boldsymbol{E} \times \boldsymbol{H}^*\right) \cdot \mathrm{d}\boldsymbol{s} &= \int_V \frac{1}{2} \sigma \boldsymbol{E} \cdot \boldsymbol{E}^* \mathrm{d}V + \int_V \left(\frac{1}{2} \omega\varepsilon'' \boldsymbol{E} \cdot \boldsymbol{E}^* + \frac{1}{2} \omega\mu'' \boldsymbol{H} \cdot \boldsymbol{H}^*\right) \mathrm{d}V \\ &= \int_V (\overline{p}_J + \overline{p}_e + \overline{p}_m) \mathrm{d}V \end{aligned} \tag{2.9.17}$$

$$\begin{aligned} -Im\oint_S \left(\frac{1}{2} \boldsymbol{E} \times \boldsymbol{H}^*\right) \cdot \mathrm{d}\boldsymbol{s} &= 2\omega \int_V \left(\frac{1}{4} \mu' \boldsymbol{H} \cdot \boldsymbol{H}^* - \frac{1}{4} \varepsilon' \boldsymbol{E} \cdot \boldsymbol{E}^*\right) \mathrm{d}V \\ &= 2\omega \int_V (\overline{w}_m - \overline{w}_e) \mathrm{d}V \end{aligned} \tag{2.9.18}$$

其中

$$\overline{p}_J = \frac{1}{2}\sigma \boldsymbol{E} \cdot \boldsymbol{E}^*$$
$$\overline{p}_e = \frac{1}{2}\omega\varepsilon'' \boldsymbol{E} \cdot \boldsymbol{E}^*$$
$$\overline{p}_m = \frac{1}{2}\omega\mu'' \boldsymbol{H} \cdot \boldsymbol{H}^*$$

分别是单位体积内媒质的焦耳热损耗，介电损耗和磁滞损耗的时间平均值，而

$$\overline{w}_e = Re(\frac{1}{4}\boldsymbol{E} \cdot \boldsymbol{D}^*) = \frac{1}{4}\varepsilon' \boldsymbol{E} \cdot \boldsymbol{E}^*$$
$$\overline{w}_m = Re(\frac{1}{4}\boldsymbol{B} \cdot \boldsymbol{H}^*)\boldsymbol{H} = \frac{1}{4}\mu' \boldsymbol{H} \cdot \boldsymbol{H}^*$$

分别是电场能量密度和磁场能量密度的时间平均值。

式(2.9.17)表明，进入闭合面 S 内的有功功率等于闭合面 S 所包围的体积 V 内由传导电流引起的焦耳热损耗功率与媒质极化阻尼，磁化阻尼引起的损耗功率之和。式(2.9.18)表明，进入闭合面 S 内的无功功率等于闭合面 S 所包围体积 V 内储存的磁场能量时间平均值与电场能量时间平均值之差的 2ω 倍。

2.10　波动方程

麦克斯韦方程组揭示了时变电磁场的波动性。下面我们从麦克斯韦方程组出发，导出电磁场 $\boldsymbol{E}$ 和 $\boldsymbol{H}$ 随时间和空间变化关系的波动方程。

设所讨论的区域为无源区，即 $\rho = 0, \boldsymbol{J} = 0$，且充满均匀，线性及各向同性的无损耗媒质($\sigma = 0, \varepsilon'' = 0$)，由微分形式的麦克斯韦方程组可得

$$\nabla \times \boldsymbol{E} = -\mu \frac{\partial \boldsymbol{H}}{\partial t} \tag{2.10.1}$$
$$\nabla \times \boldsymbol{H} = \varepsilon \frac{\partial \boldsymbol{E}}{\partial t} \tag{2.10.2}$$
$$\nabla \cdot \boldsymbol{E} = 0 \tag{2.10.3}$$
$$\nabla \cdot \boldsymbol{H} = 0 \tag{2.10.4}$$

式(2.10.1)两端取旋度，并利用式(2.10.2)，可得式(2.10.3)，可得

$$\nabla \times \nabla \times \boldsymbol{E} = -\mu\varepsilon \frac{\partial^2 \boldsymbol{E}}{\partial t^2}$$

再利用矢量恒等式 $\nabla \times \nabla \times \boldsymbol{E} = \nabla(\nabla \cdot \boldsymbol{E}) - \nabla^2 \boldsymbol{E}$ 及式(2.10.3)，可得

$$\nabla^2 \boldsymbol{E} - \mu\varepsilon \frac{\partial^2 \boldsymbol{E}}{\partial t^2} = 0 \tag{2.10.5}$$

同理可得

$$\nabla^2 \boldsymbol{H} - \mu\varepsilon \frac{\partial^2 \boldsymbol{H}}{\partial t^2} = 0 \tag{2.10.6}$$

式(2.10.5)和式(2.10.6)分别是电场 $\boldsymbol{E}$ 和磁场 $\boldsymbol{H}$ 在无源空间所满足的齐次矢量波动方程。这是两个标准形式的波动方程，它表明满足这两个方程的一切脱离场源而单独存在的电磁场，都是以波动形式运动传播的。以波动形式运动的电磁场称为电磁波。

我们主要关心的是时谐场，由复数形式的麦克斯韦方程组，可得上述无源空间的电磁

场满足

$$\nabla \times \boldsymbol{E} = -\mathrm{j}\,\omega\mu\boldsymbol{H} \tag{2.10.7}$$

$$\nabla \times \boldsymbol{H} = \mathrm{j}\,\omega\varepsilon\boldsymbol{E} \tag{2.10.8}$$

$$\nabla \cdot \boldsymbol{E} = 0 \tag{2.10.9}$$

$$\nabla \cdot \boldsymbol{H} = 0 \tag{2.10.10}$$

式(2.10.7)两端取旋度，并利用式(2.10.8)，再利用矢量恒等式$\nabla \times \nabla \times \boldsymbol{E} = \nabla(\nabla \cdot \boldsymbol{E}) - \nabla^2\boldsymbol{E}$及式(2.10.9)，可得

$$\nabla^2\boldsymbol{E} + k^2\boldsymbol{E} = 0 \tag{2.10.11}$$

同理可得

$$\nabla^2\boldsymbol{H} + k^2\boldsymbol{H} = 0 \tag{2.10.12}$$

式中

$$k^2 = \omega^2\mu\varepsilon \tag{2.10.13}$$

式(2.10.11)和式(2.10.12)称为齐次亥姆霍兹方程或时谐场的齐次矢量波动方程。

应当指出，方程式(2.10.11)和式(2.10.12)的解并不能保证$\nabla \cdot \boldsymbol{E} = 0$和$\nabla \cdot \boldsymbol{H} = 0$。因此，仅满足方程式(2.10.11)与式(2.10.12)的解不一定是无源区域中电磁波的解，只有将方程式(2.10.11)与$\nabla \cdot \boldsymbol{E} = 0$、式(2.10.12)与$\nabla \cdot \boldsymbol{H} = 0$联立起来所得到的解，才能真正代表电磁波的解。

以上讨论的是无损耗媒质的情形，对于有损耗媒质，即$\sigma \neq 0$或$\varepsilon'' \neq 0$的情形，电磁场满足

$$\nabla \times \boldsymbol{E} = -\mathrm{j}\,\omega\mu\boldsymbol{H} \tag{2.10.14}$$

$$\nabla \times \boldsymbol{H} = \mathrm{j}\,\omega\varepsilon_f\boldsymbol{E} \tag{2.10.15}$$

$$\nabla \cdot \boldsymbol{E} = 0 \tag{2.10.16}$$

$$\nabla \cdot \boldsymbol{H} = 0 \tag{2.10.17}$$

比较方程组式(2.10.7)～式(2.10.10)与式(2.10.14)～式(2.10.17)可见，二者的差别仅在于$\boldsymbol{H}$的旋度方程中ε与ε_f的不同，因此，与无损耗媒质相比，有损耗媒质中电磁场的波动方程形式不变，只需将k用$k_f = \omega\sqrt{\mu\varepsilon_f}$代替，即

$$\nabla^2\boldsymbol{E} + k_f^2\boldsymbol{E} = 0 \tag{2.10.18}$$

$$\nabla^2\boldsymbol{H} + k_f^2\boldsymbol{H} = 0 \tag{2.10.19}$$

式中

$$k_f^2 = \omega^2\mu\varepsilon_f \tag{2.10.20}$$

可见，均匀线性的各向同性媒质中的时谐场，都必须满足齐次亥姆霍兹方程，只是媒质不同k的取值也不同，对于无损耗媒质，k为实数，有损耗媒质中的k_f为复数。无损耗媒质可视为有损耗媒质的特殊情形。

习　题

2.1　有两根长度为l，相互平行的均匀带电直线，分别带等量异号的电荷$\pm q$，它们

相隔距离为 l,试求此带电系统中心处的电场强度。

2.2　半径为 a 的圆面上均匀带电,电荷密度为 ρ_s,试求:

(1) 轴上离圆中心为 z 处的场强;

(2) 在保持 ρ_s 不变的情况下,当 $a\to0$ 和 $a\to\infty$ 的结果何?

(3) 在保持总电荷 $q=\pi a^2\rho_s$ 不变的情况下,当 $a\to0$ 和 $a\to\infty$ 结果又如何?

2.3　已知半径 a,载电流 I 的圆形回路,求圆环轴线上 h 处的磁场,并讨论 $h\to0$ 的情形。

2.4　证明在服从欧姆定律的线性、各向同性和均匀的导电媒质中,不可能存在不为零的净余自由电荷。

2.5　证明:在均匀电介质内部,极化电荷体密度 ρ_p 总是等于自由电荷体密度 ρ 的 $(\frac{\varepsilon_0}{\varepsilon}-1)$ 倍。

2.6　证明:在均匀磁介质内部,在稳定情况下磁化电流 $\boldsymbol{J}_m$ 总是等于传导电流 $\boldsymbol{J}$ 的 $(\frac{\mu}{\mu_o}-1)$ 倍。

2.7　已知半径为 a,介电常数为 ε 的介质球,带电荷量 q,求下列情况下空间各点的电场、极化电荷分布和总化电荷;

(1) 电荷 q 均匀分布于球体内;

(2) 电荷 q 集中于球心上。

2.8　已知半径为 a,介电常数为 ε 的无穷长直圆柱,单位长度带电荷量为 q,求下列情况下空间各点的电场、极化电荷分布和总的极化电荷:

(1) 电荷均匀分布于圆柱内;

(2) 电荷均匀分布于轴线上。

2.9　有一半径为 a 的导体球,它的中心位于两个均匀半无限大电介质的介界面上。它们的介电常数分别为 ε_1 和 ε_2,并设导体球上带电荷量 q,求电场强度、自由电荷和极化电荷分布。

2.10　设 $x<0$ 的半空间充满磁导率为 μ 的均匀介质,$x>0$ 的空间为真空。今有线电流 I 沿 z 轴流动,求磁场强度和磁化电流分布。

2.11　已知铜导线的直径为 1mm,$\varepsilon=\varepsilon_0$,$\mu=\mu_0$,$\sigma=5.8\times10^7\text{S/m}$。当导线中电流为 $I=2\cos2\pi\times50t(A)$ 时,导线中的位移电流密度为多少?

2.12　同轴线的内外导体半径分别为 $r_1=5\text{mm}$、$r_2=6\text{mm}$,内外导体间填充 $\varepsilon_r=6.7$ 的电介质,外加电压 $U=250\sin377t(\text{V})$,求介质中的位移电流密度。

2.13　有一电子以 $v=10^6\text{m/s}$ 的速度作匀速直线运动,在与其轨道相垂直的平面内有一半径 $a=5\text{cm}$ 的圆面积,圆心在轨道上。当电子运动到距此圆心为 5cm 时,求通过圆面积位移电流。

2.14　已知空间某处电场和磁场的瞬时值表示分别为

$$\boldsymbol{E}=E_0\cos(\omega t-k_0z)\boldsymbol{a}_x$$

$$\boldsymbol{H}=\zeta_0E_0\cos(\omega t-k_0z)\boldsymbol{a}_y$$

其中 ζ_0 是常数。

(1) 求瞬时坡印亭矢量 $\boldsymbol{S}$;

(2) 由(1) 的结果求时间平均功率流密度 $\boldsymbol{S}_{av}$。

2.15 已知空间某处电场和磁场的瞬时表示式为

$$\boldsymbol{E} = E_0 e^{-\alpha z}\cos(\omega t - \beta z)\,\boldsymbol{a}_x$$

$$\boldsymbol{H} = \zeta_0 E_0 e^{-\alpha z}\cos(\omega t - \beta z - \theta)\,\boldsymbol{a}_y$$

先将 $\boldsymbol{E}$ 和 $\boldsymbol{H}$ 用复数形式表示后再求 $\boldsymbol{S}_{av}$。

2.16 已知空间某处的电场和磁场为

$$\boldsymbol{E} = \boldsymbol{a}_x E_0\cos(\omega t - K_0 z) + \boldsymbol{a}_y E_0\sin(\omega t - K_0 z)$$

$$\boldsymbol{H} = -\boldsymbol{a}_x\zeta_0 E_0\sin(\omega t - K_0 z) + \boldsymbol{a}_y\zeta_0 E_0\cos(\omega t - K_0 z)$$

求 $\boldsymbol{P}$ 和 $\boldsymbol{P}_{av}$。

2.17 已知自由空间的电磁场为

$$\boldsymbol{E} = \boldsymbol{a}_x\,1\,000\cos(\omega t - \beta z)\ \text{V/m}$$

$$\boldsymbol{H} = \boldsymbol{a}_y\,2.65\cos(\omega t - \beta z)\ \text{A/m}$$

式中 $\beta = \omega\sqrt{\mu_0\varepsilon_0} = 0.42\text{rad/m}$。求:(1) 瞬时坡印廷矢量;(2) 平均坡印廷矢量;(3) 任一时刻流入图示的平行六面体(长为 1m,横截面积为 0.25m^2) 中的净功率。

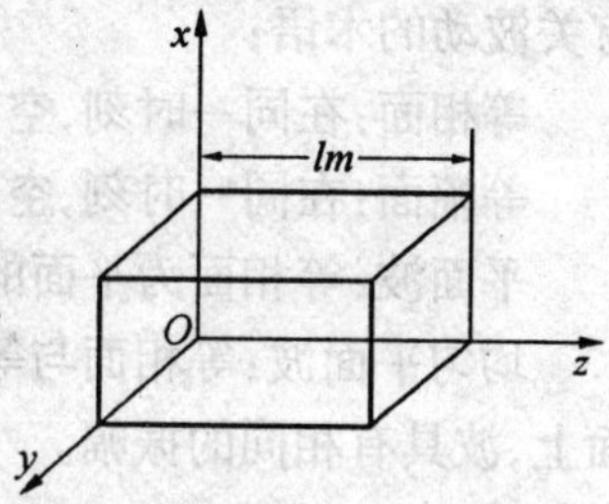

图 2.17

2.18 已知无源的空气中的电场为

$$\boldsymbol{E} = \boldsymbol{a}_y 0.1\sin(10\pi x)\cos(6\pi\times 10^9 t - \beta z)\ \text{V/m}$$

利用麦克斯韦方程求相应的 H 以及常数 β。

2.19 已知无源的真空中的磁场为

$$\boldsymbol{H} = \boldsymbol{a}_y 2\cos(15\pi x)\sin(6\pi\times 10^9 t - \beta z)\ \text{A/m}$$

由麦克斯韦方程求出相应的 E 以及常数 β。

2.20 同轴电缆的内导体半径 $a = 1\text{mm}$,外导体内半径 $b = 4\text{mm}$,内外导体间为空气介质,且电场强度为

$$\boldsymbol{E} = \boldsymbol{a}_r\frac{100}{r}\cos(10^8 t - 0.5z)\ \text{V/m}$$

(1) 求磁场强度 H 的表达式;(2) 求内导体表面的电流密度;(3) 计算 $0\leqslant z\leqslant 1\text{m}$ 中的位移电流。

2.21 自由空间中正弦波的亥姆霍兹方程为$(\nabla^2 + k^2)\boldsymbol{E} = 0$,证明 $\boldsymbol{E} = E_0 e^{-jkx}\boldsymbol{a}_x$ 满足该方程,其中 E_0 为常数。你能把它看作是电磁波吗?

2.22 自由空间中的亥姆霍兹方程为

$$\nabla^2\boldsymbol{E} + k_0^2\boldsymbol{E} = 0$$

其中 $k_0 = \omega\sqrt{\omega_0\mu_0}$,若 $\boldsymbol{E} = \boldsymbol{E}_0 e^{-j\boldsymbol{k}_0\cdot\boldsymbol{r}}$,$\boldsymbol{E}_0$ 为常矢,试说明:

(1) 该矢量满足亥姆霍兹方程的条件:

(2) 该矢量满足麦克斯韦方程的解的条件。

第三章　平面电磁波

麦克斯韦方程组指出，在时变条件下，电磁场以波动形式传播而形成电磁波。我们熟悉的无线电波、电视信号、X 射线和 γ 射线等都是电磁波的例子。

在无源区域、麦克斯韦方程组的最简单解是平面波。研究平面波的传播不仅有助于理解较复杂的波动现象，而且对于许多实际波动问题，它们也是很好的近似。例如，远离发射天线的某一小区域内的球面波可以近似地看作平面波。

本章主要研究平面波在无限大媒质中的传播规律和特点。为叙述方便，首先介绍几个有关波动的术语：

等相面：在同一时刻，空间振动相位相同的点组成的面称为等相面或波阵面。

等幅面：在同一时刻，空间振动幅度相同的点组成的面称为等幅面。

平面波：等相面为平面的波称为平面波。

均匀平面波：等相面与等幅面重合的平面波称为均匀平面波。即在均匀平面波的等相面上，波具有相同的振幅。

3.1　无损耗媒质中的均匀平面波

假设在无源的无界空间中充满了均匀线性各向同性的无损耗媒质（即 $\sigma = 0$，ε、μ 均为常数），当我们在其内讨论单频正弦电磁波时，可以从齐次亥姆霍兹方程

$$\nabla^2 \boldsymbol{E} + k^2 \boldsymbol{E} = 0 \qquad (\nabla \cdot \boldsymbol{E} = 0) \tag{3.1.1}$$

$$k^2 = \omega^2 \mu \varepsilon \tag{3.1.2}$$

出发来加以考虑。

我们研究方程(3.1.1)的一种最简单解，即均匀平面波解。设电磁波沿 z 轴方向传播，且电场 $\boldsymbol{E}$ 和磁场 $\boldsymbol{H}$ 只与 z 和 t 有关，而与 x 和 y 无关（$\frac{\partial \boldsymbol{E}}{\partial x} = \frac{\partial \boldsymbol{E}}{\partial y} = 0$）。在这种情况下，方程(3.1.1)变为

$$\frac{\mathrm{d}^2 \boldsymbol{E}(z)}{\mathrm{d}z^2} + k^2 \boldsymbol{E}(z) = 0 \tag{3.1.3}$$

其解为

$$\boldsymbol{E}(z) = \boldsymbol{E}_o \mathrm{e}^{-\mathrm{j}kz} \tag{3.1.4}$$

式中 $\boldsymbol{E}_o$ 是电场强度的复振幅矢量，一般情况下为复数矢量，且是一个常矢。

将式(3.1.4)代入 $\nabla \cdot \boldsymbol{E} = 0$，可得

$$\nabla \cdot (\boldsymbol{E}_o \mathrm{e}^{-\mathrm{j}kz}) = 0$$

应用矢量恒等式

$$\nabla\cdot(\varphi \boldsymbol{A}) = \varphi\nabla\cdot\boldsymbol{A} + \boldsymbol{A}\cdot\nabla\varphi$$

并考虑到 $\boldsymbol{E}_o$ 与位置无关，有

$$\nabla\cdot(\boldsymbol{E}_o \mathrm{e}^{-\mathrm{j}kz}) = \boldsymbol{E}_o\cdot\nabla\mathrm{e}^{-\mathrm{j}kz} = -\mathrm{j}k\boldsymbol{a}_z\cdot\boldsymbol{E} = 0$$

即要求 $E_z=0$。可见，对于沿 z 方向传播的均匀平面波，$\boldsymbol{E}$ 只存在横向分量 E_x、E_y，即

式(3.1.4)的瞬时值表达式为

$$\boldsymbol{E}(z,t) = \boldsymbol{E}_o\cos(\omega t - kz) \tag{3.1.5}$$

上式中，在任一固定时刻，等相位面 kz 为常数，即 z = 常数的平面，考虑到 $\boldsymbol{E}_o$ 为常矢，因此式(3.1.6)代表一均匀平面波，其等相位面与等幅面重合，我们再来研究相位 $\varphi=\omega t-kz$ 的物理意义。在时刻 $t=0$，相位是 $-kz$，$z=0$ 处的相位为零，但在时刻 t，相位变为 $\omega t-kz$，波峰平面移至 $\omega t-kz=0$ 即移至 $z=\dfrac{\omega}{k}t$ 处。因此，式(3.1.5)代表一个沿正 z 方向传播的均匀平面波。同理，$\boldsymbol{E}_o\cos(\omega t+kz)$ 则代表沿负 z 方向传播的均匀平面波。在无限大媒质中，只有沿单一方向(如 $+z$ 方向)传播的波。

式(3.1.4)代表沿 $+z$ 方向传播的均匀平面波，然而在许多场合，电磁波是沿任意方向 $\boldsymbol{n}$ 传播的，在此情形下，式(3.1.4)的更一般形式为

$$\boldsymbol{E}(x,y,z,t) = \boldsymbol{E}_o\mathrm{e}^{-\mathrm{j}(k_x x + k_y y + k_z z)} \tag{3.1.6}$$

式中

$$k_x^2 + k_y^2 + k_z^2 = k^2 = \omega^2\mu\varepsilon \tag{3.1.7}$$

容易证明上式满足齐次亥姆霍兹方程。

定义波矢量为

$$\boldsymbol{k} = \boldsymbol{a}_x k_x + \boldsymbol{a}_y k_y + \boldsymbol{a}_z k_z = k\boldsymbol{n} \tag{3.1.8}$$

位置矢量为

$$\boldsymbol{r} = \boldsymbol{a}_x x + \boldsymbol{a}_y y + \boldsymbol{a}_z z \tag{3.1.9}$$

则式(3.1.7)可简写为

$$\boldsymbol{E} = \boldsymbol{E}_o\mathrm{e}^{-\mathrm{j}\boldsymbol{k}\cdot\boldsymbol{r}} \tag{3.1.10}$$

式中 $\boldsymbol{n}$ 代表沿传播方向的单位矢量。式(3.1.10)即代表沿 $\boldsymbol{n}$ 方向传播的均匀平面波。

平面电磁波的磁场可由麦克斯韦方程 $\nabla\times\boldsymbol{E}=-\mathrm{j}\omega\mu\boldsymbol{H}$ 确定。为此，取式(3.1.10)的旋度，并利用矢量恒等式 $\nabla\times(\varphi\boldsymbol{A})=\nabla\varphi\times\boldsymbol{A}+\varphi(\nabla\times\boldsymbol{A})$

且考虑到 $\boldsymbol{E}_o$ 与位置无关，有

$$\nabla\times\boldsymbol{E} = \nabla\times\boldsymbol{E}_o\mathrm{e}^{-\mathrm{j}\boldsymbol{k}\cdot\boldsymbol{r}} = (\nabla\mathrm{e}^{-\mathrm{j}\boldsymbol{k}\cdot\boldsymbol{r}})\times\boldsymbol{E}_o = -\mathrm{j}\boldsymbol{k}\times\boldsymbol{E} \tag{3.1.11}$$

代入 $\nabla\times\boldsymbol{E}=-\mathrm{j}\omega\mu\boldsymbol{H}$，得

$$\boldsymbol{H} = \frac{1}{\omega\mu}\boldsymbol{k}\times\boldsymbol{E} = \sqrt{\frac{\varepsilon}{\mu}}\boldsymbol{n}\times\boldsymbol{E} = \frac{1}{\eta}\boldsymbol{n}\times\boldsymbol{E} \tag{3.1.12}$$

上式又可写为

$$\boldsymbol{E} = -\sqrt{\frac{\mu}{\varepsilon}}\boldsymbol{n}\times\boldsymbol{H} = \sqrt{\frac{\mu}{\varepsilon}}\boldsymbol{H}\times\boldsymbol{n} = \eta\boldsymbol{H}\times\boldsymbol{n} \tag{3.1.13}$$

式中

$$\eta = \sqrt{\frac{\mu}{\varepsilon}} \tag{3.1.14}$$

称为媒质的特性阻性(或称本征阻抗)。

式(3.1.12)表明 $\boldsymbol{E}$ 和 $\boldsymbol{H}$ 是正交的。

应当指出，$\boldsymbol{E}$ 和 $\boldsymbol{H}$ 还应满足 $\nabla\cdot\boldsymbol{E}=0$ 和 $\nabla\cdot\boldsymbol{H}=0$，为此，取式(3.1.10)的散度，并利用矢量恒等式 $\nabla\cdot(\varphi\boldsymbol{A})=\varphi\nabla\cdot\boldsymbol{A}+\boldsymbol{A}\cdot\nabla\varphi$，且考虑到 $\boldsymbol{E}_o$ 与位置无关，有

$$\nabla\cdot\boldsymbol{E} = \boldsymbol{E}_o\cdot\nabla e^{-j\boldsymbol{k}\cdot\boldsymbol{r}} = \boldsymbol{E}_o\cdot\boldsymbol{k}(-je^{-j\boldsymbol{k}\cdot\boldsymbol{r}}) = -j\boldsymbol{k}\cdot\boldsymbol{E} = 0$$

若场为非零解，则有

$$\boldsymbol{k}\cdot\boldsymbol{E}_o = 0 \tag{3.1.15}$$

同理可得

$$\boldsymbol{k}\cdot\boldsymbol{H}_o = 0 \tag{3.1.16}$$

式(3.1.2)、(3.1.15)和(3.1.16)表明，$\boldsymbol{E}$ 和 $\boldsymbol{H}$ 均垂直于传播方向 $\boldsymbol{k}$，且 $\boldsymbol{E}$、$\boldsymbol{H}$、$\boldsymbol{k}$ 三者相互正交，并满足右手螺旋关系。这种场量不存在传播方向上的纵向分量的电磁波，称为横电磁波，记为 TEM 波。

由式(3.1.12)可见，电场和磁场的振幅比为

$$\eta = \frac{|\boldsymbol{E}|}{|\boldsymbol{H}|} = \frac{\omega\mu}{k} = \sqrt{\frac{\mu}{\varepsilon}} \tag{3.1.17}$$

即等于媒质的特性阻抗，其单位为 Ω，它只与媒质的特性有关，是媒质的固有属性。在真空中

$$\eta_o = \sqrt{\frac{\mu_o}{\varepsilon_o}} = 120\pi(\Omega) \tag{3.1.18}$$

在无损耗媒质中，特性阻抗为实数，表明 $\boldsymbol{E}$ 和 $\boldsymbol{H}$ 同相位。

现在，我们考察式(3.1.10)的瞬时值表达式

$$\boldsymbol{E}(\boldsymbol{r},t) = \boldsymbol{E}_0\cos(\omega t - \boldsymbol{k}\cdot\boldsymbol{r})$$

其等相位面由 $\omega t - \boldsymbol{k}\cdot\boldsymbol{r} =$ 常数决定，如图 3.1 所示，设观察点位置矢量 $\boldsymbol{r}$ 与波矢量 $\boldsymbol{k}$ 之间的夹角为 θ，r_n 为 $\boldsymbol{r}$ 在 $\boldsymbol{k}$ 方向上的投影，在任一固定时刻上，等相位面即为由 $r_n =$ 常数($\boldsymbol{k}\cdot\boldsymbol{r}=$ 常数)所决定的平面。等相位面的移动速度可由 $\omega t - kr\cos\theta =$ 常数来确定。将上式两边对时间 t 求导数，可得

$$v_{pr} = \frac{dr}{dt} = \frac{\omega}{k\cos\theta} \tag{3.1.19}$$

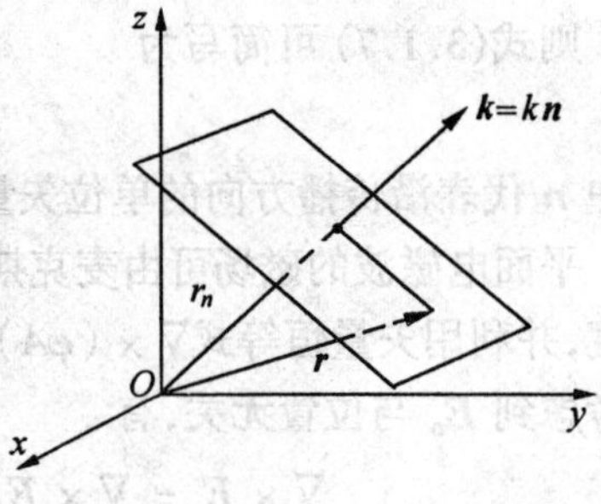

图 3.1

表示平面波的等相位面沿 $\boldsymbol{r}$ 方向的推进速度。

我们定义等相位面沿波阵面的法向($\theta = 0$)推进的速度为相速度或相速，记作 v，即

$$v = \frac{\omega}{k} = \frac{1}{\sqrt{\mu\varepsilon}} \tag{3.1.20}$$

在真空中，$v = c = \dfrac{1}{\sqrt{\mu_o\varepsilon_o}} \approx 3\times10^8\text{m/s}$。

比较式(3.1.19)与(3.1.20)可见，$v_{pr} \geqslant v$，在真空中 $v_{pr} = c/\cos\theta \geqslant c$。这似乎与相对论相矛盾，其实不然。因为 v_{pr} 随观察方向而异，并不代表电磁波的能量传 播速度，故称其为视在相速。在以后的学习中我们将会看到，引进视在相速的概念会给求解电磁波在不同媒质分界面的斜入射问题或导行波问题等带来很大方便。

因为电磁波以波动形式传播，故

$$v = \lambda f \tag{3.1.21}$$

或

$$k = \omega\sqrt{\mu\varepsilon} = \frac{2\pi f}{\lambda f} = \frac{2\pi}{\lambda} \tag{3.1.22}$$

k 表示包含在 2π 空间距离内的波长个数，称为波数，单位为 rad/m；λ 为波长。

图 3.2 画出了在某一时刻电场和磁场沿传播方向的分布，图中选取传播方向 z 方向，电场沿 x 方向，磁场沿 y 方向。由于 $\boldsymbol{E}_o$ 和 $\boldsymbol{H}_o$ 为常数，所以这是一个无衰减的等幅行波。

综上所述，无限大的无损耗媒质中的均匀平面电磁波具有如下特点：

(1) 电磁波为横波，$\boldsymbol{E}$、$\boldsymbol{H}$ 和 $\boldsymbol{k}$ 三者相互正交，并满足右手螺旋关系；

(2) 媒质的特性阻抗 η 为实数，$\boldsymbol{E}$ 和 $\boldsymbol{H}$ 同相；

(3) 是一个无衰减的等幅行波。

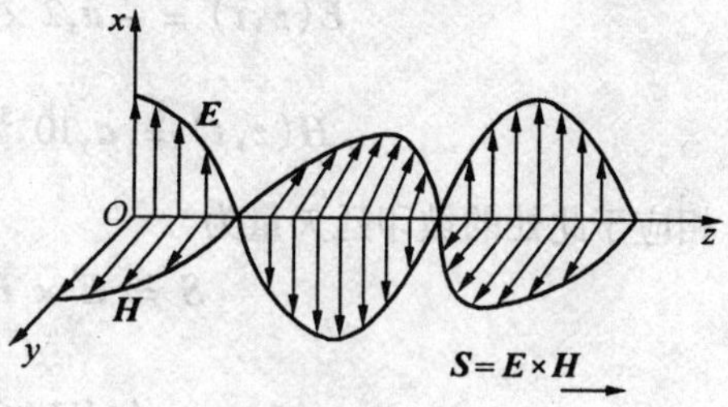

图 3.2

下面讨论均匀平面波的能量和能流。

由式(2.9.14)和式(2.9.15)，电场和磁场能量密度的平均值分别为

$$\overline{w}_e = \frac{1}{4}Re[\boldsymbol{E}\cdot\boldsymbol{D}^*] = \frac{1}{4}\varepsilon E_o^2$$

$$\overline{w}_m = \frac{1}{4}Re[\boldsymbol{B}\cdot\boldsymbol{H}^*] = \frac{1}{4}\mu H_o^2$$

对于均匀平面波，由式(3.1.18)，有 $\varepsilon E_o^2 = \mu H_o^2$，可见，电场能量密度的平均值等于磁场的能量密度的平均值，即

$$\overline{w}_e = \overline{w}_m \tag{3.1.22}$$

于是，电磁场能量密度的平均值表示为

$$\overline{w} = \frac{1}{2}\varepsilon E_o^2 = \frac{1}{2}\mu H_o^2 \tag{3.1.24}$$

平均坡印廷矢量为

$$\begin{aligned}\boldsymbol{S}_{av} &= \frac{1}{2}Re[\boldsymbol{E}\times\boldsymbol{H}^*] = \frac{1}{2}Re[\boldsymbol{E}\times(\sqrt{\frac{\varepsilon}{\mu}}\boldsymbol{n}\times\boldsymbol{E})^*] \\ &= \frac{1}{2}\sqrt{\frac{\varepsilon}{\mu}}Re[\boldsymbol{n}(\boldsymbol{E}\cdot\boldsymbol{E}^*) - \boldsymbol{E}^*(\boldsymbol{E}\cdot\boldsymbol{n})] \\ &= \frac{1}{2}\sqrt{\frac{\varepsilon}{\mu}}E_o^2\boldsymbol{n}\end{aligned} \tag{3.1.25}$$

【例 3.1】 理想介质中，有一沿 $+z$ 方向传播的均匀平面波，其角频率为 $\omega = 2\pi\times10^9$ rad/s，当 $t = 0$ 时，在 $z = 0$ 处，电场振幅 $\boldsymbol{E}_o = 2$mV/m，介质的 $\varepsilon_r = 4$，$\mu_r = 1$，求当 $t = 1\mu$s 时，在 $z = 62$m 处的电场、磁场和坡印亭矢量。

解： 设电场沿 x 方向，其瞬时值表达式为

$$\boldsymbol{E}(z,t) = \boldsymbol{a}_x E_o \cos(\omega t - kz)(\mathrm{V/m})$$

磁场 $\boldsymbol{H}(z,t)$ 为

$$\boldsymbol{H}(z,t) = \frac{1}{\eta}\boldsymbol{n} \times \boldsymbol{E}(z,t) = \sqrt{\frac{\varepsilon}{\mu}}\boldsymbol{a}_z \times \boldsymbol{a}_x E_o \cos(\omega t - kz)$$
$$= 10^{-5}\boldsymbol{a}_y \cos(\omega t - kz)(A/m)$$

因为

$$v = \frac{1}{\sqrt{\mu\varepsilon}} = 1.5 \times 10^8 (\mathrm{m/s})$$

所以

$$k = \frac{\omega}{v} = 40\pi/3(\mathrm{rad/m})$$

将 E_o、k、ω，及 $t = 1\mu\mathrm{s}$、$z = 62\mathrm{m}$ 代入场量表达式，得

$$\boldsymbol{E}(z,t) = -\boldsymbol{a}_x 2 \times 10^{-3}\cos\frac{2}{3}\pi = -\boldsymbol{a}_x 10^{-3}(\mathrm{V/m})$$

$$\boldsymbol{H}(z,t) = \boldsymbol{a}_y 10^{-5}\cos\frac{2}{3}\pi = -\boldsymbol{a}_y 5 \times 10^{-6}(\mathrm{A/m})$$

相应于此处的坡印廷矢量为

$$\boldsymbol{S} = \boldsymbol{E} \times \boldsymbol{H} = \boldsymbol{a}_z 5 \times 10^{-9}(\mathrm{W/m^2})$$

3.2 有损耗媒质中的均匀平面波

在上一节中我们讨论了无损耗媒质中电磁波的传播问题，但实际的媒质都是有损耗的，本节主要讨论平面电磁波在有损耗媒质中的传播特性。

假定在无源的无界空间中，充满了介电常数 $\varepsilon = \varepsilon' - \mathrm{j}\varepsilon''$，磁导率 μ 为实数，$\sigma \neq 0$ 的损耗媒质，且仍具有均匀线性及各向同性的特点。电磁场所满足的齐次亥姆霍兹方程为

$$\nabla^2 \boldsymbol{E} + k_f^2 \boldsymbol{E} = 0 \quad (\nabla \cdot \boldsymbol{E} = 0) \tag{3.2.1}$$

$$k_f^2 = \omega^2 \mu \varepsilon_f \tag{3.2.2}$$

其中

$$\varepsilon_f = \varepsilon' - \mathrm{j}\,\frac{\sigma + \omega\varepsilon''}{\omega}$$

为等效复介电常数。可见，损耗媒质中与无损耗媒质中齐次亥姆霍兹方程在形式上完全一致。因而电磁波解在形式上也应是一致的，差别仅在于损耗媒质中的 k_f 为复数。

方程式(3.2.1) 的平面波解为

$$\boldsymbol{E} = \boldsymbol{E}_o \mathrm{e}^{-\mathrm{j}\,\boldsymbol{k}_f \cdot \boldsymbol{r}} \tag{3.2.3}$$

由于 k_f 为复数，因此 $\boldsymbol{k}_f$ 是一个复矢量，一般地应表示为

$$\boldsymbol{k}_f = \boldsymbol{\beta} - \mathrm{j}\,\boldsymbol{\alpha} \tag{3.2.4}$$

式中 $\boldsymbol{\beta}$ 与 $\boldsymbol{\alpha}$ 的方向不一定一致，但对于无界的均匀损耗媒质，可取 $\boldsymbol{\beta}$ 与 $\boldsymbol{\alpha}$ 方向相同，即

$$\boldsymbol{k}_f = (\beta - \mathrm{j}\alpha)\boldsymbol{n} \tag{3.2.5}$$

式中 $\boldsymbol{n}$ 为电磁波传播方向的单位矢量。于是式(3.2.3) 又可写为

$$\boldsymbol{E} = \boldsymbol{E}_o \mathrm{e}^{-\boldsymbol{\alpha}\cdot\boldsymbol{r}} \mathrm{e}^{-\mathrm{j}\,\boldsymbol{\beta}\cdot\boldsymbol{r}} = \boldsymbol{E}_o \mathrm{e}^{-\alpha\boldsymbol{n}\cdot\boldsymbol{r}} \mathrm{e}^{-\mathrm{j}\beta\boldsymbol{n}\cdot\boldsymbol{r}} \tag{3.2.6}$$

下面求 α、β 的值，由

$$k_f^2 = (\beta - j\alpha)^2$$

可得

$$\beta^2 - \alpha^2 = \omega^2\mu\varepsilon'$$

$$\alpha\beta = \frac{1}{2}\omega\mu\sigma + \omega\varepsilon''$$

联解以上两式得

$$\alpha = \omega\sqrt{\mu\varepsilon'}\left\{\frac{1}{2}\left[\sqrt{1 + (\frac{\sigma + \omega\varepsilon''}{\omega\varepsilon})^2} - 1\right]\right\}^{1/2}$$

$$\beta = \omega\sqrt{\mu\varepsilon'}\left\{\frac{1}{2}\left[\sqrt{1 + (\frac{\sigma + \omega\varepsilon''}{\omega\varepsilon})^2} + 1\right]\right\}^{1/2}$$

关于磁场，可由式(3.1.13)求出，其与电场的关系为

$$\boldsymbol{H} = \frac{1}{\omega\mu}\boldsymbol{k} \times \boldsymbol{E} = \sqrt{\frac{\varepsilon_f}{\mu}}\boldsymbol{n} \times \boldsymbol{E} = \frac{1}{\eta}\boldsymbol{n} \times \boldsymbol{E} \tag{3.2.7}$$

式中 $\eta = \sqrt{\frac{\mu}{\varepsilon_f}}$ 称为媒质的特性阻抗。

式(3.2.6)代表的电磁波的等相面和等幅面均为 $\boldsymbol{n} \cdot \boldsymbol{r} =$ 常数的平面，因此，这是一均匀平面波。与无损耗媒质中的均匀平面波解相比，其差别仅在于损耗媒质中均匀平面波解的波数 k_f 为复数。但这并不影响其横波特性，且电场 $\boldsymbol{E}$、磁场 $\boldsymbol{H}$ 和传播方向 $\boldsymbol{n}$ 之间仍服从右手螺旋关系。但正是由于这一差别，导致损耗媒质中均匀平面波一些新的特点。

为讨论简单起见，设均匀平面波沿 z 方向传播，由式(3.2.6)，并考虑到 $\boldsymbol{n} \cdot \boldsymbol{r} = \boldsymbol{a}_z \cdot \boldsymbol{r} = z$，可得

$$\boldsymbol{E} = \boldsymbol{E}_o e^{-\alpha z} e^{-j\beta z} \tag{3.2.8}$$

由此式可看出：

(1) 平面波的振幅为 $\boldsymbol{E}_o e^{-\alpha z}$，表明场量随 z 的增大按指数的规律减小，$e^{-\alpha z}$ 称为衰减因子，α 称为衰减常数，单位为 Np/m(奈培／米)。

为了衡量衰减的快慢，定义波振幅衰减到初值的 $1/e$ 倍时，波所传播的距离 δ 为穿透深度，即

$$\delta = \frac{1}{\alpha} \tag{3.2.9}$$

因此，损耗媒质中的均匀平面波是一个衰减的行波。

(2) 指数因子 $e^{-j\beta z}$ 表示沿 z 方向传播的平面波，$e^{-j\beta z}$ 是相位因子，β 表示波传播单位距离所产生的相移量，称为相位常数，单位是 rad/m。

式(3.2.8)的瞬时值表达式为

$$\boldsymbol{E}(z,t) = \boldsymbol{E}_o e^{-\alpha z}\cos(\omega t - \beta z) \tag{3.2.10}$$

等相位面方程为 $\omega t - \beta z =$ 常数，于是相速度为

$$v = \frac{dz}{dt} = \frac{\omega}{\beta} \tag{3.2.11}$$

且
$$\lambda = \frac{2\pi}{\beta} \tag{3.2.12}$$
由于 β 与 ω 之间存在着复杂关系，在损耗媒质中，波的传播速度与频率有关，即 v 是频率的函数，这种现象称为色散，相应的媒质称为色散媒质，损耗媒质即为色散媒质。

由式(3.2.7)可见，电场和磁场的振幅比仍为媒质的特性阻抗 $\eta = \sqrt{\frac{\mu}{\varepsilon_f}}$ 显然，η 是一复数，一般可表示为
$$\eta = |\eta| e^{j\theta} \tag{3.2.13}$$
其中
$$|\eta| = \sqrt{\frac{\mu}{\varepsilon'}} / [1 + (\frac{\sigma + \omega\varepsilon''}{\omega\varepsilon'})^2]^{1/4} \tag{3.2.14}$$
$$\theta = \frac{1}{2}\mathrm{tg}^{-1}\frac{\sigma + \omega\varepsilon''}{\omega\varepsilon'} \tag{3.2.15}$$
于是
$$E_o = \eta H_o = |\eta| e^{j\theta} H_o \tag{3.2.15}$$
可见，在损耗媒质中，平面波的电场和磁场间存在一固定相位差，图 3.3 给出了均匀平面波在损耗媒质中的传播情况。可以看出，在 $z = 0$ 到 $z = Z_2$ 这个 $\lambda/4$ 范围内，坡印廷矢量 $\boldsymbol{S} = \boldsymbol{E} \times \boldsymbol{H}$ 并不都是沿 z 方向，其中在 O 到 Z_1 这一范围内，$\boldsymbol{S}$ 沿 $+z$ 方向，而在 Z_1 到 Z_2 这一范围内，$\boldsymbol{S}$ 沿 $-z$ 方向，这正是由于电场和磁场之间存在相位差，

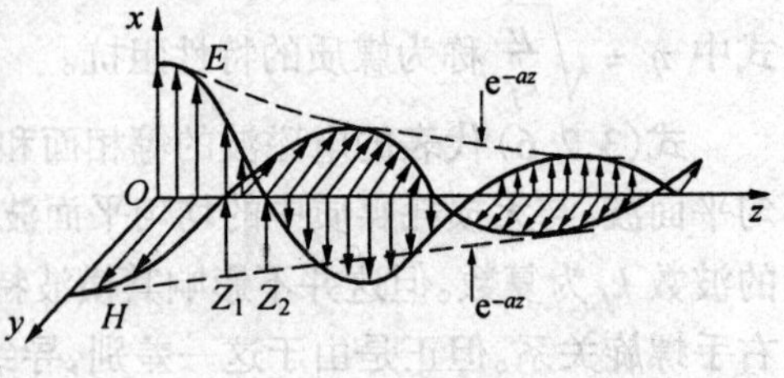

图 3.3

产生了功率流的回授现象。当相位差 $\theta = \frac{\pi}{2}$ 时，可以看到两相邻 $\lambda/4$ 区域的坡印廷矢量反向，沿 z 轴没有能量传输，而只是来回振荡。

综上所述，与无界无损耗媒质中的均匀平面波相比，损耗媒质中的均匀平面波有如下特点：

(1) 电磁波仍为横波，$\boldsymbol{E}$、$\boldsymbol{H}$ 和 $\boldsymbol{k}$ 之间相互正交、且服从右手螺旋关系；

(2) 相速度与频率有关，损耗媒质为色散媒质；

(3) 媒质的特性阻抗 η 为复数，电场和磁场间存在相位差；

(4) 电磁波是一个衰减的行波，且在传播过程中存在功率流的回授现象。

由于 α 和 β 的值取决于媒质的特性，所以下面我们再对不同媒质的情况作一简单讨论。

(1) 理想介质($\sigma = \varepsilon'' = 0$)
$$\alpha = 0, \quad \beta = \omega\sqrt{\mu\varepsilon}$$
这就是第一节中所讨论情况。

(2) 良介质($\sigma = 0, \varepsilon'' \ll \varepsilon'$)
$$\alpha \approx \frac{\omega\varepsilon''}{2}\sqrt{\frac{\mu}{\varepsilon'}}, \quad \beta \approx \omega\sqrt{\mu\varepsilon'}$$

可以看出，在良介质中，β与理想介质中的情况近似相等，但衰减常数并不为零，当ε''很小时，衰减并不严重，随着频率的升高，衰减加剧。

(3) 理想导体($\sigma = \infty$, $\varepsilon'' = 0$)

$$\alpha = \beta = \infty$$

$\alpha = \infty$，说明电磁波在理想导体中立即衰减到零；$\beta = \infty$，说明波长相速均为零。因此，电磁波不能进入理想导体内部。

(4) 良导体($\sigma \gg \omega\varepsilon'$, $\varepsilon'' = 0$)

$$\alpha = \beta \approx \sqrt{\frac{\omega\mu\sigma}{2}} = \sqrt{\pi f\mu\sigma}$$

可见，在良导体中的电磁波随σ、μ的增大和ω的升高衰减得更快。

良导体的特性阻抗为

$$\eta = \sqrt{\frac{\mu}{\varepsilon_f}} \approx \sqrt{\frac{\mathrm{j}\,\omega\mu}{\sigma}} = (1 + \mathrm{j})\sqrt{\frac{\omega\mu}{2\sigma}} = R_s + \mathrm{j}\,X_s$$

式中应用了$\sqrt{\mathrm{j}} = \mathrm{e}^{\mathrm{j}\frac{\pi}{4}} = (1 + \mathrm{j})/\sqrt{2}$。特性阻抗$\eta$的辐角为$\pi/4$，说明良导体中磁场的相位滞后于电场$\pi/4$。$R_s$称为表面电阻。

良导体中的相速度为

$$v = \frac{\omega}{\beta} = \sqrt{\frac{2\omega}{\mu\sigma}}$$

在良导体中，穿透深度为

$$\delta = \sqrt{\frac{2}{\omega\mu\sigma}} = \frac{1}{\sqrt{\pi f\mu\sigma}}$$

由上式可见，电磁波的工作频率越高，δ越小，电导率σ越大，δ越小，显然理想导体的$\delta = 0$。由于良导体σ很大，对于高频电磁波，δ通常很小。例如金属铜，其$\sigma = 5.7 \times 10^7$S/m，当$f = 100$ MHz时，$\delta = 6.7 \times 10^{-4}$cm。由此可以得出结论：对于高频电磁波，其电磁场仅集中在导体表面很薄的一层内，相应的高频电流也集中在导体表面很薄的一层内流动，这种现象称为趋肤效应，它在工业上有重要应用。例如电磁屏蔽，工作的高频淬火、多股线以及高频器件镀银等。

(5) 半导体($\varepsilon'' = 0$, σ与$\omega\varepsilon'$可比拟)

$$\alpha = \omega\sqrt{\mu\varepsilon'}\left\{\frac{1}{2}\left[\sqrt{1 + \left(\frac{\sigma}{\omega\varepsilon'}\right)^2} - 1\right]\right\}^{1/2}$$

$$\beta = \omega\sqrt{\mu\varepsilon'}\left\{\frac{1}{2}\left[\sqrt{1 + \left(\frac{\sigma}{\omega\varepsilon'}\right)^2} + 1\right]\right\}^{1/2}$$

(6) 一般绝缘介质($\sigma = 0$, ε''与ε'可比拟)

$$\alpha = \omega\sqrt{\mu\varepsilon'}\left\{\frac{1}{2}\left[\sqrt{1 + \left(\frac{\varepsilon''}{\varepsilon'}\right)^2} - 1\right]\right\}^{1/2}$$

$$\beta = \omega\sqrt{\mu\varepsilon'}\left\{\frac{1}{2}\left[\sqrt{1 + \left(\frac{\varepsilon''}{\varepsilon'}\right)^2} + 1\right]\right\}^{1/2}$$

【例 3.2】　干燥土壤的$\varepsilon_r = 4$、$\mu_r = 1$、$\sigma = 10^{-3}$S/m，今有$\omega = 2\pi \times 10^7$rad/s的均匀

平面波在其中传播,求传播速度、波长及振幅衰减到 $1/10^6$ 倍时传播的距离。假设 $\epsilon'' = 0$。

解 $\omega\epsilon' = 2\pi \times 10^7 \times 4 \times \dfrac{1}{36\pi} \times 10^{-9} \approx 2.2 \times 10^{-3}(\mathrm{S/m})$,

可与 σ 相比,视为是半导体。

$$\alpha = \omega\sqrt{\mu\epsilon'}\left\{\frac{1}{2}\left[\sqrt{1 + \left(\frac{\sigma}{\omega\epsilon'}\right)^2} - 1\right]\right\}^{1/2} \approx 8.9 \times 10^{-2}(\mathrm{Np/m})$$

$$\beta = \omega\sqrt{\mu\epsilon'}\left\{\frac{1}{2}\left[\sqrt{1 + \left(\frac{\sigma}{\omega\epsilon'}\right)^2} + 1\right]\right\}^{1/2} \approx 0.43(\mathrm{rad/m})$$

所以

$$v = \frac{\omega}{\beta} \approx \frac{2\pi \times 10^7}{0.43} = 1.46 \times 10^8(\mathrm{m/s})$$

$$\lambda = \frac{2\pi}{\beta} = \frac{2\pi}{0.43} \approx 14.6(\mathrm{m})$$

设衰减到 $1/10^6$ 倍时传播的距离为 d,则

$$e^{-\alpha d} = 10^{-6}$$

$$d \approx 155(\mathrm{m})$$

3.3　平面电磁波的极化

电磁波的极化通常是用空间中一固定点上电场矢量 $\boldsymbol{E}$ 的空间取向随时间变化的方式来定义的。从空间中一固定观察点看,当 $\boldsymbol{E}$ 的矢端沿着直线运动时,则这种波称为线极化波,当 $\boldsymbol{E}$ 的矢端轨迹是圆时,则称为圆极化波;若 $\boldsymbol{E}$ 的矢端轨迹是椭圆则称为椭圆极化波。显然,线极化和圆极化是椭圆极化波的两种特殊情况。对于圆极化和椭圆极化波 $\boldsymbol{E}$ 的矢端可以是顺时针方向旋转或者逆时针方向旋转。如果右手拇指指向传播方向,而其它四指指向 $\boldsymbol{E}$ 的矢端运动方向,波就是右旋极化的,若左手拇指指向传播方向,而其它四指指向 $\boldsymbol{E}$ 的矢端运动方向,波就是左旋极化的。

下面讨论均匀平面波的三种极化状态。

均匀平面波是横波、场量没有沿传播方向的分量。因此,在一般情况下,沿 z 轴方向传播的均匀平面波的电场矢量 $\boldsymbol{E}$ 可以分解为两个相互正交的分量 E_x 和 E_y,设其振幅分别为 E_{xm} 和 E_{ym},初相位分别为 φ_x 和 φ_y,则这两个分量的表达式可写为

$$E_x = E_{xm}e^{-j(kz-\varphi_x)}$$

$$E_y = E_{ym}e^{-j(kz-\varphi_y)}$$

合成场为

$$\boldsymbol{E} = \boldsymbol{a}_x E_x + \boldsymbol{a}_y E_y = \boldsymbol{a}_x E_{xm}e^{-j(kz-\varphi_x)} + \boldsymbol{a}_y E_{ym}e^{-j(kz-\varphi_y)} \tag{3.3.1}$$

它们的瞬时值表达式分别为

$$E_x(z,t) = E_{xm}\cos(\omega t - kz + \varphi_x) \tag{3.3.2}$$

$$E_y(z,t) = E_{ym}\cos(\omega t - kz + \varphi_y) \tag{3.3.3}$$

$$\boldsymbol{E}(z,t) = \boldsymbol{a}_x E_{xm}\cos(\omega t - kz + \varphi_x) + \boldsymbol{a}_y E_{ym}\cos(\omega t - kz + \varphi_y) \tag{3.3.4}$$

下面我们来研究该平面在任一横截面，例如 $z = 0$ 的横截面上的三种极化状态。

(1) 直线极化

若 E_x 和 E_y 同相，即 $\varphi_x = \varphi_y$ 合成场的大小为

$$E(0,t) = \sqrt{E_{xm}^2 + E_{ym}^2}\cos(\omega t + \varphi_x) \tag{3.2.5}$$

它与 x 轴的夹角为

$$\alpha = \mathrm{tg}^{-1}\frac{E_{ym}}{E_{xm}}$$

可见，合成场的大小随时间变化，但方向保持在一条直线上，即电场矢量的矢端在一条直线上来回振动，故为直线极化波，如图 3.4(a) 所示。

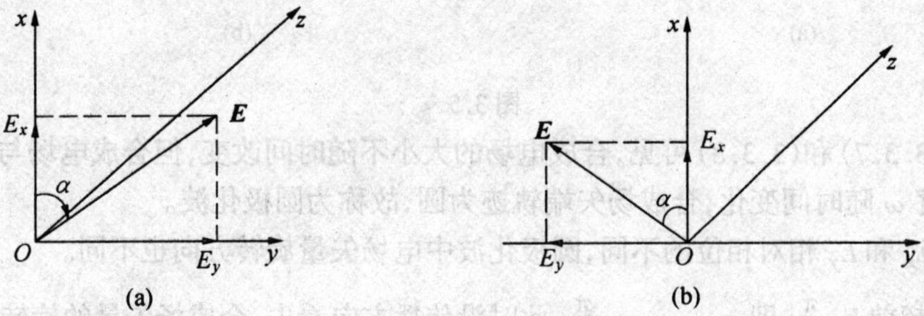

图 3.4

若 E_x 和 E_y 反相，即 $\varphi_x - \varphi_y = \pi$，合成场的大小为

$$E(0,t) = \sqrt{E_{xm}^2 + E_{ym}^2}\cos(\omega t + \varphi_x) \tag{3.3.6}$$

它与 x 轴的夹角为

$$\alpha = -\mathrm{tg}^{-1}\frac{E_{ym}}{E_{xm}}$$

可见，此时的合成波仍为一线极化波，只是极化方向不同，如图 3.4(b) 所示。

(2) 圆极化

若 E_x 和 E_y 分量的振幅相等且相位差为 $\pm\frac{\pi}{2}$，即

$$E_{xm} = E_{ym}$$

$$\varphi_x - \varphi_y = \pm\frac{\pi}{2}$$

$z = 0$ 平面上电场分量的 E_x、E_y 分别为

$$E_x(0,t) = E_{xm}\cos(\omega t + \varphi_x)$$

$$E_y(0,t) = \pm E_{xm}\sin(\omega t + \varphi_x)$$

合成场大小为

$$E(0,t) = \sqrt{E_x^2 + E_y{}^2} = E_{xm} \tag{3.3.7}$$

它与 x 轴的夹角为

$$\alpha = \mathrm{tg}^{-1}\left[\frac{\pm\sin(\omega t + \varphi_x)}{\cos(\omega t + \varphi_x)}\right] = \mathrm{tg}^{-1}[\pm\mathrm{tg}(\omega t + \varphi_x)]$$

$$= \pm(\omega t + \varphi_x) \tag{3.3.8}$$

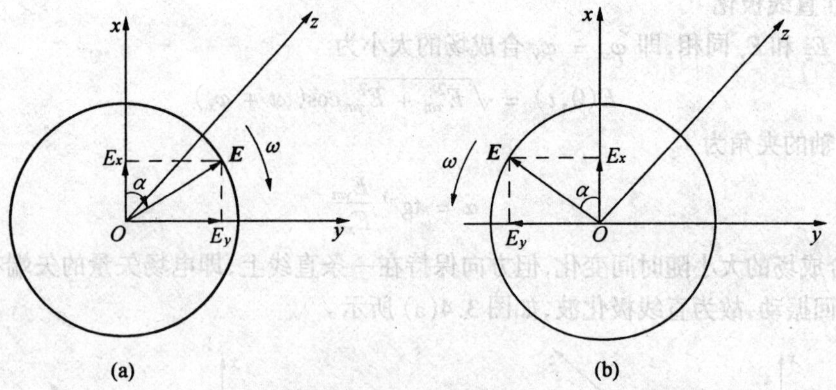

图3.5

由式(3.3.7)和(3.3.8)可见,合成电场的大小不随时间改变,但合成电场与 x 轴的夹角以角速度 ω 随时间变化,合成场矢端轨迹为圆,故称为圆极化波。

根据 E_x 和 E_y 相对相位的不同,圆极化波中电场矢量旋转方向也不同。

若 E_x 超前 $E_y\ \frac{\pi}{2}$,即 $\varphi_x - \varphi_y = \frac{\pi}{2}$。此时沿传播方向看去,合成场矢量的旋转方向为顺时针方向,与波的传播方向($+z$)构成右手螺旋关系,故为右旋圆极化波,如图3.5(a)所示。由式(3.3.1)可知该电磁波可表示为

$$\boldsymbol{E}(z) = E_{xm}(\boldsymbol{a}_x - \mathrm{j}\boldsymbol{a}_y)\mathrm{e}^{-\mathrm{j}kz} \tag{3.3.9}$$

若 E_y 超前 $E_x\ \frac{\pi}{2}$、即 $\varphi_x - \varphi_y = -\frac{\pi}{2}$。此时沿传播方向看去,合成场矢量旋转方向为逆时针方向,与波的传播方向($+z$)构成左手螺旋关系,故为左旋圆极化波,如图3.5(b)所示。由式(3.3.1)可知该电磁波可表示为

$$\boldsymbol{E}(z) = E_{xm}(\boldsymbol{a}_x + \mathrm{j}\boldsymbol{a}_y)\mathrm{e}^{-\mathrm{j}kz} \tag{3.3.10}$$

由上面的分析可知,合成场矢量的旋转方向总是从相位超前的电场分量向相位滞后的电场分量方向旋转。因此,判断圆极化波是左旋极化还是右旋极化,必须首先确定电磁波的传播方向,然后根据 x 分量和 y 分量间的相位关系确定合成场矢量的旋转方向。若旋转方向和传播方向之间,满足右手螺旋关系,即为右旋圆极化波;反之,若旋转方向和传播方向之间满足左手关系,即为左旋圆极化波。

(3) 椭圆极化

一般情况下,E_x 和 E_y 分量的振幅不等,相位差也不是 $n\pi$,即 $E_{xm} \neq E_{ym}$,$\varphi_x - \varphi_y \neq n\pi$,则式(3.3.4)代表一个椭圆极化波,它在 $z=0$ 平面上 E_x、E_y 分量分别为

$$E_x = E_{xm}\cos(\omega t + \varphi_x) \tag{3.3.11}$$

$$E_y = E_{ym}\cos(\omega t + \varphi_y) \tag{3.3.12}$$

从以上两式中消去时间 t,可得

$$\frac{E_x^2}{E_{xm}^2} + \frac{E_y^2}{E_{ym}^2} - 2\frac{E_xE_y}{E_{xm}E_{ym}}\cos(\varphi_x - \varphi_y) = \sin^2(\varphi_x - \varphi_y) \tag{3.3.13}$$

这是一非标准形式的椭圆方程，它表明合成波电场矢量的矢端轨迹是一椭圆，如图 3.6 所示，该椭圆的长轴与 x 轴的夹角 θ 为

$$\mathrm{tg}2\theta = \frac{2E_{xm}E_{ym}}{E_{xm}^2 - E_{ym}^2}\cos(\varphi_x - \varphi_y) \tag{3.3.13}$$

合成场矢量方向与 x 轴的夹角为

$$\alpha = \mathrm{tg}^{-1}\left[\frac{E_{ym}\cos(\omega t + \varphi_y)}{E_{xm}\cos(\omega t + \varphi_x)}\right]$$

极化矢量的旋转角速度为

$$\frac{\mathrm{d}\alpha}{\mathrm{d}t} = \frac{E_{xm}E_{ym}\omega\sin(\varphi_x - \varphi_y)}{E_{xm}^2\cos^2(\omega t + \varphi_x) + E_{ym}^2\cos^2(\omega t + \varphi y)}$$

上式表示合成的矢量的旋转角速度 $\frac{\mathrm{d}\alpha}{\mathrm{d}t}$ 是随时间变化的。当 $\varphi_x - \varphi_y > 0$ 时，合成场矢量旋转方向为逆时针方向（即右旋椭圆极化波）；当 $\varphi_x - \varphi_y < 0$ 时，合成场矢量旋转方向为顺时针方向（即左旋椭圆极化波）。

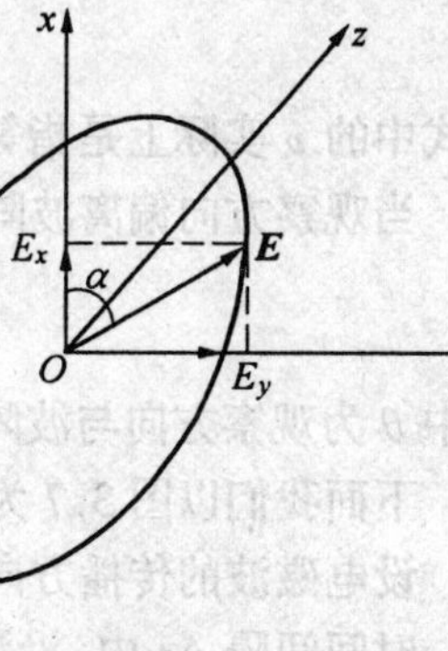

图 3.6

【例 3.3】 证明任一线极化波可分解为两个振幅相等、旋向相反的圆极化波的迭加。

证明：为简单起见，设电磁沿 $+z$ 方向传播，线极化波的电场 $\boldsymbol{E}$ 沿 x 方向极化，则

$$\boldsymbol{E}(z) = \boldsymbol{a}_x E_o \mathrm{e}^{-\mathrm{j}kz}$$

上式可写为

$$\boldsymbol{E}(z) = \frac{1}{2}(\boldsymbol{a}_x + \mathrm{j}\boldsymbol{a}_y)E_o\mathrm{e}^{-\mathrm{j}kz} + \frac{1}{2}(\boldsymbol{a}_x - \mathrm{j}\boldsymbol{a}_y)E_o\mathrm{e}^{-\mathrm{j}kz}$$

由上式可见，第一项代表左旋圆极化波，第二项代表右旋圆极化波，因而上述问题得证。

与此相反，两个振幅相等，旋向相反的圆极化波的迭加是一线极化波。

【例 3.4】 证明椭圆极化波 $\boldsymbol{E}(z) = (\boldsymbol{a}_x E_1 + \mathrm{j}\boldsymbol{a}_y E_2)\mathrm{e}^{-\mathrm{j}\beta z}$ 可以分解为两个不等幅的圆极化波。

证明：令 $\boldsymbol{E}(z) = (\boldsymbol{a}_x E_1 + \mathrm{j}\boldsymbol{a}_y E_2)\mathrm{e}^{-\mathrm{j}\beta z}$

$$= (\boldsymbol{a}_x + \mathrm{j}\boldsymbol{a}_y)E'\mathrm{e}^{-\mathrm{j}\beta z} + (\boldsymbol{a}_x - \mathrm{j}\boldsymbol{a}_y)E''\mathrm{e}^{-\mathrm{j}\beta z}$$

比较上式两端，得

$$E' + E'' = E_1, E' - E'' = E_2$$

解得

$$E' = (E_1 + E_2)/2, \quad E'' = (E_1 - E_2)/2$$

故

$$\boldsymbol{E}(z) = \frac{1}{2}(\boldsymbol{a}_x + \mathrm{j}\boldsymbol{a}_y)(E_1 + E_2)\mathrm{e}^{-\mathrm{j}\beta z} + \frac{1}{2}(\boldsymbol{a}_x - \mathrm{j}\boldsymbol{a}_y)(E_1 - E_2)\mathrm{e}^{-\mathrm{j}\beta z}$$

上式右端第一项和第二项分别代表左旋圆极化波和右旋圆极化波，且其幅值不等。因而上述问题得证。

事实上，任一椭圆极化波均可分解为两个圆极化波的叠加。

3.4 相速和群速

前面几节我们讨论的均是单色均匀平面波，其相速度为

$$v_p = \frac{\omega}{\beta} \tag{3.4.1}$$

上式中的 v 实际上是指等相位面沿波阵面的法线方向的移动速度。

当观察方向偏离波阵面的法向时，我们在 3.1 节中已经引入视在相速的概念，即

$$v_{pr} = \frac{\omega}{\beta\cos\theta} \tag{3.4.2}$$

式中 θ 为观察方向与波阵面法向间的夹角。

下面我们以图 3.7 为例来进一步说明视在相速与相速的关系。

设电磁波的传播方向 $\boldsymbol{n}_i$ 与 z 轴间的夹角为 θ_i，并设在某一时间间隔 Δt 内，沿波阵面的法向 $\boldsymbol{n}_i$ 方向等相位面移动一段 $\overline{\boldsymbol{AB}}$，沿 x 方向移动一段距离 $\overline{\boldsymbol{DB}}$，而沿 z 方向看移动一段距离 $\overline{\boldsymbol{AC}}$。由于

$$\overline{DB} = \overline{\boldsymbol{AB}}/\cos\left(\frac{\pi}{2} - \theta_i\right) = \overline{\boldsymbol{AB}}/\sin\theta_i > \boldsymbol{AB}$$

$$\overline{AC} = \overline{\boldsymbol{AB}}/\cos\theta_i > \overline{\boldsymbol{AB}}$$

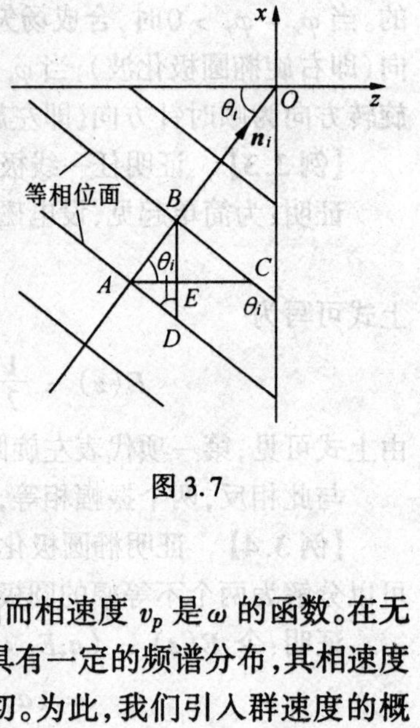

图 3.7

因此沿 x 轴和沿 z 轴方向的视在相速分别为

$$v_{px} = v/\sin\theta_i = \omega/\beta\sin\theta_i > v$$

$$v_{pz} = v/\cos\theta_i = \omega/\beta\cos\theta_i > v$$

由以上两式可见，观察方向偏离阵面法向的角度越大，视在相速越大，视在相速永远大于或等于相速。

在色散媒质中，相移常数 β 与 ω 间具有非线性关系，因而相速度 v_p 是 ω 的函数。在无线电工程中传递各种信号时都是利用调制了的电磁波，它具有一定的频谱分布，其相速度 $v(\omega)$ 也有一相应的分布，合成波的相速度的意义就不确切。为此，我们引入群速度的概念。

下面通过一个特例来阐述群速度的概念及其意义。

设有振幅相等，沿 x 轴方向极化，沿 z 轴方向传播的两个单色均匀平面波，其频率分别为 $\omega + \Delta\omega$ 和 $\omega - \Delta\omega$，与之相应的相移常数分别为 $\beta + \Delta\beta$ 和 $\beta - \Delta\beta$，由于 $\Delta\omega$ 很小，故 $\Delta\beta$ 也很小，当 $\Delta\omega \to 0$ 时，有 $\Delta\beta \to 0$。电场的瞬时值表达式为

$$E_{x_1} = E_o\cos[(\omega + \Delta\omega)t - (\beta + \Delta\beta)z] \tag{3.4.3}$$

$$E_{x_2} = E_o\cos[(\omega - \Delta\omega)t - (\beta - \Delta\beta)z] \tag{3.4.4}$$

合成电场为

$$E_x = 2E_o\cos(\Delta\omega t - \Delta\beta z)\cos(\omega t - \beta z) \tag{3.4.5}$$

式中存在两个余弦因子，表示有拍频存在，一个慢变化迭加在一快变化之上。其复数表达式为

$$E_x = 2E_o\cos(\Delta\omega t - \Delta\beta z)\mathrm{e}^{\mathrm{j}(\omega t-\beta z)} \tag{3.4.6}$$

上式中的指数因子表示合成波是行波，它以角频率 ω、相速度 $v = \dfrac{\omega}{\beta}$ 沿 $+z$ 方向传播。合成波的振幅受频率为 $\Delta\omega$ 的余弦波调制。这个按余弦关系变化的调制波被称为包络或波包，波包移动的速度称为群速度，用 v_g 表示，即

$$v_g = \frac{\mathrm{d}z}{\mathrm{d}t} = \frac{\Delta\omega}{\Delta\beta}$$

当频带宽度 $\Delta\omega$ 趋于零时，有

$$v_g = \lim_{\Delta\omega\to 0}\frac{\Delta\omega}{\Delta\beta} = \frac{\mathrm{d}\omega}{\mathrm{d}\beta} \tag{3.4.7}$$

利用相速度公式 $v = \dfrac{\omega}{\beta}$，上式可改写为

$$v_g = \frac{\mathrm{d}}{\mathrm{d}\beta}(\beta v) = v + \beta\frac{\mathrm{d}v_p}{\mathrm{d}\beta} = v + \beta\frac{\mathrm{d}v_p}{\mathrm{d}\omega}\cdot\frac{\mathrm{d}\omega}{\mathrm{d}\beta} \tag{3.4.8}$$

在非色散媒质中，相速度不随频率变化，即 $\mathrm{d}v/\mathrm{d}\omega = 0$，则 $v_g = v$，群速等于相速。在色散媒质中，当 $\mathrm{d}v/\mathrm{d}\omega > 0$ 时，频率愈高相速愈大，则有 $v_g > v$，群速大于相速，称为反常色散。当 $\mathrm{d}v/\mathrm{d}\omega < 0$ 时，频率愈高相速愈小，则有 $v_g < v$，群速小于相速，称为正常色散。

应当指出，在色散媒质中出现的群速度，只对频率很窄的波群来说是正确的。如果频带宽了，各单频波的相速相差太大，以致于波群散开，这种情况下包络运动速度就失去了意义。

3.5 电磁波在各向异性媒质中的传播

前面讨论了电磁波在各向同性媒质中的传播规律和特点，而实际工作中还常常碰到电磁波在各向异性媒质中的传播问题。本节讨论电磁波在磁化等离子体和磁化铁氧体中的传播，因为这两种媒质与通信、雷达以及其它无线电技术密切相关。

3.5.1 等离子体中的电磁波

等离子体是指电离了的气体，它是由电子、正离子和中性粒子组成，其正负电荷相等，整体上呈电中性。发光的宇宙恒星(包括太阳)是等离子体，地球外层的大气，在太阳辐射射线的作用下产生电离，就是通常指的电离层，也是等离子体。电离层在地磁场的作用下，成为磁化等离子体。

对电磁波来说，一般等离子体并非各向异性媒质，而磁化等离子体却显示出各向异性的特征。

由于等离子体可以看作一个流动的导体，研究电磁波在其中的传播问题，需要用到流体力学的基本方程和电磁场方程，所以比较复杂。为简化分析，又基本符合事实，做以下几个假设：

(*a*) 因为在电离层中，正离子的质量远大于电子的质量，所以在小信号高频外场作用下，可近似地认为正离子不动，只考虑电子的运动。

(*b*) 认为等离子体的密度很小,即单位体积中的电子数 N 较少,不发生电子彼此间和电子与中性粒子间的碰撞。

(*c*) 认为等离子体为“冷”气体,即没有热骚动。

(*d*) 认为等离子体的介电常数为 ε_o,磁导率为 μ_o,与真空中一样。

(*e*) 选择外加恒定磁感应强度 $\boldsymbol{B}_o$ 的方向与电磁波传播的方向一致,均为 $+z$ 方向。

在上述假设的前提下,等离子体中的电子,在恒定磁场与外加正弦电磁场中,受电磁力作用形成运流电流。

首先,电子满足运动方程 $m\boldsymbol{a}=\boldsymbol{F}$,为

$$m_e\frac{\mathrm{d}\boldsymbol{v}}{\mathrm{d}t}=-e[\boldsymbol{E}+\boldsymbol{v}\times(\boldsymbol{B}+\boldsymbol{B}_o)] \tag{3.5.1}$$

式中 m_e 为电子的质量,$\boldsymbol{v}$ 是电子的平均运动速度,$\boldsymbol{E}$ 和 $\boldsymbol{B}$ 是正弦电磁波的电场强度和磁感应强度。

对于均匀平面电磁波,有

$$B=\mu_oH=\frac{\mu_o}{\eta_o}E=\sqrt{\mu_o\varepsilon_o}E=\frac{E}{c}\ll E$$

于是(3.5.1) 式中的 $|\boldsymbol{v}\times\boldsymbol{B}|\ll|\frac{v}{c}E|$

当 $v\ll c$ 时,有 $|\boldsymbol{v}\times\boldsymbol{B}|\ll|\boldsymbol{E}|$

故(3.5.1) 式简化为

$$m_e\frac{\mathrm{d}\boldsymbol{v}}{\mathrm{d}t}=-e(\boldsymbol{E}+\boldsymbol{v}\times\boldsymbol{B}_o) \tag{3.5.2}$$

因电子速度 $\boldsymbol{v}$ 的大小随时间变化完全是由于正弦电场引起的,所以 $\boldsymbol{v}$ 随时间也作正弦 变化,其频率 ω 与正弦场的频率相同,于是由(3.5.2) 式得

$$\mathrm{j}\omega m_e\boldsymbol{v}=-e(\boldsymbol{E}+\boldsymbol{v}\times\boldsymbol{B}_o) \tag{3.5.3}$$

解方程(3.5.3) 得到速度的三个分量分别为

$$\begin{cases} v_x=\dfrac{e}{m_e}\dfrac{\mathrm{j}\omega E_x-\omega_cE_y}{\omega^2-\omega_c^2} \\ v_y=\dfrac{e}{m_e}\dfrac{\omega_cE_x+\mathrm{j}\omega E_y}{\omega^2-\omega_c^2} \\ v_z=\dfrac{e}{m_e}\dfrac{\mathrm{j}}{\omega}E_z \end{cases}$$

式中 $\omega_c=\frac{e}{m_e}B_o$ 为磁化等离子体的回旋频率。从式(3.5.4) 中看到,当 $\omega=\omega_c$ 时,v_x 和 v_y 都变为无限大,这与 $v\ll c$ 的假设相违背,这是因为没有考虑损耗的结果。事实上,电子的运动速度越大,它与正离子及中性粒子产生碰撞的次数就越多,电磁波受到的损耗就越大。

1. 等效张量电导率

由于电子运动,所产生的运流电流密度为

$$J = -Nev = \|\sigma\| E \tag{3.5.5}$$

上式中 $\|\sigma\|$ 为等效张量电导率,将式(3.5.4) 代入上式可求得

$$\begin{cases} J_x = -Nev_x = -\dfrac{Ne^2}{m_e}\dfrac{\mathrm{j}\,\omega E_x - \omega_c E_Y}{\omega^2 - \omega_c^2} \\ J_y = -Nev_Y = -\dfrac{Ne^2}{m_e}\dfrac{\omega_c E_Y + \mathrm{j}\,\omega E_Y}{\omega^2 - \omega_c^2} \\ J_z = -Nev_z = -\dfrac{Ne^2}{m_e}\dfrac{\mathrm{j}}{\omega}E_z \end{cases} \tag{3.5.6}$$

写成矩阵形式

$$\begin{bmatrix} J_x \\ J_y \\ J_z \end{bmatrix} = \|\sigma\| \begin{bmatrix} E_x \\ E_y \\ E_z \end{bmatrix} = \begin{bmatrix} \sigma_{11} & \sigma_{12} & \sigma_{13} \\ \sigma_{21} & \sigma_{22} & \sigma_{23} \\ \sigma_{31} & \sigma_{32} & \sigma_{33} \end{bmatrix} \begin{bmatrix} E_x \\ E_y \\ E_z \end{bmatrix} \tag{3.5.7}$$

由式(3.5.6) 和(3.5.7) 可求得

$$\|\sigma\| = \begin{bmatrix} \sigma_{11} & \sigma_{12} & 0 \\ \sigma_{21} & \sigma_{22} & 0 \\ 0 & 0 & \sigma_{33} \end{bmatrix} \tag{3.5.8}$$

式中

$$\begin{cases} \sigma_{11} = \sigma_{22} = \dfrac{Ne^2}{m_e}\dfrac{\mathrm{j}\omega}{\omega^2 - \omega_c^2} \\ \sigma_{12} = -\sigma_{21} = \dfrac{Ne^2}{m_e}\dfrac{\omega_c}{\omega^2 - \omega_c^2} \\ \sigma_{33} = -\dfrac{Ne^2}{m_e}\dfrac{\mathrm{j}}{\omega} \end{cases}$$

与各向同性媒质不同,这里的运流电流密度与外加电场之间并非是简单的线性关系,而显示出各向异性,等效电导率是一个张量。

若恒定磁感应强度 $\boldsymbol{B} = 0$,即 $\omega_c = 0$,此时

$$\boldsymbol{J} = \mathrm{j}\frac{Ne^2\boldsymbol{E}}{m_e\omega} = \sigma\boldsymbol{E}$$

电导率变为标量,可见恒定磁场是产生张量电导的根源。

2. 等效张量介电常数

由麦克斯韦第一方程

$$\nabla \times \boldsymbol{H} = \boldsymbol{J} + \frac{\partial \boldsymbol{D}}{\partial t}$$

及

$$\boldsymbol{J} = \|\sigma\| \boldsymbol{E}$$

得

$$\begin{aligned} \nabla \times \boldsymbol{H} &= \|\sigma\| \boldsymbol{E} + \mathrm{j}\omega\varepsilon_o\boldsymbol{E} \\ &= \|\varepsilon\| \boldsymbol{E} \end{aligned} \tag{3.5.9}$$

式中 $\|\varepsilon\|$ 为等效张量介电常数。将式(3.5.8) 代入(3.5.9),可得

$$\| \varepsilon \| = \varepsilon_o \| \varepsilon_r \| = \varepsilon_o \begin{bmatrix} \varepsilon_{r11} & \varepsilon_{r12} & 0 \\ \varepsilon_{r21} & \varepsilon_{r22} & 0 \\ 0 & 0 & \varepsilon_{r33} \end{bmatrix}$$

式中

$$\begin{cases} \varepsilon_{r11} = \varepsilon_{r12} = 1 - \dfrac{\omega_p^2}{\omega^2 - \omega_c^2} \\ \varepsilon_{r12} = - \varepsilon_{r21} = - \mathrm{j}\, \dfrac{\omega_p^2(\omega_c/\omega)}{\omega^2 - \omega_c^2} \\ \varepsilon_{r33} = 1 - \dfrac{\omega_p^2}{\omega^2} \end{cases} \tag{3.5.10}$$

及

$$\omega_p^2 = \frac{Ne^2}{m_e \varepsilon_o}$$

ω_p 称为等离子体频率。

若 $\boldsymbol{B}_o = 0$,等效介电常数也是一个标量,恒定外磁场是使等效介电常数变为张量的原因。

3. 均匀平面波在磁化等离子体中的传播

由于磁化等离子体的各向异性,分析其中传播的电磁波也变得复杂,为简化讨论,又能表达等离子体中电磁波的特征,这里只就两种情况加以讨论。

在等离子体中,$\boldsymbol{E}$ 的波动方程为

$$\nabla^2 \boldsymbol{E} + \omega^2 \mu_o \| \varepsilon \| \boldsymbol{E} = 0$$

在前面,已作了电磁波是沿 $+z$ 方向传播的假定,故上式写成分量形式为

$$\frac{\partial^2}{\partial z^2}\begin{bmatrix} E_x \\ E_y \\ E_z \end{bmatrix} + \omega^2 \mu_o \begin{bmatrix} \varepsilon_{11} & \varepsilon_{12} & 0 \\ \varepsilon_{21} & \varepsilon_{22} & 0 \\ 0 & 0 & \varepsilon_{33} \end{bmatrix} \begin{bmatrix} E_x \\ E_y \\ E_z \end{bmatrix} = 0 \tag{3.5.11}$$

(a) 假设 $\boldsymbol{E} = \boldsymbol{a}_x E_x$,即为直线极化波,展开式(3.5.11)得

$$\frac{\partial E_x{}^2}{\partial z^2} + \omega^2 \mu_o \varepsilon_{11} E_x = 0 \tag{3.5.12a}$$

$$\omega^2 \mu_o \varepsilon_{21} E_x = 0 \tag{3.5.12b}$$

只有 $E_x = 0$,才能使式(3.5.12b)成立,这说明等离子体内不可能存在直线极化波。

(b) 假设 $\boldsymbol{E} = E(\boldsymbol{a}_x \pm \mathrm{j}\boldsymbol{a}_y)\mathrm{e}^{-\gamma z}$,即为圆极化波,代入式(3.5.11),得

$$\frac{\partial^2}{\partial z^2}\begin{bmatrix} E\mathrm{e}^{-\gamma z} \\ \pm \mathrm{j}E\mathrm{e}^{-\gamma z} \\ 0 \end{bmatrix} + \omega^2 \mu_o \begin{bmatrix} \varepsilon_{11} & \varepsilon_{12} & 0 \\ \varepsilon_{21} & \varepsilon_{22} & 0 \\ 0 & 0 & \varepsilon_{33} \end{bmatrix} \begin{bmatrix} E\mathrm{e}^{-\gamma z} \\ \pm \mathrm{j}E\mathrm{e}^{-\gamma z} \\ 0 \end{bmatrix} = 0$$

对 x 分量有

$$\gamma^2 E\mathrm{e}^{-\gamma z} + \omega^2 \mu_o (\varepsilon_{11} \pm \mathrm{j}\varepsilon_{12}) E\mathrm{e}^{-\gamma z} = 0$$

可解出

$$\gamma^2 = -\omega^2\mu_o\varepsilon_0(_{r11} \pm j\varepsilon_{r12})$$

对于左旋圆极化波有

$$\gamma_{左} = j\omega\sqrt{\mu_o\varepsilon_o}(\varepsilon_{r11} + j\varepsilon_{r12})^{1/2}$$

$$= j\omega\sqrt{\mu_o\varepsilon_o}\left(1 - \frac{\omega_p^2/\omega}{\omega + \omega_c}\right)^{1/2} \tag{3.5.13}$$

对于右旋圆极化波有

$$\gamma_{右} = j\omega\sqrt{\mu_o\varepsilon_o}(\varepsilon_{r11} - j\varepsilon_{r12})$$

$$= j\omega\sqrt{\mu_o\varepsilon_o}\left(1 - \frac{\omega_p^2/\omega}{\omega - \omega_c}\right)^{1/2} \tag{3.5.14}$$

式(3.5.13)和(3.5.14)分别对应两个不同的波数 $k_{左}$ 和 $k_{右}$，也对应两个不同的相速 $\omega/k_{左}$ 和 $\omega/k_{右}$，即进入磁化等离子体后的电磁波，分裂成沿同一方向传播，而且相速不同的两个波，称这为双折射现象。因而合成的极化面，将以波的前进方向为轴不断旋转，此种现象称为法拉第效应。

3.5.2　铁氧体中的电磁波

铁氧体是由两价的金属与 Fe_2O_3 烧结而成的非金属材料，有很高的导磁率和很低的电导率。与等离子体一样，只有在外加恒定磁场的作用下，铁氧体才显示出各向异性的特征，表现在磁导率变成张量，铁磁谐振和法拉第旋转效应上。

由铁磁理论知，未被补偿的电子的自旋磁矩是造成铁磁性的主要原因，由于电子有一定的质量和一定的电荷，围绕自旋轴旋转，产生一个自旋动量矩 $\boldsymbol{L}$，和一个与自旋动量矩方向相反的自旋磁矩 $\boldsymbol{p}_m$，其关系为

$$\boldsymbol{p}_m = -\frac{e}{m_e}\boldsymbol{L} = \gamma\boldsymbol{L} \tag{3.5.15}$$

$\gamma = -\frac{e}{m_e}$ 为自旋回磁比。

若电子位于恒定磁感应强度 $\boldsymbol{B}_o = \boldsymbol{a}_z B_o$ 中，自旋电子受到一个转动力矩

$$\boldsymbol{T} = P_m \times \boldsymbol{B}_o = \gamma\boldsymbol{L} \times \boldsymbol{B}_o \tag{3.5.16}$$

这个转动力矩促使电子的自旋磁矩围绕恒定磁感应强度 $\boldsymbol{B}_o$ 作进动，且这个转矩等于自旋动量矩的时间变化率，即

$$\frac{d\boldsymbol{L}}{dt} = \boldsymbol{T} = \gamma\boldsymbol{L} \times \boldsymbol{B}_o \tag{3.5.17}$$

将(3.5.15)代入，有

$$\frac{d\boldsymbol{p}_m}{dt} = \gamma\boldsymbol{p}_m \times \boldsymbol{B}_o \tag{3.5.18}$$

如果铁氧休单位体积有 N 个电子，则单位体积内的磁矩(即磁化强度)为 $\boldsymbol{M} = N\boldsymbol{p}_m$，相应于式(3.5.18)，有

$$\frac{d\boldsymbol{M}}{dt} = \gamma(\boldsymbol{M} \times \boldsymbol{B}_o) = \gamma\mu_o\boldsymbol{M} \times \boldsymbol{H}_o \tag{3.5.19}$$

1.等效张量导磁率

设外加恒定磁场强度 $\boldsymbol{H}_o$ 使铁氧体磁化达到饱和。若在铁氧体内加有高频小信号电磁波，

$$\boldsymbol{H} = \boldsymbol{a}_x H_x + \boldsymbol{a}_y H_y + \boldsymbol{a}_z H_z$$

则总磁场

$$\boldsymbol{H} = \boldsymbol{H} + \boldsymbol{H}_o = \boldsymbol{a}_x H_x + \boldsymbol{a}_y H_y + \boldsymbol{a}_y (H_z + H_o) \tag{3.5.20}$$

相应的总磁化强度为

$$\begin{aligned} \boldsymbol{M}_{总} &= \boldsymbol{M} + \boldsymbol{M}_o \\ &= \boldsymbol{a}_x M_x + \boldsymbol{a}_y M_y + \boldsymbol{a}_z (M_z + M_o) \end{aligned} \tag{3.5.21}$$

用式(3.5.20)中的 $\boldsymbol{H}_{总}$ 及式(3.5.21)中的 $\boldsymbol{M}_{总}$ 分别代替(3.5.19)式中 $\boldsymbol{H}_o$ 和 $\boldsymbol{M}$，并考虑到 H_x、H_y、$H_z \ll H_o$ 及 M_x、M_y、$M_z \ll M_o$，展开式(3.5.19)，忽略二阶小量，则得

$$\begin{cases} \mathrm{j}\omega M_x = \gamma\mu_o (M_y H_o - M_o H_y) \\ \mathrm{j}\omega M_y = \gamma\mu_o (-M_x H_o - M_o H_x) \\ \mathrm{j}\omega M_z = 0 \end{cases}$$

解上式求得

$$\begin{cases} M_x = \dfrac{\omega_c \omega_m H_x - \mathrm{j}\omega\omega_m H_y}{\omega_c^2 - \omega^2} \\ M_y = \dfrac{\omega_c \omega_m H_y + \mathrm{j}\omega\omega_m H_x}{\omega_c^2 - \omega^2} \\ M_z = 0 \end{cases} \tag{3.5.22}$$

式中 $\omega_c = \gamma\mu_o H_o$，$\omega_m = \gamma\mu_o M_o$。由 $\boldsymbol{M} = \chi_m \boldsymbol{H}$，可将式(3.5.22)写成矩阵形式

$$\begin{bmatrix} M_x \\ M_y \\ M_z \end{bmatrix} = \begin{bmatrix} x_{11} & x_{12} & 0 \\ x_{21} & x_{22} & 0 \\ 0 & 0 & 0 \end{bmatrix} \begin{bmatrix} H_x \\ H_y \\ H_z \end{bmatrix}$$

等效张量磁化率

$$\| x_m \| = \begin{bmatrix} x_{11} & x_{12} & 0 \\ x_{12} & x_{22} & 0 \\ 0 & 0 & 0 \end{bmatrix}$$

其中

$$\begin{cases} x_{11} = x_{22} = \dfrac{\omega_c \omega_m}{\omega_c^2 - \omega^2} \\ x_{12} = -x_{21} = -\dfrac{\mathrm{j}\omega\omega_m}{\omega_c^2 - \omega^2} \end{cases}$$

由 $\boldsymbol{B} = \mu_o(\boldsymbol{H} + \boldsymbol{M}) = \mu_o(1 + x_m)\boldsymbol{H} = \mu_o \mu_r \boldsymbol{H}$ 得

等效张量导磁率

$$\| \mu \| = \mu_o \| \mu_r \| = \mu_o \begin{bmatrix} \mu_{r11} & \mu_{r12} & 0 \\ \mu_{r21} & \mu_{r22} & 0 \\ 0 & 0 & \mu_{r33} \end{bmatrix}$$

其中

$$\mu_{r11} = \mu_{r22} = 1 + \frac{\omega_c \omega_m}{{\omega_c}^2 - \omega^2}$$

$$\mu_{r12} = \mu_{r21} = -\mathrm{j}\frac{\omega\omega_m}{{\omega_c}^2 - \omega^2}$$

$$\mu_{r33} = 1$$

2. 铁氧体中的电磁波

与分析等离子中电磁波的方法类似，由 $\boldsymbol{H}$ 的波动方程

$$\nabla^2 \boldsymbol{H} + \omega^2 \| \mu \| \varepsilon \boldsymbol{H} = 0$$

可以得到以下结论：

(a) 铁氧体中不能存在线极化波；

(b) 铁氧体中也存在双折射现象，对应于左、右旋圆极化波，有不同的传播常数对应。

$$\gamma_{左} = \mathrm{j}\omega\sqrt{\varepsilon}(\mu_{11} + \mathrm{j}\mu_{12})^{\frac{1}{2}} = \mathrm{j}\omega\sqrt{\mu_o\varepsilon}\left(1 + \frac{\omega_m}{\omega_c - \omega}\right)^{\frac{1}{2}}$$

$$\gamma_{右} = \mathrm{j}\omega\sqrt{\varepsilon}(\mu_{11} - \mathrm{j}\mu_{12})^{\frac{1}{2}} = \mathrm{j}\omega\sqrt{\mu_o\varepsilon}\left(1 - \frac{\omega_m}{\omega_c - \omega}\right)^{\frac{1}{2}}$$

(c) 合成波的极化面不断旋转，产生法拉第效应。

习　题

3.1　已知均匀平面波的磁场为 $\boldsymbol{H} = \boldsymbol{a}_x H_x \mathrm{e}^{-\mathrm{j}k_o z} + \boldsymbol{a}_y H_y \mathrm{e}^{-\mathrm{j}(k_o z + \theta)}$，求相应的电场。

3.2　对于一个在简单媒质中传播的时谐、均匀平面波，其电场强度 $\boldsymbol{E}$ 和磁场强度 $\boldsymbol{H}$ 分别表示为 $\boldsymbol{E}(R) = \boldsymbol{E}_o \mathrm{e}^{-\mathrm{j}\boldsymbol{k}\cdot\boldsymbol{R}}$，$\boldsymbol{H}(R) = \boldsymbol{H}_0 \mathrm{e}^{-\mathrm{j}\boldsymbol{k}\cdot\boldsymbol{R}}$。试证：均匀平面波在无源区域的四个麦克斯韦方程可简化为下列形式：

$$\boldsymbol{k} \times \boldsymbol{E} = \omega\mu\boldsymbol{H}$$
$$\boldsymbol{k} \times \boldsymbol{H} = -\omega\varepsilon\boldsymbol{E}$$
$$\boldsymbol{k} \cdot \boldsymbol{E} = 0$$
$$\boldsymbol{k} \cdot \boldsymbol{H} = 0$$

3.3　已知真空中传播的平面电磁波电场为

$$E_x = 100\cos(\omega t - 2\pi z)\ \mathrm{V/m}$$

试求此波的波长、频率、相速度、磁场强度，以及平均能流密度矢量。

3.4　空气中某一均匀平面波的波长为 12cm，当该平面波进入某无损耗媒质中传播时，其波长减小为 8cm，且已知在媒质中的 $\boldsymbol{E}$ 和 $\boldsymbol{H}$ 振幅分别为 50V/m 和 0.1A/m。求该平面波的频率及无耗媒质的 μ_r 及 ε_r。

3.5　理想介质中均匀平面波的电磁场分别为

$$\boldsymbol{E} = \boldsymbol{a}_z 10\cos(6\pi \times 10^7 t - 0.8\pi z)\ \mathrm{V/m}$$

$$\boldsymbol{H} = \boldsymbol{a}_y \frac{1}{6\pi}\cos(6\pi \times 10^7 t - 0.8\pi z)\ \mathrm{A/m}$$

求介质的 μ_r 和 ϵ_r。

3.6　均匀平面波在无损耗媒质中传播，频率为 500kHz，复数振幅：$\boldsymbol{E} = \boldsymbol{a}_x 4 - \boldsymbol{a}_y + \boldsymbol{a}_z 2\text{kV/m}$，$\boldsymbol{H} = \boldsymbol{a}_x 6 + \boldsymbol{a}_y 18 - \boldsymbol{a}_z 3\text{A/m}$，求：

(a) 在波传播方向的单位矢量；

(b) 波的平均功率密度；

(c) 设 $\mu_r = 1$，ϵ_r 等于多少？

3.7　已知真空中的平面波的电场为

$$\boldsymbol{E} = 5(\boldsymbol{a}_x + \sqrt{3}\boldsymbol{a}_y)\cos[6\pi \times 10^8 t - 0.5\pi(3x - \sqrt{3y} + 2z)]\text{V/m}$$

求：(1) 电场的振幅、波数及波长；

(2) 磁场；

(3) 三个方向上的视在相速度。

3.8　海水的 $\sigma = 4.5\text{S/m}$，$\epsilon_r = 80$。分别求 $f = 1\text{MHz}$，100MHz 时，电磁波在海水中的波长，衰减常数和波阻抗。

3.9　均匀平面波由空气射入海水中，空气中的 $\lambda_0 = 600\text{m}$，海水的 $\sigma = 4.5\text{S/m}$，$\epsilon_r = 80$，$\mu_r = 1$。

(1) 求海水中的 λ，v_p 和 δ；

(2) 已知在海平面下 1 米深处的电场 $E_x = 10^{-6}\cos\omega t\,\text{V/m}$，求海平面处的电场和磁场。

3.10　一平面波角频率 $\omega = 10^8\text{rad/s}$，$\boldsymbol{E} = \boldsymbol{a}_x 7500\text{e}^{\text{j}30°}\text{e}^{-(\alpha+\text{j}\beta)z}\text{V/m}$，媒质参数 $\epsilon = 20\text{pF/m}$、$\mu = 5\mu\boldsymbol{H}/\text{m}$ 及 $\sigma = 10\mu\text{S/m}$。试写出 $\boldsymbol{H}(t)$ 的表示式及 $z = 20\text{m}$，$t = 100\text{ns}$ 时的磁场强度的大小。

3.11　均匀平面波电场只有 E_x 分量，其幅值 $E_0 = 10^3\text{V/m}$，$f = 10^8\text{Hz}$，在有耗媒质($\mu_r = 1$，$\epsilon'_r = 4$，$\sigma/\omega\epsilon_0\epsilon_r' = 1$，$\epsilon''_r = 0$) 中沿正 z 轴方向传播，求：

(1) 电磁的 α、β 和 η；

(2) 与电场相联系的磁场。

3.12　说明下列各式表示的均匀平面波的极化形式和传播方向。

(a) $\boldsymbol{E} = \boldsymbol{a}_x \text{j}E_1\text{e}^{\text{j}kz} + \boldsymbol{a}_y \text{j}E_1\text{e}^{\text{j}kz}$

(b) $\boldsymbol{E} = \boldsymbol{a}_x E_m \sin(\omega t - kz) + \boldsymbol{a}_y E_m \cos(\omega t - kz)$

(c) $\boldsymbol{E} = \boldsymbol{a}_x E_0\text{e}^{-\text{j}kz} - \boldsymbol{a}_y \text{j}E_0\text{e}^{-\text{j}kz}$

(d) $\boldsymbol{E} = \boldsymbol{a}_x E_m \sin(\omega t - kz + \frac{\pi}{4}) + \boldsymbol{a}_y E_m \cos(\omega t - kz - \frac{\pi}{4})$

(e) $\boldsymbol{E} = \boldsymbol{a}_x E_0 \sin(\omega t - kz) + \boldsymbol{a}_y 2E_0 \cos(\omega t - kz)$

3.13　沿正 z 轴传播的平面波电场的复振幅为 $\boldsymbol{E} = (E_1\boldsymbol{a}_x + \text{j}E_2\boldsymbol{a}_y)\text{e}^{-\text{j}kz}$ ($E_1 \neq E_2$)：

(1) 说明极化状态；

(2) 求磁场的复振幅；

(3) 求时间平均功率流密度矢量。

3.14　在自由空间传播的均匀平面波的电场强度复矢量为

$$\boldsymbol{E} = \boldsymbol{a}_x 10^{-4}\text{e}^{\text{j}(\omega t - 20\pi z)} + \boldsymbol{a}_y 10^{-4}\text{e}^{\text{j}(\omega t - 20\pi z + \frac{\pi}{2})}\text{V/m}$$

求：(a) 平面波的传播方向；

(b) 频率；

(c) 波的极化方式；

(d) 磁场强度 $\boldsymbol{H}$；

(e) 流过沿传播方向单位面积的平均功率。

3.15 证明：任何一个椭圆偏振波可以分解为两个旋转方向相反的圆偏振波。

3.16 在无限空间中有一沿 $+z$ 方向传播的右旋圆偏振波，假定它是由两个线偏振波合成的。已知其中一个线偏振波的电场沿 x 方向，在 $z=0$ 处的电场幅值为 E_0(V/m)，角频率为 ω，试写出此圆偏振波的电场 $\boldsymbol{E}$ 和磁场 $\boldsymbol{H}$ 的表达式，并证明此波的时间平均能流密度矢量是两个线偏振波的时间平均能流密度矢量之和。

3.17 求在良导体中均匀平面波的群速和相速的公式。

3.18 波长 $\lambda = 10$m 的电磁波在某种媒质中的相速为 $v_p = 2\times10^7\sqrt[3]{\lambda}\ m/S$，求其群速度。

3.19 已知各向异性媒质中的张量介电常数为

$$\varepsilon = \varepsilon_0\begin{bmatrix}\varepsilon_{11} & \varepsilon_{12} & 0\\ \varepsilon_{21} & \varepsilon_{22} & 0\\ 0 & 0 & \varepsilon_{33}\end{bmatrix}$$

当 $\boldsymbol{E} = (\boldsymbol{a}_x E_x + \boldsymbol{a}_y E_y)\cos\omega t$ 求 D 与 E 平行条件下的 E_x/E_y。

3.20 已知 $\omega = 2\pi\times10^9$rad/s 的均匀平面波在磁化等离子体内传播，其张量介电常数为

$$\varepsilon = \varepsilon_0\begin{bmatrix}4 & -j2\sqrt{3} & 0\\ j2\sqrt{3} & 4 & 0\\ 0 & 0 & 0\end{bmatrix}$$

求等离子体的密度 N 和恒定磁感应强度 b_0。

3.21 上题中，若电磁波的传播方向与恒定磁场的方向都沿 z 方向，求沿 z 方向单位长度上的法拉第旋转角，并说明其转向。

3.22 一各向异性媒质的张量介电常数为

$$\varepsilon = \varepsilon_0\begin{bmatrix}4 & 0 & 0\\ 0 & 9 & 0\\ 0 & 0 & 2\end{bmatrix}$$

当 $\omega = 2\pi\times10^9$rad/s 的均匀平面磁波沿 z 方向传播时，求 E_x 和 E_y 沿 z 方向的相速。并求从原点出发，该波行进多远可使 E_x 和 E_y 的相位差为 π?

3.23 地球上空的电离层在地球磁场的影响下，就是一个地球磁场作用下的等离子体。若地球磁场取其平均值为 $B_0 = 5\times10^{-5}$Wb/m^2，试计算该电离层对多少频率的电磁波产生最大的损耗？

3.24 若等离子体内不存在外加磁场，即 $B_0 = 0$。试求这种情况下，等离子的相对介电常数，并求均匀平面波在这种等离子体内的传播相速。

3.25　在 $z \geqslant 0$ 的半无限大空间充满磁化等离子体，其电子密度为 $N = 10^{17}/\text{m}^3$，恒定磁场 $\boldsymbol{b}_0 = \boldsymbol{a}_z 0.1\text{T}$；$z < 0$ 的半空间充满空气，设 $\omega = 2\pi \times 10^9 \text{rad/s}$，沿 x 方向偏振的均匀平面波由空气垂直入射到等离子体上，求分界面上电磁波的反射系数和透射系数〔等离子体的特性阻抗也等于电磁波的电场和磁场的振幅比〕。

3.26　一各向异性磁介质的张量磁导率为

$$\mu = \mu_0 \begin{pmatrix} 7 & 6 & 0 \\ 6 & 12 & 0 \\ 0 & 0 & 8 \end{pmatrix}$$

求 $\boldsymbol{H} = (\boldsymbol{a}_x - 2\boldsymbol{a}_y) 3H_0 \cos\omega t$ 所对应 $\boldsymbol{B}$ 的特性。

3.27　已知磁化铁氧体中 $|\omega_1| = 1.5 \times 10^{10} \text{rad/s}$，$|\omega_2| = 5 \times 10^{10} \text{rad/s}$，$\varepsilon = 9\varepsilon_0$。求 $\omega = 10^{10} \text{rad/s}$ 时，沿恒定磁场方向传播的电磁波偏振面的旋转速率。

3.28　在 $z \geqslant 0$ 的半无限空间充满磁化铁氧体，恒定磁场 $\boldsymbol{b}_0 = b_0 \boldsymbol{a}_z$；$z < 0$ 半空间充满空气。已知电磁场为

$$\boldsymbol{E} = \boldsymbol{a}_x E_0 \mathrm{e}^{-\mathrm{j}kz}$$

$$\boldsymbol{H} = \boldsymbol{a}_y \zeta_0 E_0 \mathrm{e}^{-\mathrm{j}kz}$$

的平面波由空气入射到铁氧体中。求(1) 分界面上电磁波的反射系数和透射系数。(2) 写出透射波的场量表达式。

3.29　证明：当 $\omega \gg |\omega_1|$、$\omega \gg |\omega_2|$ 时，纵向磁化铁氧体中偏振面的旋转速率等于 $|\omega_z| \sqrt{\varepsilon\mu_0}/2$。

第四章　平面波的反射与折射

上一章我们讨论了均匀平面波在无界均匀媒质中的传播规律和特点。事实上，电磁波在传播过程中不可避免地会遇到各种不同形状的媒质分界面。这时在媒质的分界面上，将发生反射和折射现象，即部分电磁波功率将被反射回第一种媒质形成反射波，而另一部分将透入第二种媒质形成折射波。

本章将就理想介质分界面和理想介质与导体分界面两种情况，讨论均匀平面波反射和折射所遵循的规律。为了简单起见，在本章中假设分界面是无限大的平面。

4.1　电磁波反射与折射的基本规律

如图4.1，媒质1和媒质2均为均匀线性的各向同性媒质，它们具有无限大的平面分界面（$z = 0$ 的平面）。现假设一单色均匀平面波从媒质1入射到分界面上，则在分界面上将产生反射波和折射波，且反射波和折射波也一定是单色平面波，其场量表达式可分别表示为

$$\boldsymbol{E}_i = \boldsymbol{E}_{io}\mathrm{e}^{\mathrm{j}(\omega_i t - \boldsymbol{k}_i \cdot \boldsymbol{r})}$$

$$\boldsymbol{H}_i = \frac{1}{\omega_i \mu_1}\boldsymbol{k}_i \times \boldsymbol{E}_i$$

$$\boldsymbol{E}_r = \boldsymbol{E}_{ro}\mathrm{e}^{\mathrm{j}(\omega_r t - \boldsymbol{k}_r \cdot \boldsymbol{r})}$$

$$\boldsymbol{H}_r = \frac{1}{\omega_r \mu_1}\boldsymbol{k}_r \times \boldsymbol{E}_r$$

$$\boldsymbol{E}_t = \boldsymbol{E}_{to}\mathrm{e}^{\mathrm{j}(\omega_t t - \boldsymbol{k}_t \cdot \boldsymbol{r})}$$

$$\boldsymbol{H}_t = \frac{1}{\omega_t \mu_2}\boldsymbol{k}_t \times \boldsymbol{E}_t$$

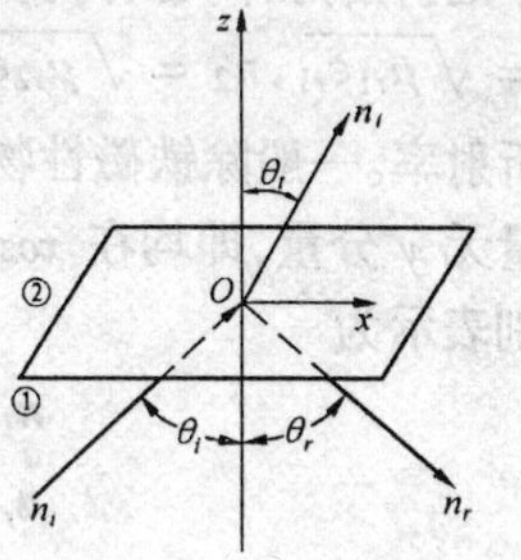

图 4.1

式中用下标 i、r、t 来分别表示入射波、反射波和折射波的相应各量。波矢量分别为

$$\boldsymbol{k}_i = k_i\boldsymbol{n}_i = \omega_i\sqrt{\mu_1\varepsilon_1}\,\boldsymbol{n}_i$$

$$\boldsymbol{k}_r = k_r\boldsymbol{n}_r = \omega_r\sqrt{\mu_1\varepsilon_1}\,\boldsymbol{n}_r$$

$$\boldsymbol{k}_t = k_t\boldsymbol{n}_t = \omega_t\sqrt{\mu_2\varepsilon_2}\,\boldsymbol{n}_t$$

本节的任务就是在已知入射波的情况下，利用边界面上场量所必须满足的边界条件，求出反射波和折射波的频率、传播方向及振幅与入射波相应各量之间所必须满足的关系。

4.1.1　反射和折射的基本规律

在媒质分界面，应有 $E_{1t} = E_{2t}$，即

$$[\boldsymbol{n}\times(\boldsymbol{E}_{io}e^{j\omega_i t - jk_i\cdot r} + \boldsymbol{E}_{ro}e^{j\omega_r t - jk_r\cdot r})]|_{z=0} = [\boldsymbol{n}\times\boldsymbol{E}_{to}e^{j\omega_t t - jk_t\cdot r}]|_{z=0}$$

此式对应于整个分界面恒成立,因此三个相位因子必须在分界面上完全相等,即

$$(\omega_i t - \boldsymbol{k}_i\cdot\boldsymbol{r})|_{z=0} = (\omega_r t - \boldsymbol{k}_r\cdot\boldsymbol{r})|_{z=0} = (\omega_t t - \boldsymbol{k}_t\cdot\boldsymbol{r})|_{z=0}$$

由于 x、y 和 t 都是独立的变量,故必有

$$\left.\begin{aligned} \omega_i &= \omega_r = \omega_t \\ k_{ix} &= k_{rx} = k_{tx} \\ k_{iy} &= k_{ry} = k_{ty} \end{aligned}\right\} \tag{4.1.1}$$

由式(4.1.1)可得:

(1)$\omega_i = \omega_r = \omega_t$。它表明反射波、折射波与入射波的角频率相等;

(2)根据 $k_{iy} = k_{ry} = k_{ty}$,若 $k_{iy} = 0$,则有 $k_{ry} = k_{ty} = 0$,也就是说,入射波矢量、反射波矢量和折射波矢量在同一平面内,即三者共面;

(3)根据 $k_{ix} = k_{rx}$ 及 $k_i = k_r$,则有 $k_i\sin\theta_i = k_r\sin\theta_r$。

由此可得

$$\theta_i = \theta_r \tag{4.1.2}$$

即入射角等于反射角。这就是光学中的反射定律;

(4)根据 $k_{ix} = k_{tx}$,有 $k_i\sin\theta_i = k_t\sin\theta_t$。由此可得

$$\frac{\sin\theta_i}{\sin\theta_t} = \frac{k_t}{k_i} = \frac{\sqrt{\mu_2\varepsilon_2}}{\sqrt{\mu_1\varepsilon_1}} = \frac{n_2}{n_1} = n_{21} \tag{4.1.3}$$

这就是光学中的折射定律,也称为费涅尔定律。

式中 $n = \sqrt{\mu_{r1}\varepsilon_{r1}}$,$n_2 = \sqrt{\mu_{r2}\varepsilon_{r2}}$ 分别为媒质1和媒质2的折射率,n_{21} 为媒质2对媒质1的相对折射率。一般除铁磁性物质外,都有 $\mu = \mu_o$,因此可认为 $n_{21} = \sqrt{\varepsilon_2/\varepsilon_1}$。

若波矢量无 y 分量,即均在 xoz 平面内,则入射波,反射波和折射波沿传播方向的单位矢量可分别表示为

$$\boldsymbol{n}_i = \boldsymbol{a}_x\sin\theta_i + \boldsymbol{a}_z\cos\theta_i \tag{4.1.4}$$

$$\boldsymbol{n}_r = \boldsymbol{a}_x\sin\theta_i - \boldsymbol{a}_z\cos\theta_i \tag{4.1.5}$$

$$\boldsymbol{n}_t = \boldsymbol{a}_x\sin\theta_t + \boldsymbol{a}_z\cos\theta_t \tag{4.1.6}$$

令 $\omega_i = \omega_r = \omega_t = \omega$, $k_i = k_r = k_1$, $k_t = k_2$,并省略 $e^{j\omega t}$,则入射波、反射波和折射波的电磁场可改写为

$$\boldsymbol{E}_i = \boldsymbol{E}_{io}e^{-jk_1(x\sin\theta_i + z\cos\theta_i)} \tag{4.1.7}$$

$$\boldsymbol{H}_i = \frac{1}{\eta_1}\boldsymbol{n}_i\times\boldsymbol{E}_i \tag{4.1.8}$$

$$\boldsymbol{E}_r = \boldsymbol{E}_{ro}e^{-jk_1(x\sin\theta_i - z\cos\theta_i)} \tag{4.1.9}$$

$$\boldsymbol{H}_r = \frac{1}{\eta_1}\boldsymbol{n}_r\times\boldsymbol{E}_r \tag{4.1.10}$$

$$\boldsymbol{E}_t = \boldsymbol{E}_{to}e^{-jk_2(x\sin\theta_t + z\cos\theta_t)} \tag{4.1.11}$$

$$\boldsymbol{H}_t = \frac{1}{\eta_2}\boldsymbol{n}_t\times\boldsymbol{E}_t \tag{4.1.12}$$

根据 $z = 0$ 平面上的边界条件 $E_{1t} = E_{2t}$，有

$$\boldsymbol{n} \times (\boldsymbol{E}_{io} + \boldsymbol{E}_{ro}) = \boldsymbol{n} \times \boldsymbol{E}_{to} \tag{4.1.13}$$

根据 $z = 0$ 平面上的边界条件 $H_{1t} = H_{2t}$，有

$$\boldsymbol{n} \times \left[\frac{1}{\eta_1}(\boldsymbol{n}_i \times \boldsymbol{E}_{io} + \boldsymbol{n}_r \times \boldsymbol{E}_{ro})\right] = \boldsymbol{n} \times \left(\frac{1}{\eta_2}\boldsymbol{n}_t \times \boldsymbol{E}_{to}\right) \tag{4.1.14}$$

式中 $\boldsymbol{n}$ 为分界面的法向单位矢量。

4.1.2 振幅关系 —— 费涅尔公式

定义入射波的波矢量 $\boldsymbol{k}_i$ 与分界面的法向单位矢量 $\boldsymbol{n}$ 构成的平面为入射面。

下面我们将利用边界条件式(4.1.13) 和式(4.1.14) 来求反射波振幅、折射波振幅与入射波振幅之间的关系。为方便起见，可把入射波电场 $\boldsymbol{E}_i$ 分解为两个分量：其一是电场矢量垂直于入射面的分量，称为垂直极化波；其二是电场矢量平行于入射面的分量，称为平行极化波。下面分别讨论这两种情况，一般情况是这两种情况所得结果的迭加。

(1) 垂直极化入射

由于入射波电场矢量垂直于入射面，在分界面上不可能激励起平行于入射面方向的电场，故反射波和折射波的电场矢量也都垂直于入射面，而所有磁场矢量均平行于入射面。

设所有电场矢量都沿 y 轴的正方向，磁场矢量都在入射面内，$\boldsymbol{E}_{io} \times \boldsymbol{H}_{io}$ 的方向就是 $\boldsymbol{k}_i$ 的方向($\boldsymbol{k}_{iy} = \boldsymbol{k}_{ry} = \boldsymbol{k}_{ty} = 0$)，如图 4.2 所示。

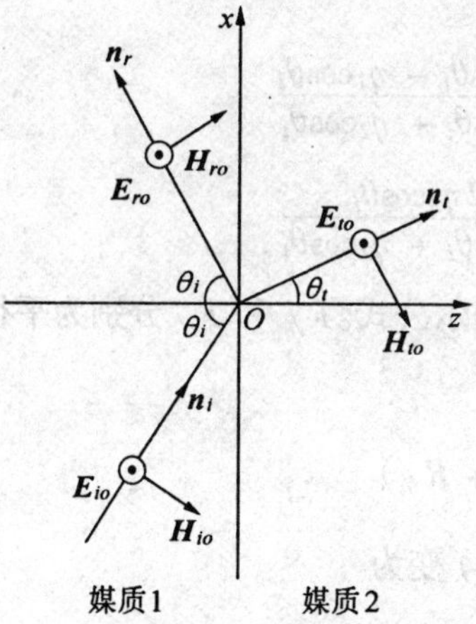

图 4.2

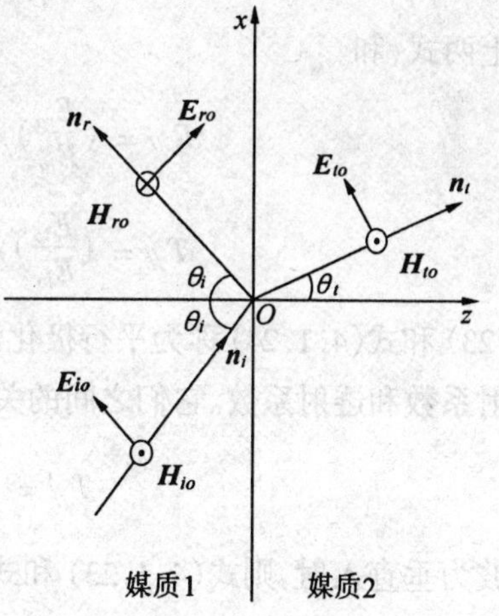

图 4.3

根据边界条件式(4.1.13) 和式(4.1.14)，有

$$E_{io} + E_{ro} = E_{to} \tag{4.1.15}$$

$$\frac{E_{io}}{\eta_1}\cos\theta_i - \frac{E_{ro}}{\eta_1}\cos\theta_i = \frac{E_{to}}{\eta_2}\cos\theta_t \tag{4.1.16}$$

联解以上两式，可得

$$R_{\perp} = (\frac{E_{ro}}{E_{io}})_{\perp} = \frac{\eta_2\cos\theta_i - \eta_1\cos\theta_t}{\eta_2\cos\theta_i + \eta_1\cos\theta_t} \tag{4.1.17}$$

$$T_{\perp} = (\frac{E_{to}}{E_{io}})_{\perp} = \frac{2\eta_2\cos\theta_i}{\eta_2\cos\theta_i + \eta_1\cos\theta_t} \tag{4.1.18}$$

式(4.1.17) 和式(4.1.18) 称为垂直极化波的费涅尔公式。

$R_{\perp}$ 称为场强的反射系数，$T_{\perp}$ 称为场强的透射系数，它们之间的关系为 $1 + R_{\perp} = T_{\perp}$。

当入射波垂直入射到分界面上时，$\theta_i = \theta_r = \theta_t = 0$，入射面成为不确定，式(4.1.17) 和式(4.1.18) 变为

$$R_{\perp} = (\frac{E_{ro}}{E_{io}})_{\perp} = \frac{\eta_2 - \eta_1}{\eta_2 + \eta_1} \tag{4.1.19}$$

$$T_{\perp} = (\frac{E_{to}}{E_{io}})_{\perp} = \frac{2\eta_2}{\eta_2 + \eta_1} \tag{4.1.20}$$

(2) 平行极化波入射

设电场矢量与入射面平行(垂直于 y 轴)，则 $\boldsymbol{H}$ 沿 y 方向，如图4.3所示。根据边界条件式(4.1.13) 和式(4.1.14)，有

$$E_{io}\cos\theta_i + E_{ro}\cos\theta_i = E_{to}\cos\theta_t \tag{4.1.21}$$

$$\frac{E_{io}}{\eta_1} - \frac{E_{ro}}{\eta_1} = \frac{E_{to}}{\eta_2} \tag{4.1.22}$$

联解以上两式，和

$$R_{/\!/} = (\frac{E_{ro}}{E_{io}})_{/\!/} = \frac{\eta_2\cos\theta_t - \eta_1\cos\theta_i}{\eta_1\cos\theta_i + \eta_2\cos\theta_t} \tag{4.1.23}$$

$$T_{/\!/} = (\frac{E_{to}}{E_{io}})_{/\!/} = \frac{2\eta_2\cos\theta_i}{\eta_1\cos\theta_i + \eta_2\cos\theta_t} \tag{4.1.24}$$

式(4.1.23) 和式(4.1.24) 称为平行极化波的费涅尔公式。$R_{/\!/}$ 和 $T_{/\!/}$ 分别为平行极化波均强的反射系数和透射系数。它们之间的关系为

$$T_{/\!/} = \frac{\cos\theta_i}{\cos\theta_t}(1 + R_{/\!/})$$

若入射波为垂直入射，则式(4.1.23) 和式(4.1.24) 变为

$$R_{/\!/} = \frac{\eta_2 - \eta_1}{\eta_2 + \eta_1} \tag{4.1.25}$$

$$T_{/\!/} = \frac{2\eta_2}{\eta_2 + \eta} \tag{4.1.26}$$

由式(4.1.10) 或式(4.1.20) 和式(4.1.25)、(4.1.26) 可见，当垂直入射时，无论是垂直极化波还是平行极化波，它们都有相同的反射系数和透射系数。因此，可将 $R_{\perp}$ 和 $R_{/\!/}$ 统一写为 R，将 $T_{\perp}$ 和 $T_{/\!/}$ 统一写为 T。

4.2 均匀平面波在理想介质分界面上的反射与折射

4.2.1 均匀平面波对理想介质的垂直入射

现假设一均匀平面波垂直入射到两种理想介质的分界面上,传播方向为 z 轴方向,电场矢量沿 x 轴方向,如图 4.4 所示。由于是无损耗媒质,

$\alpha_1 = \alpha_2 = 0$,故 $\beta_1 = k_1, \beta_2 = k_2$。

垂直入射时,$\theta_i = \theta_t = 0$,

入射波、反射波和折射波的场量表达式分别为

$$\boldsymbol{E}_i = \boldsymbol{a}_x E_{io} \mathrm{e}^{-\mathrm{j}\beta_1 z} \tag{4.2.1}$$

$$\boldsymbol{H}_i = \boldsymbol{a}_y \frac{E_{io}}{\eta_1} \mathrm{e}^{-\mathrm{j}\beta_1 z} \tag{4.2.2}$$

$$\boldsymbol{E}_r = \boldsymbol{a}_x R E_{io} \mathrm{e}^{+\mathrm{j}\beta_1 z} \tag{4.2.3}$$

$$\boldsymbol{H}_r = -\boldsymbol{a}_y \frac{R E_{io}}{\eta_1} \mathrm{e}^{+\mathrm{j}\beta_1 z} \tag{4.2.4}$$

$$\boldsymbol{E}_t = \boldsymbol{a}_x T E_{io} \mathrm{e}^{-\mathrm{j}\beta_1 z} \tag{4.2.5}$$

$$\boldsymbol{H}_t = \boldsymbol{a}_y \frac{T E_{io}}{\eta_2} \mathrm{e}^{-\mathrm{j}\beta_2 z} \tag{4.2.6}$$

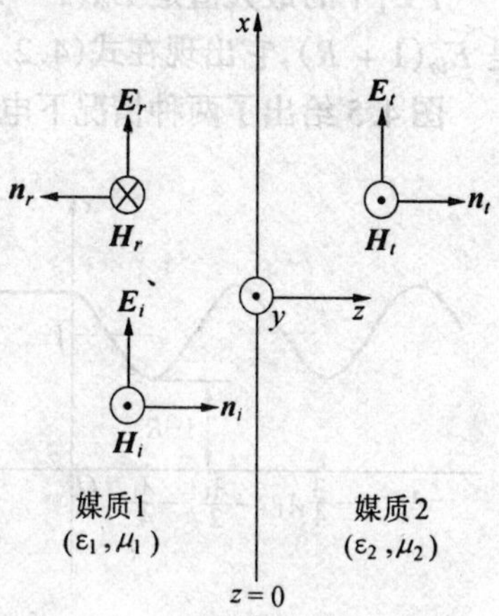

图 4.4

由式(4.2.5)和式(4.2.6)可以看出,Ⅱ区中传播的是一个无衰减的行波,其振幅沿 z 轴分布是一个常数,电场振幅为 $TE_{io} = (1 + R)E_{io}$,磁场振幅为$(1 + R)E_{io}/\eta_2$。

由式(4.2.1) ~ 式(4.2.4) 可得 Ⅰ 区合成波的电场和磁场为

$$\boldsymbol{E}_1 = \boldsymbol{E}_i + \boldsymbol{E}_r = \boldsymbol{a}_x E_{io}(\mathrm{e}^{-\mathrm{j}\beta_1 z} + R\mathrm{e}^{+\mathrm{j}\beta_1 z}) \tag{4.2.7}$$

$$\boldsymbol{H}_1 = \boldsymbol{H}_i + \boldsymbol{Hr} = \boldsymbol{a}_y \frac{E_{io}}{\eta_1}(\mathrm{e}^{-\mathrm{j}\beta_1 z} - R\mathrm{e}^{+\mathrm{j}\beta_1 z}) \tag{4.2.8}$$

将式(4.2.7) 变为

$$\begin{aligned}\boldsymbol{E}_1 &= \boldsymbol{a}_x E_{io}[(1 + R)\mathrm{e}^{-\mathrm{j}\beta_1 z} + R(\mathrm{e}^{\mathrm{j}\beta_1 z} - \mathrm{e}^{-\mathrm{j}\beta_1 z})] \\ &= \boldsymbol{a}_x E_{io}[(1 + R)\mathrm{e}^{-\mathrm{j}\beta_1 z} + R\mathrm{j}2\sin\beta_1 z]\end{aligned} \tag{4.2.9}$$

由式(4.2.9)可看出,E_1 由两部分组成,一部分是幅值为$(1 + R)E_{io}$ 的行波;另一部分是幅值为 $2RE_{io}$ 的驻波。因此,合成波场量振幅沿 z 方向是行驻波分布。

下面讨论在理想介质中合成波电场振幅 $|\boldsymbol{E}_1|$ 的最大值和最小值位置,即波腹点和波节点的位置。

$$\boldsymbol{E}_1 = \boldsymbol{a}_x E_{io} \mathrm{e}^{-\mathrm{j}\beta_1 z}(1 + R\mathrm{e}^{\mathrm{j}2\beta_1 z}) \tag{4.2.10}$$

分两种情况讨论:

(1)$R > 0(\eta_2 > \eta_1)$

$|\boldsymbol{E}_1|$ 的最大值是 $E_{io}(1 + R)$,它出现在 $2\beta_1 z = -2n\pi(n = 0,1,2,\cdots)$ 处,即

$$z_{\max} = -\frac{n\pi}{\beta_1} = -\frac{n\lambda_1}{2}, n = 0,1,2,\cdots \tag{4.2.11}$$

$|\boldsymbol{E}_1|$ 的最小值是 $E_{io}(1-R)$，它出现在 $2\beta_1 z = -(2n+1)\pi(n = 0,1,2,\cdots)$ 处，即

$$z_{\min} = -\frac{(2n+1)\pi}{2\beta_1} = -\frac{(2n+1)\lambda}{4}, n = 0,1,2,\cdots \tag{4.2.12}$$

(2) $R < 0(\eta_2 < \eta_1)$

$|\boldsymbol{E}_1|$ 的最大值是 $E_{io}(1-R)$，它出现在式(4.2.12)所给的 $z_{\min}$ 处；$|\boldsymbol{E}_1|$ 的最小值是 $E_{io}(1+R)$，它出现在式(4.2.11)所给的 $z_{\max}$ 处。

图4.5给出了两种情况下电场振幅的分布情况。

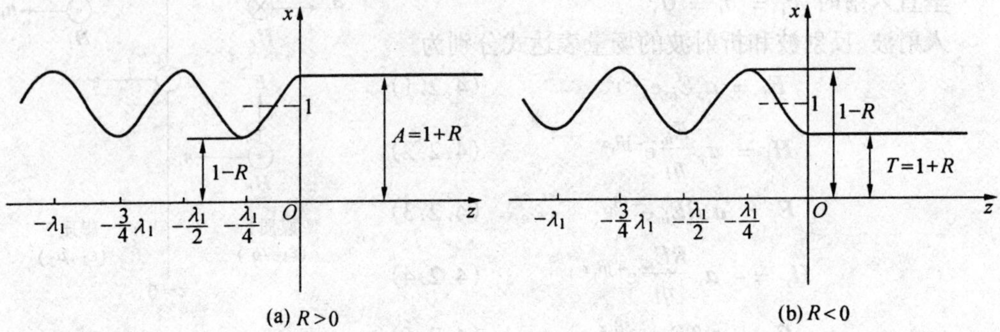

图4.5

I区的磁场强度也可表示为

$$\boldsymbol{H}_1 = \boldsymbol{a}_y \frac{E_{io}}{\eta_1} e^{-j\beta z}(1 - Re^{j2\beta_1 z}) \tag{4.2.13}$$

将上式与式(4.2.10)比较可知，在理想介质中，$|\boldsymbol{H}_1|$ 和 $|\boldsymbol{E}_1|$ 的最大值与最小位置正好互换，如图4.6所示。

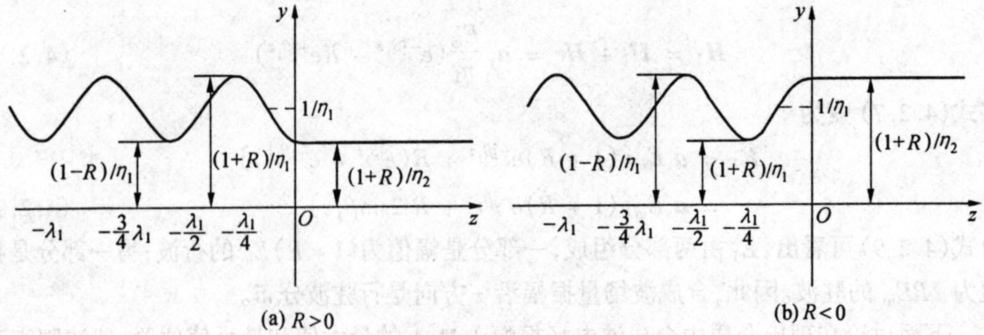

图4.6

由式(4.2.7)和式(4.2.8)可得I区中合成波沿 z 方向的平均坡印廷矢量为

$$\boldsymbol{S}_{1av} = \frac{1}{2} Re[\boldsymbol{a}_x E_1 \times \boldsymbol{a}_y \boldsymbol{H}_1^*]$$

$$= \frac{\boldsymbol{a}_z}{2} Re\left[\frac{(E_{io})^2}{\eta_1}(e^{-j\beta_1 z} + Re^{j\beta_1 z})(e^{j\beta_1 z} - Re^{-j\beta_1 z})\right]$$

$$= \boldsymbol{a}_z \frac{(E_{io})^2}{2\eta_1}(1 - R^2) \tag{4.2.14}$$

即 Ⅰ 区中沿 z 方向传播的功率实际上等于入射波传播的功率减去反射波沿相反方向传播的功率。

Ⅱ 区中折射波的平均坡印廷矢量为

$$\begin{aligned} \boldsymbol{S}_{2av} &= \frac{1}{2}R_e[\boldsymbol{a}_x E_2 \times \boldsymbol{a}_y H_2] \\ &= \frac{1}{2}R_e[\boldsymbol{a}_x T E_{io} e^{-j\beta_2 z} \times \frac{\boldsymbol{a}_y}{\eta_2} T E_{io} e^{j\beta_2 z}] \\ &= \boldsymbol{a}_z \frac{(E_{io})^2}{2\eta_2} T^2 \end{aligned} \tag{4.2.15}$$

可以证明，Ⅰ 区中的反射波功率与 Ⅱ 区中的折射波功率之和就等于入射波功率。

4.2.2 均匀平面波对理想介质的斜入射

1. 垂直极化入射

如图 4.2，设媒质 1 和媒质 2 均匀理想介质，垂直极化波斜入射到无限大平面分界面上，电场矢量沿 y 轴正方向，由式(4.17) ~ 式(4.1.12) 及垂直极化波的费涅尔公式，可得入射波，反射和折射波的场量表达式为

$$\boldsymbol{E}_i = \boldsymbol{a}_y E_{io} e^{-j\beta_1(x\sin\theta_i + z\cos\theta_i)} \tag{4.2.16}$$

$$\boldsymbol{H}_i = \frac{1}{\eta_1}(\boldsymbol{n}_i \times \boldsymbol{E}_i) = (-\boldsymbol{a}_x\cos\theta_i + \boldsymbol{a}_z\sin\theta_i)\frac{E_{io}}{\eta_1}e^{-j\beta_1(x\sin\theta_i + z\cos\theta_i)} \tag{4.2.17}$$

$$\boldsymbol{E}_r = \boldsymbol{a}_y R_\perp E_{io} e^{-j\beta_1(x\sin\theta_i - z\cos\theta_i)} \tag{4.2.18}$$

$$\boldsymbol{H}_r = \frac{1}{\eta_1}(\boldsymbol{n}_r \times \boldsymbol{E}_r) = (\boldsymbol{a}_x\cos\theta_i + \boldsymbol{a}_z\sin\theta_i)\frac{1}{\eta_1}R_\perp E_{io} e^{-j\beta_1(x\sin\theta i - z\cos\theta_i} \tag{4.2.19}$$

$$\boldsymbol{E}_t = \boldsymbol{a}_y T_\perp E_{io} e^{-j\beta_2(x\sin\theta_t + z\cos\theta_t)} \tag{4.2.20}$$

$$\boldsymbol{H}_t = \frac{1}{\eta_2}(\boldsymbol{n}_t \times \boldsymbol{E}_t) = (-\boldsymbol{a}_x\cos\theta_t + \boldsymbol{a}_z\sin\theta_t)\frac{1}{\eta_2}T_\perp E_{io} e^{-j\beta_2(x\sin\theta_i + z\cos\theta_i)} \tag{4.2.21}$$

由式(4.2.16) ~ 式(4.2.19) 可写出 Ⅰ 区中合成波场的分量为

$$E_y = E_{io}(e^{-j\beta_1 z\cos\theta_i} + R_\perp e^{j\beta_1 z\cos\theta_i})e^{-j\beta_1 x\sin\theta_i} \tag{4.2.22}$$

$$H_x = -\frac{E_{io}}{\eta_1}\cos\theta_i(e^{-j\beta_1 z\cos\theta_i} - R_\perp e^{j\beta_1 z\cos\theta_i})e^{-j\beta_1 x\sin\theta_i} \tag{4.2.23}$$

$$H_z = \frac{E_{io}}{\eta_1}\sin\theta_i(e^{-j\beta_1 z\cos\theta_i} + R_\perp e^{j\beta_1 z\cos\theta_i})e^{-j\beta_1 x\sin\theta_i} \tag{4.2.24}$$

由合成波的场量表达式可以看出：

(1) 场的每一分量都含有因子 $e^{-j\beta_1 x\sin\theta_i}$，因此，沿 x 方向观察，合成波是行波，此波除了有与传播方向垂直的分量 E_y 和 H_z 外，还有一个与传播方向平行的磁场分量 H_x。因此，该波不再是横电磁波。我们把这种电场只有横向分量，磁场既有横向分量又有纵向分量的电磁波称为横电波(记为 TE 波或 H 波)。这个波的等振幅面平行于反射面，而等相位面垂直于反射面，即等幅面与等相面不重合，因而是一非均匀平面波。

(2) 合成场的每一分量均含有因子 $e^{-j\beta_1 z\cos\theta_i}$ 和因子 $e^{j\beta_1 z\cos\theta_i}$ 的线性迭加，因此，沿 z 方

向观察，该波是行驻波。同样，该波除了有与传播方向垂直的横向场分量 E_y 和 H_x 外，还存在一个与传播方向平行纵向分量 H_z，是横电波(TE 波)。

2. 平行极化入射

若入射波为平行极化波，如图 4.3 所示，磁场矢量均沿 y 轴方向，电场矢量在入射面内，则入射波、反射波和折射波的场量分别为

$$\boldsymbol{H}_i = \boldsymbol{a}_y \frac{E_{io}}{\eta_1} e^{-j\beta_1(x\sin\theta_i + z\cos\theta_i)} \tag{4.2.25}$$

$$\boldsymbol{E}_i = (\boldsymbol{a}_x\cos\theta_i - \boldsymbol{a}_z\sin\theta_i) E_{io} e^{-j\beta_1(x\sin\theta_i + z\cos\theta_i)} \tag{4.2.26}$$

$$\boldsymbol{H}_r = -\boldsymbol{a}_y R_{/\!/} \frac{E_{io}}{\eta_1} e^{-j\beta_1(x\sin\theta_i - z\cos\theta_i)} \tag{4.2.27}$$

$$\boldsymbol{E}_r = (\boldsymbol{a}_x\cos\theta_i + \boldsymbol{a}_z\sin\theta_i) R_{/\!/} E_{io} e^{-j\beta_1(x\sin\theta_i - z\cos\theta_i)} \tag{4.2.28}$$

$$\boldsymbol{H}_t = (\boldsymbol{a}_y T_{/\!/} \frac{E_{io}}{\eta_2} e^{-j\beta_1(x\sin\theta_t + z\cos\theta_t)} \tag{4.2.29}$$

$$\boldsymbol{E}_t = (\boldsymbol{a}_x\cos\theta_t + \boldsymbol{a}_z\sin\theta_t) T_{/\!/} E_{io} e^{-j\beta_2(x\sin\theta_i + z\cos\theta_t)} \tag{4.2.30}$$

在 Ⅰ 区中合成波场的分量为

$$H_y = \frac{E_{io}}{\eta_1}(e^{-j\beta_1 z\cos\theta_t} - R_{/\!/} e^{j\beta_1 z\cos\theta_i}) e^{j\beta_1 x\sin\theta_i} \tag{4.2.31}$$

$$E_x = E_{io}\cos\theta_i(e^{-j\beta_1 z\cos\theta_i} + R_{/\!/} e^{j\beta_1 z\cos\theta_i}) e^{-j\beta_1 x\sin\theta_i} \tag{4.2.32}$$

$$E_z = -E_{io}\sin\theta_i(e^{-j\beta_1 z\cos\theta_i} - R_{/\!/} e^{j\beta_1 z\cos\theta_i}) e^{-j\beta_1 x\sin\theta_i} \tag{4.2.33}$$

由合成波场量表达式可见：

(1) 沿 x 方向观察，合成波是行波。该波除了有与传播方向垂直的横向分量 E_z 和 H_y 外，还有一个与传播方向平行的纵向场分量 E_x。我们把这种磁场只有横向分量。电场既有横向分量又有纵向分量的电磁波称为横磁波(记为 TM 波或 E 波)。该波也是非均匀平面波。

(2) 沿 z 方向观察，合成波是行驻波。由于存在纵向电场分量 E_z，故为 TM 波。

4.2.3 全透射与全反射

现在讨论均匀平面对介质分界面斜入射时出现的两种特殊情况。

由合成波场量表达式可见：

(1) 全透射

假设媒质 Ⅰ 和媒质 Ⅱ 均为无损耗的非铁磁性物质($\mu_1 = \mu_2 = \mu_0$)，当均匀平面波以某一入射角入射到介质分界面时，可能会使 $R_\perp = 0$ 或 $R_{/\!/} = 0$，表明入射波完全透入第二种媒质而不产生反射，称为全透射。

对于平行极化波，令 $R_{/\!/} = 0$，则有

$$\eta_2\cos\theta_t = \eta_1\cos\theta_i$$

将上式与费涅尔公式(4.1.3)

$$n_2\sin\theta_t = n_1\sin\theta_i$$

联解可得

$$\sin\theta_i = \sin\theta_b = \sqrt{\frac{\varepsilon_2}{\varepsilon_1 + \varepsilon_2}} \tag{4.2.34}$$

及 $\theta_b + \theta_t = \dfrac{\pi}{2}$

式(4.2.34) 可改写为

$$\theta_b = \sin^{-1}\sqrt{\frac{\varepsilon_2}{\varepsilon_1 + \varepsilon_2}} = \mathrm{tg}^{-1}\sqrt{\frac{\varepsilon_2}{\varepsilon_1}} \tag{4.2.35}$$

由上式可见,对于平行极化,存在一入射角 θ_b 使得入射波完全不反射,称 θ_b 为布儒斯特角。

对于垂直极化波,令 $R_{\perp} = 0$,则有 $\eta_2\cos\theta_i = \eta_1\cos\theta_t$,两边平方并应用费涅尔公式,可得 $\varepsilon_2 = \varepsilon_1$,即要求两种媒质为同一种媒质。因此,对于垂直极化波不存在相应的布儒斯特角。

电磁波的这种特性可被用作极化滤波。如一束椭圆极化波以布儒斯特角入射到两种介质分界面时,反射波中将只剩下垂直极化波,平行极化则完全折射到媒质 Ⅱ 中,故 θ_b 又称为极化角或偏振角。

(2) 全反射

由费涅尔公式 $n_2\sin\theta_t = n_1\sin\theta_i$,可得 $\sin\theta_t = \dfrac{n_1}{n_2}\sin\theta_i$。当电磁波由光密媒质斜入到光疏媒质界面上时,由于 $n_1 > n_2$,必然存在一个小于$\dfrac{\pi}{2}$ 的入射角使折射角 $\theta_t = \dfrac{\pi}{2}$,这时的入射角称为临界角,记为 θ_c,则有

$$\sin\theta_c = \frac{n_2}{n_1} \tag{4.2.36}$$

此时折射波沿分界面传播。当 $\theta_i > \theta_c$(即 $\sin\theta_i > \dfrac{n_2}{n_1} = n_{21}$) 时,则有

$$\sin\theta_t = \frac{\sin\theta_i}{n_{21}} > 1$$

可得

$$\cos\theta_t = -\sqrt{1 - \sin^2\theta_t} = -\mathrm{j}\sqrt{(\sin\theta_i/n_{21})^2 - 1} \tag{4.2.37}$$

将上式代入式(4.1.17) 和式(4.1.23),有

$$R_{\perp} = \frac{\cos\theta_i + \mathrm{j}\sqrt{\sin^2\theta_i - n_{21}^2}}{\cos\theta_i - \mathrm{j}\sqrt{\sin^2\theta_i - n_{21}^2}} = \mathrm{e}^{-\mathrm{j}\varphi_{\perp}} \tag{4.2.38}$$

$$R_{/\!/} = -\frac{n_{21}^2\cos\theta_i + j\sqrt{\sin^2\theta_i - n_{21}^2}}{n_{21}^2\cos\theta_i - j\sqrt{\sin^2\theta_i - n_{21}^2}} = \mathrm{e}^{-\mathrm{j}\varphi_{/\!/}} \tag{4.2.39}$$

其中 $\mathrm{tg}\dfrac{\varphi_{\perp}}{2} = \dfrac{\sqrt{\sin^2\theta_i - n_{21}^2}}{\cos\theta_i}$

$$\mathrm{tg}\frac{\varphi_{/\!/}}{2} = \frac{\sqrt{\sin^2\theta_i - n_{21}^2}}{\cos n_{21}^2}$$

由式(4.2.38)和式(4.2.39)可见,当入射角大于临界角之后,无论是垂直极化波还是平行极化波,其反射系数的模均为1,说明发生了全反射现象。

下面以垂直极化波为例讨论全反射条件下 Ⅱ 区中折射波的特点。

由式(4.2.20)和式(4.2.21)可写出折射波的场分量表达式

$$E_{ty} = T_{\perp} E_{io} e^{-\alpha z} e^{-j\beta_2 x \sin\theta_t} \tag{4.2.40}$$

$$H_{tx} = -\cos\theta_t \frac{1}{\eta_2} T_{\perp} E_{io} e^{-\alpha z} e^{-j\beta_2 x \sin\theta_t} \tag{4.2.41}$$

$$H_{tz} = \sin\theta_t \frac{1}{\eta_2} T_{\perp} E_{io} e^{-\alpha z} e^{-j\beta_2 x \sin\theta_t} \tag{4.2.42}$$

式中 $\alpha = \beta_2\sqrt{(\sin\theta_i/n_{21})^2 - 1}$。由以上三式可以看出:

(1) 该折射波是沿 x 方向(与分界面平行的方向)的行波,其等振幅面(z = 常数的平面)与等相位面(x = 常数的平面)不重合,故为非均匀平面波。由于存在纵向磁场分量 H_{tx} 而无纵向电场分量,故为TE波。

(2) 由于 $\cos\theta_t$ 为纯虚数,因此,E_{ty} 与 H_{tx} 间相位差 $\frac{\pi}{2}$,说明沿 z 方向的平均坡印廷矢量为零。

(3) 波沿 $+x$ 方向的相速度为

$$v_{px} = \frac{\omega}{\beta_2 \sin\theta_t} = \frac{v_2}{\sin\theta_t}$$

由于在 $\theta_i > \theta_c$ 的情况下,$\sin\theta_t > 1$,所以这种波沿传播方向的相速度小于介质2中波沿传播方向的相速度,因此,把这种波称为慢波。

(4) 场量振幅沿 $+z$ 方向按指数规律衰减,即其场量主要集中在介质表面附近,故这种波又称为表面波,说明介质分界面也有引导电磁波的可能。

表面波在超高频天线和传输线中都有极重要的应有。例如光纤波导就是利用光在玻璃丝内壁上连续不断地全反射,将光从一端传送到另一端,从而实现信息的传递。

当入射波为平行极化时,表面波是TM波,一般情况下是EH波(即有纵向电场分量,又有纵向磁场分量的波)。

4.3 均匀平面波对多层介质分界面的垂直入射

工程上经常遇到电磁波在多层介质分界面上的反射与折射。解决这类问题的方法就是将解决单一界面问题的办法应用到多层界面上来。

如图4.7,共有三种媒质,其电磁参数分别为 ε_1、μ_1,ε_2、μ_2 和 ε_3、μ_3。其中媒质2厚度为 d,它在 $z = -d$ 和 $z = 0$ 处分别与媒质1和媒质3交界。现假设媒质1中的入射波沿 $+z$ 轴方向传播,沿 x 方向极化。根据前面讨论的结果,在媒质1中有入射波和反射波。在媒质2中也必然有向 z 方向和负 z 方向传播的波。在媒质3中则只有向 z 方向传播的波。

Ⅰ 区的合成波电磁场可写为

$$\boldsymbol{E}_1 = \boldsymbol{a}_x [E_{1io} e^{-j\beta_1(z+d)} + E_{1ro} e^{j\beta_1(z+d)}] \tag{4.3.1}$$

$$\boldsymbol{H}_1 = \boldsymbol{a}_y \frac{1}{\eta_1}\left[E_{1io}e^{-j\beta_1(z+d)} - E_{1ro}e^{j\beta_1(z+d)}\right] \quad (4.3.2)$$

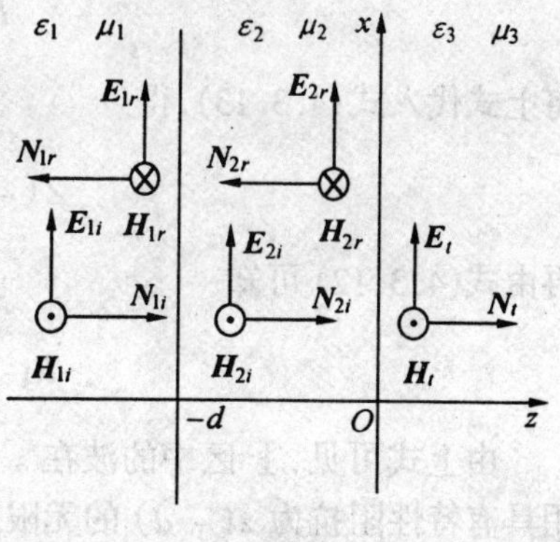

图 4.7

Ⅱ 区中的合成波场可写为

$$\boldsymbol{E}_2 = \boldsymbol{a}_x(E_{2io}e^{-j\beta_2 z} + E_{2ro}e^{j\beta_2 z}) \quad (4.3.3)$$

$$\boldsymbol{H}_2 = \boldsymbol{a}_y \frac{1}{\eta_2}(E_{2io}e^{-j\beta_2 z} - E_{2ro}e^{j\beta_2 z}) \quad (4.3.4)$$

Ⅲ 区中的透射波为

$$\boldsymbol{E}_3 = \boldsymbol{a}_x E_{3to}e^{-j\beta_3 z} \quad (4.3.5)$$

$$\boldsymbol{H}_3 = \boldsymbol{a}_y \frac{E_{3to}}{\eta_3}e^{-j\beta_3 z} \quad (4.3.6)$$

根据在 $z = 0$ 的边界上，电场和磁场的切向分量连续的边界条件，有

$$\begin{aligned} E_2(0) &= E_3(0) \\ H_2(0) &= H_3(0) \end{aligned} \quad (4.3.7)$$

即

$$\begin{aligned} E_{2io} + E_{2ro} &= E_{3to} \\ \frac{E_{2io}}{\eta_2} - \frac{E_{2ro}}{\eta_2} &= \frac{E_{3to}}{\eta_3} \end{aligned} \quad (4.3.8)$$

根据在 $z = -d$ 的边界面上，电场和磁场的切向分量连续的边界条件，有

$$\begin{aligned} E_1(-d) &= E_2(-d) \\ H_1(-d) &= H_2(-d) \end{aligned}$$

即

$$E_{1io} + E_{1ro} = E_{2io}e^{j\beta_2 d} + E_{2ro}e^{-j\beta_2 d} \quad (4.3.9)$$

$$\frac{1}{\eta_1}(E_{1io} - E_{1ro}) = \frac{1}{\eta_2}(E_{2io}e^{j\beta_2 d} - E_{2ro}e^{-j\beta_2 d}) \quad (4.3.10)$$

由方程式(4.3.8) ~ 式(4.3.10)便可以求出 E_{1ro}、E_{2io}、E_{2ro} 及 E_{3to} 与入射波电场幅值 E_{1io} 之间的关系。下面主要说明 R_1 的求解过程。

Ⅰ 区和 Ⅱ 区中电磁波均为合成波，为讨论问题方便，我们引入合成波阻抗的概念。

定义相对于观察方向成右手关系的一对电场、磁场正交分量的比值为合成波阻抗，记为 Z。通常观察方向即为界面的法线方向，若法线方向沿 $+z$ 轴方向，则有

$$Z = \frac{E_x}{H_y} = -\frac{E_y}{H_x} \quad (4.3.11)$$

在 $z = -d$ 的分界面上，合成波阻抗为

$$Z(-d) = \eta_1 \frac{E_{1io} + E_{1ro}}{E_{1io} - E_{1ro}} \quad (4.3.12)$$

$$Z(-d) = \eta_2 \frac{E_{2io}e^{j\beta_2 d} + E_{2ro}e^{-j\beta_2 d}}{E_{2io}e^{j\beta_2 d} - E_{2ro}e^{-j\beta_2 d}} \quad (4.3.13)$$

由式(4.3.7)和式(4.3.8)可得 Ⅱ 区的反射系数为

$$R_2 = \frac{E_{2ro}}{E_{2io}} = \frac{\eta_3 - \eta_2}{\eta_3 + \eta_2} \tag{4.3.14}$$

将上式代入式(4.3.13)，得

$$Z(-d) = \eta_2 \frac{\eta_3 + j\eta_2 \mathrm{tg}\beta_2 d}{\eta_2 + j\eta_3 \mathrm{tg}\beta_2 d} \tag{4.3.15}$$

再由式(4.3.12)可知

$$R_1 = \frac{E_{1ro}}{E_{1io}} = \frac{Z(-d) - \eta_1}{Z(-d) + \eta_1} \tag{4.3.16}$$

由上式可见，Ⅰ区中的波在 $z = -d$ 处遇到介质的不连续性情况时，这种不连续性可用具有特性阻抗为 $z(-d)$ 的无限均匀介质来表征。

下面讨论介质层无反射的条件。令 $R_1 = 0$，由式(4.3.16)，则有 $Z(-d) = \eta_1$，将其代入式(4.3.15)，有

$$\eta_1 = \eta_2 \frac{\eta_3 + j\eta_2 \mathrm{tg}\beta_2 d}{\eta_2 + j\eta_3 \mathrm{tg}\beta_2 d}$$

上式可改写为

$$\eta_1(\eta_2 \cos\beta_2 d + j\eta_3 \sin\beta_2 d) = \eta_2(\eta_3 \cos\beta_2 d + j\eta_2 \sin\beta_2 d)$$

令其实部、虚部分别相等，有

$$\eta_1 \cos\beta_2 d = \eta_3 \cos\beta_2 d \tag{4.3.17}$$

$$\eta_1 \eta_3 \sin\beta_2 d = \eta_2^2 \sin\beta_2 d \tag{4.3.18}$$

分两种情况讨论：

(1) 若 $\eta_1 = \eta_3 \neq \eta_2$，则要求 $\sin\beta_2 d = 0$，即

$$d = \frac{n\lambda_2}{2} \qquad (n = 1,2,3,\cdots)$$

说明当媒质1和媒质2相同中，介质层的厚度为介质中半波长的整数倍时，可以清除反射波。半波长厚度的介质片称为半波窗，雷达天线罩的设计就是利用这个原理。

(2) 若 $\eta_1 \neq \eta_3$，则要求

$$\eta_2 = \sqrt{\eta_1 \eta_3}$$

和

$$\cos\beta_2 d = 0$$

即

$$d = (2n+1)\frac{\lambda_2}{4} \qquad (n = 0,1,2,3,\cdots)$$

说明当媒质1和媒质3不同时，η_2 应等于 $\sqrt{\eta_1 \eta_3}$，且介质层的厚度应为介质中的四分之一波长的奇数倍，可以清除反射。它相当传输线理论中四分之一波长变换器。照像机镜头上都有这样的介质敷层，以清除光波通过透镜时的反射。

4.4 均匀平面波在理想导体表面上的反射和折射

4.4.1 均匀平面波对理想导体的垂直入射

如图4.8,媒质1为理想介质,媒质2为理想导体,现有一均匀平面波由理想介质沿$+z$轴方向入射至分界面上。

设入射波电场沿x方向极化,则入射波电磁场可表示为

$$\boldsymbol{E}_i = \boldsymbol{a}_x E_{io} e^{-j\beta_1 z} \tag{4.4.1}$$

$$\boldsymbol{H}_i = \boldsymbol{a}_y \frac{E_{io}}{\eta_1} e^{-j\beta_1 z} \tag{4.4.2}$$

反射波电磁场可表示为

$$\boldsymbol{E}_r = \boldsymbol{a}_x E_{ro} e^{j\beta_1 z} \tag{4.4.3}$$

$$\boldsymbol{H}_r = -\boldsymbol{a}_y \frac{E_{ro}}{\eta_1} e^{j\beta_1 z} \tag{4.4.4}$$

由于媒质2是理想导体,其内部电场和磁场均为零,即$\boldsymbol{E}_2 = 0, \boldsymbol{H}_2 = 0$,说明没有折射波进入理想导体内,故透射系数$T = 0$。

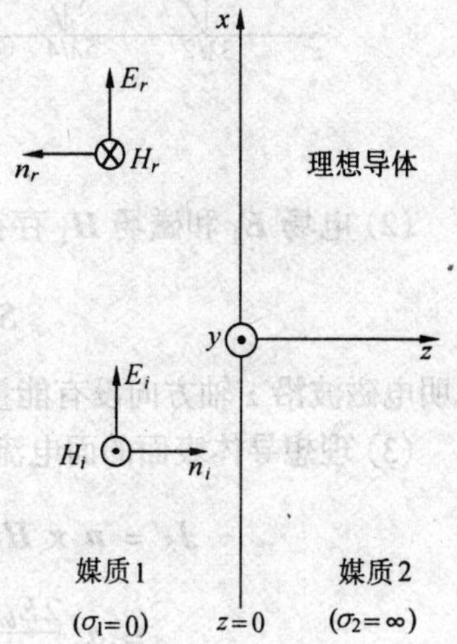

图4.8

根据在$z = 0$的分界面上,电场切向分量连续的边界条件,有

$$E_{io} + E_{ro} = 0 \text{ 或 } E_{io} = -E_{ro}$$

即

$$R = \frac{E_{ro}}{E_{io}} = -1 \tag{4.4.5}$$

说明在电磁波垂直入射到理想导体表面上会发生全反射。

下面讨论理想介质中合成波的特点。理想介质中的合成波场为

$$\boldsymbol{E}_1 = \boldsymbol{a}_x E_{io}(e^{-j\beta_1 z} - e^{j\beta_1 z}) = -\boldsymbol{a}_x 2j E_{io} \sin\beta_1 z \tag{4.4.6}$$

$$\boldsymbol{H}_1 = \boldsymbol{a}_y \frac{E_{io}}{\eta_1}(e^{-j\beta_1 z} + e^{j\beta_1 z}) = \boldsymbol{a}_y 2 \frac{E_{io}}{\eta_1} \cos\beta_1 z \tag{4.4.7}$$

瞬时值为

$$\boldsymbol{E}_1(z,t) = Re(-\boldsymbol{a}_x 2j E_{io} \sin\beta_1 z e^{j\omega t}) = \boldsymbol{a}_x 2E_{io} \sin\beta_1 z \sin\omega t \tag{4.4.8}$$

$$\boldsymbol{H}_1(z,t) = Re(-\boldsymbol{a}_y 2 \frac{E_{io}}{\eta_1} \cos\beta_1 z e^{j\omega t}) = \boldsymbol{a}_y 2 \frac{E_{io}}{\eta_1} \cos\beta_1 z \cos\omega t \tag{4.4.9}$$

由式(4.4.6) ~ 式(4.4.9)可以看出:

(1) 由于波在理想导体表面上发生全反射,理想介质中入射波与反射波的合成波场的振幅沿z轴方向呈纯驻波分布,电场驻波和磁场驻波错开$\lambda/4$。即在$z = -\frac{n\lambda}{2}(n = 0,1,2,\cdots)$处,电场幅值为零,磁场幅值具有最大值$2H_{io}$,就是说,该处为电场的波节点,磁场

的波腹点;在 $z=-(2n+1)\dfrac{\lambda}{4}(n=0,1,2,\cdots)$ 处,电场幅值具有最大值 $2E_{io}$,磁场幅值为零,即该处为电场的波腹点、磁场的波节点。图 4.9 示出了合成波场的振幅分布。

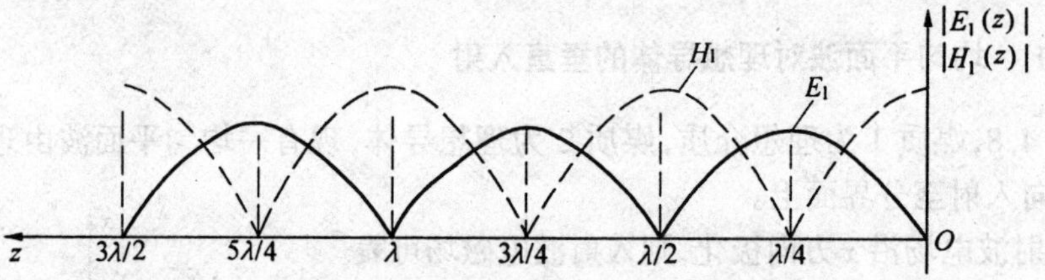

图 4.9

(2) 电场 $\boldsymbol{E}_1$ 和磁场 $\boldsymbol{H}_1$ 存在 $\dfrac{\pi}{2}$ 的相位差。因此,理想介质中的平均坡印廷矢量

$$\boldsymbol{S}_{av}=\frac{1}{2}Re(\boldsymbol{E}_1\times\boldsymbol{H}_1^{\ *})=0$$

说明电磁波沿 z 轴方向没有能量传输。

(3) 理想导体表面的面电流密度矢量为

$$\begin{aligned}\boldsymbol{J}_S&=\boldsymbol{n}\times\boldsymbol{H}_1\big|_{z=0}=-\boldsymbol{a}_z\times\boldsymbol{a}_y 2\frac{E_{io}}{\eta_1}\cos\beta_1 z\big|_{z=0}\\&=\boldsymbol{a}_x\frac{2E_{io}}{\eta_1}\end{aligned}$$

4.4.2 均匀平面波对理想导体的斜入射

(1) 垂直极化入射

垂直极化的均匀平面波以入射角 θ_i 斜入射到理想导体表面,参看图 4.2。与向理想介质分面斜入射的区别仅在于理想导体中的电磁场为零。

入射波的电磁场为

$$\boldsymbol{E}_i=\boldsymbol{a}_y E_{io}\mathrm{e}^{-\mathrm{j}\beta_1(x\sin\theta_i+z\cos\theta_i)}\tag{4.4.10}$$

$$\boldsymbol{H}_i=(-\boldsymbol{a}_x\cos\theta_i+\boldsymbol{a}_z\sin\theta_i)\frac{E_{io}}{\eta_1}\mathrm{e}^{-\mathrm{j}\beta_1(x\sin\theta_i+z\cos\theta_i)}\tag{4.4.11}$$

反射波的电磁场为

$$\boldsymbol{E}_r=\boldsymbol{a}_y E_{ro}\mathrm{e}^{-\mathrm{j}\beta_1(x\sin\theta_i-z\cos\theta_i)}\tag{4.4.12}$$

$$\boldsymbol{H}_r=(\boldsymbol{a}_x\cos\theta_i+\boldsymbol{a}_z\sin\theta_i)\frac{1}{\eta_1}E_{ro}\mathrm{e}^{-\mathrm{j}\beta_1(x\sin\theta_i-z\cos\theta_i)}\tag{4.4.13}$$

在 $z=0$ 的理想导体表面上,由边界条件 $E_t=0$,可得

$$E_{io}=-E_{ro}\tag{4.4.14}$$

即

$$R_\perp=\left(\frac{E_{ro}}{E_{io}}\right)_\perp=-1\tag{4.4.15}$$

理想介质中的合成波场量为

$$E_y = -2\mathrm{j}E_{io}\sin(\beta_1 z\cos\theta_i)\mathrm{e}^{-\mathrm{j}\beta_1 x\sin\theta_i} \tag{4.4.16}$$

$$H_x = -\frac{2E_{io}}{\eta_1}\cos\theta_i\cos(\beta_1 z\cos\theta_i)\mathrm{e}^{-\mathrm{j}\beta_1 x\sin\theta_i} \tag{4.4.17}$$

$$H_z = -\frac{2E_{io}}{\eta_1}\sin\theta_i\sin(\beta_1 z\cos\theta_i)\mathrm{e}^{-\mathrm{j}\beta_1 x\sin\theta_i} \tag{4.4.18}$$

由式(4.4.16) ~ 式(4.4.18) 可见:

① 合成波场的每一分量都有因子 $\mathrm{e}^{-\mathrm{j}\beta_1 x\sin\theta_i}$,因此,沿 x 方向观察,合成波是一个行波。其相速为

$$v_{px} = \frac{\omega}{\beta_1\sin\theta_i} = \frac{v_1}{\sin\theta_i} \tag{4.4.19}$$

由于电场没有沿传播方向的分量,磁场存在沿传播方向的纵向分量 H_x,故为横电波(TE波)。该波的等相位面与等振幅面不重合,是非均匀平面波。

② 沿 z 方向观察,合成波是驻波。E_y 和 H_x 存在 $\frac{\pi}{2}$ 相位差,沿 z 方向的平均坡印廷矢量为零。E_y 和 H_z 振幅的波节点及 H_x 振幅的波腹点位于 $\beta_1 z\cos\theta_i = -n\pi$ 处,即

$$z = -\frac{n\pi}{\beta_1\cos\theta_i} \quad (n = 0,1,2,\cdots) \tag{4.4.20}$$

③ 理想导体表面的电流密度矢量为

$$\boldsymbol{J}_s = \boldsymbol{n}\times\boldsymbol{H}\,|_{z=0} = \boldsymbol{a}_y\frac{2E_{io}}{\eta_1}\cos\theta_i\mathrm{e}^{-\mathrm{j}\beta_1 x\sin\theta_i}$$

(2) 平行极化入射

平行极化的均匀平面波以入射角 θ_i 斜入射到理想导体表面,参看图 4.3。同样,理想导体中的电磁场为零。

入射波的电磁场为

$$\boldsymbol{H}_i = \boldsymbol{a}_y\frac{E_{io}}{\eta_1}\mathrm{e}^{-\mathrm{j}\beta_1(x\sin\theta_i + z\cos\theta_i)} \tag{4.4.21}$$

$$\boldsymbol{E}_i = (\boldsymbol{a}_x\cos\theta_i - \boldsymbol{a}_z\sin\theta_i)E_{io}\mathrm{e}^{-\mathrm{j}\beta_1(x\sin\theta_i + z\cos\theta_i)} \tag{4.4.22}$$

反射波的电磁场为

$$\boldsymbol{H}_r = -\boldsymbol{a}_y\frac{E_{ro}}{\eta_1}\mathrm{e}^{-\mathrm{j}\beta_1(x\sin\theta_i - z\cos\theta_i)} \tag{4.4.23}$$

$$\boldsymbol{E}_r = (\boldsymbol{a}_x\cos\theta_i + \boldsymbol{a}_z\sin\theta_i)E_{ro}\mathrm{e}^{-\mathrm{j}\beta_1(x\sin\theta_i - z\cos\theta_i)} \tag{4.4.24}$$

利用 $z = 0$ 的理想导体表面的边界条件 $E_t = 0$,可得

$$E_{io} = -E_{ro} \tag{4.4.25}$$

即

$$R = \left(\frac{E_{ro}}{E_{io}}\right) = -1 \tag{4.4.26}$$

理想介质中的合成波场量为

$$E_x = -2\mathrm{j}E_{io}\cos\theta_i\sin(\beta_1 z\cos\theta_i)\mathrm{e}^{-\mathrm{j}\beta_1 x\sin\theta_i} \tag{4.4.27}$$

$$E_z = -2E_{io}\sin\theta_i\cos(\beta_1 z\cos\theta_i)\mathrm{e}^{-\mathrm{j}\beta_1 x\sin\theta_i} \tag{4.4.28}$$

$$H_y = \frac{E_{io}}{\eta_1}\cos(\beta_1 z\cos\theta_i)e^{-j\beta_1 x\sin\theta_i} \tag{4.4.29}$$

可以看出，合成波是沿 x 方向传播的 TM 波，且是非均匀平面波；合成波沿 z 方向是驻波，$\boldsymbol{E}_x$ 和 $\boldsymbol{H}_y$ 相位差$\frac{\pi}{2}$，沿 z 方向的平均坡印廷矢量为零。

习 题

4.1 平面电磁波从空气斜入到一介质表面，电介质的 $\varepsilon_r = 3, \mu_r = 1$，入射角 $\theta = 60°$，入射波的电场振幅为 $E_{io} = 1\text{V/m}$。试分别计算垂直极化和平行极化两种情况一下反射波和折射波。

4.2 证明：均匀平面波从一种本征阻抗为 η_1 的无耗媒质垂直入射到另一种本征阻抗为 η_2 的无耗媒的平面上，两种媒质中功率密度的时间平均值相等。

4.3 入射波电场 $\boldsymbol{E}_i = \boldsymbol{a}_x 10\cos(3\pi 10^9 t - 10\pi z)\text{V/m}$，从空气（$z > 0$）中正投射到 $z = 0$ 的平面边界上，对 $z > 0$ 区域 $\mu_r = 1, \varepsilon_r = 4$，求 $z > 0$ 区域中的电场 $\boldsymbol{E}$ 和磁场 $\boldsymbol{H}$。

4.4 求光线自玻璃（$n = 1.5$）到空气的临界角和布儒斯特角。证明，在一般情形下，临界角总大于布儒斯特角。

4.5 如图所示，一束均匀平行极化的平面波以 θ_i 入射到界面 Ⅰ 后，问 α = ?时，可使电磁波在界面 Ⅰ 发生全透射后，接着在界面 Ⅱ 发生全反射。

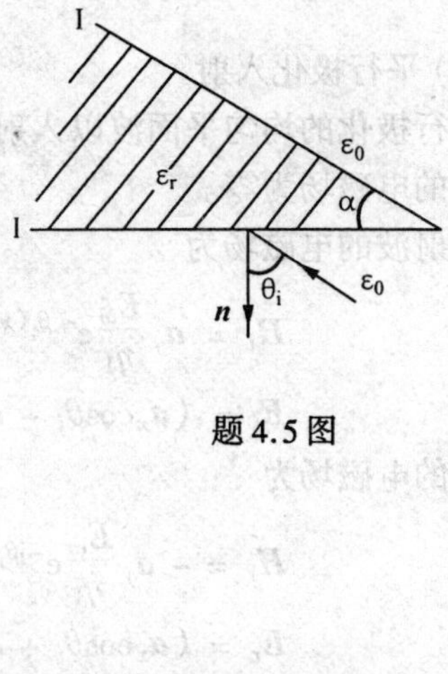

题 4.5 图

4.6 如图(4.2)所示，若在 $z > 0$ 的区域为磁性材料（即 $\varepsilon_2 = \varepsilon_1, \mu_2 \neq \mu_1$）时，证明对于垂直极化波有不反射的布鲁斯特角为

$$\sin^2\theta_b = \mu_2/(\mu_1 + \mu_2)$$

4.7 垂直极化的电磁波从水下源以入射角 $\theta_i = 20°$，投射到水与空气的分界面上。对于淡水，$\varepsilon_r = 81, \mu_r = 1$，试求：

（a）临界角：

（b）反射系系数 $R_\perp$ 及透射系数 $T_\perp$；

4.8 平面电磁波入射在两种理想介质平面分界面上，并设其磁导率相同。试证当发生全反射时，进入第二种介质的电磁波其坡印廷矢量法向分量的时间平均值为零。

4.9 一个直线极化波从自由空间入射到介质分界面，该介质的参数 $\varepsilon_r = 4, \mu_r = 1$。若入射波的电场与入射面的夹角为 45°，求：

（a）要使反射波只有垂直极化波，应以多大角入射?

（b）在此情况下，反射波的平均功率密度是入射波的百分之几?

4.10 有一角频率为 ω 的单色平面波，从真空中垂直入射到折射率 $n = \sqrt{\varepsilon_r}$ 的介质片（设 $\mu = \mu_0$）上，片的厚度为 d，试求此介质片的反射系数，并讨论无的反射条件。

4.11 有一频率为 100MHz，y 方向极化的均匀平面波从空气垂直入射到位于 $x = 0$ 的理想导体面上，假设入射波电场 E_i 的振幅为 6mV/m。

(a) 确定距离导体平面最近的合成波电场 $\boldsymbol{E}_1$ 为零的位置；

(b) 确定距离导体平面最近的合成波磁场 $\boldsymbol{H}_1$ 为零的位置。

4.12 设一均匀平面波电场 $\boldsymbol{E} = (E_1\boldsymbol{a}_x - \mathrm{j}E_2\boldsymbol{a}_y)\mathrm{e}^{-\mathrm{j}\beta_1 z}$ 从媒质 1($\varepsilon_1, \mu_1 = \mu_0, \sigma_1 = 0$) 垂直入射到媒质 2($\varepsilon_2, \mu_2 = \mu_0, \sigma_2 = 0$)，界面为平面，求反射波和透射波的电场，并指明极化状态。这里 $\boldsymbol{E}_1 \neq \boldsymbol{E}_2$，且均为实常数。

4.13 垂直极化的平面波以 $\theta_i = 30°$ 角由空气斜入射到理想导体表面。已知 $E_{yi} = 2\text{V/m}$，$f = 10^9\text{Hz}$，求：

(1) 空气中合成波的场强；

(2) 沿 x 方向的相速；

(3) 表面电流密度。

第五章　导行电磁波

前面我们讨论了均匀平面波在无界空间中的传播规律,以及在媒质分界面上的反射与折射问题。本章将讨论电磁波在导波系统中的传播规律。能够导引电磁波沿单一确定方向传播的装置,称为导波系统或传输线。能被导波系统引导传播的电磁波称为导行电磁波,简称导行波。

目前传输线种类繁多,不同传输线引导的电磁波,一般具有不同的特点。按其线上传播的导行波的特点可将传输线分为三类:①TEM 波传输线,如平行双线、同轴线、微带线等;② 波导传输线,如矩形波导、圆形波导等;③ 表面波传输线,如介质波导等。图 5.1 是几种典型的传输线结构。平行双线是最简单的 TEM 波传输线,随着工作频率的升高,其辐射损耗急剧增大,故平行双线主要用于米波波段。同轴线没有电磁辐射。但存在内导体的电阻损耗和介质损耗,主要用于分米波和厘米波波段。微带线体积小、重量轻、频带宽,便于集成,广泛应用于微波集成电路中。空心金属管状的波导传输线,主要用于厘米波和毫米波波段。由低损耗介质构成的介质波导可工作于毫米波到光波波段。

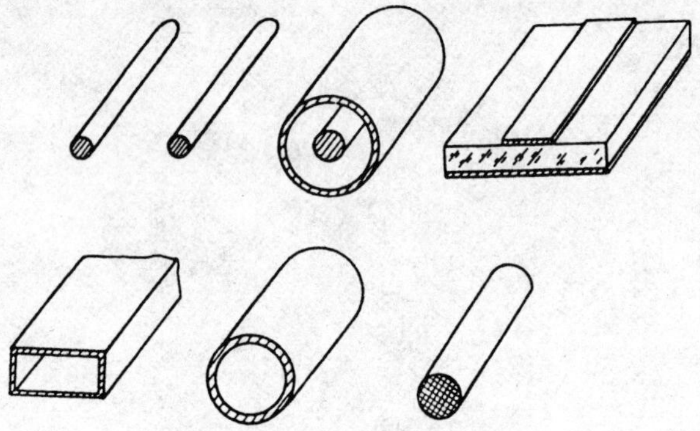

图 5.1

本章首先讨论导行波的一般特性,然后讨论矩形波导和介质波导。

5.1　导行波的一般特性

5.1.1　导行波的波动方程

我们所研究的导行波问题是无源区均匀无耗媒质中的正弦电磁波沿均匀导波系统的轴向定向传输的问题。具体的导波结构不同,电磁场所满足的边界条件也不同。因此,导行波的传播规律和特点也各有差异。但它们都必须满足齐次亥姆霍兹方程

$$\nabla^2 \boldsymbol{E} + k^2 \boldsymbol{E} = 0 \tag{5.1.1}$$

$$\nabla^2 \boldsymbol{H} + k^2 \boldsymbol{H} = 0 \tag{5.1.2}$$

式中 $k^2 = \omega^2 \mu \varepsilon$。

取均匀导波系统的轴向为 z 轴方向，导行波沿 z 轴方向无损耗传输。由于导波系统的横截面是均匀的，因此 $\boldsymbol{E}$ 和 $\boldsymbol{H}$ 的辐值与 z 无关。$\boldsymbol{E}$ 和 $\boldsymbol{H}$ 可表示为

$$\boldsymbol{E} = \boldsymbol{E}(x, y) \mathrm{e}^{-\mathrm{j} k_g z} \tag{5.1.3}$$

$$\boldsymbol{H} = \boldsymbol{H}(x, y) \mathrm{e}^{-\mathrm{j} k_g z} \tag{5.1.4}$$

式中 k_g 为导行波的波数。

将式(5.1.3) 和式(5.1.4) 分别代入式(5.1.1) 和式(5.1.2)，并考虑到横向拉普拉斯算符 $\nabla_t^2 = \dfrac{\partial^2}{\partial x^2} + \dfrac{\partial^2}{\partial y^2}$，可得

$$\nabla_t^2 \boldsymbol{E} + k_c^2 \boldsymbol{E} = 0 \tag{5.1.5}$$

$$\nabla_t^2 \boldsymbol{H} + k_c^2 \boldsymbol{H} = 0 \tag{5.1.6}$$

式中

$$k_c^2 = k^2 - k_g^2 \tag{5.1.7}$$

k_c 称为临界波数。

式(5.1.5) 和式(5.1.6) 两个矢量方程包含了6个标量方程，但电磁场的这6个标量并不是完全独立的。在无源区，场的横向分量可用纵向分量来表示。下面由麦克斯韦方程组推导出它们之间的关系。

在无源区，$\boldsymbol{E}$、$\boldsymbol{H}$ 的旋度方程为

$$\nabla \times \boldsymbol{E} = -\mathrm{j}\omega\mu \boldsymbol{H}$$

$$\nabla \times \boldsymbol{H} = \mathrm{j}\omega\varepsilon \boldsymbol{E}$$

将式(5.1.3) 和式(5.1.4) 代入以上两式并考虑到算式两边对应坐标分量相等，可得

$$\frac{\partial E_z}{\partial y} + \mathrm{j} k_g E_y = -\mathrm{j}\omega\mu H_x$$

$$-\mathrm{j} k_g E_x - \frac{\partial E_z}{\partial x} = -\mathrm{j}\omega\mu H_y$$

$$\frac{\partial E_y}{\partial x} - \frac{\partial E_x}{\partial y} = -\mathrm{j}\omega\mu H_z$$

$$\frac{\partial H_z}{\partial y} + \mathrm{j} k_g H_y = \mathrm{j}\omega\varepsilon E_x$$

$$-\mathrm{j} k_g H_x - \frac{\partial H_z}{\partial x} = \mathrm{j}\omega\varepsilon E_y$$

$$\frac{\partial H_y}{\partial x} - \frac{\partial H_x}{\partial y} = \mathrm{j}\omega\varepsilon E_z$$

联解以上 6 个方程可得

$$E_x = \frac{\mathrm{j}}{k_c^2}\left(-k_g \frac{\partial E_z}{\partial x} - \omega\mu \frac{\partial H_z}{\partial y}\right) \tag{5.1.8}$$

$$E_y = \frac{\mathrm{j}}{k_c^2}\left(-k_g\frac{\partial E_z}{\partial y} + \omega\mu\frac{\partial H_z}{\partial x}\right) \tag{5.1.9}$$

$$H_x = \frac{\mathrm{j}}{k_c^2}\left(\omega\varepsilon\frac{\partial E_z}{\partial y} - k_g\frac{\partial H_z}{\partial x}\right) \tag{5.1.10}$$

$$H_y = \frac{\mathrm{j}}{k_c^2}\left(-\omega\varepsilon\frac{\partial E_z}{\partial x} - k_g\frac{\partial H_z}{\partial y}\right) \tag{5.1.11}$$

而纵向场分量 E_z 和 H_z 满足的波动方程为

$$\nabla_t^2 E_z + k_c^2 E_z = 0 \tag{5.1.12}$$

$$\nabla_t^2 H_z + k_c^2 H_z = 0 \tag{5.1.13}$$

由此可见，对场量存在纵向分量的导行波，只要利用边界条件求得方程式(5.1.12)和式(5.1.13)的解，就可通过式(5.1.8)～式(5.1.11)求出其余4个横向分量。这种方法称为纵向场法。需要注意，在求解过程中可以将因子 $\mathrm{e}^{\mathrm{j}(\omega t - k_g z)}$ 省略不写，待求解完毕后将其收回，而习惯上只收回 $\mathrm{e}^{-\mathrm{j}k_g z}$。

以上分析表明，传输线中的导行波可能出现 E_z 或 H_z 分量。因此通常将导行波分为三种类型。

(1) 横电磁波(TEM波)。即电场和磁场均位于垂直于传播方向的平面内，不存在沿传播方向的纵向分量。

(2) 横电波(TE波或H波)。这种波的纵向磁场分量不为零，而纵向电场分量为零。

(3) 横磁波(TM波或E波)。这种波的纵向电场分量不为零，但纵向磁场分量为零。

应当指出，一般情况下上述三种类型的导行波均能单独满足场方程和边界条件，但在某些特殊情况下当它们不能单独满足边界条件时，则需要考虑第四种类型：混合波(EH波)。这种波的纵向电场分量和纵向磁场分量均不为零。

5.1.2 TEM波的一般特性

由于TEM波的纵向场分量为零，即 $E_z = H_z = 0$，从式(5.1.8)～式(5.1.11)可知，只有当 $k_c^2 = k^2 - k_g^2 = 0$ 时，电磁场才有非零解。只有当

$$k_g = k = \omega\sqrt{\mu\varepsilon} \tag{5.1.14}$$

时，导波系统中才存在TEM波。可见，导波系统中的TEM波的波数与无界媒质中传播的均匀平面波的波数相同。与无界媒质中的均匀平面波相比，两者虽然都是TEM波，但由于导波结构的存在，场量在横截面上，呈非均匀分布，是一个非均匀平面波。

TEM波的相速度为

$$v_p = \frac{\omega}{k} = \frac{1}{\sqrt{\mu\varepsilon}} \tag{5.1.15}$$

可见，相速度与频率无关，因此，TEM波在传播过程中不产生色散现象。

TEM波的波阻抗为

$$Z_{\mathrm{TEM}} = \frac{E_x}{H_y} = -\frac{E_y}{H_x} = \sqrt{\frac{\mu}{\varepsilon}} = \eta \tag{5.1.16}$$

上式表明，TEM波的波阻抗等于媒质的特性阻抗。

由于 TEM 波的 $k_c^2 = 0$,因此其波动方程变为

$$\nabla_t^2 \boldsymbol{E} = 0$$

$$\nabla_t^2 \boldsymbol{H} = 0$$

由以上两式可见,TEM 波的场量不仅只有横向分量,而且满足二维拉普拉斯方程,因而在任一横截面上,在某一固定时刻,导行 TEM 波的场分布与稳恒场相同(稳恒场的情况在后面章节中还要介绍),所以一个能传输 TEM 波的导波系统,如平行双线,同轴线等,也一定能传输直流电。但在单导体的空心金属波导管内不可能存在 TEM 波。这是因为如果在这种空心波导管内有 TEM 波存在,则磁力线应完全在横截面内形成闭合回线,这就要求必须有纵向的传导电流或位移电流存在。但由于空心波导管内无内导体,故不存在传导电流;同时,由于 TEM 波的纵向电场分量为零,因此也不存在纵向位移电流。这意味着在横截面内不可有闭合磁力线,从而说明单导体空心金属波导管内不可能存在 TEM 波。

5.1.3 TE、TM 波的一般特性

由于 E_z 或 H_z 等于零,一般情况下电磁场只存在五个分量,TE 波和 TM 波的解的形式可分别写为

TE 波

$$\boldsymbol{E} = \boldsymbol{a}_x E_x + \boldsymbol{a}_y E_y = (\boldsymbol{a}_x e_x + \boldsymbol{a}_y e_y)\mathrm{e}^{-\mathrm{j}k_g z}$$

$$\boldsymbol{H} = \boldsymbol{a}_x H_x + \boldsymbol{a}_y H_y + \boldsymbol{a}_z H_z = (\boldsymbol{a}_x h_x + \boldsymbol{a}_y h_y + \boldsymbol{a}_z h_z)\mathrm{e}^{-\mathrm{j}k_g z}$$

TM 波

$$\boldsymbol{E} = \boldsymbol{a}_x E_x + \boldsymbol{a}_y E_y + \boldsymbol{a}_z E_z = (\boldsymbol{a}_x e_x + \boldsymbol{a}_y e_y + \boldsymbol{a}_z e_z)\mathrm{e}^{-\mathrm{j}k_g z}$$

$$\boldsymbol{H} = \boldsymbol{a}_x H_x + \boldsymbol{a}_y H_y = (\boldsymbol{a}_x h_x + \boldsymbol{a}_y h_y)\mathrm{e}^{-\mathrm{j}k_g z}$$

因此,对于 *TE* 波和 *TM* 波,只需根据边界条件求出 H_z 和 E_z 后,就可利用式(5.1.8) ~ 式(5.1.11) 求出其余 4 个横场分量。

下面讨论在无耗媒质中 TE 波和 TM 波的传播特性。

由式(5.1.7),可得

$$k_g = \sqrt{k^2 - k_c^2}$$

可以看出,当 $k^2 - k_c^2 > 0$ 时,k_g 为实数,波能够在导波系统中传播;当 $k^2 - k_c^2 < 0$ 时,k_g 为纯虚数,波在导波系统内呈衰减状态。因此,k_c 是导行波能否在导波系统内传播的临界点,故称为临界波数。相应的波长称为临界波长,即

$$\lambda_c = \frac{2\pi}{k_c} \tag{5.1.17}$$

与导行波的波数 k_g 相对应的波长称为波导波长,即

$$\lambda_g = \frac{2\pi}{k_g} \tag{5.1.18}$$

由 $k_g = 2\pi/\lambda_g$、$k_c = 2\pi/\lambda_c$ 及 $k = 2\pi/\lambda$,可得

$$\lambda_g = \frac{\lambda}{\sqrt{1 - (\dfrac{\lambda}{\lambda_c})^2}} \tag{5.1.19}$$

由上式可以看出:当 $\lambda < \lambda_c$ 时,$\lambda_g > \lambda$ 为实数;当 $\lambda > \lambda_c$ 时,λ_g 不存在。说明对于导波系统中的 TE 和 TM 波,存在一个波长极限值 λ_c,波长大于这个值的波不能在其中传播,只能沿 z 方向衰减,故 λ_c 称为临界波长,又称截止波长,其相应的频率,记为 $f_c(f_c\lambda_c = v)$,称为临界频率或截止频率。

由式(5.1.19) 可得导行波的相速度为

$$v_p = \lambda_g f = \frac{v}{\sqrt{1-(\frac{\lambda}{\lambda_c})^2}} > v \tag{5.1.20}$$

由上式可见,导波系统中沿 z 轴方向的相速总大于无界媒质中的相速,说明导波系统的轴向并不是电磁波能量的传播方向。

由式(5.1.8) ~ 式(5.1.11),并考虑到 $E_z = 0$,可得 TE 波的波阻抗

$$Z_{\mathrm{TE}} = \frac{E_x}{H_y} = -\frac{E_y}{H_x} = \frac{\eta}{\sqrt{1-(\frac{\lambda}{\lambda_c})^2}} \tag{5.1.21}$$

同样,可得 TM 波的波阻抗

$$Z_{\mathrm{TM}} = \eta\sqrt{1-(\frac{\lambda}{\lambda c})^2} \tag{5.1.22}$$

由以上两式可以看出,导波系统中传播的 TE、TM 波的阻抗是纯电阻性的,且有 $Z_{\mathrm{TE}} > \eta$,$Z_{\mathrm{TM}} < \eta$;而对于衰减模式的波阻抗则是纯电抗性的,说明与衰减模式的波阻抗则是纯电抗性的,说明与衰减模式相伴的有功功率流为零。

由式(5.1.20) ~ 式(5.1.22) 可见,TE、TM 波的相速及波阻抗都与频率有关,说明导波系统中的 TE、TM 波是色散波。不过这种色散与由媒质损耗所引起的色散不同,它是由导波结构的边界条件引起的,与频率的关系比较简单。

5.2 矩形波导

矩形波导是由矩形空心金属管制成的导波结构,如图 5.2 所示。设其内壁宽边尺寸为 a,窄边尺寸为 b,波导的轴向沿 $+z$ 方向。为简化分析,将金属管近似视为理想导体。由 5.1 节可知,矩形波导中不能传播 TEM 波,但能传播 TE 波和 TM 波。所以可采用纵向场法首先求出 H_z 或 E_z,再利用式(5.1.8) ~ 式(5.1.11) 求出其余场分量。

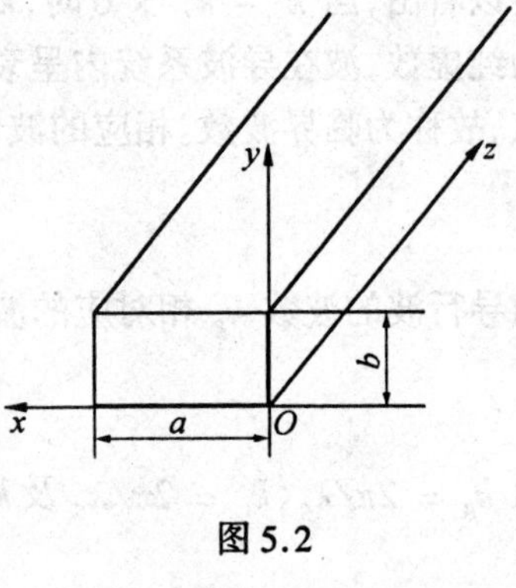

图 5.2

5.2.1 矩形波导中 TE 波的解

对于 TE 波,$E_z = 0, H_z \neq 0$。由式(5.1.12),得 h_z 满足方程

$$\frac{\partial_2 h_z}{\partial x^2} + \frac{\partial_2 h_z}{\partial y^2} + {k_c}^2 h_z = 0 \tag{5.2.1}$$

采用分离变量法求解该方程。为此,设其解为

$$h_z(x,y) = X(x)Y(y) \tag{5.2.2}$$

将上式代入式(5.2.1),然后等式两边同除以 $X(x)Y(y)$,可得

$$\frac{1}{X(x)}\frac{d^2X(x)}{dx^2} + \frac{1}{Y(y)}\frac{d^2Y(y)}{dy^2} = -k_c^2 \tag{5.2.3}$$

上式左端第一项仅为 x 的函数,第二项仅为 y 的函数,要使两项之和等于常数,必须两项各等于常数,令它们分别等于 $-k_x{}^2$ 和 $-k_y^2$,则有

$$\frac{d^2X(x)}{dx^2} + k_x^2X(x) = 0 \tag{5.2.4}$$

$$\frac{d^2Y(x)}{dy^2} + k_y^2Y(y) = 0 \tag{5.2.5}$$

且有

$$k_x^2 + k_y^2 = k_c^2 \tag{5.2.6}$$

方程式(5.2.4) 和式(5.2.5) 的通解分别为

$$X(x) = A\sin k_x x + B\cos k_x x \tag{5.2.7}$$

$$Y(y) = C\sin k_y y + D\cos k_y y \tag{5.2.8}$$

根据理想导体表面切向电场分量连续的边界条件,有

$$E_y\mid_{x=0} = 0 \qquad E_y\mid_{x=a} = 0 \tag{5.2.9}$$

$$E_x\mid_{y=0} = 0 \qquad E_x\mid_{y=b} = 0 \tag{5.2.10}$$

将式(5.2.9) 和式(5.2.10) 分别应用于式(5.1.9) 和式(5.1.8),并考虑到 $E_Z = 0$,可得用 h_z 表示的边界条件

$$\frac{\partial h_z}{\partial x}\mid_{x=0} = 0 \qquad \frac{\partial h_z}{\partial x}\mid_{x=a} = 0 \tag{5.2.11}$$

$$\frac{\partial h_z}{\partial y}\mid_{y=0} = 0 \qquad \frac{\partial h_z}{\partial y}\mid_{y=b} = 0 \tag{5.2.12}$$

将式(5.2.11) 代入 $X(x)$ 的通解式(5.2.7),得

$$k_x = \frac{m\pi}{a} \tag{5.2.13}$$

$$X(x) = B\cos\frac{m\pi}{a}x \tag{5.2.14}$$

将式(5.2.12) 代入 $Y(y)$ 的通解式(5.2.8),得

$$k_y = \frac{n\pi}{b} \tag{5.2.15}$$

$$Y(y) = D\cos\frac{n\pi}{b}y \tag{5.2.16}$$

将式(5.2.14) 和式(5.2.16) 代入式(5.2.2),并令 $BD = H_o$,可得

$$h_z = H_o\cos\frac{m\pi}{a}x\cos\frac{n\pi}{b}y \tag{5.2.17}$$

于是,得

$$H_z = H_o \cos\frac{m\pi}{a}x\cos\frac{n\pi}{b}y e^{-j k_g z} \tag{5.2.18}$$

式中 H_o 由激励源强度决定。

利用式(5.1.8) ~ 式(5.1.11),可得 TE 波的其余 4 个横向场分量

$$E_x = \frac{j\omega\mu}{k_c^2}\frac{n\pi}{b}H_o\cos\frac{m\pi}{a}x\sin\frac{n\pi}{b}y e^{-j k_g z} \tag{5.2.19}$$

$$E_y = -\frac{j\omega\mu}{k_c^2}\frac{m\pi}{a}H_o\sin\frac{m\pi}{a}x\cos\frac{n\pi}{b}y e^{-j k_g z} \tag{5.2.20}$$

$$H_x = \frac{j\, k_g}{k_c^2}\frac{m\pi}{a}H_o\sin\frac{m\pi}{a}x\cos\frac{n\pi}{b}y e^{-j k_g z} \tag{5.2.21}$$

$$H_y = \frac{j\, k_g}{k_c^2}\frac{n\pi}{b}H_o\cos\frac{m\pi}{a}x\sin\frac{n\pi}{b}y e^{-j k_g z} \tag{5.2.22}$$

5.2.2 矩形波导中 TM 波的解

对于 TM 波,$H_z = 0, E_z \neq 0, e_z$ 所满足的波动方程为

$$\frac{\partial^2 e_z}{\partial x^2} + \frac{\partial^2 e_z}{\partial y^2} + k_c^2 e_z = 0 \tag{5.2.23}$$

e_z 所满足的边界条件为

$$e_z|_{x=0} = 0 \qquad e_z|_{x=a} = 0 \tag{5.2.24}$$

$$e_z|_{y=0} = 0 \qquad e_z|_{y=b} = 0 \tag{5.2.25}$$

同样采用分离变量法,可得

$$e_z(x,y) = E_o\sin\frac{m\pi}{a}x\sin\frac{n\pi}{b}y \tag{5.2.26}$$

于是,得

$$E_z = E_o\sin\frac{m\pi}{a}x\sin\frac{n\pi}{b}y e^{-j k_g z} \tag{5.2.27}$$

式中 E_o 由激励源强度决定。由式(5.1.8) ~ 式(5.1.11),可得 TM 波的其余 4 个横向场分量

$$E_x = -\frac{j\, k_g}{k_c^2}\frac{m\pi}{a}E_o\cos\frac{m\pi}{a}x\sin\frac{n\pi}{b}y e^{-j k_g z} \tag{5.2.28}$$

$$E_y = -\frac{j\, k_g}{k_c^2}\frac{n\pi}{b}E_o\sin\frac{m\pi}{a}x\cos\frac{n\pi}{b}y e^{-jk_{gz}} \tag{5.2.29}$$

$$H_x = \frac{j\omega\epsilon}{k_c^2}\frac{n\pi}{b}E_o\sin\frac{m\pi}{a}x\cos\frac{n\pi}{b}y e^{-j k_g z} \tag{5.2.30}$$

$$H_y = -\frac{j\omega\epsilon}{k_c^2}\frac{m\pi}{a}E_o\cos\frac{m\pi}{a}x\sin\frac{n\pi}{b}y\ e^{-jk_g z} \tag{5.2.31}$$

5.2.3 矩形波导中 TE、TM 波的传播特性

将式(5.2.13) 和式(5.2.15) 代入式(5.2.6),可得

$$k_c = \sqrt{\left(\frac{m\pi}{a}\right)^2 + \left(\frac{n\pi}{b}\right)^2} \tag{5.2.32}$$

于是

$$\lambda_c = \frac{2}{\sqrt{(\frac{m}{a})^2 + (\frac{n}{b})^2}} \tag{5.2.33}$$

可见,截止波长不仅与 m、n 有关,还与波导尺寸有关。只要求出 λ_c,即可利用公式(5.1.19) ~ 式(5.1.21) 分别求出波导波长 λ_g、相速 v_p、及波阻抗 Z_{TE}、Z_{TM} 等参量。

由 TE 波和 TM 波的场分量表达式可以看出:

(1) 场量沿轴向只存在相移而无幅度变化,在横截面上没有相移而只有幅度的驻波分布,为坐标的正弦或余弦函数,故是一个非均匀平面波。

(2) 场量都是整数 m 和 n 的离散函数,对于尺寸确定的波导,每一组确定的 m、n,对应一种确定的场的分布,每一种确定的场分布称为一种波型或模式,记作 TE_{mn} 和 TM_{mn}。故矩形波导可能存在无限多种 TE 模和 TM 模。由于不同的模式,对应不同的截止波长,因此,并不是所有可能存在的模式都能在矩形波导中传播,只有其截止波长大于工作波长的模式才能在波导中传播。

对于 TE 波,m 和 n 不能同时为零,否则场量将全部为零。由式(5.2.33) 可知,当 $a > b$ 时,截止波长 λ_c 最长(或者说截止频率 f_c 最低) 的波型是 TE_{10} 波,故称其为矩形波导的最低波型,又称主模式。

对于 TM 波,m 和 n 都不能为零,否则场量也将全部为零。TM 波的最低波型为 TM_{11} 波。

为更形象直观地描述波导内的场分布,图 5.3 画出了几种典型波型的瞬时场分布图。

从场分布图可以看出 m 和 n 的物理意义:m 和 n 分别代表在宽边和窄边上的驻波个数。

由于不同的模式,其截止波长一般也不同,为便于比较,对给定尺寸 a 和 $b(a > b)$ 的矩形波导,取不同模式的 m、n 并由式(5.2.33) 求出其截止波长之值,然后按长短次序将它们在同一坐标轴上绘出,如图 5.4 所示。通常把这种描述各模式截止波长分布情况的图称为模式分布图。截止波长最长的模式为主模,其余模式称为高次模。图中分为三个区域,各区特点如下:

Ⅰ 区为 $\lambda_{c,TE_{10}} = 2a \sim \infty$。由于 $\lambda_{c,TE_{10}}$ 是矩形波导中所能出现的最长的截止的波长,因此,当工作波长 $\lambda \geqslant 2a$ 时,电磁波就不能在波导中传播,故称 Ⅰ 区为“截止区”

Ⅱ 区为 $\lambda_{c,TE_{20}} = a \sim \lambda_{c,TE_{10}} = 2a$。该区域只存在 TE_{10} 模,若工作长处在 $a < \lambda < 2a$ 之间,就只有 TE_{10} 波能传输,其它模式均处于截止状态,这种情况称为“单模传输”。因此,Ⅱ 区称为单模区。在使用波导传输能量时,通常要求工作在单模式。

Ⅲ 区为 $0 \sim \lambda_{c,TE_{20}} = a$。若工作波长 $\lambda < a$,则至少会出现两种以上的模式,故称该区为“多模区”。

因此,在给定波导尺寸 a、b 的情况下,为保证单模传输,电磁波的工作波长应满足

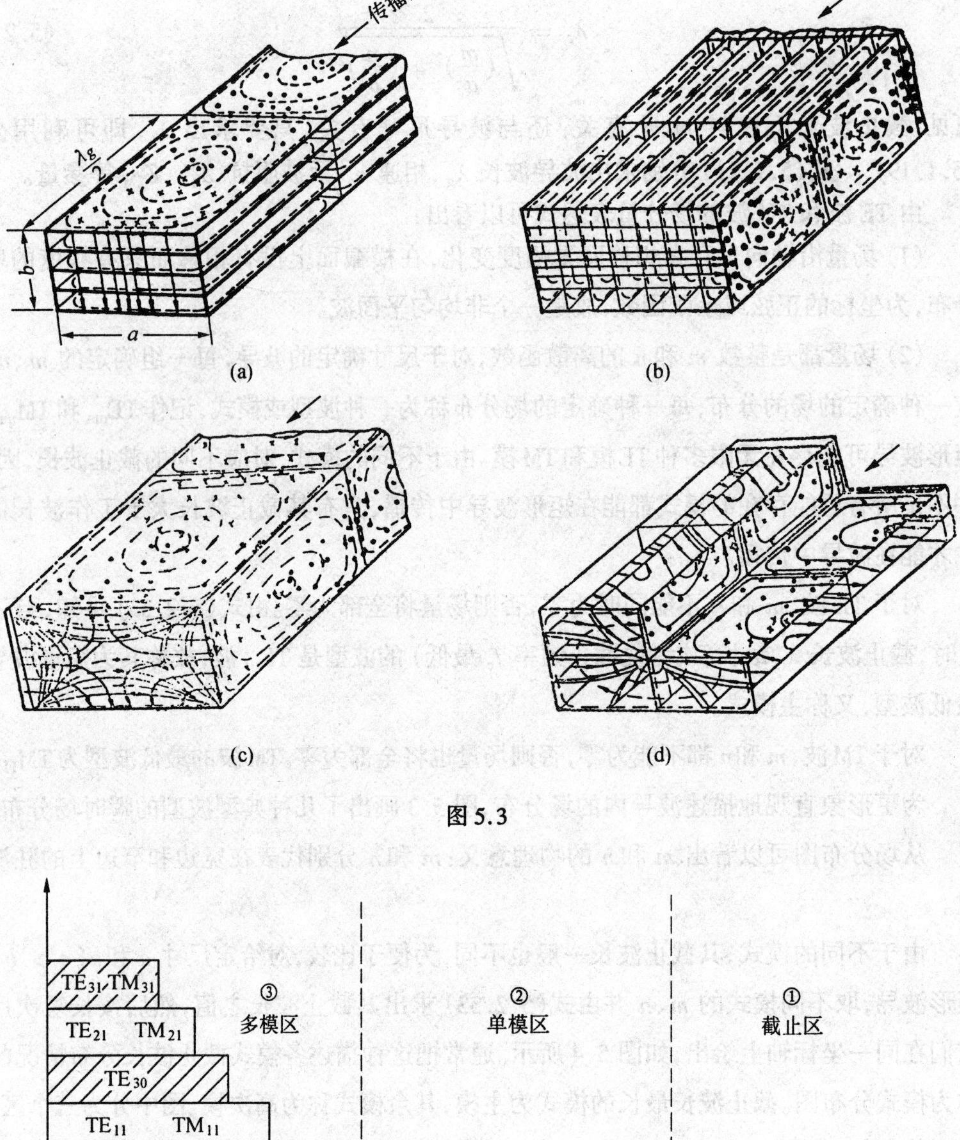

图 5.3

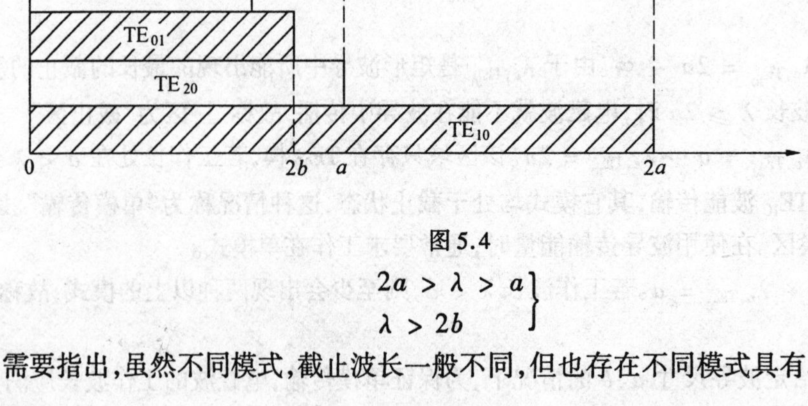

图 5.4

$$\left.\begin{array}{l} 2a > \lambda > a \\ \lambda > 2b \end{array}\right\}$$

需要指出，虽然不同模式，截止波长一般不同，但也存在不同模式具有相同截止波长的情况。通常把这种情况称为"模式简并"。把截止波长相同的不同模式称为"简并模式"，如 TE_{11} 模和 TM_{11} 模就是简并的。

5.3 矩形波导中的 TE_{10} 波

由于 TE_{10} 波是矩形波导中的主模式，所以在此稍加详细讨论。

5.3.1 TE_{10} 波的场量表达式及其传播特性

将 $m = 1$、$n = 0$ 代入式(5.2.22)，得

$$\begin{cases} E_y = -\dfrac{j\omega\mu}{k_c^2}\dfrac{\pi}{a}H_o\sin\dfrac{\pi}{a}x\mathrm{e}^{-j k_g z} \\ H_x = -\dfrac{k_g}{\omega\mu}E_y \\ H_z = H_o\cos\dfrac{\pi}{a}x\mathrm{e}^{-j k_g z} \\ E_x = H_y = 0 \end{cases} \tag{5.3.1}$$

式中

$$k_c = \frac{\pi}{a} \text{ 即 } \lambda_c = 2a \tag{5.3.2}$$

$$k_g = \sqrt{k^2 - (\frac{\pi}{a})^2} \tag{5.3.3}$$

对于无耗媒质，$\beta_g = k_g$ 于是

$$\lambda_g = \lambda / \sqrt{1 - (\frac{\lambda}{2a})^2} \tag{5.3.4}$$

$$v_{pz} = v / \sqrt{1 - (\frac{\lambda}{2a})^2} \tag{5.3.5}$$

$$z_{TE} = \eta / \sqrt{1 - (\frac{\lambda}{2a})^2} \tag{5.3.6}$$

从式(5.3.1)可见，场量只存在三个分量，沿轴向存在相移，在横截面内，E_y、H_x 沿 x 方向呈正弦分布，其分布见图5.5。

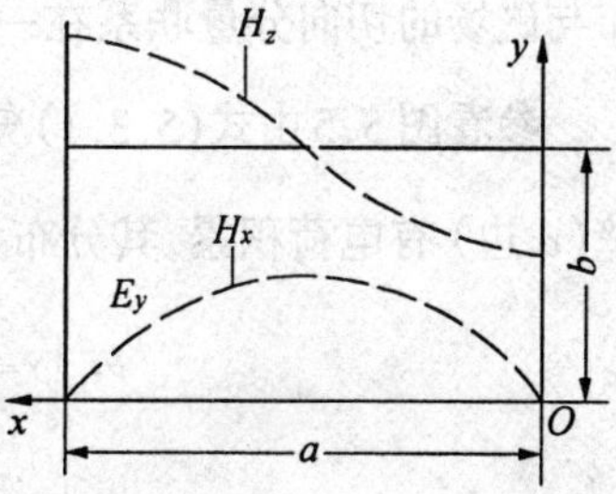

图5.5

从式(5.3.1)还看到场量与 b 无关，这可使我们在很大范围内随意选择 b 值以适用不同需要：当传输大功率时，加宽 b 边可增大功率容量；当传输小功率时，减小 b 边可以减轻波导重量。

5.3.2 能量传输

电磁波的传播过程，就是能量传输的过程。由式(5.3.

1) 可见,E_y 和 H_z 存在 $\frac{\pi}{2}$ 相位差,故在横截面内只存在电磁驻波;E_y 和 $-H_x$ 同相位,由它们构成的坡印亭矢量沿轴向传输。下面计算沿轴向的传输功率、能量以及能量传播速度。

在横截面为 $a \times b$ 的矩形波导内,沿轴向传输的总功率为

$$P = \frac{1}{2} Re \int_o^a \int_o^b (\boldsymbol{E} \times \boldsymbol{H}^*) \cdot \boldsymbol{a}_z \mathrm{d}x\mathrm{d}y$$

$$= \frac{1}{2} Re \int_o^a \int_o^b (E_x H_y^* - E_y H_x^*) \mathrm{d}x\mathrm{d}y \tag{5.3.7}$$

将式(5.3.1)代入上式,并考虑式(5.3.2)得

$$P = \frac{a^3 b}{4\pi^2} \omega\mu k_g \mid H_o \mid^2 = \frac{a^3 b}{4\pi^2} k\eta k_g \mid H_o \mid^2 \tag{5.3.8}$$

沿波导轴向单位长度内贮存的电场能量的时间平均值为

$$W_e = \frac{\varepsilon}{4} \int_o^a \int_o^b \int_o^1 E_y E_y^* \,\mathrm{d}x\mathrm{d}y\mathrm{d}z$$

将式(5.3.1)的 E_y 表达式代入得

$$W_e = \frac{a^3 b}{8\pi^2} \varepsilon k^2 \eta^2 \mid H_o \mid^2 \tag{5.3.9}$$

单位长度内贮存的磁场能量的时间平均值为

$$W_m = \frac{\mu}{4} \int_o^a \int_o^b \int_o^1 (H_x H_x^* + H_z H_z^*) \mathrm{d}x\mathrm{d}y\mathrm{d}z$$

$$= \frac{a^3 b}{8\pi^2} \mu k^2 \mid H_o \mid^2 \tag{5.3.10}$$

因为 $\varepsilon\eta^2 = \mu$,故 $W_e = W_m$,于是,单位长度内贮存的电磁能量的时间平均值为

$$W = W_e + W_m = \frac{a^3 b}{4\pi^2} \varepsilon k^2 \eta^2 \mid H_o \mid^2 \tag{5.3.11}$$

5.3.3 波导壁上的电荷、电流分布

将波导壁视为理想导体、导体表面的电荷分布与电场的法向分量联系在一起,电流分布与磁场的切向分量联系在一起。

参看图5.5由式(5.3.1)知,TE_{10} 波的电场只有 E_y 分量,且 $E_y \Big|_{\substack{x=0 \\ x=a}} = 0$,故只有上、下壁($a$ 边)有电荷积累,其分布为

$$\rho_s \mid_{y=0} = \varepsilon E_y = -\frac{\mathrm{j}\omega\varepsilon\mu}{k_c^2} \frac{\pi}{a} H_o \sin \frac{\pi}{a} x \mathrm{e}^{-\mathrm{j}k_g z} \tag{5.3.12}$$

$$\rho_s \mid_{y=b} = -\varepsilon E_y = \frac{\mathrm{j}\omega\varepsilon\mu}{k_c^2} \frac{\pi}{a} H_o \sin \frac{\pi}{a} x \mathrm{e}^{-\mathrm{j}k_g z} \tag{5.3.13}$$

由式(5.3.1)还可以看出,磁场有 H_x 和 H_z 分量,在上、下壁两表面这两个分量都存在,两在侧壁表面由于 $H_x \mid_{\substack{x=0 \\ x=a}} = 0$,故只存在 H_z,于是根据 $\boldsymbol{J}_s = \boldsymbol{n} \times \boldsymbol{H}$,得横向电流和纵向电流分别为

$$J_{sz}\mid_{y=0} = -H_x = -\frac{\mathrm{j}\,k_g}{k_c^2}\frac{\pi}{a}H_o\sin\frac{\pi}{a}x\mathrm{e}^{-\mathrm{j}k_g z} \tag{5.3.15}$$

$$J_{sx}\mid_{y=0} = +H_z = H_o\cos\frac{\pi}{a}x\mathrm{e}^{-\mathrm{j}k_g z} \tag{5.3.16}$$

$$J_{sz}\mid_{y=b} = +H_x = \frac{\mathrm{j}\,k_g}{k_c^2}\frac{\pi}{a}H_o\sin\frac{\pi}{a}x\mathrm{e}^{-\mathrm{j}k_g z} \tag{5.3.17}$$

$$J_{sx}\mid_{y=b} = -H_z = -H_o\cos\frac{\pi}{a}x\mathrm{e}^{-\mathrm{j}k_g z} \tag{5.3.18}$$

$$J_{sy}\mid_{x=0} = -H_z = -H_o\mathrm{e}^{-\mathrm{j}k_g z} \tag{5.3.19}$$

$$J_{sy}\mid_{x=a} = +H_z = H_o\mathrm{e}^{-\mathrm{j}k_g z} \tag{5.3.20}$$

图 5.6 画出了电流的振幅分布，图 5.7 是电流分布的示意图。

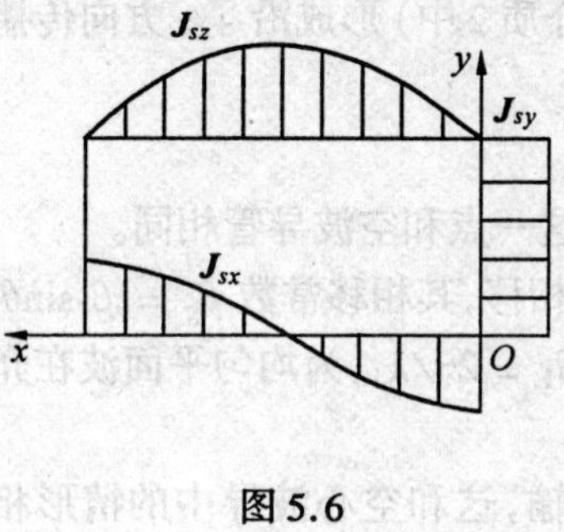

图 5.6

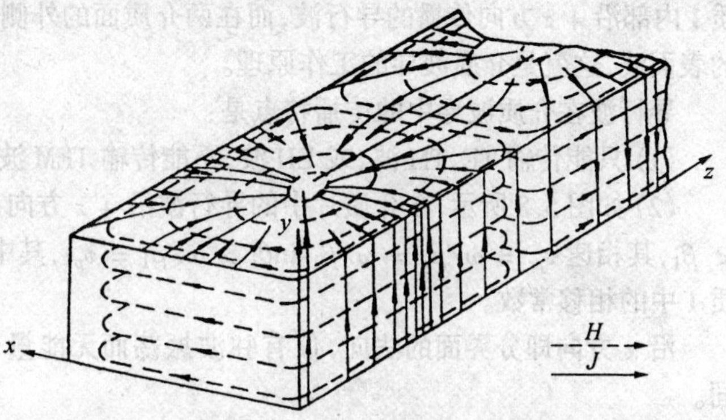

图 5.7

由式(5.3.12) ~ 式(5.3.20) 和图 5.3(a)、图 5.6、图 5.7 可以看出：

(1) 上、下两壁电荷分布沿 x 方向是呈正弦变化，上、下壁电荷反号，电场最强的地方，对应表面电荷分布最密集的地方；位移电流最强处与电场最强处相差$\frac{\lambda_g}{4}$距离；波导中的位移电流与波导壁上的表面电流相衔接。

(2) 上、下壁的轴向电流沿 x 方向呈正弦变化，横向电流呈余弦变化，且上、下两壁的电流反向，在上、下壁中线处开一纵向窄缝，不会切断表面电流，即不会破坏波导内的场分布，这一事实被广泛用于测量线。

(3) 两侧壁只存在沿 y 方向的横向电流，且方向相同，沿轴向开一槽缝将会切断横向电流造成辐射，这一事实被广泛应用于槽缝天线。

5.4 介质波导

本节介绍的介质波导，是由介质或介质和金属构成的导波结构，如介质棒、介质涂敷导线、金属平板和放在其上的介质片等。

5.4.1　介质波导的导波原理和特点

在前章我们讨论过全反射问题，即当均匀平面波从光密媒质斜入射到光疏媒质的分界面上时，若入射角大于临界角 θ_c，将发生全反射，并在分界面上形成沿界面方向传播的表面波。

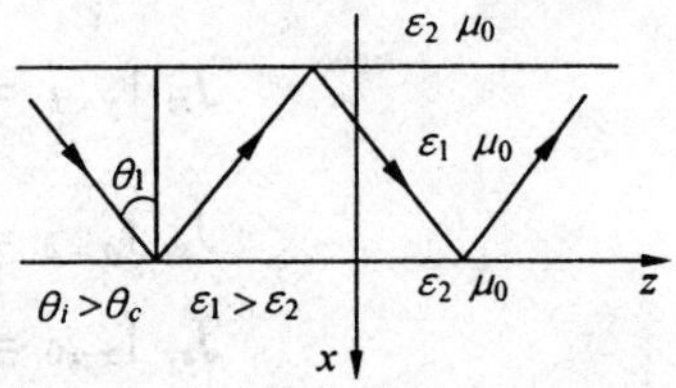

图 5.8

如图5.8，介质1是一片介质片，介电常数为 ε_1，置放于介电常数为 ε_2 的介质 2 中，且 $\varepsilon_1 > \varepsilon_2$。现有一束均匀平面波从介质片内以入射角 $\theta_i > \theta_c$ 入射到一个分界面上，发生全反射，该反射波又以同样的入射角 θ_i 入射到另一分界面上，同样发生全反射，这样连续往返的全反射，形成了在介质 1 内部沿 $+z$ 方向传播的导行波，而在两介质面的外侧(介质 2 中)形成沿 $+z$ 方向传播的表面波，这就是介质波导的工作原理。

导行波在介质波导中的传播特点是：

(1) 只能传输 TE、TM 波，或 EH 波，不能传输 TEM 波，这一点和空波导管相同。

(2) 如图 5.8 所示，在介质片中的导行波沿 $+z$ 方向有相移，其相移常数 $\beta_g = \beta_1\sin\theta_i < \beta_1$，其相速 $v_{pz} = \omega/\beta_g = \omega/\beta_1\sin\theta_i > \omega/\beta_1 = v_{p1}$，其中 $\beta_1 = 2\pi/\lambda_1$，为均匀平面波在介质 1 中的相移常数。

沿 x 方向即分界面的法向，仅有驻波振荡而无能量传输，这和空心波导中的情形相同。

(3) 在分界面外侧的表面波，沿 $+z$ 方向相移，相移常数 $\beta_g = \beta_1\sin\theta_i$，相速 $v_{pz} = \dfrac{\omega}{\beta_g} = \omega/\beta_1\sin\theta_i > v_{p1}$，和介质片内的导行相同。

由折射定律知，$\sin\theta_c = v_{p1}/v_{p2}$。如 $\theta_i > \theta_c$，则 $\sin\theta_i > v_{p1}/v_{p2}$，于是得 $v_{p1} < v_{p2}$，总之有 $v_{p1} < v_{pz} < v_{p2}$，就是说，虽然表面波在介质 2 中传播，但其相速小于介质 2 中的相速，故称慢波，其相速介于两介质的相速之间。

在前章中已指出，在介质2中的沿 x 方向只存在按指数规律衰减的振荡，随 x 增大，振幅迅速减小，电磁波集中于介质表面附近，故称表面波。

(4) 和金属波导不同，金属波导中必须满足金属界面上电场切向分量为零的边界条件，即 $E_i = 0$，因此有临界频率存在。在介质波导的分界面上，要求电场的切向分量连续，即 $E_{1t} = E_{2t}$，介质波导中不存在临界频率，这点和 TEM 波传输线相似。

(5) 在给定的工作频率下、金属波导中可存在无限多个波型，TEM 波传输线理论上只存在单一波型，介质波导介于二者之间，它存在有限个离散波型，这一点从下面介绍的介质片波导中可以看出。

5.4.2　金属平板加介质片构成的波导

如图 5.9 所示，一无限大理想导体平板上贴敷一厚度为 b，介电常数为 ε 的均匀介质片，介质片上面为空气。

当一束平行极化的均匀平面波以 $\theta_i > \theta_c$ 斜入射到介质与空气的分界面，其全反射波

又以 θ_i 角斜入射到介质与金属分界面上同样发生全反射，此过程继续下去，就形成了沿 $+z$ 方向传播的导行波，以及介质空气一侧的外表面上沿 $+z$ 方向传播的表面波。因入射波是平行极化波，$H_z=0, E_z\neq0$，故此波为 TM 波。

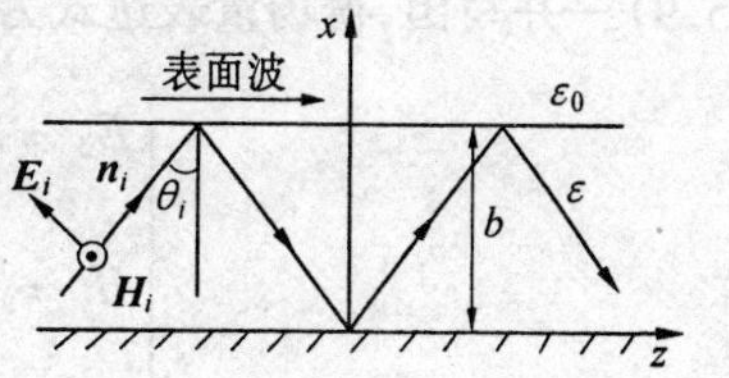

图 5.9

1. 场量表达式

既然是导行波，我们就从导行波的一般性质出发，结合具体的边界条件求解，求得的解应具有 TM 波和表面波的基本性质。

设介质在 y 方向为无限大，则该问题与 y 无关。入射面为 xoz 面，电场存在 x、z 两个方向的分量，磁场只有 y 方向一个分量，其场量表达式可写为

$$\boldsymbol{E}=[\boldsymbol{a}_xE_x(x)+\boldsymbol{a}_zE_z(x)]\mathrm{e}^{-\mathrm{j}k_gz} \tag{5.5.1}$$

$$\boldsymbol{H}=\boldsymbol{a}_yH_y(x)\mathrm{e}^{-\mathrm{j}k_gz} \tag{5.5.2}$$

且分别满足方程式(5.1.1)和式(5.1.2)与矩形波导中的求解过程一样：先求解电场的纵向分量 E_z 所满足的方程，再由式(5.1.8)~式(5.1.11)得到场的横向分量。由于场量与 y 无关，式(5.1.9)化简为

$$\frac{\partial^2E_z(x)}{\partial x^2}+k_c^2E_z(x)=0 \tag{5.5.3}$$

式中

$$k_c^2=k^2-k_g^2 \quad 0<x<b \tag{5.5.4}$$

$$k_c^2=k_o^2-k_g^2 \quad x>b \tag{5.5.5}$$

其中 $k=\omega\sqrt{\varepsilon\mu}$、$k_o=\omega\sqrt{\varepsilon_o\mu_o}$，在两式中用同一个 k_g，是因为在介质与空气的分界面上，要求场量的切向分量处处连续，这首先要求分界面两侧场量的相位因子处处相等。在前节我们知道，介质中的导行波与介质外表面的表面波沿 $+z$ 方向的相速 v_{pz} 相等。

为区分两个 k_c，令介质中：$k_c=k_d$；空气中：$k_c=\mathrm{j}h$。之所以令 $k_c=\mathrm{j}h$，其原因是表面波的相速 $v_{pz}=\dfrac{\omega}{k_g}<\dfrac{\omega}{k_0}=c$，$c$ 为光速，故知 $k_g^2>k_0^2$。由式(5.5.5)知 k_c 为虚数。于是式(5.5.3)重写为

$$\frac{\partial^2E_z(x)}{\partial x^2}+k_d^2E_z(x)=0 \quad 0<x<b \tag{5.5.6}$$

$$\frac{\partial^2E_z(x)}{\partial x^2}-h^2E_z(x)=0 \quad x>b \tag{5.5.7}$$

解此两方程，由 $x=0$（介质—导体分界面处）和 $x\to\infty$ 时，$E_z=0$ 的边界条件，得

$$E_z=A\sin k_dx\mathrm{e}^{-\mathrm{j}k_gz} \quad 0<x<b \tag{5.5.8}$$

$$E_z=B\mathrm{e}^{-hx}\mathrm{e}^{-\mathrm{j}k_gz} \quad x>b \tag{5.5.9}$$

在 $x=b$ 处，要求电场的切向分量 E_z 连续，有

$$A\sin k_db=B\mathrm{e}^{-hb} \tag{5.5.10}$$

得

$$B=A\sin k_db\mathrm{e}^{hb} \tag{5.5.11}$$

将式(5.5.11)代入式(5.5.9)，余下的问题是由波源分布或强度来确定幅值 A。

将式(5.5.8)和式(5.5.9)分别代入式(5.1.5)和式(5.1.6)，并将式(5.5.8)和式(5.

5.9) 一并写出,得场量表达式为

$$\begin{cases} E_x = -\dfrac{\mathrm{j}\,k_g}{k_\mathrm{d}}A\cos k_d x\mathrm{e}^{-\mathrm{j}\,k_g z} \\ H_y = -\dfrac{\mathrm{j}\,\omega\varepsilon}{k_\mathrm{d}}A\cos k_d x\mathrm{e}^{-\mathrm{j}\,k_g z} \quad 0 < x < b \\ E_z = A\sin k_d x\mathrm{e}^{-\mathrm{j}\,k_g z} \end{cases} \tag{5.5.12}$$

$$\begin{cases} E_x = -\dfrac{\mathrm{j}k_g}{h}A\sin k_d b\mathrm{e}^{hb}\mathrm{e}^{-hx}\mathrm{e}^{-\mathrm{j}\,k_g z} \\ H_y = -\dfrac{\mathrm{j}\omega\varepsilon_o}{h}A\sin k_d b\mathrm{e}^{hb}\mathrm{e}^{-hx}\mathrm{e}^{-\mathrm{j}k_g z} \\ E_z = A\sin k_d b\mathrm{e}^{hb}\mathrm{e}^{-hx}\mathrm{e}^{-\mathrm{j}k_g z} \end{cases} \tag{5.5.13}$$

2. 传播特点

将式(5.5.4)和式(5.5.5)改写成

$$k_d{}^2 = k^2 - k_g^2, \quad -h^2 = k_o^2 - k_g^2$$

得

$$k^2 - k_d = k_o^2 + h^2$$

或写成

$$(k_d b)^2 + (hb)^2 = (\varepsilon_r - 1)(k_o b)^2 \tag{5.5.14}$$

前面已根据 $x = b$ 处 E_z 连续的边界条件得到式(5.5.10)。边界条件还要求在 $x = b$ 处 H_y 连续,由式(5.5.12)和式(5.5.13)的磁场表达式得

$$(k_d b)\mathrm{tg}(k_d b) = \varepsilon_r hb \tag{5.5.15}$$

联立求解式(5.5.14)和式(5.5.15),可求解 k_d 和 h 的允许取值。

由于求解这两上方程时数学计算复杂,所以一般用图解法求解,即在以($k_\mathrm{d}b$)和(hb)为坐标轴的平面上,式(5.5.14)描述了一族半径为$\sqrt{\varepsilon_r - 1}(k_o b)$的圆,式(5.5.15)描述了周期为 π 的一族曲线组。将它们画在图 5.10 上,两族曲线的交点就表示($k_d b$)和(hb)的允许值。由于 $k_d > 0, h > 0$($h < 0$ 代表沿 x 方向随 x 增大而增大的波,不符合物理事实),故只需取第一象限的值。

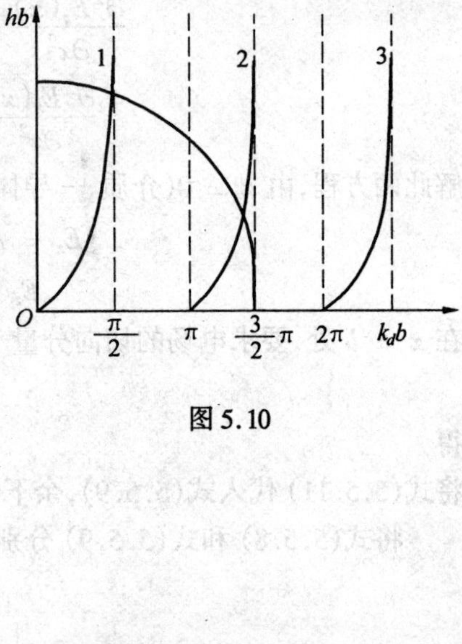

图 5.10

由图中可见,无论工作波长 λ 多大,即不论圆半径$\sqrt{\varepsilon_r - 1}k_0 b$ 中的 k_o 如何小,圆至少可以与一条曲线相交,得到一组 k_d、h。但不管 λ 如何小,圆的半径总是有限值,因而它只能和有限条曲线相交,k_d、h 的取值也只能是有限个。由此说明:介质波导中的导行波和表面波,既无临界频率,又只存在有限个波型。这些不同的圆与曲线的交点,即 k_d 与 h 的不同取值,就对应不同的波型,记作 TM_n。显然,若入射波是垂直偏振波,则形成 TE 波,对应的波型记作 TE_n。一般情况下,TE 与 TM 波可能同时存在。

5.4.3 光纤波导

光纤波导又称光导纤维，从工作原理讲就是一种介质棒波导。它的关键部分是纯度高、导光性能好的光学玻璃拉成的纤维芯子，表面上常包一层折射率较低的其他介质（玻璃、塑料等）作套层，有的光波导用低折射率的细管。

管内充满高折射率的导光液体做成。图5.11是其中一种典型结构的示意图。

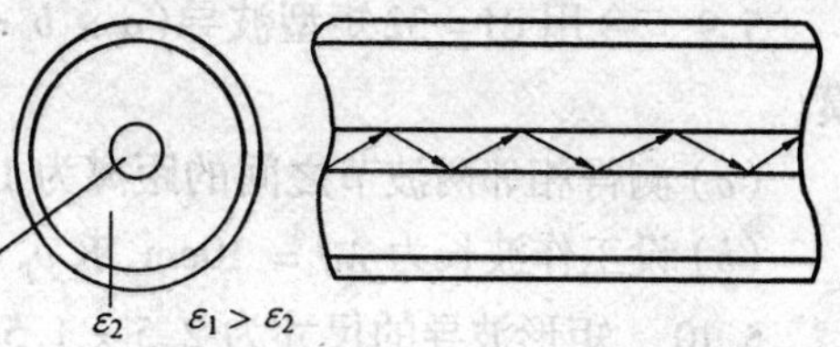

图 5.11

光纤波导工作于光频。频率高，波长短、通信容量大，抗干扰性能好，尺寸小，重量轻，加上光学玻璃（石英）的抗腐蚀，耐高温等优点，使它倍受重视。

习　题

5.1　如图所示，两块无限大理想导体板，间距为 a，已知其中的电场 $E_z = E_x = 0$，满足麦斯方程的 E_y 为

$$E_y = (A\sin k_x x + B\cos k_x x)\cos(\omega t - \beta_g z)$$

试利用边界条件决定常数 B 和 k_x，并求磁场强度和表面电流密度的表达式。

5.2　如图所示，已知其中电磁场的轴向分量为

$$\begin{cases} H_z = (A\cos k_x x + B\sin k_x x)\mathrm{e}^{-\mathrm{j}\beta_g z} \\ E_z = 0 \end{cases}$$

求：(1) 场的其余分量；(2) 该波为何种波？其临界波长为多少？(3) 画出金属板上传导电流分布图。

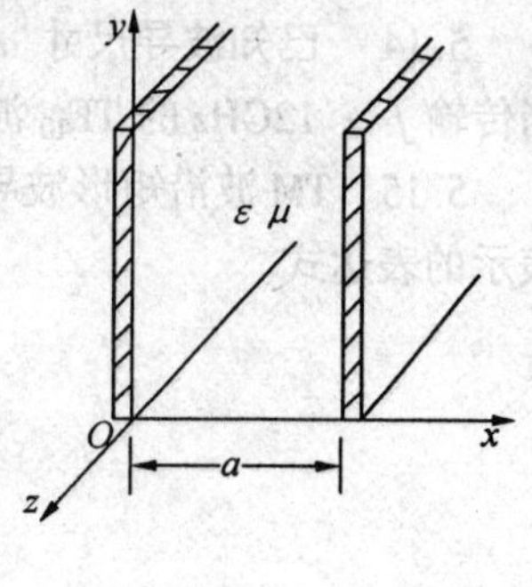

图 1.2 图

5.3　一空气填充的矩形波导，$a \times b = 6 \times 4\text{cm}^2$，信号源频率是 3GHz，试计算对于 TE_{10}、TE_{01}、TE_{11}、TM_{11} 四种波型的截止波长、波导波长、相移常数、群速和波阻抗。

5.4　在一空气填充的矩形波导中传输 TE_{10} 波，已知 $a \times b = 6 \times 4\text{cm}^2$，若沿纵向测得波导中电场强度最大值与最小值之间的距离是 4.47cm，求信号源的频率。

5.5　已知 $f = 3 \times 10^{10}$Hz，如果选择波导 $a \times b = 0.7 \times 0.4\text{cm}^2$，问波导内传播的波能有几种波型？如选择 $a \times b = 0.7 \times 0.6\text{cm}^2$ 结果又如何呢？

5.6　证明填充相对介电常数为 ε_r 的电介质的矩形波导，其临界频率比空心矩形波导的临界频率低 $\sqrt{\varepsilon_r}$ 倍。

5.7　已知空心波导 $a \times b = 2.3 \times 1\text{cm}^2$。求：(1) TE_{10} 波的 k_c；(2) 单模传输的频率范围。

5.8　有尺寸为 $a = 2b = 2.5\text{cm}$ 的矩形波导，工作频率为 10GHz 的脉冲调制载波通过此波导传播，当波导长度为 100m 时，求产生的脉冲延迟时间。

（提示：首先证明单模传输）

5.9　今用 BJ－32 矩型波导（$a \times b = 72.14 \times 34.04\text{mm}^2$）做馈线，设波导中传输 TE_{10} 模。

（a）测得相邻两波节之间的距离为 10.9cm 求 λ_g 和 λ_c；

（b）设工作波长为 $\lambda_0 = 10\text{cm}$，求 v_p、λ_c 和 λ_g。

5.10　矩形波导的尺寸为 $2.5 \times 1.5\text{cm}^2$，工作在 7.5GHz，若：

（a）波导是空心的；

（b）波导内填充 $\varepsilon_r = 2, \mu_r = 1$ 及 $\sigma = 0$ 的介质。

试计算和比较 β、v_p 和 $Z_{TE_{10}}$ 的值。

5.11　在尺寸为 $a \times b = 22.86 \times 10.16\text{mm}^2$ 的矩形波导中，传输 TE_{10} 型波，工作频率为 10GHz。

（a）求 λ_c、λ_g 和 $Z_{TE_{10}}$；

（b）若波导宽边尺寸增大一倍，上述各参数将如何变化？还能传输什么模？

（c）若波导窄边尺寸增大一倍，上述各参数将如何变化？还能传输什么模？

5.12　空心波导 $f < 1\text{GHz}$ 是不适用的。试计算以下频率空心矩形波导传输 TE_{10} 波 a 边的最小宽度：(1)10GHz；(2)100MHz；(3)10MHz；(4)60Hz。

5.13　空心矩形波导中通过 $\lambda = 10\text{cm}$ 的 TE_{10} 波时，其频率比临界频率高 30%，即 $f = 1.3f_{c10}$；比邻近的 TE_{01} 波的临界频率低 30%，即 $f = 0.7f_{c01}$；，求波导管的截面尺寸。

5.14　已知波导尺寸 $a \times b = 2 \times 1\text{cm}^2$，内充空气，空气的击穿场强为 $3 \times 10^4\text{V/cm}$，当传输 $f = 12\text{GHz}$ 的 TE_{10} 波时，求最大的平均传输功率。

5.15　TM 波沿矩形波导轴向传播，试推出通过波导横截面的总功率用场的纵向分量表示的表达式。

第六章　电磁波的辐射

电荷或电流随时间迅速变化时，在其周围产生随时间迅速变化的电磁场。电、磁场间的相互作用，形成传播的电磁波，称为电磁波的辐射。能向自由空间辐射电磁波或从自由空间接收电磁波的装置称为天线。电磁波与产生它的源是相互作用的，天线电流激发电磁场，而电磁场又反过来作用到天线上，影响天线的电流分布，所以辐射问题是一个边值问题。本章只限于讨论给定天线的电流分布来计算电磁波辐射的问题，包括电偶极子辐射，磁偶极子辐射及实用的半波天线和天线阵的基本概念。

6.1　电磁场的标量位、矢量位及其微分方程

计算辐射问题时，通常作为源的天线也在求解区域中，故此时麦克斯韦方程组为：

$$\begin{cases}\nabla\times\boldsymbol{H}=\boldsymbol{J}+\dfrac{\partial\boldsymbol{D}}{\partial t} & (6.1.1)\\ \nabla\times\boldsymbol{E}=-\dfrac{\partial\boldsymbol{B}}{\partial t} & (6.1.2)\\ \nabla\cdot\boldsymbol{B}=0 & (6.1.3)\\ \nabla\cdot\boldsymbol{D}=\rho & (6.1.4)\end{cases}$$

将(6.1.1)式两边取旋度

$$\nabla\times\nabla\times\boldsymbol{H}=\nabla\times\boldsymbol{J}+\varepsilon_o\frac{\partial}{\partial t}(\nabla\times\boldsymbol{E})$$

将(6.1.2)式代入上式，并利用矢量恒等式

$\nabla\times\nabla\times\boldsymbol{H}=\nabla(\nabla\cdot\boldsymbol{H})-\nabla^2\boldsymbol{H}$ 及式(6.1.3)，整理后得

$$\nabla^2\boldsymbol{H}-\mu_o\varepsilon_o\frac{\partial^2\boldsymbol{H}}{\partial t^2}=-\nabla\times\boldsymbol{J} \tag{6.1.5}$$

同理对(6.1.2)式两边取旋度得到

$$\nabla^2\boldsymbol{E}-\mu_o\varepsilon_o\frac{\partial^2\boldsymbol{E}}{\partial t^2}=\mu_o\frac{\partial\boldsymbol{J}}{\partial t}+\nabla\left(\frac{\rho}{\varepsilon}\right) \tag{6.1.6}$$

解(6.1.5)式和(6.1.6)式两个矢量方程是很麻烦的。为使问题简化，可以像静态场那样引入标量位和矢量位。

由(6.1.3)式知，可将 $\boldsymbol{B}$ 表示为矢量 $\boldsymbol{A}$ 的旋度，即

$$\boldsymbol{B}=\nabla\times\boldsymbol{A} \tag{6.1.7}$$

矢量 $\boldsymbol{A}$ 称为动态矢量磁位。将式(6.1.7)代入式(6.1.2)，得

$$\nabla\times\left(\boldsymbol{E}+\frac{\partial\boldsymbol{A}}{\partial t}\right)=0$$

由此可以引入一个标量 ϕ,使

$$E + \frac{\partial A}{\partial t} = - \nabla \phi$$

或

$$E = - \frac{\partial A}{\partial t} - \nabla \phi \tag{6.1.8}$$

将式(6.1.7)和式(6.1.8)分别代入(6.1.1)式,利用矢量恒等式$\nabla \times \nabla \times A = \nabla(\nabla \cdot A) - \nabla^2 A$,整理得

$$\nabla^2 A - \mu_o \varepsilon_o \frac{\partial^2 A}{\partial t^2} = - \mu_o J + \nabla(\nabla \cdot A + \mu_o \varepsilon_o \frac{\partial \phi}{\partial t}) \tag{6.1.9}$$

类似稳恒场中的矢量磁位 A,由 $B = \nabla \times A$ 确定的 A 是多值的,为使其值唯一,还应规定 A 的散度。为此规定

$$\nabla \cdot A = - \mu_o \varepsilon_o \frac{\partial \phi}{\partial t}$$

即

$$\nabla \cdot A + \mu_o \varepsilon_o \frac{\partial \phi}{\partial t} = 0 \tag{6.1.10}$$

上式称为洛仑兹条件或洛仑兹规范。如此,式(6.1.9)可简化为

$$\nabla^2 A - \mu_o \varepsilon_o \frac{\partial^2 A}{\partial t^2} = - \mu J \tag{6.1.11}$$

将式(6.1.18)代入式(6.1.4),并利用洛仑兹条件,可得

$$\nabla^2 \phi - \mu_o \varepsilon_o \frac{\partial^2 \phi}{\partial t^2} = - \frac{\rho}{\varepsilon_o} \tag{6.1.12}$$

式(6.1.11)和式(6.1.12)称为达朗伯方程,是用电流或电荷表示的波动方程。这样求解有源情况下电磁场 E 和 B 的问题就转化求 ϕ 和 A 的问题,再通过式(6.1.7)和式(6.1.8)求得 B 和 E。

与讨论传播时一样,我们关心的是正弦场,即场量随时间作正弦变化的情况。此时,式(6.1.11)和式(6.1.12)变为

$$\nabla^2 A + k^2 A = - \mu J \tag{6.1.13}$$

$$\nabla^2 \phi + k^2 \phi = - \frac{\rho}{\varepsilon_o} \tag{6.1.14}$$

以上两式为非齐次亥姆霍兹方程,式中 $k = \omega \sqrt{\mu_o \varepsilon_o}$,洛仑兹条件为

$$\nabla \cdot A + j\omega \mu_o \varepsilon_o \phi = 0 \tag{6.1.15}$$

求解方程式(6.1.13)和式(6.1.14)的数学方法仍较复杂,这里省略求解过程,只给出结果如下:

$$A = \frac{\mu_o}{4\pi} \int_V \frac{J(r') e^{j(\omega t - k|r - r'|)}}{|r - r'|} dV' \tag{6.1.16}$$

$$\phi = \frac{1}{4\pi\varepsilon_o} \int_V \frac{\rho(r') e^{j(\omega t - k|r - r'|)}}{|r - r'|} dV' \tag{6.1.17}$$

式中,r 是位函数的位置矢量,r' 是源的位置矢量,$|r - r'|$ 是观察点与源点之间的距离,

积分包括所有的 $\boldsymbol{r}'$。

从式(6.1.16)和式(6.1.17)看出,离开源的距离为 $|\boldsymbol{r}-\boldsymbol{r}'|$ 的观察点上的矢量位 $\boldsymbol{A}$ 和标量位 ϕ 在相位上比源 $\boldsymbol{J}(\boldsymbol{r}')$ 和 $\rho(\boldsymbol{r})$ 滞后 $|\boldsymbol{r}-\boldsymbol{r}'|/v$,故又称 $\boldsymbol{A}$ 和 ϕ 为滞后位,滞后位是麦斯韦方程在自由空间的一个具体解,它说明任何电磁扰动在空间都以一个有限的速度传播。这就是光速,即 $c = v = \dfrac{1}{\sqrt{\mu_o\varepsilon_o}} = 3\times10^8$ 米/秒。

6.2 基本振子的辐射场

6.2.1 电偶极子的辐射

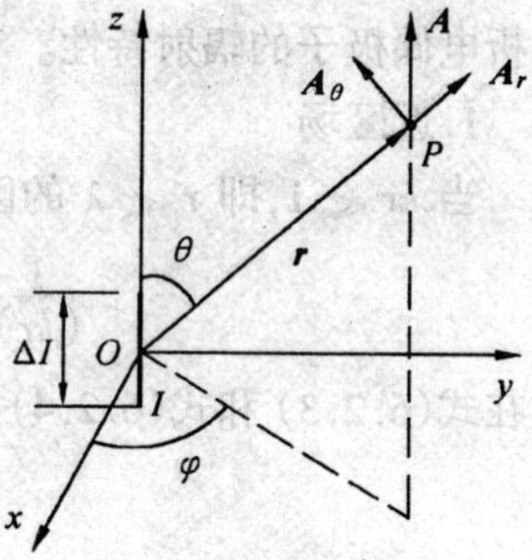

图 6.1

电偶极子或称电基本振子是指载有高频振荡电流 $i = I\mathrm{e}^{\mathrm{j}\omega t}$ 的短导线,其长度 $\mathrm{d}l$ 远小于波长 λ,可认为导线上各点电流的振幅 I 相同,相位也相同。

将电偶极子的中心置于球坐标系的原点,并使 $\mathrm{d}l$ 沿 z 轴方向,如图 6.1 所示。

设短导线的横截面积为 $\mathrm{d}s$,短导线占有一个很小的体积 $\mathrm{d}V = \mathrm{d}l\mathrm{d}s$,故有

$$\boldsymbol{J}(\boldsymbol{r}')\mathrm{d}V = \boldsymbol{a}_z I\mathrm{d}l$$

由式(6.1.16)可得短导线在场点 P 的矢量磁位

$$\boldsymbol{A} = \boldsymbol{a}_z\frac{\mu_o}{4\pi}\frac{I\mathrm{d}l}{r}\mathrm{e}^{-\mathrm{j}kr} \tag{6.2.1}$$

式中略去了时间因子 $\mathrm{e}^{\mathrm{j}\omega t}$。

$\boldsymbol{A}$ 在球坐标系中表示为

$$\boldsymbol{A} = \boldsymbol{a}_r A_r + \boldsymbol{a}_\theta A_\theta + \boldsymbol{a}_\varphi A_\varphi$$

其中

$$\begin{cases} A_r = A_z\cos\theta = \dfrac{\mu_o I\mathrm{d}l}{4\pi r}\cos\theta\mathrm{e}^{-\mathrm{j}kr} \\ A_\theta = -A_z\sin\theta = -\dfrac{\mu_o I\mathrm{d}l}{4\pi r}\sin\theta\mathrm{e}^{-\mathrm{j}kr} \\ A_\varphi = 0 \end{cases} \tag{6.2.2}$$

由此利用式(6.1.7)得出电偶极子产生的磁场

$$\boldsymbol{H} = \frac{1}{\mu_o}\nabla\times\boldsymbol{A}$$

将式(6.2.2)代入上式得

$$\begin{cases} H_r = 0 \\ H_\theta = 0 \\ H_\varphi = \dfrac{k^2 I\mathrm{d}l\sin\theta}{4\pi}\left[\dfrac{\mathrm{j}}{kr} + \dfrac{1}{(kr)^2}\right]\mathrm{e}^{-\mathrm{j}kr} \end{cases} \tag{6.2.3}$$

再由麦克斯韦方程求得

$$\boldsymbol{E} = \frac{1}{\mathrm{j}\omega\varepsilon_o}\nabla \times \boldsymbol{H}$$

将式(6.2.3)代入上式,得

$$\begin{cases} E_r = \dfrac{2I\mathrm{d}lk^3\cos\theta}{4\pi\omega\varepsilon_o}\left[\dfrac{1}{(kr)^2} - \dfrac{\mathrm{j}}{(kr)^3}\right]\mathrm{e}^{-\mathrm{j}kr} \\ E_\theta = \dfrac{I\mathrm{d}lk^3\sin\theta}{4\pi\omega\varepsilon_o}\left[\dfrac{\mathrm{j}}{kr} + \dfrac{1}{(kr)^2} - \dfrac{\mathrm{j}}{(kr)^3}\right]\mathrm{e}^{-\mathrm{j}kr} \\ E_\varphi = 0 \end{cases} \tag{6.2.4}$$

式(6.2.3)及式(6.2.4)是相当复杂的,但场量都随 kr 的变化而变化。下面依照 kr 的值来分析电偶极子的辐射特性。

1.近区场

当 $kr \ll 1$,即 $r \ll \lambda$ 的区域,称为近区。此时

$$\frac{1}{(kr)} \ll \frac{1}{(kr)^2} \ll \frac{1}{(kr)^3} \qquad \text{且 } \mathrm{e}^{-\mathrm{j}kr} \approx 1$$

故在式(6.2.3)和式(6.2.4)中只保留高次项,有

$$\begin{cases} E_r \approx -\dfrac{2\mathrm{j}I\mathrm{d}l\cos\theta}{4\pi\omega\varepsilon_o r^3} \\ E_\theta \approx -\dfrac{\mathrm{j}I\mathrm{d}l\sin\theta}{4\pi\omega\varepsilon_o r^3} \\ H_\varphi \approx -\dfrac{I\mathrm{d}l\sin\theta}{4\pi r^2} \end{cases} \tag{6.2.5}$$

由电荷与电流的关系 $I = \mathrm{j}\omega_q$,$\boldsymbol{p}_e = q\mathrm{d}\boldsymbol{l}$ 即电偶极矩的复振幅,式(6.2.5)可写为

$$E_r \approx \frac{2p_e\cos\theta}{4\pi\varepsilon_o r^3}$$

$$E_\theta \approx \frac{p_e\sin\theta}{4\pi\varepsilon_o r^3}$$

$$H_\varphi \approx \frac{I\mathrm{d}_e\sin\theta}{4\pi r^2}$$

这一结果与静电场中的电偶极子产生的电场和稳恒磁场中电流元 $I\mathrm{d}l$ 产生的磁场表达式相同,故近区场又称为准静态场,又因电场与磁场之间存在 $\frac{\pi}{2}$ 相位差,由它们构成的平均坡印亭矢量为零,故近区场又称为感应场、振荡场。

2.远区场

当 $kr \gg 1$,即 $r \gg \lambda$ 的区域为远区场,此时

$$\frac{1}{kr} \gg \frac{1}{(kr)^2} \gg \frac{1}{(kr)^3}$$

在式(6.2.4)和式(6.2.3)中只取 $\frac{1}{kr}$ 项,得

$$E \approx a_\theta E_\theta = a_\theta \mathrm{j}\frac{Idlk^2\sin\theta}{4\pi\omega\varepsilon_o r}\mathrm{e}^{-\mathrm{j}kr} = a_\theta \mathrm{j}\frac{Idl\sin\theta}{2\lambda r}\sqrt{\frac{\mu_o}{\varepsilon_o}}\mathrm{e}^{-\mathrm{j}kr}$$

$$H = a_\varphi H_\varphi \approx a_\varphi \mathrm{j}\frac{Idlk\sin\theta}{4\pi r}\mathrm{e}^{-\mathrm{j}kr} = a_\varphi \mathrm{j}\frac{Idl\sin\theta}{2\lambda r}\mathrm{e}^{-\mathrm{j}kr} \tag{6.2.6}$$

在远区场中，电场和磁场同相位，平均坡印亭矢量不为零，表明有电磁能量向外辐射，故又称远区场为辐射场；电场与磁场的振幅比 $E/H = \eta_o$ 为媒质的特性阻抗；电场、磁场以及坡印亭矢量服从右手螺旋法则，是TEM波；波的等相位面是球面，为球面波；场振幅随 r 的增加而衰减。

6.2.2 磁偶极子的辐射

磁偶极子又称磁基本振子，是指载有时谐电流 $i = I\mathrm{e}^{\mathrm{j}\omega t}$ 的半径为无限小的平面电流圆环因而可认为其上的电流是等幅同相的。

令载流圆环位于 xoy 面上，圆环中心位于原点，圆环的面积为 s，如图6.2所示。为简便起见，磁偶极子产生的电磁场可以利用对偶原理，采取与电偶极子类比的方法求得

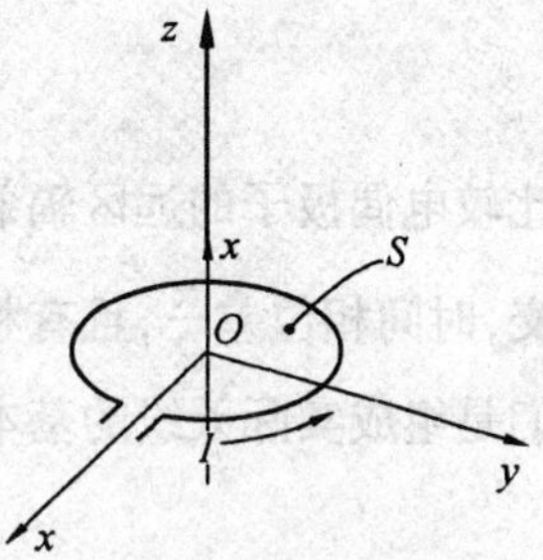

图6.2

令磁偶极矩

$$p_m = a_z\mu_o is = q_m dl = a_z q_m dl$$

q_m 为假想磁荷，如此将载流小圆环等效为相矩为 dl，两端磁荷分别为 $+q_m$ 和 $-q_m$ 的磁偶极子。

由此又可以引入假想的磁流

$$i_m = \frac{dq_m}{dt} = \frac{\mu_o s}{dl}\frac{di}{dt} = \frac{\mu_o s}{dl}\frac{d}{dt}(I\mathrm{e}^{\mathrm{j}\omega t}) = I_m \mathrm{e}^{\mathrm{j}\omega t}$$

即

$$I_m = \frac{\mathrm{j}\omega\mu_o sI}{dl}$$

将下列对偶关系(左边为电偶极子的量，右边为与电偶极子对偶的磁偶极子的量)

$$\begin{cases} H \leftrightarrow -E_m \\ E \leftrightarrow H_m \\ I \leftrightarrow I_m \\ \rho \leftrightarrow \rho_m \\ \varepsilon \leftrightarrow \mu_m \\ \mu \leftrightarrow \varepsilon_m \end{cases}$$

代入式(6.2.4)和式(6.2.3)，可求得磁偶极子的电磁场各分量表达式

$$E_r = 0$$
$$E_\theta = 0$$
$$E_\varphi = -\mathrm{j}\frac{\omega\mu_o sIk^2}{4\pi}\sin\theta\left[\frac{\mathrm{j}}{kr} + \frac{1}{(kr)^2}\right]\mathrm{e}^{-\mathrm{j}kr}$$

$$H_r = \mathrm{j}\,\frac{sIk^3}{2\pi}\cos\theta\left[\frac{1}{(kr)^2} - \frac{j}{(kr)^3}\right]\mathrm{e}^{-\mathrm{j}kr}$$

$$H_\theta = \mathrm{j}\,\frac{sIk^3}{4\pi}\sin\theta\left[\frac{\mathrm{j}}{kr} + \frac{1}{(kr)^2} - \frac{\mathrm{j}}{(kr)^3}\right]\mathrm{e}^{-\mathrm{j}kr}$$

$$H_\varphi = 0$$

与电偶极子的电磁场一样。磁偶极子的电磁场按 $kr \ll 1$ 及 $kr \gg 1$ 分为近区场和远区场。对于远区场

$$\begin{cases} \boldsymbol{E} = \boldsymbol{a}_\varphi E_\varphi = \boldsymbol{a}_\varphi \dfrac{k\omega\mu_o sI}{4\pi r}\sin\theta\mathrm{e}^{-\mathrm{j}kr} \\ \boldsymbol{H} = \boldsymbol{a}_\theta H_\theta = -\,\boldsymbol{a}_\theta \dfrac{k^2 sI}{4\pi r}\sin\theta\mathrm{e}^{-\mathrm{j}kr} \end{cases} \tag{6.2.7}$$

比较电偶极子的远区辐射场 E_θ 和磁偶极子的远区辐射场 E_φ，可以看出它们在空间相互正交，时间相位差 $\frac{\pi}{2}$，且有相同的方向性函数 $\sin\theta$，尽管它们本身并不单独存在，但可认为它们是组成实际天线的基本单元。

6.3 天线的电参数

为描述天线在其外部空间的辐射特性及评价天线的技术性能，需规定一些能表征其性能的参数。

6.3.1 有关辐射方向性的参数

方向性是天线的一个重要特性，通常希望天线能在某一方向具有很强的辐射能力，以使电磁波按照既定方向传播，避免能量分散，造成浪费，同时也可以减少电磁波对环境的污染。用来描述天线方向性的参数有三个：方向性函数、方向性图和方向性系数。

1. 方向性函数

在离天线相同距离，方位角不同处，天线辐射的电磁波的场强可能不尽相同。用于描述空间各处电磁场强相对分布情况的数学表达式叫做天线的方向性函数。

【例 6.1】 试求电偶极子的方向性函数

解 由式(6.2.6) 知，电偶极子在远区辐射场的电场强度为

$$\boldsymbol{E} = \boldsymbol{a}_\theta \frac{\mathrm{j}I\mathrm{d}l}{2\lambda r}\sin\theta\sqrt{\frac{\mu_o}{\varepsilon_o}}\mathrm{e}^{-\mathrm{j}kr}$$

在距天线相同距离处，即 r 相同，当 $\theta = \frac{\pi}{2}$ 时，电场强度有最大值

$$|E_{\max}| = \mathrm{j}\frac{I\mathrm{d}l}{2\lambda r}\sqrt{\frac{\mu_o}{\varepsilon_o}}\mathrm{e}^{-\mathrm{j}kr}$$

则电场强度的归一化方向性函数为

$$F(\theta,\varphi) = \frac{|E(\theta,\varphi)|}{|E_{max}|} = |\sin\theta| \tag{6.3.1}$$

2. 方向性图

为更直观地分析场强的空间分布，将方向性函数绘制成图，称为方向性图。因为有天线的辐射场分布于整个空间，故天线的方向性图通常是三维的，绘制起来很困难。所以通常采用“主平面”上的图形来表示方向图。主平面分为 E 面和 H 面。E 面是指与电场矢量相平行，并通过场强最大处的平面；H 面是指与磁场矢量相平行，并通过磁场最大点的平面，故二者分别称为 E 面方向图和 H 面方向图。

【例 6.2】 试画出电偶极子的方向性图。

解： 由例 6.1 知电偶极子的场强方向性函数为 $F(\theta,\varphi) = F(\theta) = |\sin\theta|$

则得 E 面和 H 面以及立体方向图如下

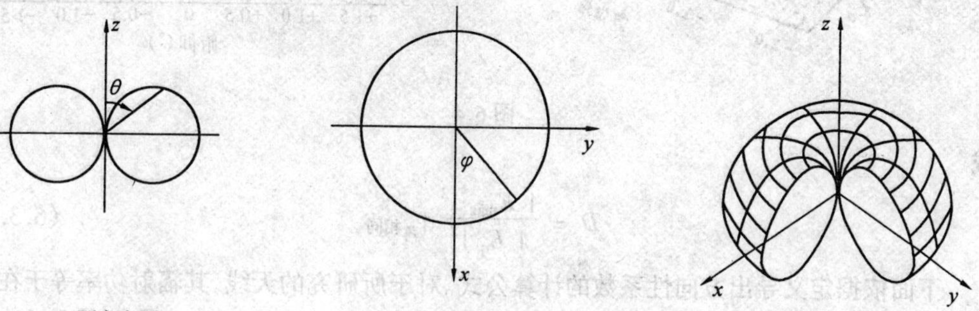

(a) E 面方向图；　(b) H 面方向图；　(c) 立体图

图 6.3

实际天线的方向性图要比电偶极子的方向性图复杂。方向图中可能含有多个波瓣。包含有最大辐射方向的波瓣称为主瓣，其它的小瓣统称为副瓣。定义主瓣最大辐射方向的两侧两个半功率点(即功率密度下降为最大值一半，或场强下降为最大值的 $\frac{\sqrt{2}}{2}$) 方向之间的夹角为主瓣宽度，表示为 $2\theta_{0.5}$ 或 $2\varphi_{0.5}$。主瓣宽度愈小，说明天线辐射的电磁能量愈集中，方向性愈好。从图 6.3 中可以看出，电偶极子的主瓣宽度为 $\pi/2$。

下图 6.4 中的(a)(b) 为某天线的立体方向图(波瓣) 及平面方向图(波瓣)。

方向图中的副瓣是指不需要辐射的区域，定义副瓣方向上的功率密度与主瓣最大辐射方向上的功率密度之比的绝对值为副瓣电平，即

$$\text{副瓣电平} = 10\lg \frac{S_{\text{副瓣}}}{S_o} \tag{6.3.2}$$

副瓣电平应尽可能地低。一般，离主瓣较远的副瓣电平要比近的副瓣电平低。因此副瓣电平是指第一副瓣(离主瓣最近和电平最高) 的电平。

3. 方向性系数

为精确地表示某副天线的方向性，或比较不同天线的方向性，引入方向性系数这个数量指标。其定义是：在相同的辐射功率下，某天线产生在最大辐射方向上某距离处的功率密度与一理想的无方向性天线在同一距离处产生的功率密度之比，表示为

$$D = \frac{S_{\max}}{S_o}\bigg|_{P_r\text{相同}} \tag{6.3.3}$$

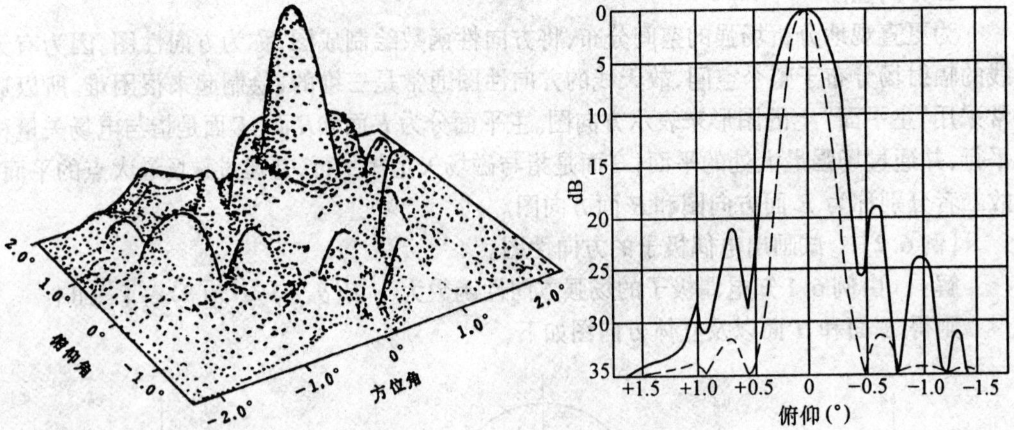

图6.4

或

$$D = \frac{|E_{\max}|^2}{|E_o|^2}\bigg|_{P_r\text{相同}} \tag{6.3.4}$$

下面依据定义导出方向性系数的计算公式。对于所研究的天线，其辐射功率等于在半径为 r 的球面上对功率密度进行面积分，即

$$\begin{aligned}P_r &= \oint_s S_{av}\cdot \mathrm{d}s\\ &= \frac{1}{2}\oint_s \frac{E^2(\theta,\varphi)}{\eta_o}\mathrm{d}s\\ &= \frac{1}{2}\int_o^{2\pi}\int_o^{\pi}\frac{|E_{max}|^2F^2(\theta,\varphi)}{\eta_o}r^2\sin\theta\mathrm{d}\theta\mathrm{d}\varphi\\ &= \frac{|E_{max}|^2r^2}{240\pi}\int_0^{2\pi}\int_0^{\pi}F^2(\theta,\varphi)\sin\theta\mathrm{d}\theta\mathrm{d}\varphi\end{aligned}$$

对于无方向性天线，因其在空间各方向上有相同的辐射，故辐射功率为

$$P_{ro} = 4\pi r^2 S_o = 4\pi r^2\cdot\frac{1}{2}\frac{|E_o|^2}{\eta_o} = \frac{|E_o|^2r^2}{60}$$

由式(6.3.4)，考虑 $P_r = P_{ro}$，则得

$$\begin{aligned}D &= \frac{|E_{\max}|^2}{|E_o|^2}\\ &= \frac{4\pi}{\int_o^{2\pi}\int_o^{\pi}F^2(\theta,\varphi)\sin\theta\mathrm{d}\theta\mathrm{d}\varphi}\end{aligned} \tag{6.3.5}$$

【例 6.3】 计算电偶极子的方向性系数

解：将电偶极子的方向性函数 $F(\theta,\varphi) = |\sin\theta|$ 代入式(6.3.5)，得方向性系数

$$D = \frac{4\pi}{\int_o^{2\pi}\int_o^{\pi}\sin^2\theta\sin\theta\mathrm{d}\theta\mathrm{d}\varphi} = 1.5$$

6.3.2 有关辐射能量的参数

1.效率

天线的效率表征天线能否有效地转换能量,定义为天线的辐射功率与输入到天线的功率之比

$$\eta_A = \frac{P_r}{P_{in}} = \frac{P_r}{P_r + P_L}$$

故天线的效率也可表示为

$$\eta_A = \frac{R_r}{R_r + R_L}$$

要提高天线效率,应尽可能提高辐射电阻而降低损耗电阻。

2.增益系数

方向性系数表征天线辐射能量的集中程度,效率则表征天线在转换能量上的效能。将两者结合起来就可以表征天线总的效能,所以定义增益系数:在相同的输入功率下,某天线在其最大辐射方向上某距离处产生的功率密度与一理想的无方向性天线在同一距离处产生的功率密度之比,表示为

$$G = \frac{S_{max}}{S_o}\Big|_{P_{in}\text{相同}}$$

或

$$G = \frac{|E_{max}|^2}{|E_o|^2}\Big|_{P_{in}\text{相同}}$$

增益系数与方向性系数的差别在于:增益系数是用输入功率计算,方向性系数是用辐射功率计算。因为 $P_r = \eta_A P_{in}$,一般认为理想的无方向性的天线效率为1,故

$$G = \eta_A D$$

通常的增益系数是以理想的无方向性天线作为比较标准的,有时也采用对称半波天线、标准喇叭天线作为比较标准。

6.3.3 天线的输入阻抗

输入阻抗是指天线输入端的高频电压 U_{in} 与输入端电流 I_{in} 的比值,即

$$Z_{in} = \frac{U_{in}}{I_{in}}$$

一般情况下,输入阻抗包含电阻和电抗两部分,
即

$$Z_{in} = R_{in} + jX_{in}$$

计算输入阻抗一般采用近似方法。

6.4 半波天线

前面讨论基本振子天线,由于长度远小于波长,辐射电阻(功率)很小,没有实用价

值。实际天线的尺寸是可以和波长相比拟的。这一节讨论一种应用广泛的线天线 —— 半波天线。线天线是截面半径远小于波长的金属导线构成的天线；半波天线是导线长度为半个波长的线天线。

6.4.1 半波天线的辐射场

图6.5画出了中心馈电的半波天线，电流振幅沿天线的分布与终端开路的有耗双线类似。作为一级近似，可认为电流振幅按余弦变化，即

$$i(z) = I\cos(kz) \qquad -\frac{\lambda}{4} < z < \frac{\lambda}{4}$$

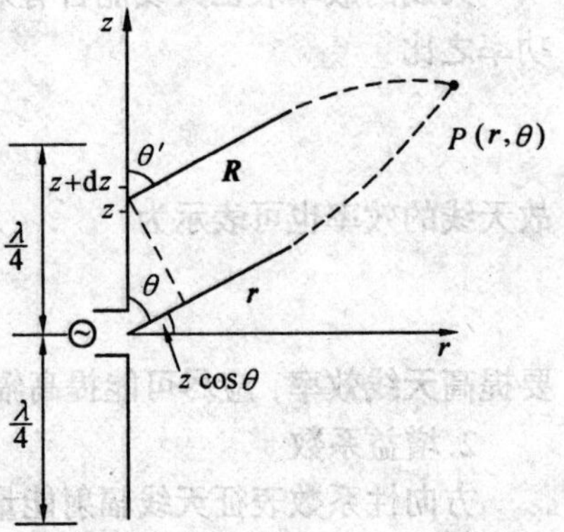

图 6.5

将导线分为许多小单元，每个小单元电流 $i\mathrm{d}z$ 在 P 点产生的辐射场由式(6.2.6) 给出

$$\begin{cases} \mathrm{d}\boldsymbol{E}_{\theta}' = \boldsymbol{a}_{\theta}'\mathrm{j}\dfrac{I\cos(kz)}{2\lambda r'}\eta_o\sin\theta'\mathrm{e}^{-\mathrm{j}kr'}\mathrm{d}z \\ \mathrm{d}\boldsymbol{H}_{\varphi}' = \boldsymbol{a}_{\varphi}'\mathrm{j}\dfrac{I\cos(kz)}{2\lambda r'}\sin\theta'\mathrm{e}^{-\mathrm{j}kr'}\mathrm{d}z \end{cases} \tag{6.4.1}$$

由于 $z \leqslant \dfrac{\lambda}{4}, r \gg \lambda$，可有几个近似：$r' \approx r - z\cos\theta, \theta' \approx \theta$，振幅 $r' \approx r$，则式(6.4.1) 可改写为

$$\begin{cases} \mathrm{d}\boldsymbol{E}_{\theta} = \boldsymbol{a}_{\theta}\mathrm{j}\dfrac{I\cos(kz)}{2\lambda r}\eta_o\sin\theta\mathrm{e}^{-\mathrm{j}kr}\mathrm{e}^{\mathrm{j}z\cos\theta}\mathrm{d}z \\ \mathrm{d}\boldsymbol{H}_{\varphi} = \boldsymbol{a}_{\varphi}\mathrm{j}\dfrac{I\cos(kz)}{2\lambda r}\sin\theta\mathrm{e}^{-\mathrm{j}kr}\mathrm{e}^{\mathrm{j}z\cos\theta}\mathrm{d}z \end{cases}$$

于是，半波天线的辐射场为

$$\begin{cases} \boldsymbol{E} = \boldsymbol{a}_{\theta}E_{\theta} = \boldsymbol{a}_{\theta}\dfrac{\mathrm{j}I\eta_o}{2\lambda r}\sin\theta\mathrm{e}^{-\mathrm{j}kr}\displaystyle\int_{-(\frac{\lambda}{4})}^{\frac{\lambda}{4}}\cos(kz)\mathrm{e}^{\mathrm{j}z\cos\theta}\mathrm{d}z \\ \quad = \boldsymbol{a}_{\theta}\dfrac{\mathrm{j}I\eta_o}{2\pi r}F(\theta)\mathrm{e}^{-\mathrm{j}kr} \\ \boldsymbol{H} = \boldsymbol{a}_{\varphi}H_{\varphi} = \boldsymbol{a}_{\varphi}\dfrac{\mathrm{j}I}{2\pi r}F(\theta)\mathrm{e}^{-\mathrm{j}kr} \end{cases} \tag{6.4.2}$$

式中

$$F(\theta) = \frac{\cos\left(\frac{\pi}{2}\cos\theta\right)}{\sin\theta} \tag{6.4.3}$$

即是半波天线的方向性函数。

6.4.2 半波天线的电参数

1. 方向性函数已由式(6.4.3) 给出
2. 方向性图绘制如下图 6.6(E 面方向图)

3. 方向性系数

将式(6.4.3) 代入式(6.3.5),可得方向性系数

$$D = \frac{4\pi}{\int_0^{2\pi}\int_0^{\pi}\left[\frac{\cos(\frac{\pi}{2}\cos\theta)}{\sin\theta}\right]^2\sin\theta\mathrm{d}\theta\mathrm{d}\varphi} = \frac{2}{\int_0^{\pi}\left[\frac{\cos^2(\frac{\pi}{2}\cos\theta)}{\sin\theta}\right]\mathrm{d}\theta} = \frac{2}{1.218} = 1.64$$

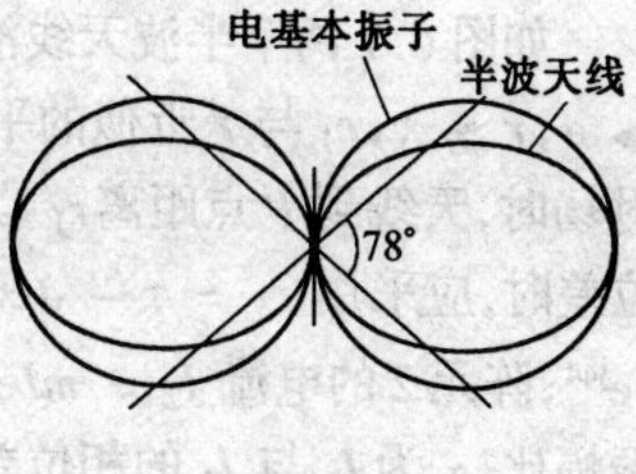

图 6.6

4. 主瓣宽度

由式
$$\frac{\cos(\frac{\pi}{2}\cos\theta)}{\sin\theta} = 0.707 \qquad 0 < \theta < \pi$$

得

$$2\theta_{0.5} = 78^\circ$$

5. 辐射总功率

$$\boldsymbol{P}_r = \oint_S \boldsymbol{S}_{av}\cdot\mathrm{d}\boldsymbol{s}$$

$$\boldsymbol{S}_{av} = \frac{1}{2}Re[\boldsymbol{E}\times\boldsymbol{H}^*] = \boldsymbol{a}_r\frac{I^2\eta_o}{8\pi^2r^2}\frac{\cos^2(\frac{\pi}{2}\cos\theta)}{\sin^2\theta}$$

则

$$\boldsymbol{P}_r = \frac{I^2\eta_o}{8\pi^2}\oint_s\frac{1}{r^2}\frac{\cos^2(\frac{\pi}{2}\cos\theta)}{\sin^2\theta}r^2\sin\theta\mathrm{d}\theta\mathrm{d}\varphi = \frac{I^2\eta_o}{4\pi}\int_o^{\pi}\frac{\cos^2(\frac{\pi}{2}\cos\theta)}{\sin\theta}\mathrm{d}\theta = 1.218\frac{I^2\eta_o}{4\pi} = 36.54I^2$$

6. 辐射电阻

$$R_r = \frac{2P_r}{I^2} = 73.1\Omega$$

6.5 天 线 阵

在天线应用中,常常需要天线把能量集中在给定的方向上,期望获得更强的方向性、更高的增益及所需方向图。采用天线阵即可达到这些目的。天线阵是以一定规律排列的相同天线的组合。组成天线阵的独立单元称为阵元或天线单元。若各天线单元排列在一直线上或一平面上,则称为直线阵或平面阵。

本节只讨论天线阵方向性增强原理 —— 方向性相乘原理。以最简单的二元阵为例得出这一原理,同样适用于多元阵,但应注意它仅适用于由相似元组成的阵。

如图 6.7 两个半波天线沿 z 轴放置，间距为 a，由于 $r \gg a, r \gg \lambda, r_1$ 与 r 近似的平行，在利用式(6.4.2)计算辐射场时，天线到 P 点距离 $r_1 \approx r$；但在计算天线到 P 点的相位差时，应采用 $r_1 = r - a\cos\theta$。设阵元 1 的电流为 $I_1 \approx Ie^{j\omega t}$，阵元 2 的电流 $I_2 = mIe^{j\alpha}e^{j\omega t}$，$m$ 是两振元激励电流的振幅比，α 为 I_2 与 I_1 的相位差。这样天线阵在 P 点产生的辐射场等于两个阵子的辐射场的矢量和。即

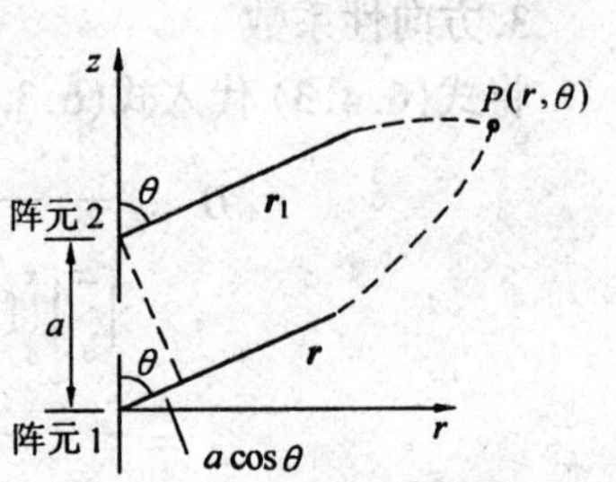

图 6.7

$$E_1 = a_\theta j \frac{I\eta_o}{2\pi r} F(\theta, \varphi) e^{-jkr}$$

$$E_2 = a_\theta j \frac{mI\eta_o}{2\pi r} F(\theta, \varphi) e^{j\alpha} e^{-jk(r - a\cos\theta)}$$

则

$$E = E_1 + E_2 = a_\theta j \frac{I\eta_o}{2\pi r} \frac{\cos\left(\frac{\pi}{2}\cos\theta\right)}{\sin\theta} [1 + me^{j(ka\cos\theta + \alpha)}] e^{-jkr} \tag{6.5.1}$$

$$A = j \frac{I\eta_o}{2\pi r}$$

$$f_1(\theta, \varphi) = \frac{\cos\left(\frac{\pi}{2}\cos\theta\right)}{\sin\theta}$$

$$f_2(\theta, \varphi) = 1 + me^{j(ka\cos\theta + \alpha)}$$

$f_1(\theta, \varphi)$ 称为阵元的方向性函数，而 $f_2(\theta, \varphi)$ 称为阵因子方向性函数。于是式(6.5.1)可看成

$$E = a_\theta A f_1(\theta, \varphi) f_2(\theta, \varphi) e^{-jkr}$$

所以由两阵元构成的天线阵的方向性函数，是阵元的方向性函数与阵因子方向性函数的乘积。这就是方向性相乘原理。阵元的方向性函数 $f_1(\theta, \varphi)$ 取决于阵元天线的结构尺寸和取向，与阵的排列方式无关；阵因子方向性函数，仅与各阵元在阵中的排列、激励电流的振幅和相位有关，而与阵元本身的结构尺寸和取向无关。

习　题

6.1　若采用库仑规范 $\nabla \cdot A$ 来代替洛仑兹规范，求电磁场的标量位 ϕ 和矢量位 A 所满足的方程。

6.2　已知坐标原点上的点电荷 $q(t) = q_o\cos\omega t$，在距原点为 r 处产生的滞后位为

$$\phi(r、t) = \frac{A}{r}\cos(\omega t - kr)$$

证明 $r > 0$ 的区域，$\phi(r、t)$ 满足达朗伯方程。

6.3　长度为 0.1m 的电偶极矩 $p = 10^{-9}\sin 2\pi \times 10^7 t a_z \mathrm{C \cdot m}$，求此偶极子的电流。

6.4　与地面垂直放置的电偶极子作为辐射天线，已知 $q_o = 3 \times 10^{-7} C, \Delta z = 1\mathrm{m}, f = 0.5\mathrm{MHz}$，分别求与地面成 40° 角，距偶极子中心分别为 $6m$ 和 $60km$ 处的 E 和 H 表达式。

6.5　在垂直于基本电振子天线的轴线方向上，距离 100km 处，为得到电场强度振幅值不小于 $100\mu V/m$，问天线至少应辐射多大的功率？

6.6　问一电子以恒定角频率 ω 沿半径为 a 作圆周运动时辐射的电磁场和辐射功率是多少？

6.7　已知某电流元的 $\Delta Z = 10m$，$I_0 = 35A$，$f = 10^6Hz$，求它的辐射功率和辐射电阻。

6.8　一半波天线辐射 1kw 的功率，计算它在赤道面上 1km 远处的电场强度、设 $\lambda \ll 1km$。

6.9　推导半波天线矢量位 $\boldsymbol{A}$ 的表达式。

6.10　从圆周长为 $\lambda/100$ 的载流圆环辐射 100W 的功率时，所需的电流为多大？

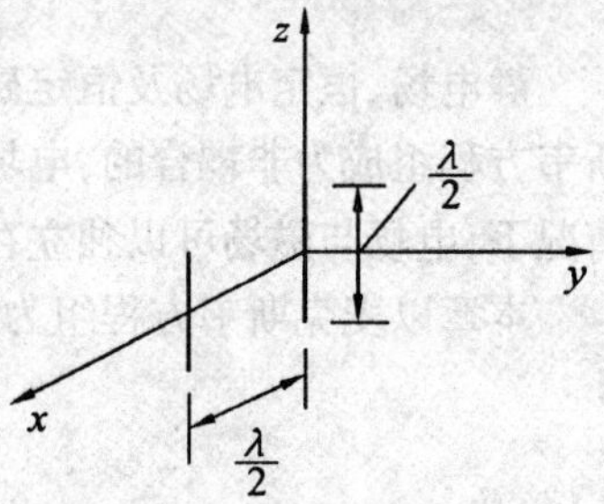

题 6.10 图

6.11　求小电流环的方向性系数和增益系数。

6.12　两个半径相同的磁偶极子互相垂直(1) 试证明若其中一个偶极子比另一个落后 $\pi/2$ 相位，则在垂直于它们的公共直径的平面内，辐射方向图（振幅对 θ 的函数关系）是一个圆；2) 说明合成场的性质。

6.13　若振荡频率为 50Hz 和 50MHz，问在距电偶极子一个波长远处，辐射场与感应场振幅之比为多少？

6.14　一天线位于原点，周围媒质为空气，已知远区场 $E_\theta = \dfrac{100}{r}\sin\theta e^{j2\pi r/\lambda}$ V/m，求辐射功率 P_r

6.15　设电基本振子的轴线沿东西方向放置，在远方有一移动接收台停在正南方向而接收到最大电场强度。当接收台沿电基本振子为中心的圆周在地面上移动时，电场强度将逐渐减小。问当电场强度减小到最大值的 $1/\sqrt{2}$ 时，接收台的位置偏离正南方向多少度？

6.16　由于某种应用上的要求，在自由空间中离天线 1km 的点处需保持 1V/m 的电场强度，若天线是：

(a) 无方向性天线；

(b) 短偶极子天线；

(c) 对称半波天线。

则必须馈给天线的功率是多少？(不计损耗)

6.17　已知天线中心处的电流是 100A，试求水面上（$\theta = 90°$）离天线 1km 处的电场强度。设频率为 $f = 10MHz$，而天线是：

(a) $h_1 = h_2 = 0.5m$ 的偶极子天线；

(b) 对称半波天线。

第七章　静态场

静电场、恒定电场及恒定磁场，都是场量不随时间变化的，统称为静态场。此时，麦克斯韦方程组成为非耦合的，电场满足的方程与磁场满足的方程是相互独立的。表明在静态情况下，电场与磁场可以独立存在。

本章以麦克斯韦方程组为出发点，讨论它在静态场的各种具体情况下的应用。

7.1　静电场

7.1.1　静电场方程与边界条件

静电场是由静止电荷产生的电场。由于静电场的电荷是静止的，因此有

$$\frac{\partial}{\partial t}(\text{场量}) = 0, \quad \text{且 } \boldsymbol{J} = 0$$

故由麦克斯韦方程可得到静电场的方程形式为：

$$\nabla \times \boldsymbol{E} = 0 \tag{7.1.1}$$

$$\nabla \cdot \boldsymbol{D} = \rho \tag{7.1.2}$$

相应的积分形式为：

$$\oint_C \boldsymbol{E} \cdot \mathrm{d}\boldsymbol{l} = 0 \tag{7.1.3}$$

$$\oint_C \boldsymbol{D} \cdot \mathrm{d}\boldsymbol{s} = q \tag{7.1.4}$$

这表明静电场是有源无旋场在各向同性的线性媒质中，本构关系为

$$\boldsymbol{D} = \varepsilon \boldsymbol{E} \tag{7.1.5}$$

在两种不同媒质的分界面上，静电场的边界条件为

$$\boldsymbol{n} \times (\boldsymbol{E}_1 - \boldsymbol{E}_2) = 0 \quad \text{或} \quad E_{1t} - E_{2t} = 0 \tag{7.1.6}$$

$$\boldsymbol{n} \cdot (\boldsymbol{D}_1 - \boldsymbol{D}_2) = \rho_s \text{ 或 } D_{1n} - D_{2n} = \rho_s \tag{7.1.7}$$

常见的两种特殊情况是

(1) 两种介质分界面

在电介质分界面上，一般不存在自由电荷，即 $\rho_s = 0$，由式(7.1.6) 及(7.1.7) 可得

$$E_{1t} = E_{2t} \tag{7.1.8}$$

$$D_{1n} = D_{2n} \tag{7.1.9}$$

即在两种电介质分界面上，$\boldsymbol{E}$ 的切向分量连续，$\boldsymbol{D}$ 的法向分量连续。

由于 $\boldsymbol{D}_1 = \varepsilon_1 \boldsymbol{E}_1, \boldsymbol{D}_2 = \varepsilon_2 \boldsymbol{E}_2$，故

$$\frac{D_{1t}}{\varepsilon_1} = \frac{D_{2t}}{\varepsilon_2} \quad 和 \quad \varepsilon_1 E_{1n} = \varepsilon_2 E_{2n}$$

场矢量 $\boldsymbol{D}$、$\boldsymbol{E}$ 通过分界面时方向要发生改变,如图(7.1)示。

由式(7.1.8)和(7.1.9)及式(7.1.5)可得

$$\frac{D_{1t}}{D_{1n}} = \frac{E_{1t}}{E_{1n}} = \mathrm{tg}\theta_1 \quad \frac{D_{2t}}{D_{2n}} = \frac{E_{2t}}{E_{2n}} = \mathrm{tg}\theta_2$$

于是有

$$\frac{\mathrm{tg}\theta_1}{\mathrm{tg}\theta_1} = \frac{\varepsilon_1}{\varepsilon_2} \tag{7.1.10}$$

上式称为静电场中的折射定律。

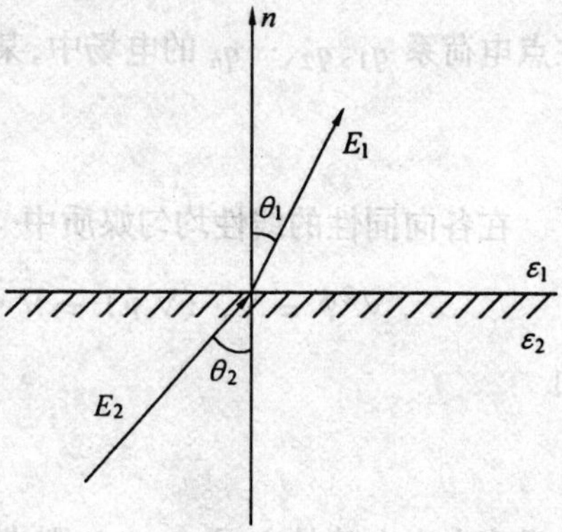

图 7.1

(2) 导体与电介质分界面

设媒质 Ⅰ 是电介质,媒质 Ⅱ 是导体,由于静电场中导体内部的电场为零,即 $\boldsymbol{E}_2 = \boldsymbol{D}_2 = 0$,故导体表面上的边界条件为

$$E_t = 0 \qquad D_n = \rho_s$$

7.1.2 静电场的标量位及其微分方程

在电磁场的求解与计算中,利用辅助位函数,可使问题得以简化,而位函数是根据方程引入的。

根据静电场方程式(7.1.1),由矢量分析知,任一标量函数梯度的旋度恒为零,即

$$\nabla \times \nabla \phi = 0$$

若令

$$\boldsymbol{E} = -\nabla \phi$$

则可满足静电方程式(7.1.1)。式中 ϕ 称为静电场的标量位函数。式中的 ϕ 不是单值的,即 $\nabla(\phi + C) = \nabla\phi$,当选定 ϕ 的参考点(零点)后 ϕ 就是单值的了。故电位 ϕ 是相对的。在一个静电系统中,选定参考点后,任意两点间的电位差即电压是不变的:

$$U_{PQ} = \phi_p - \phi_Q = \int_Q^p \mathrm{d}\phi$$

$$= -\int_p^Q \mathrm{d}\phi = \int_p^Q \boldsymbol{E} \cdot \mathrm{d}\boldsymbol{l}$$

若规定 $\phi_Q = 0$,则

$$\phi_p = \int_p^Q \boldsymbol{E} \cdot \mathrm{d}\boldsymbol{l}$$

在点电荷的电场中,选定 ∞ 远处为电位参考点,任一点 P 的电位为

$$\phi_p = \int_p^\infty \boldsymbol{E} \cdot \mathrm{d}\boldsymbol{l} = \int_R^\infty \frac{q}{4\pi\varepsilon_o} \cdot \frac{\boldsymbol{R} \cdot \mathrm{d}\boldsymbol{R}}{R^3} = \frac{1}{4\pi\varepsilon_o} \cdot \frac{q}{R} \tag{7.1.11}$$

当电荷以体密度 $\rho(\boldsymbol{r}')$ 连续分布时,

$$\phi(\boldsymbol{r}) = \frac{1}{4\pi\varepsilon_o}\int_V \frac{\rho(\boldsymbol{r}')}{|\boldsymbol{r} - \boldsymbol{r}'|}\mathrm{d}V' \tag{7.1.12a}$$

对密度分别为 $\rho_s(\boldsymbol{r}')$ 及 $\rho_l(\boldsymbol{r}')$ 的面电荷和线电荷有

$$\phi(\boldsymbol{r}) = \frac{1}{4\pi\varepsilon_o}\int_s \frac{\rho_s(\boldsymbol{r}')}{|\boldsymbol{r}-\boldsymbol{r}'|}\mathrm{d}s' \tag{7.1.12b}$$

$$\phi(\boldsymbol{r}) = \frac{1}{4\pi\varepsilon_o}\int_l \frac{\rho_l(\boldsymbol{r}')}{|\boldsymbol{r}-\boldsymbol{r}'|}\mathrm{d}l' \tag{7.1.12c}$$

在点电荷系 q_1、q_2、$\cdots q_n$ 的电场中,某点的电位服从迭加原理,为

$$\phi = \frac{1}{4\pi\varepsilon_o}\sum_{i=1}^{n}\frac{q_i}{R_i} \tag{7.1.12d}$$

在各向同性的线性均匀媒质中

$$\nabla^2\phi = \nabla\cdot(\nabla\phi) = \nabla\cdot(-\boldsymbol{E}) = -\nabla\cdot\boldsymbol{E} = -\nabla\cdot(\frac{\boldsymbol{D}}{\varepsilon}) = -\frac{\rho}{\varepsilon}$$

即

$$\nabla^2\phi = -\frac{\rho}{\varepsilon} \tag{7.1.13}$$

在没有自由电荷的空间,$\rho = 0$,则式(7.1.13)变为

$$\nabla^2\phi = 0 \tag{7.1.14}$$

式(7.1.13)和式(7.1.14)分别称为电位的泊松方程和拉普拉斯方程,是电位 ϕ 在有源区及无源区所满足的微分方程。

下面由 $\boldsymbol{E}$ 及 $\boldsymbol{D}$ 的边界条件来推导 ϕ 的边界条件:

由 $\boldsymbol{E} = \boldsymbol{a}_t E_t + \boldsymbol{a}_n E_n = \boldsymbol{a}_t(-\frac{\partial\phi}{\partial t}) + \boldsymbol{a}_n(-\frac{\partial\phi}{\partial n}) = -\nabla\phi$

式(7.1.6)和式(7.1.7)可写为

$$-\frac{\partial\phi_1}{\partial t} + \frac{\partial\phi_2}{\partial t} = 0$$

$$-\varepsilon_1\frac{\partial\phi_1}{\partial n} + \varepsilon_2\frac{2\phi_2}{\partial n} = \rho_s$$

则有

$$\frac{\partial(\phi_2-\phi_1)}{\partial t} = 0 \quad 即 \quad \phi_2 - \phi_1 = C$$

由于界面两侧相邻两点 P_1 和 P_2 的距离 $|P_1P_2|\to 0$,电场强度值有限,于是把等位正电荷由 P_1 移到 P_2 场力所作功为零,即 $C = 0$,则有

$$\phi_1 = \phi_2 \tag{7.1.15}$$

当界面上无自由电荷时

$$\varepsilon_1\frac{\partial\phi_1}{\partial n} = \varepsilon_2\frac{\partial\phi_2}{\partial n} \tag{7.1.16}$$

由于静电场中的导体是等位体,所以导体表面的边界条件为

$$\varepsilon\frac{\partial\phi}{\partial n} = -\rho_s \tag{7.1.17}$$

【例 7.1】 求电偶极子在远区的电位与电场

解 电偶极子是由相距一个小距离 l 的两个等值异号的点电荷所组成的系统。采用

球坐标系,设偶极子的中心位于球坐标系的原点,并使 l 与 z 重合,如图 7.2,那么

在空间任一点 $P(r,\theta,\varphi)$ 处的电位等于两点电荷产生的电位的迭加。

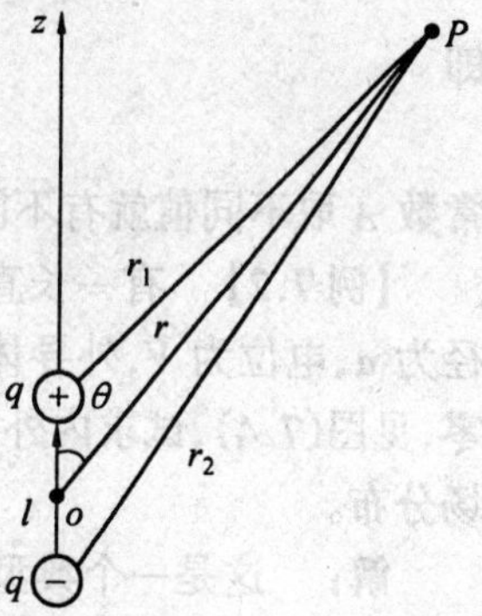

图 7.2

$$\phi = \frac{q}{4\pi\varepsilon_o}\left(\frac{1}{r_1} - \frac{1}{r_2}\right)$$

由余弦定理得

$$r_1 = \left[r^2 + \left(\frac{l}{2}\right)^2 - rl\cos\theta\right]^{\frac{1}{2}}$$

$$r_2 = \left[r^2 + \left(\frac{l}{2}\right)^2 + rl\cos\theta\right]^{\frac{1}{2}}$$

由于 P 点远离电偶极子,有 $r \gg l$,运用二项式定理展开,并略去高阶小项,得

$$r_1 \approx r - \frac{l}{2}\cos\theta$$

$$r_2 \approx r + \frac{l}{2}\cos\theta$$

所以

$$\phi = \frac{q}{4\pi\varepsilon_o}\left(\frac{1}{r - \frac{l}{2}\cos\theta} - \frac{1}{r + \frac{1}{2}\cos\theta}\right)$$

$$= \frac{q}{4\pi\varepsilon_o}\cdot\frac{l\cos\theta}{r^2 - \left(\frac{l}{2}\cos\theta\right)^2}$$

$$\approx \frac{ql\cos\theta}{4\pi\varepsilon_o r^2} \qquad (7.1.18)$$

引入一个矢量 $\boldsymbol{p}_e$,大小为 ql,方向由 $-q$ 指向 $+q$ 这个矢量称为电偶极子的电矩,简称电偶极矩即

$$\boldsymbol{p}_e = q\boldsymbol{l} \qquad (7.1.19)$$

于是,式(7.1.8) 可表示为

$$\phi = \frac{p_e\cos\theta}{4\pi\varepsilon_o r^2} = \frac{\boldsymbol{p}_e\cdot\boldsymbol{a}_r}{4\pi\varepsilon_o r^2} = \frac{\boldsymbol{p}_e\cdot\boldsymbol{r}}{4\pi\varepsilon_o r^3} \qquad (7.1.20)$$

由上式利用球坐标系中的梯度公式得到

$$\boldsymbol{E} = -\nabla\phi = -\left(\boldsymbol{a}_r\frac{\partial\phi}{\partial r} + \boldsymbol{a}_\theta\frac{1}{r}\frac{\partial\phi}{\partial\theta}\right)$$

$$= \frac{p_e}{4\pi\varepsilon_o r^3}(\boldsymbol{a}_r 2\cos\theta + \boldsymbol{a}_\theta\sin\theta) \qquad (7.1.21)$$

下面求电偶极子电场的电力线方程。

由
$$\frac{\mathrm{d}r}{E_r} = \frac{r\mathrm{d}\theta}{E_\theta}$$

得
$$\frac{\mathrm{d}r}{r} = \frac{Er}{E_\theta}\mathrm{d}\theta = \frac{2\cos\theta}{\sin\theta}\mathrm{d}\theta = \frac{2\mathrm{d}\sin\theta}{\sin\theta}$$

两边积分有

$$\ln r = \ln\sin^2\theta + \ln A$$

即

$$r = A\sin^2\theta$$

常数 A 取不同值就有不同电力线。图(7.3) 是一个子午面的电力线族。

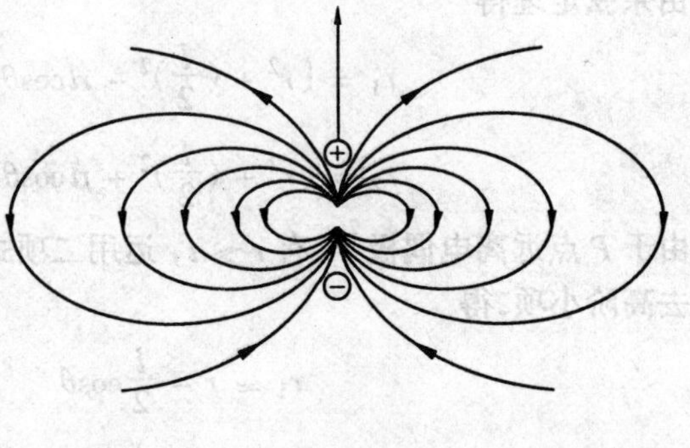

图 7.3

【例 7.2】 有一长直同轴线，内导体半径为 a，电位为 V，外导体半径为 b，电位为零，见图(7.4)，试求内外导体间的电位与电场分布。

解： 这是一个典型的导体边界问题，在内外导体之间，电位 ϕ 满足拉普拉斯方程

$$\nabla^2\phi = 0$$

ϕ 的边界条件为

$$\phi(a) = V, \qquad \phi(b) = 0$$

采用柱坐标系，长直同轴线可近似认为无限长，则 ϕ 不随 z 变化，又由轴对称性，ϕ 不随 φ 变化，因此拉普拉斯方程为

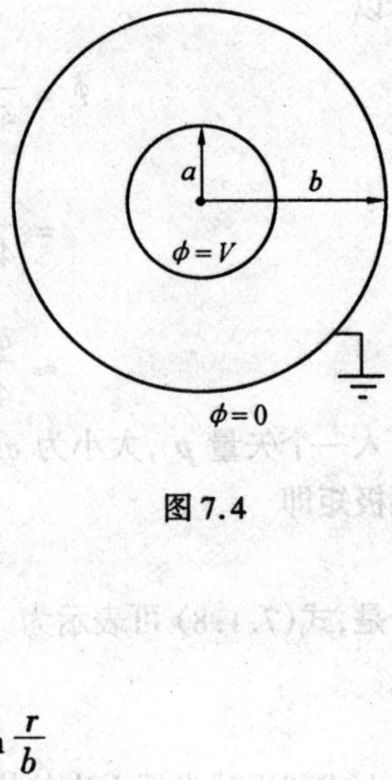

图 7.4

$$\frac{1}{r}\frac{\mathrm{d}}{\mathrm{d}r}\left(r\frac{\mathrm{d}\phi}{\mathrm{d}r}\right) = 0$$

于是

$$\phi = C_1\ln r + C_2$$

下面依据边边界条件确定积分常数：

$$\begin{cases} V = C_1\ln a + C_2 \\ 0 = C_1\ln b + C_2 \end{cases}$$

由此解得 C_1、C_2 分别为

$$C_1 = \frac{V}{\ln a/b} \qquad C_2 = -\frac{V\ln b}{\ln a/b}$$

故

$$\phi = \frac{V}{\ln a/b}(\ln r - \ln b) = \frac{V}{\ln\dfrac{a}{b}}\ln\frac{r}{b}$$

$$\boldsymbol{E} = -\nabla\phi = -\boldsymbol{a}_r\frac{\mathrm{d}\phi}{\mathrm{d}r} = \frac{V}{r\ln\dfrac{b}{a}}\boldsymbol{a}_r$$

【例7.3】 平行双线传输线的半径为 r_o，线间距为 d，且 $d \gg r_o$，双线上每单位长度分别带电荷 $+\rho_l$ 和 $-\rho_l$，求线外任一点的电位。

解： 可利用高斯定理求出 $+\rho_l$ 和 $-\rho_l$ 产生的场，再根据迭加原理求出电位分布。

如图(7.5)，对于 $+\rho_l$ 有

$$\boldsymbol{E}_+ = \frac{\rho_l}{2\pi\varepsilon_0 r_+}\boldsymbol{a}_{r_+}$$

选择有限处远处 P_o 为电位参考点，则 ρ_l 在点 P 的电位有

$$\phi_+ = \int_p^{P_o} \boldsymbol{E}_+ \cdot \mathrm{d}\boldsymbol{l} = \int_{r_+}^{r_{+0}} \frac{\rho_l}{2\pi\varepsilon_o r}\mathrm{d}r = \frac{\rho_l}{2\pi\varepsilon_o}\ln\frac{r_{+o}}{r_+}$$

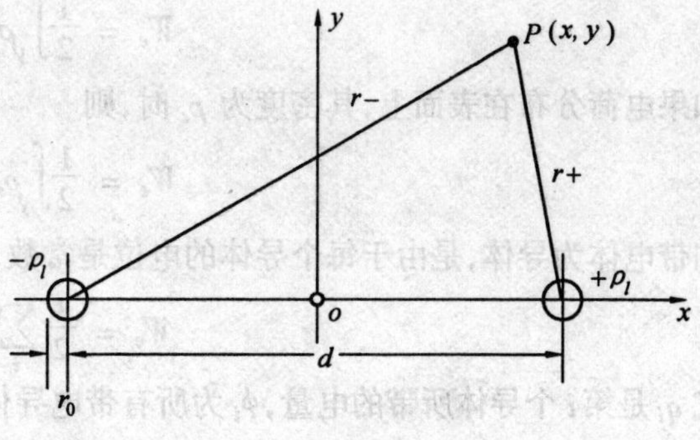

图 7.5

则 $-\rho_l$ 在点 P 的电位为

$$\phi_- = \int_p^{P_o} \boldsymbol{E} \cdot \mathrm{d}\boldsymbol{l} = -\frac{\rho_l}{2\pi\varepsilon_o}\ln\frac{r_{-o}}{r_-}$$

（r_{+0} 是 ρ_l 到 P_o 的距离，r_{-0} 是 $-\rho_l$ 到 P_o 的距离）

因此 P 点电位为

$$\phi = \phi_+ + \phi_- = \frac{\rho_l}{2\pi\varepsilon_o}\ln\frac{r_-}{r_+} + \frac{\rho_l}{2\pi\varepsilon_o}\ln\frac{r_{+0}}{r_{-0}}$$

若电位参考点 P_0 选在双线之间的对称面上，则有 $r_{+0} = r_{-0}$，故

$$\phi = \frac{\rho_l}{2\pi\varepsilon_o}\ln\frac{r_-}{r_+}$$

7.1.3 静电场的能量

由前章知，电场的能量密度为

$$W_e = \frac{1}{2}\boldsymbol{E} \cdot \boldsymbol{D}$$

而整个电场能量为

$$W_e = \frac{1}{2}\int_V \boldsymbol{E} \cdot \boldsymbol{D}\mathrm{d}V \tag{7.1.22}$$

在静电情形下，电场能量可以通过电荷和电位分布来表示。为此，利用方程式

$$\boldsymbol{E} = -\nabla\phi, \nabla \cdot \boldsymbol{D} = \rho$$

以及矢量恒等式

$$\nabla \cdot (\phi\boldsymbol{D}) = \phi\nabla \cdot \boldsymbol{D} + \boldsymbol{D} \cdot \nabla\phi$$

则有

$$\begin{aligned} W_e &= \frac{1}{2}\int_V \boldsymbol{E} \cdot \boldsymbol{D}\mathrm{d}V = -\frac{1}{2}\int_V \nabla\phi \cdot \boldsymbol{D}\mathrm{d}V \\ &= -\frac{1}{2}\left[\int_V \nabla \cdot (\phi\boldsymbol{D})\mathrm{d}V - \int_V \phi\nabla \cdot \boldsymbol{D}\mathrm{d}V\right] \\ &= -\frac{1}{2}\oint_S \phi\boldsymbol{D} \cdot \mathrm{d}\boldsymbol{s} + \frac{1}{2}\int_V \rho\phi\mathrm{d}V \end{aligned}$$

在电荷集中于有限区域的情况下，由于

$$\phi \sim \frac{1}{r}, \quad D \sim \frac{1}{r^2}, \quad \mathrm{d}s \sim r^2$$

所以，包围整个电场空间的面积分因 $r \to \infty$ 而将趋于零，于是得到

$$W_e = \frac{1}{2}\int_V \rho\phi \mathrm{d}V \tag{7.1.23a}$$

如果电荷分布在表面上,其密度为 ρ_s 时,则

$$W_e = \frac{1}{2}\int_s \rho_s\phi \mathrm{d}S \tag{7.1.23b}$$

如带电体为导体,是由于每个导体的电位是常数,则有

$$W_e = \frac{1}{2}\sum_i q_i\phi_i \tag{7.1.23c}$$

式 q_i 是第 i 个导体所带的电量,ϕ_i 为所有带电导体(包括第 i 个导体)在第 i 个导体所在处产生的电位。

由(7.1.12c)式可得平板电容器的静电能量表达式为

$$W_e = \frac{1}{2}q_1\phi_1 + \frac{1}{2}q_2\phi_2$$

其中 $q_1 = -q_2 = q$,通常取 $\phi_2 = 0, \phi_1 = V$,则

$$W_e = \frac{1}{2}qV = \frac{1}{2}CV^2 = \frac{q^2}{2C}$$

【例 7.4】 在半径为 R 的球内电荷均匀分布,体电荷密度为 ρ_o,试计算它的静电能量。设球内外的介质为真空。

解: 先用式(7.1.20)来计算

利用高斯定律可求得球内外的电场强度为

$$E_1 = \frac{\rho_o}{3\varepsilon_o}r \qquad (r < R)$$

$$E_2 = \frac{\rho_o R^3}{3\varepsilon_o r^2} \qquad (r > R)$$

则

$$\begin{aligned} W_e &= \frac{1}{2}\int_{球内}\varepsilon_o E_1^2 \mathrm{d}V + \frac{1}{2}\int_{球外}\varepsilon_o E_2^2 \mathrm{d}V \\ &= \frac{1}{2}\int_o^R \varepsilon_o\left(\frac{\rho_o r}{3\varepsilon_o}\right)^2 4\pi r^2 \mathrm{d}r + \frac{1}{2}\int_R^\infty \varepsilon_o\left(\frac{\rho_o R^3}{3\varepsilon_o r^2}\right)4\pi r^2 \mathrm{d}r \\ &= \frac{2\pi\rho_o^2 R^5}{45\varepsilon_o} + \frac{2\pi\rho_o^2 R^5}{9\varepsilon_o} \\ &= \frac{4\pi\rho_o^2 R^5}{15\varepsilon_o} \end{aligned}$$

再利用式(7.1.23a)来计算。

在 $r < R$ 处有

$$\begin{aligned} \phi &= \int_r^R E_1 \mathrm{d}r + \int_R^\infty E_2 \mathrm{d}r \\ &= \int_r^R \frac{\rho_o}{3\varepsilon_o} r \mathrm{d}r + \int_R^\infty \frac{\rho_o R^3}{3\varepsilon_o r^2}\mathrm{d}r \\ &= \frac{\rho_o R^2}{2\varepsilon_o} - \frac{\rho_o}{6\varepsilon_o}r^2 \end{aligned}$$

于是得

$$\begin{aligned} W_e &= \frac{1}{2}\int_{\text{球内}}\rho_o\phi\mathrm{d}V \\ &= \frac{1}{2}\int_o^R\rho_o\left[\frac{\rho_o R^2}{2\varepsilon_o} - \frac{\rho_o}{6\varepsilon_o}r^2\right]4\pi r^2\mathrm{d}r \\ &= \frac{4\pi\rho_o R^5}{15\varepsilon_o} \end{aligned}$$

两个公式计算的结果完全相同。

7.1.4 电容

任何一对导体，不管它们的形状或排列如何，都可以看作一只电容器，定义电容为

$$C = \frac{q}{U} \tag{7.1.24}$$

其中 q 是单个导体上的电量，U 是两导体间的电位差。电容单位为 C/V，即法拉。

对于孤立导体，可将其看作是一个电容器的一端导体在无穷远处的情形。选取无穷远处电位为零，这时两导体间的电压就是另一导体的电位，(7.1.24)式所定义的电容就变为某导体的电荷 q 与其电位之比，称为孤立导体的电容

$$C = \frac{q}{\phi} \tag{7.1.25}$$

电容器电容的计算通常有两个途径：

一是假定导体上的电荷(应为等量异号)q，然后计算两导体间的电压 U，则

$$C = \frac{q}{U} = \frac{q}{\int_A^B \boldsymbol{E}\cdot\mathrm{d}\boldsymbol{l}}$$

二是假定两导体间的电压 U，然后求出导体上的电荷 q，则

$$C = \frac{q}{U} = \frac{\oint_S \boldsymbol{D}\cdot\mathrm{d}\boldsymbol{s}}{U}$$

式中 s 为包围带正电导体的任意闭合面，电容的计算实际上就是电场的计算。

电容是导体系统的一种物理属性，它的大小只与导体的形式、尺寸、相互位置及导体周围的介质有关，而与导体的电位和电荷无关。

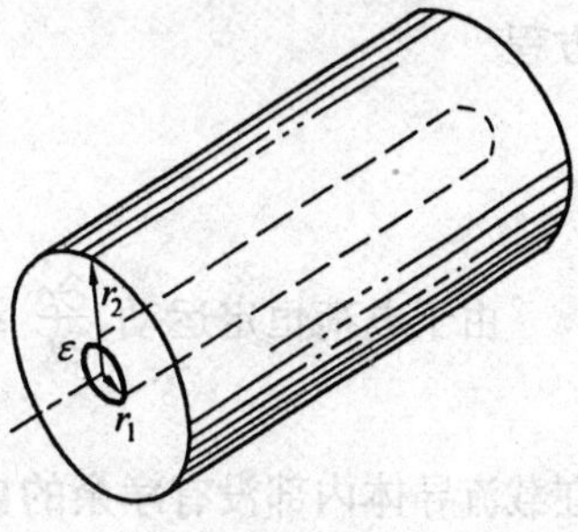

图 7.6

【例 7.5】 计算同轴线单位长度的电容 C_o。已知同轴线内、外导体半径分别为 r_1、r_2；其中填充均匀的介质，介电常数为 ε。如图(7.6)

解： 假设内、外导体分别带电荷 $+q$ 和 $-q$，忽略边缘效应。则介质中的场沿径向分布，且具有轴对称性。由高斯定理可求得介质中的场强为

$$E = a_r E_r = a_r \frac{q}{2\pi\varepsilon r l}$$

由此,两导体间的电压为

$$U = \int_{r1}^{r2} E_r \cdot dr = \frac{q}{2\pi\varepsilon l}\ln\frac{r_2}{r_1}$$

故单位长度的电容为

$$C_o = \frac{C}{l} = \frac{q}{Ul} = \frac{2\pi\varepsilon}{\ln\frac{r_2}{r_1}}$$

7.2 稳恒电场(恒定电场)

稳恒电磁场是指所有场量均不随时间变化$\frac{\partial}{\partial t}$(场量) = 0,传导电流 $J \neq 0$。故普遍的麦克斯韦方程组、边界条件及本构关系可写为

$$\begin{cases}\nabla\times H = J\\ \nabla\times E = 0\\ \nabla\cdot B = 0\\ \nabla\cdot D = \rho\end{cases}\qquad \begin{cases}H_{1t} - H_{2t} = J_s\\ E_{1t} - E_{2t} = 0\\ B_{1n} - B_{2n} = 0\\ D_{1n} - D_{2n} = \rho_s\end{cases}\qquad \begin{cases}B = \mu H\\ D = \varepsilon E\\ J = \sigma E\end{cases}$$

从上述方程可见,在稳定情况下,电场和磁场彼此分开相互独立,此节我们先来讨论电场。

7.2.1 稳恒电场的场方程及边界条件

电荷在电场作用下的宏观定向运动形成电流。若在一个导体回路中存在不随时间变化的稳恒电流,回路中必然有一个推动电荷恒定运动的稳恒电场。由上面可知,电场满足方程

$$\nabla\times E = 0$$
$$\nabla\cdot D = \rho$$

由于电荷恒定运动,$\frac{\partial\rho}{\partial t} = 0$,由电流连续性方程,可得

$$\nabla\cdot J = 0 \tag{7.2.1}$$

在载流导体内部没有净余的自由电荷,激发电场的电荷在导体表面处,所以在载流体内,稳恒电场的场方程为

$$\nabla\times E = 0 \tag{7.2.2}$$
$$\nabla\cdot J = 0 \tag{7.2.3}$$

对应的积分形式为

$$\oint_c E\cdot dl = 0 \tag{7.2.4}$$

$$\oint_s \boldsymbol{J} \cdot d\boldsymbol{s} = 0 \tag{7.2.5}$$

由式(7.2.2)有 $\boldsymbol{E} = -\nabla\phi$，于是

$$\nabla^2\phi = \nabla\cdot(\nabla\phi) = \nabla\cdot(-\boldsymbol{E}) = -\nabla\cdot\boldsymbol{E}$$

在各向同性的导电媒质中

$$\boldsymbol{J} = \sigma\boldsymbol{E} \tag{7.2.6}$$

故由上式及式(7.2.3)有

$$\nabla^2\phi = 0 \tag{7.2.7}$$

在均匀导电媒质中，电位 ϕ 满足拉普拉斯方程。

应用场方程的积分形式可导出稳恒电场的边界条件为

$$E_{1t} = E_{2t} \quad 或 \quad \boldsymbol{n}\times(\boldsymbol{E}_1 - \boldsymbol{E}_2) = 0 \tag{7.2.8}$$

$$J_{1n} = J_{2n} \quad 或 \quad \boldsymbol{n}\cdot(\boldsymbol{J}_1 - \boldsymbol{J}_2) = 0 \tag{7.2.9}$$

用电位 ϕ 表示为

$$\phi_1 = \phi_2 \tag{7.2.10}$$

$$\sigma_1 \frac{\partial\phi_1}{\partial n} = \sigma_2 \frac{\partial\phi_2}{\partial n} \tag{7.2.11}$$

在两种导电媒质的分界面上，通常存在电荷分布，面电荷密度为

$$\rho_s = \boldsymbol{n}\cdot(\boldsymbol{D}_1 - \boldsymbol{D}_2) = \boldsymbol{n}\cdot(\varepsilon_1\boldsymbol{E}_1 - \varepsilon_2\boldsymbol{E}_2) = \boldsymbol{n}\cdot(\frac{\varepsilon_1}{\sigma_1}\boldsymbol{J}_1 - \frac{\varepsilon_2}{\sigma_2}\boldsymbol{J}_2)$$

再利用边界条件式(7.2.9)，可得

$$\rho_s = (\frac{\varepsilon_1}{\sigma_1} - \frac{\varepsilon_2}{\sigma_2})\boldsymbol{n}\cdot\boldsymbol{J}$$

式(7.2.8)和式(7.2.9)表明，在两种不同导电媒质的分界面上，电场强度的切向分量连续，电流密度的法向分量是连续的。由这两式可导出场矢量在分界面上的折射关系(如图7.7所示)。

$$\frac{\mathrm{tg}\theta_1}{\mathrm{tg}\theta_2} = \frac{\sigma_1}{\sigma_2} \tag{7.2.12}$$

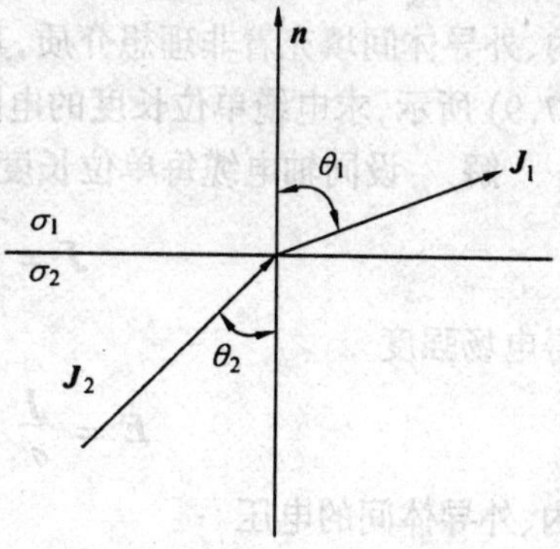

图7.7

由于导体内存在恒定电场，导体表面上的电场不仅有法向分量，而且有切向分量。电场不与导体表面垂直，导体表面就不是等位面。在这点上，恒定电场与静电场完全不同。

7.2.2　焦耳定律

设导体中有电流 I 通过，沿电流方向的电位差为 U，则电场对电荷 q 所做的功为 $W = qU$。对恒定电流，因 $q = It$，则 $W = UIt$。于是可得功率 P 为

$$P = \frac{dW}{dt} = UI \tag{7.2.13}$$

这就是焦耳定律的积分形式。

在导体中取如图(7.8)所示的柱形体积元,它两端的电压为 $dU = \boldsymbol{E} \cdot d\boldsymbol{l}$。通过横截面 ds 的电流 $dI = Jds$。则此体积元中的损耗功率为

$$dp = dIdU = JdsE \cdot dl = E \cdot JdV$$

故得到损耗功率密度为

$$p_o = \frac{dp}{dV} = \boldsymbol{E} \cdot \boldsymbol{J} \qquad (7.2.14)$$

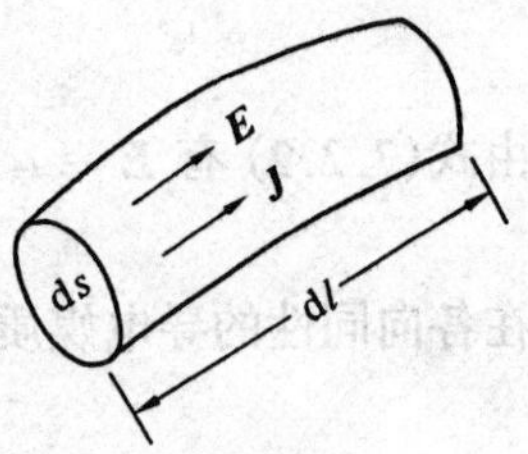

图 7.8

这就是焦耳定律的微分形式。它表示场中任一点的单位体积中的功率损耗,单位是 W/m^3。

7.2.3 电阻

在导体中,电流 I 从一个电极流向另一个电极,我们把电极间的电压 U 与电流 I 的比值

$$R = \frac{U}{I} \qquad (7.2.15)$$

称为两极间的电阻。电阻的倒数称为电导即

$$G = \frac{I}{U} \qquad (7.2.16)$$

对于电阻的计算,可按 $I \to \boldsymbol{J} \to \boldsymbol{E} \to U \to R$ 的步骤求得,也可按 $U \to \phi \to \boldsymbol{E} \to \boldsymbol{J} \to I \to R$ 的步骤求得。

【例 7.6】 同轴电缆的内导体半径为 a,外导体内半径为 b。内、外导体间填充着非理想介质,其介电常数为 ε,电导率为 σ,如图(7.9)所示,求电缆单位长度的电阻。

解 设同轴电缆每单位长度的径向漏电流为 I,则电流密度为

$$\boldsymbol{J} = \frac{I}{2\pi r}\boldsymbol{a}_r$$

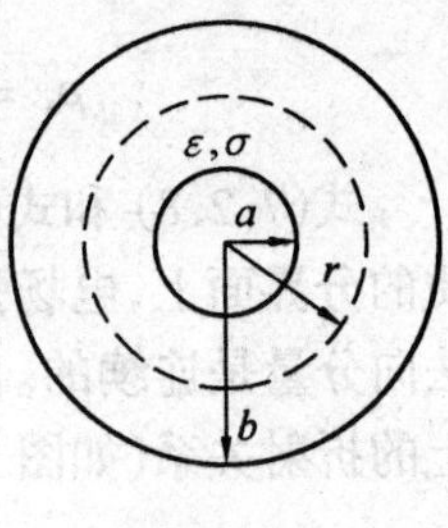

图 7.9

得电场强度

$$\boldsymbol{E} = \frac{\boldsymbol{J}}{\sigma} = \frac{I}{2\pi\sigma r}\boldsymbol{a}_r$$

内、外导体间的电压

$$U = \int_a^b \boldsymbol{E} \cdot d\boldsymbol{r} = \int_a^b \frac{I}{2\pi\sigma r}dr = \frac{I}{2\pi\sigma}\ln\frac{b}{a}$$

故电缆单位长度的电阻为

$$R = \frac{U}{I} = \frac{\ln\frac{b}{a}}{2\pi\sigma}$$

【例 7.7】 一段环形导电媒质,其形状及尺寸如图 7.10 所示,计算两个端面间的电阻。

解 本例可以采用解拉普拉斯方程的方法。

选取圆柱坐标系,设两端电压为 U_o。即 $\varphi = 0$ 处,电位 $\phi = 0$;$\varphi = \varphi_o$ 处,电位 $\phi = U_o$

由于电位 ϕ 仅与坐标 φ 有关，因此满足方程式

$$\frac{d^2\phi}{d\varphi^2} = 0$$

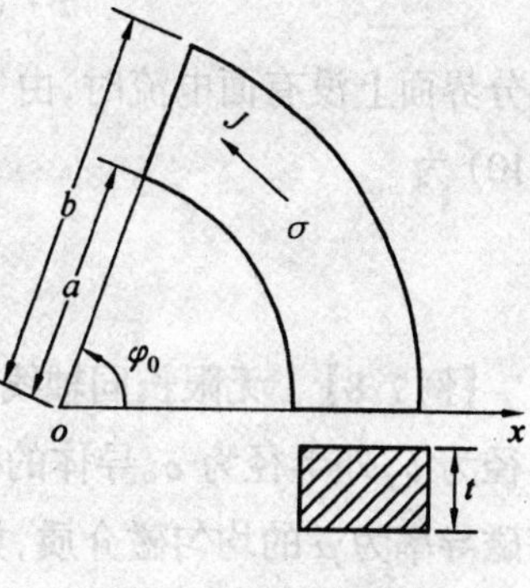

图 7.10

可解出

$$\phi = C_1\varphi + C_2$$

由给定的边界条件有可求得

$$C_1 = U/\varphi_0,\quad C_2 = 0$$

从而得电位

$$\phi = \frac{U}{\varphi_o}\varphi$$

电流密度

$$\boldsymbol{J} = \sigma\boldsymbol{E} = -\sigma\nabla\phi = -\boldsymbol{a}_\varphi\sigma\frac{\partial\phi}{r\partial\varphi} = -\boldsymbol{a}_\varphi\frac{U}{r\varphi_o}$$

两端面间的电流为

$$I = \int_s \boldsymbol{J}\cdot d\boldsymbol{s} = \int_a^b\left(-\boldsymbol{a}_\varphi\frac{U}{r\varphi_o}\right)\cdot(-\boldsymbol{a}_\varphi t\,dr) = \frac{\sigma tU}{\varphi_o}\ln\frac{b}{a}$$

因此该导电块两端口之间的电阻为

$$R = \frac{U}{I} = \frac{\varphi_o}{\sigma t\ln(b/a)}$$

7.3　稳恒磁场

导体中有恒定电流通过时，在其周围产生不随时间变化的磁场，称为稳恒磁场。

7.3.1　稳恒磁场的基本方程及边界条件

由麦克斯韦方程组可知，稳恒磁场满足的两个基本方程为

$$\nabla\times\boldsymbol{H} = \boldsymbol{J} \tag{7.3.1}$$

$$\nabla\cdot\boldsymbol{B} = 0 \tag{7.3.2}$$

这表明稳恒磁场是无源有旋场，磁力线是闭合的，相应的积分形式为

$$\oint_C \boldsymbol{H}\cdot d\boldsymbol{l} = I \tag{7.3.3}$$

$$\oint_S \boldsymbol{B}\cdot d\boldsymbol{s} = 0 \tag{7.3.4}$$

式(7.3.3)为安培环路定律。当电流分布具有对称性时，由此式可以方便地计算出 $\boldsymbol{H}$ 或 $\boldsymbol{B}$。在各向同性的线性媒质中，本构关系为

$$\boldsymbol{B} = \mu\boldsymbol{H} \tag{7.3.5}$$

由积分形式可导出两种不同媒质的分界面上，稳恒磁场的边界条件为

$$\boldsymbol{n}\times(\boldsymbol{H}_1 - \boldsymbol{H}_2) = \boldsymbol{J}_s \quad 或 \quad H_{1t} - H_{2t} = J_s$$

$$\boldsymbol{n}\cdot(\boldsymbol{B}_1-\boldsymbol{B}_2)=0 \quad 或 \quad B_{1n}=B_{2n} \tag{7.3.6}$$

当分界面上没有面电流时，由 $B_{1n}=B_{2n}, H_{1t}=H_{2t}$ 可导出恒定磁场中的折射定律（如图 7.10）为

$$\frac{\text{tg}\theta_1}{\text{tg}\theta_2}=\frac{\mu_1}{\mu_2} \tag{7.3.7}$$

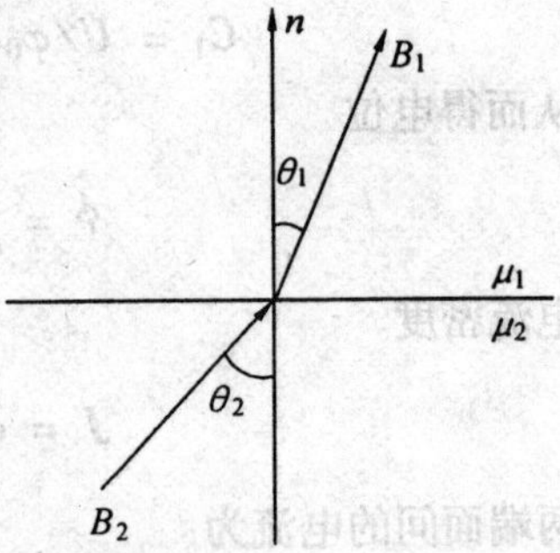

图 7.10

【例 7.8】 无限长同轴线的内导体半径为 a，外导体内半径为 b，外半径为 c。导体的磁导率为 μ_o，内、外导体间充满磁导率为 μ 的均匀磁介质，如图 7.11 所示。设内外导体中分别流过大小都导于 I 但方向相反的电流，求各区域中的 $\boldsymbol{H}$ 和 $\boldsymbol{B}$。

解： 由于同轴线为无限长，则磁场沿轴线方向无变化，且具有轴对称性。采用柱坐标系，设轴线与 z 轴重合，$+z$ 方向与内导体电流方向一致，以 z 轴为中心作一半径为 r 的圆回路 C_2，$\oint_c \boldsymbol{H}\cdot \mathrm{d}\boldsymbol{l}=2\pi r H_\varphi$，根据安培环路定律有

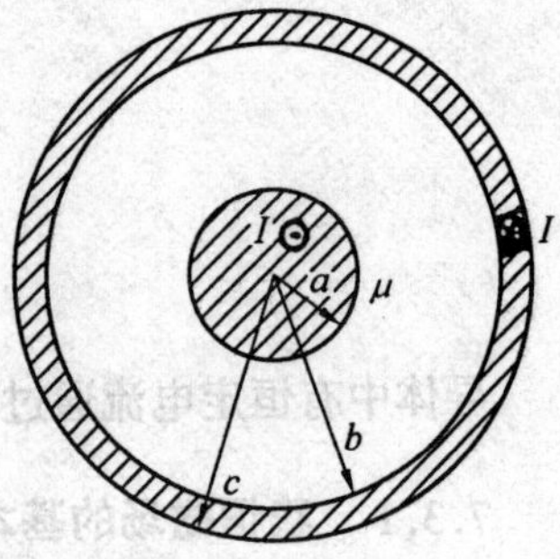

图 7.11

对 $r\leqslant a$，$H\cdot 2\pi r=\dfrac{\pi r^2}{\pi a^2}I$

$$\boldsymbol{H}=\boldsymbol{a}_\varphi\frac{Ir}{2\pi a^2}$$

$$\boldsymbol{B}=\boldsymbol{a}_\varphi\frac{\mu_o Ir}{2\pi a^2}$$

对 $a<r\leqslant b$，$H\cdot 2\pi r=I$

$$\boldsymbol{H}=\boldsymbol{a}_\varphi\frac{I}{2\pi r}$$

$$\boldsymbol{B}=\mu\boldsymbol{H}=\boldsymbol{a}_\varphi\frac{\mu I}{2\pi r}$$

对 $b<r\leqslant C$，有

$$H\cdot 2\pi r=I-\frac{\pi(r^2-b^2)}{\pi(c^2-b^2)}I=\frac{c^2-r^2}{c^2-b^2}I$$

$$\boldsymbol{H}=\boldsymbol{a}_\varphi\frac{(c^2-r^2)I}{2\pi(c^2-b^2)r}$$

$$\boldsymbol{B}=\boldsymbol{a}_\varphi\frac{\mu_o(c^2-r^2)I}{2\pi(c^2-b^2)r}$$

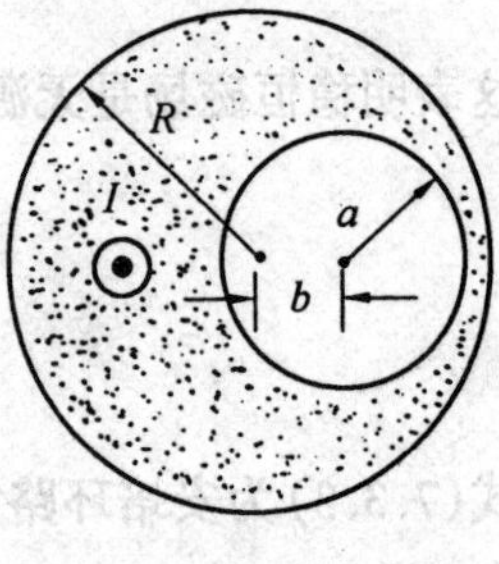

图 7.12

对 $r>C$ 的区域，环路所围电流为 0，故

$$\boldsymbol{H}=0$$

$$\boldsymbol{B}=0$$

【例 7.9】 在通有电流 I、半径为 R 的无限长圆柱导体内，有一半径为 a 的不同轴圆柱形空腔，两轴线间的距离为 b，如图 7.12 所示。求空腔中的磁感应强度。

解： 设想空腔中同时存在电流密度大小相等而方向相反的两种电流分布，并利用迭加原理，将此非轴对称磁场表示为两个轴对称磁场分布的迭加，如图 7.13。

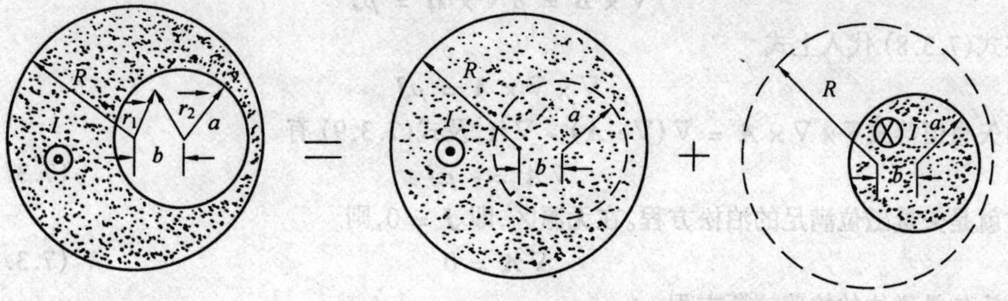

图 7.13

当半径为 R 的圆柱中充满均匀分布的电流 $J_o\boldsymbol{a}_z$ 时，利用安培环路定律，可求出柱内任一点的磁感应强度。

$$\boldsymbol{B}_1=\frac{\mu_o}{2\pi r_1}(\pi r_1^2J_o)\boldsymbol{a}_z\times\boldsymbol{a}_{r1}=\frac{\mu_oJ_o}{2}\boldsymbol{a}_z\times\boldsymbol{r}_1$$

同样，空腔中充满均匀分布的电流 $-J_o\boldsymbol{a}_z$ 时，在腔内任一点处的磁感应强度为

$$\boldsymbol{B}_2=\frac{\mu_o}{2\pi r_2}(-\pi r_2^2J_o)\boldsymbol{a}_z\times\boldsymbol{a}_{r_2}=-\frac{\mu_oJ_o}{2}\boldsymbol{a}_z\times\boldsymbol{r}_2$$

故空腔中任一点的磁感应强度为

$$\boldsymbol{B}=\boldsymbol{B}_1+\boldsymbol{B}_2=\frac{\mu_oJ_o}{2}\boldsymbol{a}_z\times(\boldsymbol{r}_1-\boldsymbol{r}_2)$$

$$=\frac{\mu_oJ_o}{2}\boldsymbol{a}_z\times b\boldsymbol{a}_x=\boldsymbol{a}_y\frac{\mu_oJ_ob}{2}$$

由于

$$J_o=\frac{I}{\pi(R^2-a^2)}$$

得

$$\boldsymbol{B}=\boldsymbol{a}_y\frac{\mu_obI}{2\pi(R^2-a^2)}$$

7.3.2 稳恒磁场的矢量磁位及其微分方程

由矢量分析知，一个矢量函数的旋度再取散度恒等于零。根据式(7.3.2)，可令

$$\boldsymbol{B}=\nabla\times\boldsymbol{A}\tag{7.3.8}$$

式中 $\boldsymbol{A}$ 称为矢量磁位。

由式(7.3.8)确定的 $\boldsymbol{A}$ 不是唯一的。因为如果 $\nabla\times\boldsymbol{A}=\boldsymbol{B}$，若令 $\boldsymbol{A}+\nabla\Psi$，$\Psi$ 为任意连续可微的标量函数，有

$$\nabla\times\boldsymbol{A}'=\nabla\times\boldsymbol{A}+\nabla\times(\nabla\Psi)=\nabla\times\boldsymbol{A}=\boldsymbol{B}$$

即 $\boldsymbol{A}'$ 和 $\boldsymbol{A}$ 的旋度都等于 $\boldsymbol{B}$。但是 $\boldsymbol{A}'$ 和 $\boldsymbol{A}$ 的散度却是不同的，即

$$\nabla\cdot\boldsymbol{A}'=\nabla\cdot\boldsymbol{A}'+\nabla\cdot\nabla\Psi=\nabla\cdot\boldsymbol{A}+\nabla^2\psi$$

为使 $\boldsymbol{A}$ 为一确定值，需规定 $\boldsymbol{A}$ 的散度，于是有库仑规范

$$\nabla \cdot \boldsymbol{A} = 0 \tag{7.3.9}$$

由式(7.3.1)和式(7.3.5)得

$$\nabla \times \boldsymbol{B} = \mu \nabla \times \boldsymbol{H} = \mu \boldsymbol{J}$$

将式(7.3.8)代入上式

$$\nabla \times \nabla \times \boldsymbol{A} = \mu \boldsymbol{J}$$

由矢量恒等式$\nabla \times \nabla \times \boldsymbol{A} = \nabla(\nabla \cdot \boldsymbol{A}) - \nabla^2 \boldsymbol{A}$,及式(7.3.9)有

$$\nabla^2 \boldsymbol{A} = -\mu \boldsymbol{J} \tag{7.3.10}$$

这就是矢量磁位满足的泊松方程。在无源区,即 $\boldsymbol{J} = 0$,则

$$\nabla^2 \boldsymbol{A} = 0 \tag{7.3.11}$$

称为矢量磁位的拉普拉斯方程。

在直角坐标系中,由于$\nabla^2 \boldsymbol{A} = \boldsymbol{a}_x \nabla^2 A_x + \boldsymbol{a}_y \nabla^2 A_y + \boldsymbol{a}_z \nabla^2 A_z$,所以式(7.3.10)可写成三个标量方程

$$\nabla^2 A_x = -\mu J_x \tag{7.3.12a}$$

$$\nabla^2 A_y = -\mu J_y \tag{7.3.12b}$$

$$\nabla^2 A_z = -\mu J_z \tag{7.3.12c}$$

它们与静电位 ϕ 所满足的泊松方程具有相同的形式。由此可知,在均匀无限媒质中,式(7.3.12)的积分解为

$$\begin{cases} A_x = \dfrac{\mu}{4\pi}\displaystyle\int_V \dfrac{J_x}{|\boldsymbol{r} - \boldsymbol{r}'|}\mathrm{d}V' \\ A_y = \dfrac{\mu}{4\pi}\displaystyle\int_V \dfrac{J_y}{|\boldsymbol{r} - \boldsymbol{r}'|}\mathrm{d}V' \\ A_z = \dfrac{\mu}{4\pi}\displaystyle\int_V \dfrac{J_z}{|\boldsymbol{r} - \boldsymbol{r}'|}\mathrm{d}V' \end{cases}$$

写成矢量形式为

$$\boldsymbol{A} = \frac{\mu}{4\pi}\int_V \frac{\boldsymbol{J}(\boldsymbol{r}')}{|\boldsymbol{r} - \boldsymbol{r}|}\mathrm{d}V' \tag{7.3.13a}$$

对于面电流和线电流有

$$\boldsymbol{A} = \frac{\mu}{4\pi}\int_S \frac{\boldsymbol{J}_s(\boldsymbol{r}')}{|\boldsymbol{r} - \boldsymbol{r}'|}\mathrm{d}s' \tag{7.3.13b}$$

$$\boldsymbol{A} = \frac{\mu}{4\pi}\int_l \frac{I}{|\boldsymbol{r} - \boldsymbol{r}'|}\mathrm{d}l' \tag{7.1.13c}$$

根据式(7.3.13)及式(7.3.8)可求得 $\boldsymbol{B}$。对于体电流、面电流和线电流分布的磁场 $\boldsymbol{B}$,分别为

$$\boldsymbol{B} = \frac{\mu}{4\pi}\int_V \frac{\boldsymbol{J}(\boldsymbol{r}') \times (\boldsymbol{r} - \boldsymbol{r}')}{|\boldsymbol{r} - \boldsymbol{r}'|^3}\mathrm{d}V' \tag{7.3.14a}$$

$$\boldsymbol{B} = \frac{\mu}{4\pi}\int_S \frac{\boldsymbol{J}_s(\boldsymbol{r}') \times (\boldsymbol{r} - \boldsymbol{r}')}{|\boldsymbol{r} - \boldsymbol{r}'|^3}\mathrm{d}S' \tag{7.3.14b}$$

$$\boldsymbol{B} = \frac{\mu}{4\pi}\int_l \frac{I\mathrm{d}\boldsymbol{l}' \times (\boldsymbol{r} - \boldsymbol{r}')}{|\boldsymbol{r} - \boldsymbol{r}'|^3} \tag{7.3.14c}$$

式(7.3.14c)就是毕奥一沙伐尔定律。

在不同媒质的分界面上，矢量磁位满足边界条件

$$A_1 = A_2 \tag{7.3.15}$$

$$n \times \left[\frac{1}{\mu_1}\nabla \times A_1 - \frac{1}{\mu_2}\nabla \times A_2\right] = J_s \tag{7.3.16}$$

引入矢量磁位 A 后，磁通也可由 A 来计算

$$\Psi = \int_s B \cdot ds = \int_s \nabla \times A \cdot ds = \oint_c A \cdot dl \tag{7.3.17}$$

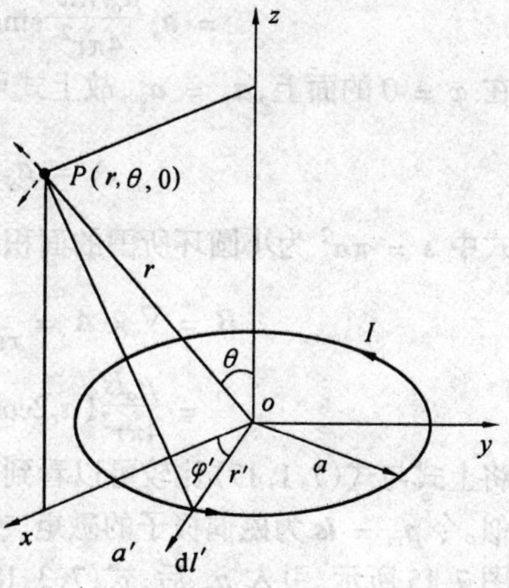

图 7.14

【例 7.10】 试计算磁偶极子在远区的磁场。

解： 磁偶极子是一个半径很小的圆形电流线圈。

采用球坐标系，如图 7.14 所示，设圆环半径为 a，通有电流 I，由于场具有轴对称性，A 与 φ 无关。

只需计算 $\varphi = 0$ 时平面上任一点的场即可。

圆形电流圈上的一个电流元 Idl' 在场点产生的矢量磁位是

$$dA = \frac{\mu_o}{4\pi} \cdot \frac{Idl'}{R}$$

$$r = ra_r = r(a_x \sin\theta + a_z \cos\theta)$$

$$r' = aa_r' = a(a_x \cos\varphi' + a_y \sin\varphi')$$

$$dl' = ad\varphi' a_{\varphi'} = a(-a_x \sin\varphi' + a_y \cos\varphi')d\varphi'$$

于是

$$R = |r - r'| = [(r\sin\theta - a\cos\varphi')^2 + a^2\sin^2\varphi' + r^2\cos^2\theta]^{\frac{1}{2}}$$

$$= [r^2 + a^2 - 2ra\sin\theta\cos\varphi']^{\frac{1}{2}}$$

对远区，$r \gg a$，

$$\frac{1}{R} = \frac{1}{|r - r'|} = \frac{1}{r}\left[1 + \left(\frac{a}{r}\right)^2 - \frac{2a}{r}\sin\theta\cos\varphi'\right]^{-\frac{1}{2}}$$

$$\approx \frac{1}{r}\left[1 - \frac{2a}{r}\sin\theta\cos\varphi'\right]^{-\frac{1}{2}}$$

利用二项式展开，并略去高阶项，得

$$\frac{1}{R} = \frac{1}{|r - r'|} \approx \frac{1}{r}\left(1 + \frac{a}{r}\sin\theta\cos\varphi'\right)$$

于是

$$dA = \frac{\mu_o I}{4\pi} \cdot \frac{1}{r}\left(1 + \frac{a}{r}\sin\theta\cos\varphi'\right) \cdot a(-a_x\sin\varphi' + a_y\cos\varphi')d\varphi'$$

$$A = \frac{\mu_o Ia}{4\pi}\int_0^{2\pi} \frac{1}{r}\left(1 + \frac{a}{r}\sin\theta\cos\varphi'\right)(-a_x\sin\varphi' + a_y\cos\varphi')d\varphi'$$

$$= \boldsymbol{a}_y \frac{\mu_o I \pi a^2}{4\pi r^2}\sin\theta$$

在 $\varphi = 0$ 的面上，$\boldsymbol{a}_y = \boldsymbol{a}_\varphi$，故上式可写为

$$\boldsymbol{A} = \boldsymbol{a}_\varphi \frac{\mu_o I \pi a^2}{4\pi r^2}\sin\theta = \boldsymbol{a}_\varphi \frac{\mu_o I s}{4\pi r^2}\sin\theta \tag{7.3.18}$$

式中 $s = \pi a^2$ 为小圆环所围的面积。于是，可得到小圆环在远区的磁感应强度为

$$\boldsymbol{B} = \nabla \times \boldsymbol{A} = \frac{\boldsymbol{a}_r}{r\sin\theta}\frac{\partial}{\partial\theta}(\sin\theta A_\varphi) - \frac{\boldsymbol{a}_\theta}{r}\frac{\partial}{\partial r}(rA_\varphi)$$

$$= \frac{\mu_o I s}{4\pi r^3}(\boldsymbol{a}_r 2\cos\theta + \boldsymbol{a}_\theta \sin\theta) \tag{7.3.19}$$

将上式与式(7.1.19)比较可以看到磁偶极子远区场的分布与电偶极子的远区场的分布相似。令 $\boldsymbol{p}_m = I\boldsymbol{s}$ 为磁偶极子的磁矩，或磁偶极矩，这里 $\boldsymbol{s}$ 的方向与电流 I 成右手螺旋关系，如图 7.15 所示。引入 $\boldsymbol{p}_m$ 后，式(7.3.18) 和式(7.3.19) 可分别表示为

$$\boldsymbol{A} = \boldsymbol{a}_\varphi \frac{\mu_o \boldsymbol{p}_m}{4\pi r^2}\sin\theta = \frac{\mu_o}{4\pi r^3}\boldsymbol{p}_m \times \boldsymbol{r} \tag{7.3.20}$$

$$\boldsymbol{B} = \frac{\mu_o \boldsymbol{p}_m}{4\pi r^3}(\boldsymbol{a}_r 2\cos\theta + \boldsymbol{a}_\theta \sin\theta) \tag{7.3.21}$$

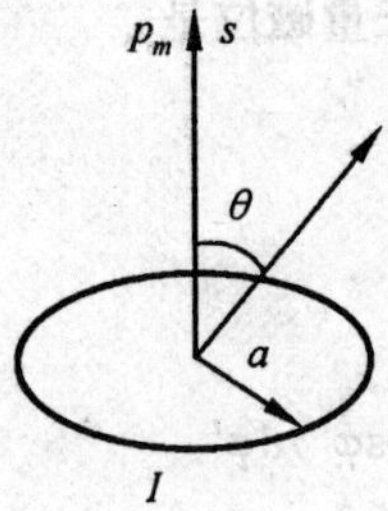

图 7.15

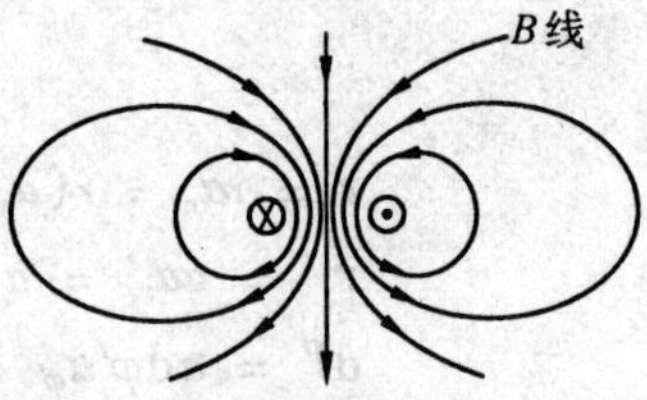

图 7.16

图 7.16 给出了磁偶极子的 $\boldsymbol{B}$ 线分布，是无头无尾的闭曲线。

【例 7.11】 长为 $2L$ 的直导线载有电流 I，求磁场的矢量磁位 $\boldsymbol{A}$，并由此求磁应强度 $\boldsymbol{B}$。

解： 选柱坐标系，令导线沿 z 轴，则电流 I 是沿 z 轴流动的直线，见图(7.1.8)，导线外任一点 P 处的 $\boldsymbol{A} = \boldsymbol{a}_z A_z$

$$A_z = \frac{\mu_o I}{4\pi}\int_{-L}^{L}\frac{\mathrm{d}z'}{[r^2 + (z - z')^2]^{-\frac{1}{2}}}$$

$$= \frac{\mu_o I}{4\pi}\ln\left[(z' - z) + \sqrt{(z' - z)^2 + r^2}\right]\Big|_{-l}^{l}$$

$$= \frac{\mu_o I}{4\pi}\ln\frac{(l - z) + \sqrt{(l - z)^2 + r^2}}{-(l + z) + \sqrt{(l + z)^2 + r^2}}$$

$$\boldsymbol{B} = \nabla \times \boldsymbol{A} = -\boldsymbol{a}_\varphi \frac{\partial A_z}{\partial r} = \boldsymbol{a}_\varphi \frac{\mu_o I}{4\pi r}\left[\frac{l - z}{\sqrt{(l - z)^2 + r^2}} + \frac{l + z}{\sqrt{(l + z)^2 + r^2}}\right]$$

当 $L \gg r$，$L \to +\infty$ 时

$$A \approx a_z \frac{\mu_o I}{4\pi} \ln \frac{\sqrt{l^2 + r^2} + l}{\sqrt{l^2 + r^2} - l} \approx a_z \frac{\mu_o I}{4\pi} \ln \left(\frac{2l}{r} \right)^2 + C$$

在上式中令 $l \to \infty$ 时,将得到一个无穷大的常数,这种情况与静电场中无限长线电荷的电位中相似。解决这一问题的办法是选择 r_0 处(r_0 为一常数)的 $A = 0$,即

令
$$A = a_z \frac{\mu_o I}{4\pi} \ln \left(\frac{r_0}{r} \right) \qquad (7.3.22)$$

$$B = \nabla \times A = -a_\varphi \frac{\partial A_z}{\partial r} = a_\varphi \frac{\mu_o I}{2\pi r} \qquad (7.3.23)$$

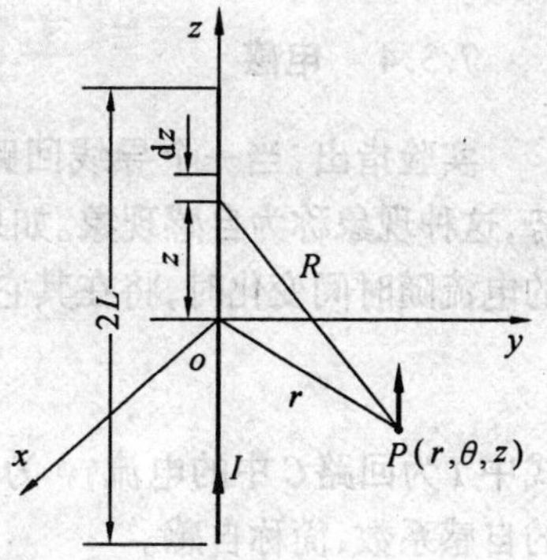

图 7.7

7.3.3 磁场能量

根据电磁能量的一般公式、磁场的能量密度为

$$w_m = \frac{1}{2} B \cdot H \qquad (7.3.24)$$

整个磁场的能量为

$$W_m = \frac{1}{2} \int_V B \cdot H \mathrm{d}V \qquad (7.3.25)$$

在稳恒磁场的情形下,上述磁场能量也可用电流分布 J 和矢量磁位 A 表示。利用式(7.3.1) 及式(7.3.8) 以及矢量恒等式

$$\nabla \cdot (A \times H) = H \cdot \nabla \times A - A \cdot \nabla \times H$$

有

$$\begin{aligned} W_m &= \frac{1}{2} \int_V H \cdot \nabla \times A \mathrm{d}V = \frac{1}{2} \int_V \nabla \cdot (A \times H) \mathrm{d}V + \frac{1}{2} \int_V A \cdot \nabla \times H \mathrm{d}V \\ &= \frac{1}{2} \oint_s (A \times H) \cdot \mathrm{d}s + \frac{1}{2} \int_V A \cdot J \mathrm{d}V \end{aligned}$$

若电流分布在有限区域中,则

$$A \sim \frac{1}{r}, \quad H \sim \frac{1}{r^2}, \quad \mathrm{d}s \sim r^2$$

故 $r \to \infty$ 时,包围整个磁场空间的面积分趋于零。因而

$$W_m = \frac{1}{2} \int_V A \cdot J \mathrm{d}V \qquad (7.3.26)$$

积分只在有电流存在处进行。

对于一个载电流为 I 的回路 C,将 $J\mathrm{d}V = I\mathrm{d}l$ 代入式(7.3.26) 可得

$$W_m = \frac{1}{2} \int_C A \cdot I \mathrm{d}l = \frac{1}{2} I\Phi \qquad (7.3.27)$$

式中 Φ 为穿过回路 C 的磁通。

上述结果可推广到 N 个载流回路的系统,它的总磁场能量为

$$W_m = \frac{1}{2} \sum_{i=1}^{N} I_i \Phi_i$$

式中 I_i 为第 i 个回路的电流,Φ_i 是穿过第 i 个回路的总磁通。

7.3.4 电感

实验指出，当一个导线回路中的电流随时间变化时，在自己回路中要产生感应电动势，这种现象称为自感现象。如果空间有两个或两个以上的导线回路，当其中一个回路中的电流随时间变化时，将在其它的回路中产生感应电动势，称为互感现象。于是定义

$$L = \frac{\phi}{I} \tag{7.3.28}$$

式中 I 为回路 C 中的电流，ϕ 为电流 I 产生的磁场 $\boldsymbol{B}$ 穿过回路 C 的磁通(链)，L 称为回路 C 的自感系数，简称自感。

又有定义

$$M_{12} = \frac{\phi_{12}}{I_1} \qquad M_{21} = \frac{\phi_{21}}{I_2} \tag{7.3.29}$$

式中 I_1、I_2 分别为两个彼此邻近的闭合回路 C_1 和 C_2 中通有的电流，ϕ_{12} 为电流 I_1 产生的磁场与回路 C_2，交链的磁链，ϕ_{21} 为电流 I_2 产生的磁场与回路 C_1 交链的磁链；M_{12} 称为回路 C_1 对回路 C_2 的互感系数，简称为互感，M_{21} 称为回路 C_2 对回路 C_1 的互感，可以证明 $M_{12} = M_{21}$。

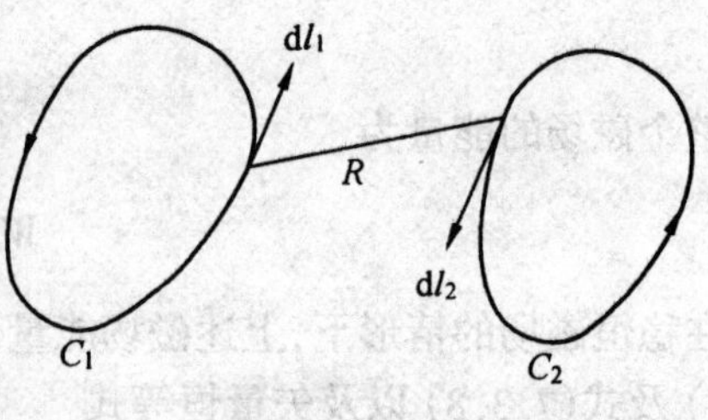

图 7.18

对比较复杂的情况，可通过矢量磁位来计算磁链。图 7.18 表示非铁磁性介质中的两个细导线回路 C_1 和 C_2。C_1 中的电流在 $\mathrm{d}\boldsymbol{l}_2$ 处的矢量磁位为

$$\boldsymbol{A}_1 = \frac{\mu I_1}{4\pi}\oint_{C_1}\frac{\mathrm{d}\boldsymbol{l}_1}{R}$$

由式(7.3.17)可知，与回路 C_2 交链的磁链

$$\begin{aligned}\psi_{12} = \phi_{12} &= \oint_{C_2}\boldsymbol{A}_1\cdot\mathrm{d}\boldsymbol{l}_2\\ &= \frac{\mu I_1}{4\pi}\oint_{C_2}\oint_{C_1}\frac{\mathrm{d}\boldsymbol{l}_1\cdot\mathrm{d}\boldsymbol{l}_2}{R}\end{aligned}$$

故得

$$M_{12} = \frac{\phi_{12}}{I_1} = \frac{\mu}{4\pi}\oint_{C_2}\oint_{C_1}\frac{\mathrm{d}\boldsymbol{l}_1\cdot\mathrm{d}\,\boldsymbol{l}_2}{R} \tag{7.3.30}$$

同理可得

$$M_{21} = \frac{\phi_{21}}{I_2} = \frac{\mu}{4\pi}\oint_{C_1}\oint_{C_2}\frac{\mathrm{d}\boldsymbol{l}_2\cdot\mathrm{d}\boldsymbol{l}_1}{R} \tag{7.3.31}$$

式(7.3.30)和式(7.3.31)称为纽曼公式，同时也证明了 $M_{12} = M_{21}$。

【例 7.12】 设同轴线的内导体半径为 a，外导体厚度忽略不计，其内半径为 b，如图 7.19 所示。内外导体间介质的磁导率为 μ。求长为 l 的同轴线的自感。

解 设电流 I 在内导体流过，通过外导体的相反方向流回来，利用安培环路定律，在

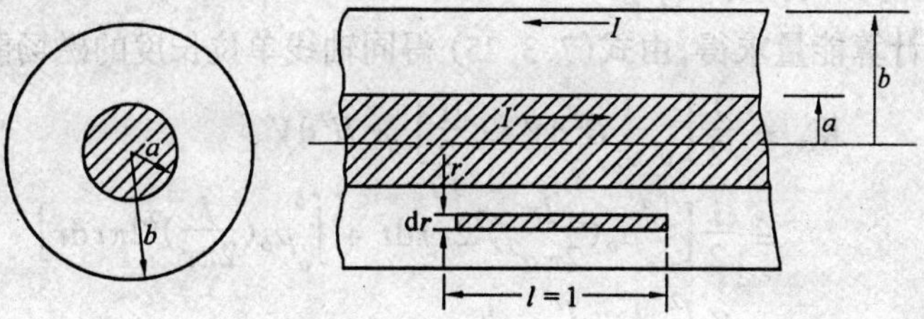

图 7.19

内外导体间的介质中，有

$$\boldsymbol{B}_o = \boldsymbol{a}_\varphi \frac{\mu_o I}{2\pi r} \qquad (a \leqslant r \leqslant b)$$

所以穿过内、外导体之间，轴向为长度为 l 宽为 $\mathrm{d}r$ 的矩形面积元的磁通为

$$\Phi_o = \int_s \boldsymbol{B}_o \cdot \mathrm{d}\boldsymbol{s} = \int_a^b \frac{\mu_o I}{2\pi r} l \mathrm{d}r = \frac{\mu_o I l}{2\pi} \ln \frac{b}{a}$$

于是得到在内、外导体间的磁链所对应的自感为

$$L_o = \frac{\phi_o}{\boldsymbol{I}} = \frac{\mu_o l}{2\pi r} \ln \frac{b}{a} \tag{7.3.32}$$

在内导体内部，有

$$\boldsymbol{B}_i = \boldsymbol{a}_\varphi \frac{\mu_o I}{2\pi a^2} r \qquad (o \leqslant r \leqslant a)$$

则穿过内导体中宽度为 $\mathrm{d}r$，轴向长度为 l 的矩形面积元的 $\mathrm{d}s$ 的磁通为

$$\mathrm{d}\phi_i = \boldsymbol{B}_i \cdot \mathrm{d}\boldsymbol{s} = \frac{\mu_o I l}{2\pi a^2} r \mathrm{d}r$$

由于与 $\mathrm{d}\phi_i$ 这部分磁通交链的电流不是内导体的全部电流 I，而只是流过截面半径为 r 的部分电流 I'，即

$$I' = \frac{\pi r^2}{\pi a^2} I = \frac{r^2}{a^2} I$$

这里的 r^2/a^2 相当于与 $\mathrm{d}\phi_i$ 交链的匝数，于是穿过 $\mathrm{d}s$ 的磁链为

$$\mathrm{d}\phi_i = \frac{r^2}{a^2} \mathrm{d}\phi_i = \frac{r^2}{a^2} \frac{\mu_o I l}{2\pi a^2} r \mathrm{d}r$$

穿过内导体长度为 l 的磁链为

$$\phi_i = \int \mathrm{d}\phi_i = \int_o^a \frac{\mu_o I l}{2\pi a^4} r^3 \mathrm{d}r = \frac{\mu_o I l}{8\pi}$$

与这部分磁链相对应的自感

$$L_i = \frac{\phi_i}{I} = \frac{\mu_o l}{8\pi} \tag{7.3.33}$$

在外导体中也有磁场，因厚度忽略不计，故磁通可认为是零，故长度为 l 的同轴线自感为

$$L = L_o + L_i = \frac{\mu_o l}{8\pi} + \frac{\mu_o l}{2\pi} \ln \frac{b}{a} \tag{7.3.34}$$

L_o 称为内自感，L_i 称为外自感。

此题亦可通过计算能量求得，由式(7.3.25)得同轴线单位长度的磁场能量为

$$W_m = \frac{1}{2}\int_V \frac{1}{\mu_o}B^2 \mathrm{d}V = \frac{1}{2}\int_V \mu_o H^2 \mathrm{d}V$$

$$= \frac{1}{2}\left[\int_o^a \mu_o\left(\frac{Ir}{2\pi a^2}\right)^2 2\pi r \mathrm{d}r + \int_a^b \mu_o\left(\frac{I}{2\pi r}\right)^2 2\pi r \mathrm{d}r\right]$$

$$= \frac{\mu_o I^2}{16\pi} + \frac{\mu_o I^2}{4\pi}\ln\frac{b}{a}$$

由式(7.3.27)及式(7.3.28)得

$$W_m = \frac{1}{2}I\psi = \frac{1}{2}I^2 L$$

故

$$L = \frac{2W_m}{I^2} \qquad (7.3.35)$$

则长度为 l 同轴线自感为

$$L = \frac{2lW_m}{I^2}$$

$$= \frac{\mu_o l}{8\pi} + \frac{\mu_o l}{2\pi}\ln\frac{b}{a}$$

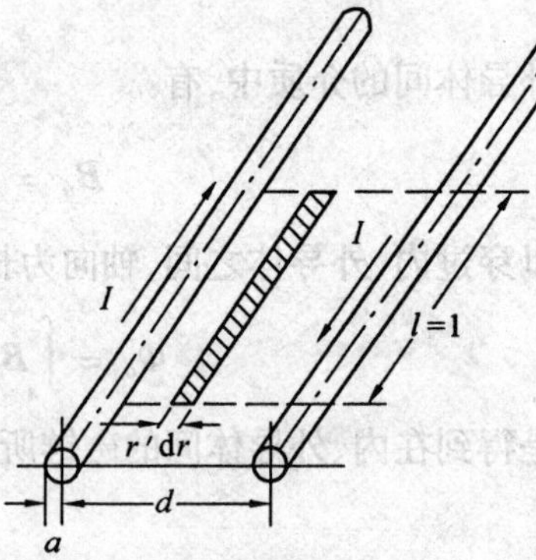

图 7.20

【例 7.13】 双线传输线如图 7.20 所示。两根导线的半径为 a，轴线间距为 d，设 $a \ll d$，求双线传输单位长度的自感。

解： 由上例可知双线单位长度的内自感为

$$L_i = 2 \times \frac{\mu_o}{8\pi} = \frac{\mu_o}{4\pi}$$

根据安培环路定律和迭加原理，可得两导线间任一点的磁感应强度

$$\boldsymbol{B} = \boldsymbol{a}_\varphi \frac{\mu_o I}{2\pi r} + \boldsymbol{a}_\varphi \frac{\mu_o I}{2\pi(d - r)}$$

则穿过两导线之间、轴向长度为单位长的面积的磁通为

$$\psi = \int \boldsymbol{B} \cdot \mathrm{d}\boldsymbol{s} = \int_a^{d-a} \frac{\mu_o I}{2\pi}\left(\frac{1}{r} + \frac{1}{d-r}\right)\mathrm{d}r$$

$$= \frac{\mu_o I}{\pi}\ln\frac{d-a}{a}$$

因此双线传输线单位长度的外自感为

$$L_o = \frac{\psi}{I} = \frac{\mu_o}{\pi}\ln\frac{d-a}{a} \approx \frac{\mu_o}{\pi}\ln\frac{d}{a}$$

因此单位长度的总自感为

$$L_1 = L_i + L_o = \frac{\mu_o}{4\pi} + \frac{\mu_o}{\pi}\ln\frac{d}{a}$$

习 题

7.1 已知内外半径分别为 r_1 和 r_2 的空心介质球壳，介质的介电常数为 ε，球壳内外为空气。若使介质上的匀带体密度为 ρ 的自由电荷，求：

(1) 空间各点的 $\boldsymbol{D}$、$\boldsymbol{E}$、$\boldsymbol{P}$

(2) 束缚电荷的体密度 ρ_p；

(3) 束缚电荷的面密度 ρ_{ps}；。

7.2 半径为 a 的金属球均匀带电 q，被半径为 r_1 和 $r_2(r_2 > r_1)$、介质常数为 ε_1 和 ε_2 的两同心的均匀介质球层包围，其外是空气。求：

(1) 金属球内、两介质中及空气中的 $\boldsymbol{E}, \boldsymbol{P}$；

(2) 各个分界面上的 ρ_{ps}；

(3) 两介质中的 ρ_{P_1}、ρ_{P_2}；

(4) 总的束缚电荷。

7.3 如图所示，已知 $\varepsilon_1 = \varepsilon_0, \varepsilon_2 = \sqrt{3}\varepsilon_0, E_1 = 100\text{V/m}$。求当 $\theta_2 = \dfrac{\pi}{4}$ 时的 θ_1。

7.4 如图所示，$\varepsilon_1 = 4\varepsilon_0, \varepsilon_2 = 2\varepsilon_o, \theta_1 = \pi/4, E_1 = 100\text{V/m}$。

并且在界面上均匀分布着自由电荷，其面密度 $\rho_s = 1.53 \times 10^{-9}\text{C/m}^2$，求 $\theta_2 = ?$

7.5 如图所示，两块无限大导体平板中介质的介电常数为 ε，介质中电荷分布为 $\rho(x) = Ax$。已知 $x = 0, \phi = 0; x = \text{d}, \phi = U_0$，求介质中的电位和电场分布。

7.6 如图所示，无限长同轴线内导体电位为 U_0，外导体接地，求两导体间的电位分布。

提示：分别在 ε_1 和 ε_2 区域直接积分，当 $r = r_2$ 时，$\phi_1 = \phi_2, \varepsilon_1 \dfrac{\partial \phi_1}{\partial r}\Big|_{r=r_2} = \varepsilon_2 \dfrac{\partial \phi_2}{\partial r}\Big|_{r=r_2}$

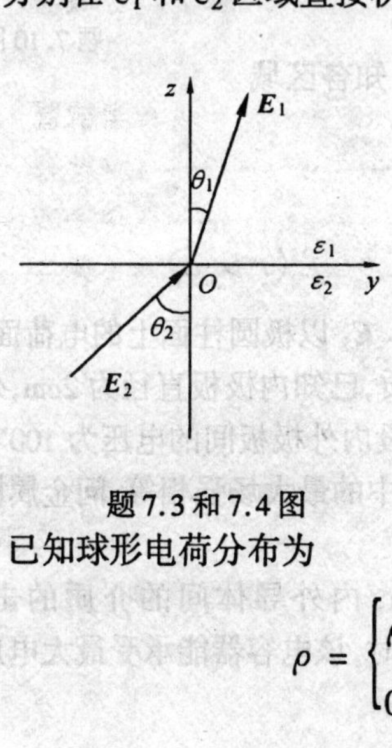

题7.3和7.4图

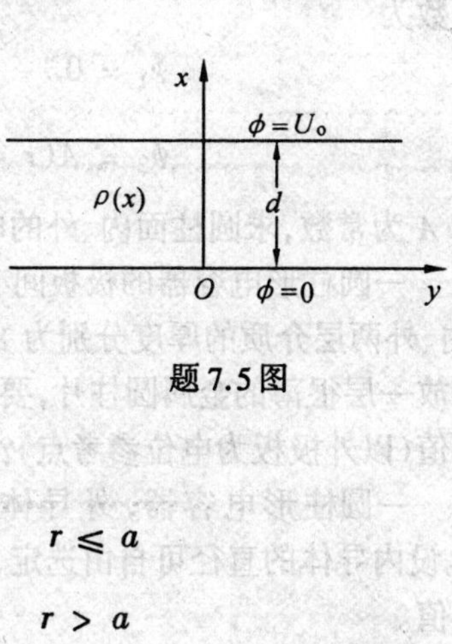

题7.5图

7.7 已知球形电荷分布为

$$\rho = \begin{cases} \rho_o\left(1 - \dfrac{r^2}{a^2}\right) & r \leqslant a \\ 0 & r > a \end{cases}$$

求:(1) 总电荷;(2) 球内外的 $\boldsymbol{E}$ 和 ϕ。

7.8 一均匀带电的无限大介质平板,板厚为 d,介电常数为 ε,电荷体密度 ρ 为常数,平板两边为空气。利用泊松方程求解各区域的电位和电场强度的分布。

提示:电位函数 ϕ 只与 x 有关,选取 $x=0$ 的平面为电位参考面。

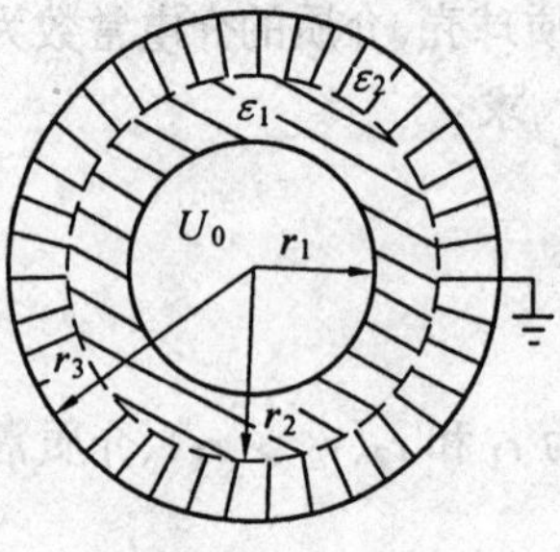

题 7.6 图

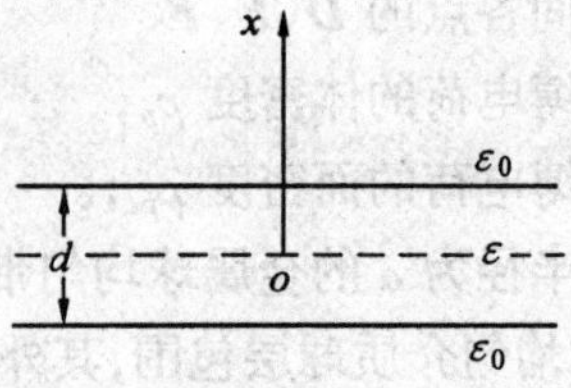

题 7.8 图

7.9 在一边长为 b 的立方体每个顶点放一个点电荷 $-q$,立方体的正中心放一个点电荷 $+2q$,求此带电体系的相互作用能。

7.10 电介质透镜可以用来使电场平直化。如图所示的透镜的左表面为圆柱面。右表面为平面。若在区域 1 中点 $P(r_0,45°,z)$ 处 $\boldsymbol{E}_1=\boldsymbol{a}_r5-\boldsymbol{a}_r3$,为了使区域 3 中的 E_3 平行于 x 轴,透镜的介电常数必须是多少?

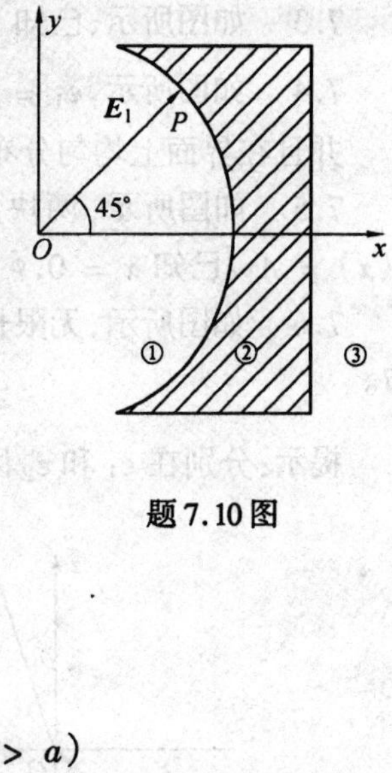

题 7.10 图

7.11 在两种介电常数分别为 ε_1 和 ε_2 的电介质的分界面上,有密度为 ρ_s 的面电荷,界面处两种电介质中的电场为 $\boldsymbol{E}_1$ 和 $\boldsymbol{E}_2$。证明 $\boldsymbol{E}_1$、$\boldsymbol{E}_2$ 与界面法线 $\boldsymbol{n}$(自介质 1 指向介质 2)间的夹角 θ_1、θ_2 间有如下关系:

$$\mathrm{tg}\theta_2=\frac{\varepsilon_2\mathrm{tg}\theta_1}{\varepsilon_1[1+(\rho_s/\varepsilon_1E_1\cos\theta_1)]}$$

7.12 在电场中有一个半径为 a 的圆柱体,已知各区域的电位函数为

$$\phi_1=0 \qquad (r\leqslant a)$$

$$\phi_2=A\left(r-\frac{a^2}{r}\right)\cos\varphi \qquad (r>a)$$

式中 A 为常数,求圆柱面内、外的电场强度 $\boldsymbol{E}_1$、$\boldsymbol{E}_2$ 以极圆柱面上的电荷面密度。

7.13 一圆柱形电容器的极板间有两层电介质,已知内极板直径为 2cm,外极板直径为 8cm;内、外两层介质的厚度分别为 1cm 和 2cm。设内外极板间的电压为 100V,今在两层介质之间放一层很薄的金属圆柱片,要使每种介质中的最大场强相等,问金属圆柱片的电位应为何值(以外极板为电位参考点)?

7.14 一圆柱形电容器,外导体直径为 4cm,内外导体间的介质的击穿强度为 200kV/m。设内导体的直径可自由选定,问 r 为何值时,该电容器能承受最大电压并求此最大的最压值。

7.15　圆柱形电容器有两层同轴介质,内极板的半径为 1cm,两层介质的相对介电常数为 $\varepsilon_{r1}=3,\varepsilon_{r2}=2$。为使两层介质中的最大场强相等并使内、外两层介质所承受的电压相等,问两介质的厚度各为多少?

7.16　内外半径分别为 a 和 b 的同心导体球壳之间,介质的介电常数随离球心的距离 r 变化规律是 $\varepsilon=1+\dfrac{K}{r}$,式中 K 为常数。若以外球壳为电位参考点,且球壳间某点的电位为内导体电位一半时,求该点的 ε 值。

7.17　两个偏心球面之间均匀充满着密度为 ρ_o 的体电荷,如图所示,求小球空腔中的电场分布。

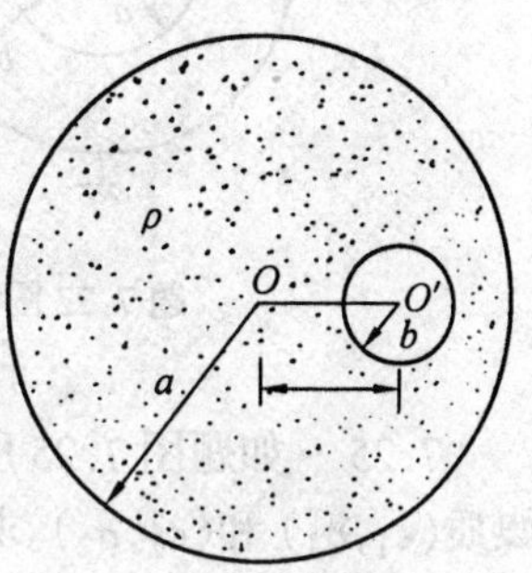

题 7.17 图

7.18　三个同心导体球壳的半径分别为 r_1、r_2、r_3($r<r_2<r_3$),已知球壳 2 上的电荷面密度为 ρ_{s2},内球壳 1 的电位 ϕ_1 等于外球壳 3 上的电位 ϕ_3。试求:

(1) 球壳 2 与内、外球壳之间的电场分布;

(2) 内球壳表面及外球壳内表面的电荷面密度 ρ_{s1}、ρ_{s3}。

7.19　半径为 a、带电荷 q 的导体球有一半浸在介电常数为 ε 的均匀液态电介质中,如图所示。试求:(1) 空气和电介质中的电位和电场分布;(2) 导体表面上的电荷面密度;(3) 总的静电场能量。

7.20　半径为 a 的导体球面上有一层厚度为 d,介电常数 ε 的同心均匀介质球壳。设导体球带电 q。试求:(1) 电位和电场分布;(2) 系统的电容 C。

7.21　两同轴圆柱面之间,在 $0<\theta<\theta_0$ 部分填充介电常数为 ε 的电介质,如图所示,求单位长度的电容。

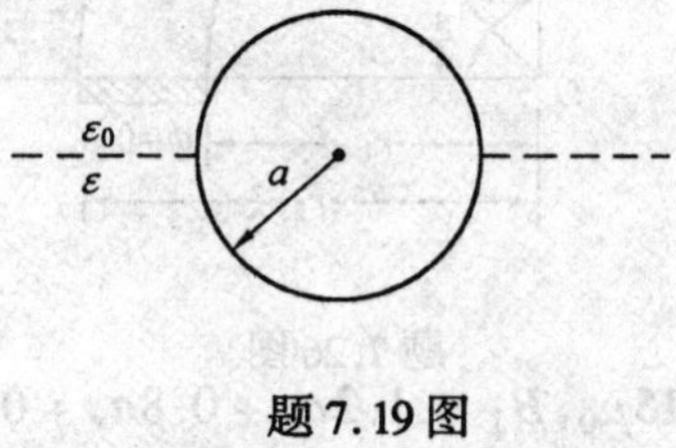

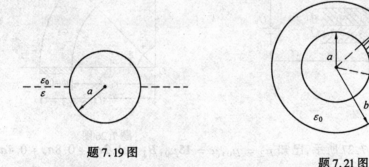

题 7.19 图

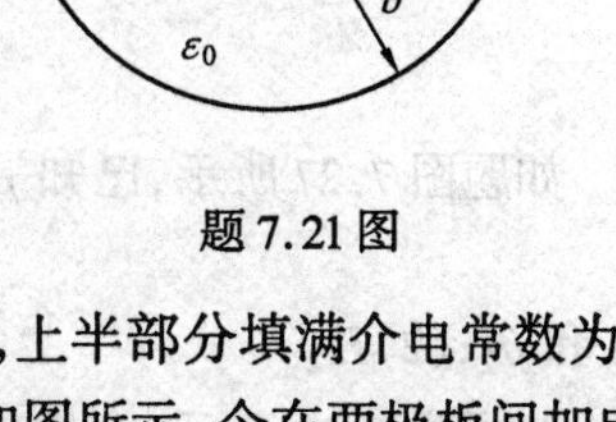

题 7.21 图

7.22　内、外半径分别为 a 和 b 的球形电容器,上半部分填满介电常数为 ε_1 的电介质,下半部分填满介电常数为 ε_2 的另一种电介质。如图所示。今在两极板间加电压 U_0。试求:(1) 电容器的电位和电场分布:

(2) 电容器的电容。

7.23　面积为 S 的平行板电容器中填充有介质,其介电常数作线性变化,从一板极板($y=0$)处的 ε_1 一直变化到另一板极($y=d$)处的 ε_2。若忽略边缘效应,试求其电容量。

7.24　极板面积为 S 的平行板电容器上加电压 U_0,两块极板之间填充两种有损耗的电介质，它们的厚度、介电常数和电导率分别为 d_1、d_2、ε_1、ε_2、σ_1 和 σ_2，如题图 7.24 所示。(1) 求两种媒质中电流和电场分布；(2) 求分界面上的电荷面密度；(3) 两极板之间的电阻。

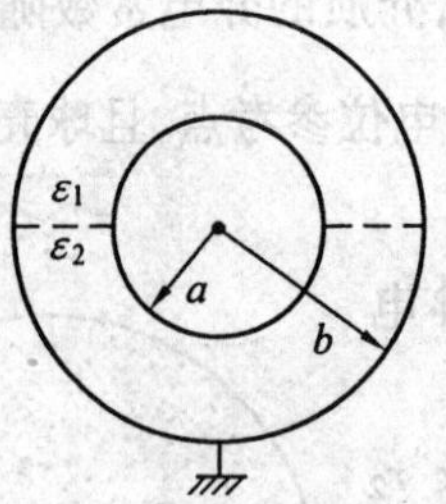

题 7.22 图

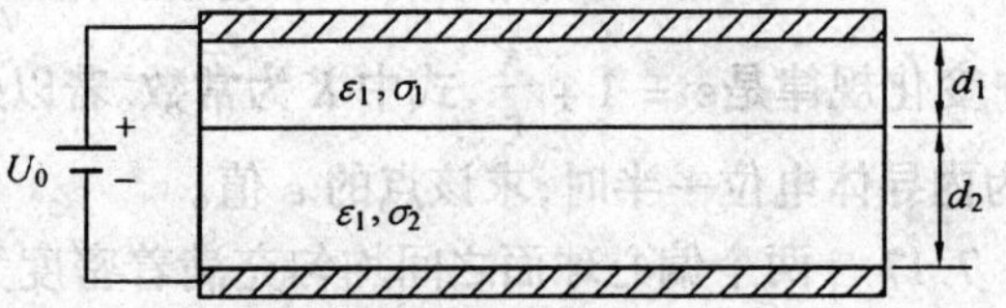

题 7.24 图

7.25　如题图 7.25 所示，在平行电容器两极板间加电压 U_0，两极板间填充两种有耗媒质(ε_1,σ_1) 和(ε_2,σ_2)。求：

(1) 每种媒质中的电场；

(2) 媒质分界面上自由电荷和束缚电荷的面密度。

7.26　如题图 7.26 所示，导电弧片由两块不同电导率的材料构成。已知 $\sigma_1 = 6.5 \times 10^7$S/m，$\sigma_2 = 1.2 \times 10^7$S/m，$r_1 = 20$cm，$r_2 = 30$cm，导电片厚度为 2mm，两极间电压 $U_0 = 20$V，求：(1) 弧片内的电位分布；(2) 总电流及弧片电阻；(3) 两种材料中的电场。

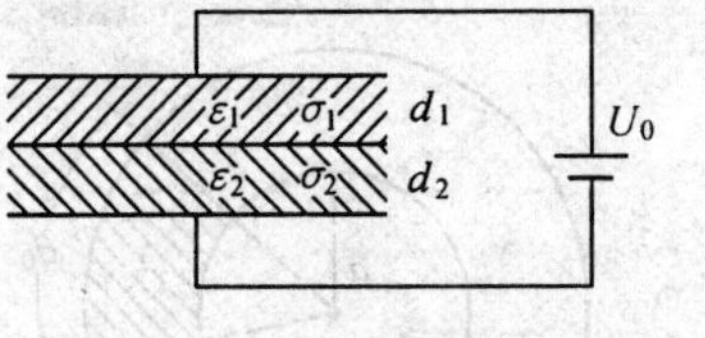

题 7.25 图

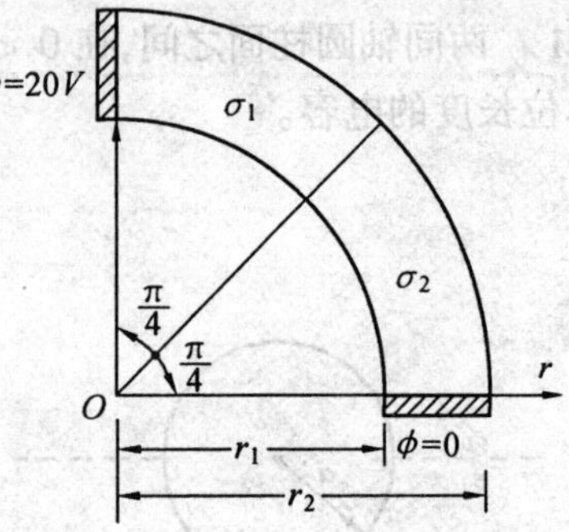

题 7.26 图

7.27　如题图 7.27 所示，已知 $\mu_2 = \mu_0, \mu = 15\mu_0, \boldsymbol{B}_1 = 1.2\boldsymbol{a}_x + 0.8\boldsymbol{a}_y + 0.4\boldsymbol{a}_z(T)$，求：

(1)θ_1 和 θ_2；(2)$\boldsymbol{H}_2$。

7.28　如题图 7.28 所示，在均匀磁场 $\boldsymbol{H}_0$ 中放入一块大而厚的磁介质板，磁导率为 μ，求磁介质板内的 $\boldsymbol{H}$、$\boldsymbol{B}$ 和 $\boldsymbol{M}$。

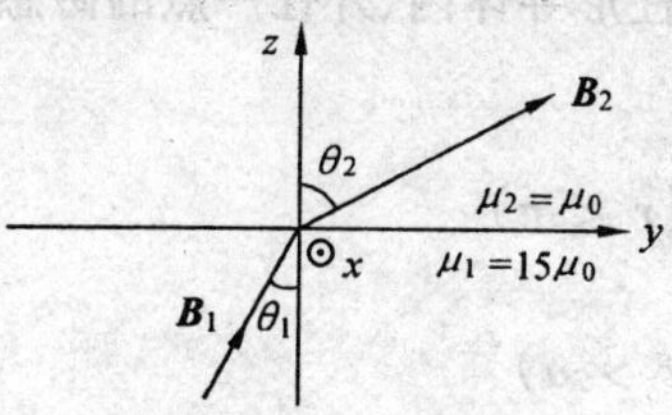

题 7.27 图

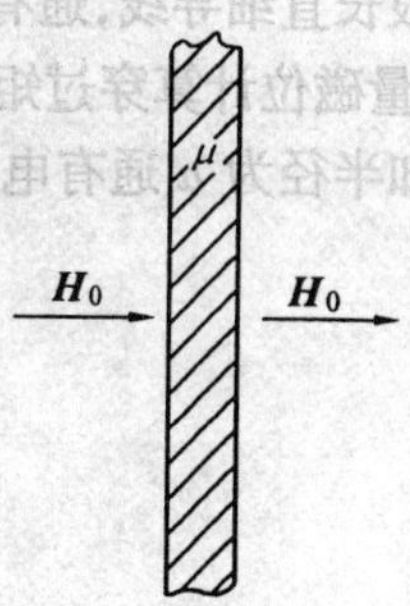

题 7.28 图

7.29　如题图 7.29 所示，平行双线半径为 a，间距为 d，通电流为 I，求双线之间平面内任一点的矢量磁位 $\boldsymbol{A}$。

7.30　电流密度为 $\boldsymbol{J}=J_0 r\boldsymbol{a}_z$ 分布在半径为 a 无限长直导线中，设导线内外的磁导率分别为 μ_1 和 μ_2，试求导体内外的矢量磁位。

7.31　已知某磁场的矢量磁位为 $\boldsymbol{A}=\dfrac{\pi a^2 I\mu\sin\theta}{4\pi r^2}\boldsymbol{a}_\varphi$

求 B_r、B_θ 和 B_φ。

7.32　求半径为 a，长为 l 的直导线的自感。

7.33　两线圈顺接后总自感为 $1.00H$，若它们的位置和形状不变，反接时的总自感为 $0.40H$，求它们之间互感。

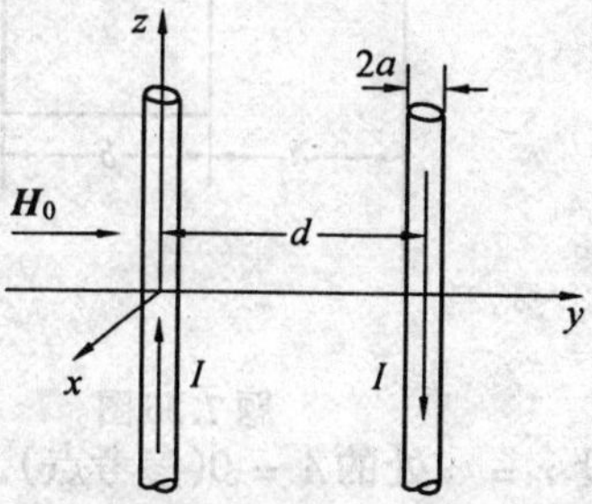

题 7.29 图

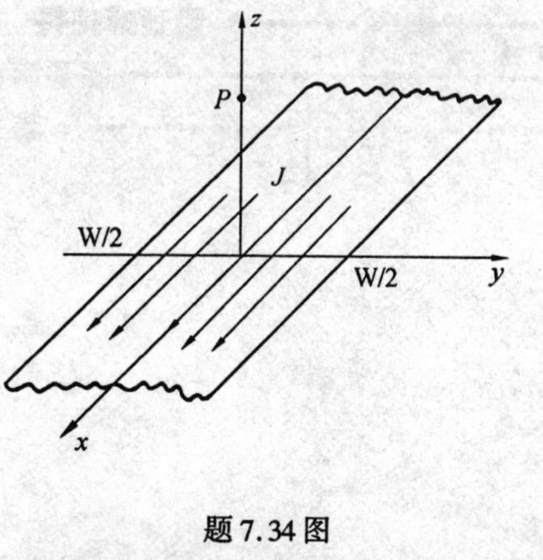

题 7.34 图

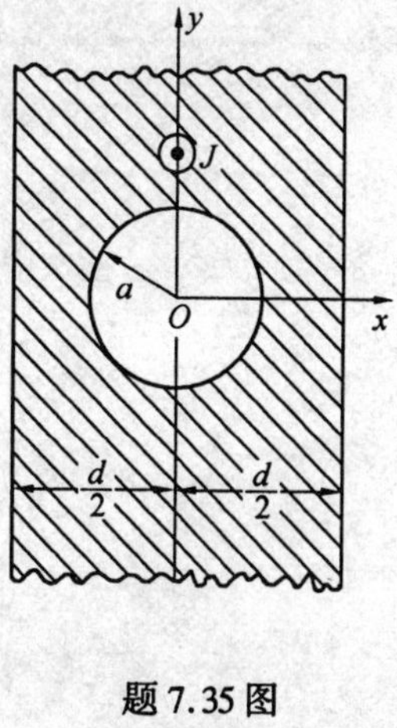

题 7.35 图

7.34　已知宽度为 W 的均匀带状电流的面密度 $\boldsymbol{J}_s=\boldsymbol{a}_z J_{so}$。位于 $z=0$ 平面内，如题图 7.34 所示。

试求点 $P(0,0,d)$ 处的磁感应强度。

7.35　真空中有一厚度为 d 的无限大载流块，电流密度为 $\boldsymbol{a}_z J_0$，在其中心位置有一半径为 a 的圆柱形空腔，如题图 7.35 所示。求腔中的磁感应强度。

7.36　一根长直细导线，通有电流 I。旁边有一个与之共面的矩形回路，如题图 7.36 所示。试利用矢量磁位计算穿过矩形回路的磁通。

7.37　已知半径为 a 通有电流 I 的无限长圆柱形导体内、外任一点的磁感应强度的表示式分别为

$$\boldsymbol{B} = \boldsymbol{a}_{\varphi} \frac{\mu_o I r}{2\pi a^2} (r \leqslant a)$$

$$\boldsymbol{B} = \boldsymbol{a}_{\varphi} \frac{\mu_o I}{2\pi r} (r > a)$$

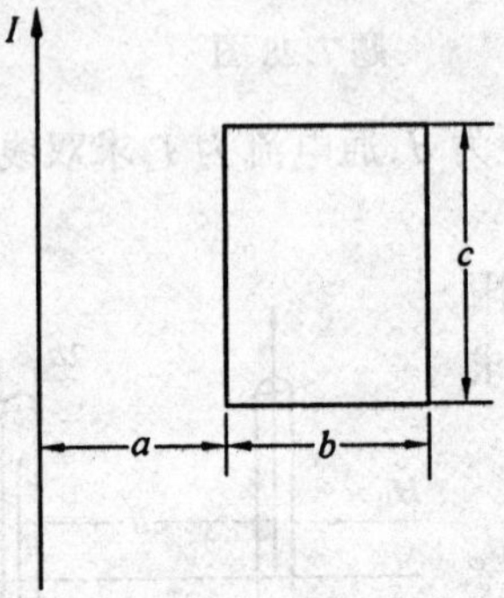

题 7.36 图

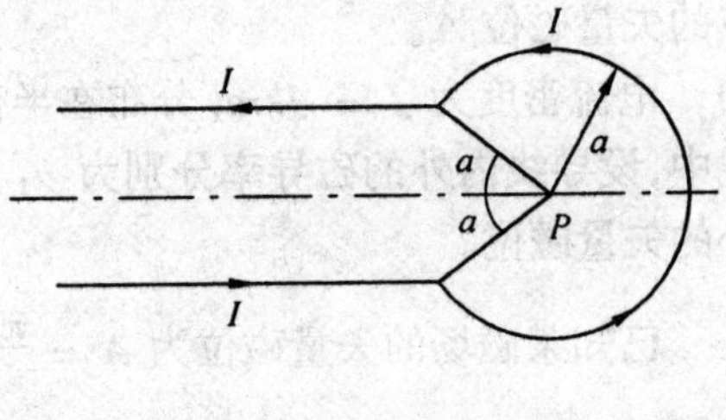

题 7.39 图

设 $r = a$ 处的 $A = 0$（参考点），试利用 $\boldsymbol{B} = \nabla \times \boldsymbol{A}$ 求圆柱内、外任一点的矢量磁位表示式。

7.38　半径为 a 的均匀带电圆盘的电荷面密度为 ρ_s，若圆盘绕其轴线以角速度 ω 旋转，试求轴线上任一点磁感应强度。

7.39　求如题图 7.39 所示的线电流 I 在点 P 所产生的磁感应强度。

第八章　稳恒场的解法

稳恒场是静电场、恒定电场和恒定磁场的统称，因不随时间变化，属于静态场。稳恒场的解法可分为解析法与数值法两大类。解析法求得的结果是一个数学表达式，本章介绍的镜像法和分离变量法是较为常用的两种解析法。数值法通常是借助计算机通过数值计算得到的一组数值解。计算机的广泛应用，为数值法提供了广阔的发展空间，使一些较为复杂的问题得以求解。本章介绍的数值法是有限差分法及目前应用最为广泛的有限元法。

8.1　边值问题

静态场的问题一般可分为两种类型：分布型问题及边值问题。已知电荷或电流的分布，利用库仑定律、安培定律及迭加原理直接算出空间中各点的场强或位分布，这一过程被称为分布型问题的正向问题。反之，已知场的分布（如 $\boldsymbol{E}$ 或 ϕ），计算电荷或电流密度被称为分布型问题的反向问题。分布型问题在前面章节已有阐述，本章要讨论的是边值问题。

当场域中存在两种以上媒质时，不同媒质之间形成分界面，我们已经知道，在均匀媒质中，位函数都满足泊松方程或拉普拉斯方程。若已知媒质分界面上的位值（或函数）或位函数在分界面上的法向导数，我们可以求得在给定边界条件下，满足泊松方程或拉普拉斯方程的解。这类问题即是边值问题。

根据场域的边界面上所给定的边界条件的不同，边值问题可分为三类：

第一类边值问题是给定求解区域整个边界上的数值，又称为狄里赫利边值问题；

第二类边值问题是给定包围求解区域的整个边界上位函数的法向导数，也称为诺以曼边值问题；

第三类边值问题是在包围求解区域的边界面上，有的给定了位值，有的给定了位函数的法向导数，这类问题又叫做混合边值问题。

本章讨论的边值问题的诸种解法，通常是以静电场为例，讨论标量电位边值问题的解。这是因为静电场问题最为典型，而恒定电场及恒定磁场的解可以利用与静电场类比的方法获得，因为标量电位及矢量磁位的各分量均满足形式相同的泊松（或拉普拉斯）方程。

【例8.1】　半径为 a 的无限长圆柱介质内，均匀分布着密度为 ρ_0 的电荷，介质的介电常数 $\varepsilon = \varepsilon_0\varepsilon_r$，求介质内外的电位 ϕ 电场强度 $\boldsymbol{E}$。

解　取介质圆柱的中心轴为 z 轴，建立柱坐标系，由电荷分布轴对称可知标量电位 ϕ 只与 r 有关，与 φ、z 无关。在圆柱内部，$r \leqslant a$，电位 ϕ_1 满足泊松方程。有

$$\frac{1}{r}\frac{\mathrm{d}}{\mathrm{d}r}\left(r\frac{\mathrm{d}\phi_1}{\mathrm{d}r}\right) = -\frac{\rho_o}{\varepsilon}$$

通解为

$$\phi_1 = -\frac{\rho_o}{4\varepsilon}r^2 + C_1\ln r + C_2$$

因 $r = 0$ 时,ϕ_1 应为有限值,故 $C_1 = 0$;又若选取 $r = 0$ 处为 ϕ 的参考点,即 $r = 0$ 时,$\phi_1 = 0$,则 $C_2 = 0$,于是得到

$$\phi_1 = -\frac{1}{4\varepsilon}\rho_o r^2 \quad (r \leqslant a) \tag{8.1.1}$$

在圆柱外部,$r > a$,电荷密度为零,故 ϕ_2 满足拉普拉斯方程,即

$$\frac{1}{r}\frac{\mathrm{d}}{\mathrm{d}r}\left(r\frac{\mathrm{d}\phi_2}{\mathrm{d}r}\right) = 0$$

通解为:

$$\phi_2 = D_1\ln r + D_2$$

在 $r = a$ 处,满足边界条件:

$$\phi_1 = \phi_2 \qquad \varepsilon\frac{\partial\phi_1}{\partial n} = \varepsilon_o\frac{\partial\phi_2}{\partial n}$$

于是有

$$\begin{cases} -\dfrac{1}{4\varepsilon}\rho_o a^2 = D_1\ln a + D_2 \\ \varepsilon\left(-\dfrac{\rho_o}{2\varepsilon}\right)a = \dfrac{D_1}{a}\varepsilon_o \end{cases}$$

解得

$$D_1 = -\frac{\rho_o a^2}{2\varepsilon_o}$$

$$D_2 = \frac{\rho_o a^2}{2\varepsilon_o}\left(\ln a - \frac{1}{2\varepsilon_1}\right)$$

故得

$$\phi_2 = -\frac{\rho_o}{2\varepsilon_o}a^2\left[\ln r + \frac{1}{2\varepsilon_r} - \ln a\right] \qquad (r \geqslant a) \tag{8.1.2}$$

由柱坐标下的梯度公式,可得介质内、外的电场

$$\boldsymbol{E}_1 = -\nabla\phi_1 = \boldsymbol{a}_r\frac{\rho_o r}{2\varepsilon} \qquad (r \leqslant a)$$

$$\boldsymbol{E}_2 = -\nabla\phi_2 = \boldsymbol{a}_r\frac{\rho_o a^2}{2\varepsilon_o r} \qquad (r > a)$$

上述结果与应用高斯定理所求出的 $\boldsymbol{E}$ 是相同的。

【例 8.2】 半径为 a 的无限长圆柱导体内,电流沿轴向流动,其横截面上的电流密度为 $\boldsymbol{J} = \boldsymbol{a}_z J_0$,求导体内、外的矢量磁位 $\boldsymbol{A}$ 和磁感应强度 $\boldsymbol{B}$。

解: 由于电流沿 z 方向流动,可知矢量磁位只有 z 分量,即 $\boldsymbol{A} = \boldsymbol{a}_z A_z$,又因电流分布为轴对称,$A_z$ 与 ϕ、z 无关。

在导体内部，$r \leqslant a$，A_z 满足泊松方程

$$\frac{1}{r}\frac{\mathrm{d}}{\mathrm{d}r}\left(r\frac{\mathrm{d}A_{z1}}{\mathrm{d}r}\right) = -\mu_o J_o$$

通解为

$$A_{z1} = -\frac{1}{4}\mu_o J_o r^2 + C_1 \ln r + C_2$$

因 $r = 0$ 时，A_{z1} 应为有限值，则 $C_1 = 0$；又若选取 $r = 0$ 处为 A 的参考点。即 $r = 0$ 时，$A_{z1} = 0$，则 $C_2 = 0$，于是

$$A_{z1} = -\frac{1}{4}\mu_o J_o r^2 \qquad (r \leqslant a)$$

在导体外部，$r > a$，电流密度为零，故 A_z 满足拉普拉斯方程，有

$$\frac{1}{r}\frac{\mathrm{d}}{\mathrm{d}r}\left(r\frac{\mathrm{d}A_{z2}}{\mathrm{d}r}\right) = 0$$

通解为

$$A_{z2} = D_1 \ln r + D_2$$

由边界条件 $\boldsymbol{A}_1 = \boldsymbol{A}_2$，$\boldsymbol{n} \times \left[\frac{1}{\mu_1}\nabla \times \boldsymbol{A}_1 - \frac{1}{\mu_2}\nabla \times \boldsymbol{A}_2\right] = \boldsymbol{J}_s$

可以得到，在 $r = a$ 处，有

$$A_{z1} = A_{z2}$$

$$\frac{\partial A_{z1}}{\partial_r} = \frac{\partial A_{z2}}{\partial_r}$$ 于是可得

$$\begin{cases} -\dfrac{1}{4}\mu_o J_o a^2 = D_1 \ln a + D_2 \\ -\dfrac{\mu_o}{2} J_o a = \dfrac{D_1}{a} \end{cases}$$

解得

$$D_1 = -\frac{\mu_o}{2} J_o a^2 \quad D_2 = \frac{\mu_o}{2} J_o a^2 \left(\ln a - \frac{1}{2}\right)$$

有

$$A_{z2} = -\frac{\mu_o}{2} J_o a^2 \left[\ln r + \frac{1}{2} - \ln a\right] \qquad (r \geqslant a)$$

由柱坐标下的旋度公式，可得到导体内外的磁场

$$\boldsymbol{B}_1 = \nabla \times \boldsymbol{A}_1 = -\boldsymbol{a}_\varphi \frac{\partial A_{z1}}{\partial r} = \boldsymbol{a}_\varphi \frac{\mu_o J_o}{2} r \qquad (r \leqslant a)$$

$$\boldsymbol{B}_2 = \nabla \times \boldsymbol{A}_2 = -\boldsymbol{a}_\varphi \frac{\partial A_{z2}}{\partial r} = \boldsymbol{a}_\varphi \frac{\mu_o J_o a^2}{2r} \qquad (r > a)$$

上述结果与用安培环路定律求出的 $\boldsymbol{B}$ 是相同的。

下面利用恒定磁场与静电场类比的方法再解此题。由电位与磁位满足的方程形式

$$\nabla^2 \phi_1 = -\frac{\rho_o}{\varepsilon} \qquad \nabla^2 A_{z1} = -\mu_o J_o$$

$$\nabla^2\phi_2 = 0 \quad , \quad \nabla^2 A_{z2} = 0$$

做如下类比：

$\rho_o \to J_o, \dfrac{1}{\varepsilon_o} \to \mu_o, \dfrac{1}{\varepsilon_r} \to \mu_r, \phi_1 \to \boldsymbol{A}_{z1}, \phi_2 \to \boldsymbol{A}_{z2}$，将式(8.1.1)和式(8.1.2)中的参数用上述类比对应替代得

$$\boldsymbol{A}_{z1} = -\frac{1}{4}\mu_o J_o r^2 \qquad (r \leqslant a)$$

$$\boldsymbol{A}_{z2} = -\frac{1}{2}\mu_o J_o a^2 \left[\ln r + \frac{1}{2} - \ln a\right] \qquad (r > a)$$

结果与前述方法相同。由此可以看出静电场与恒定磁场参数的之间的类比关系。

8.2 惟一性定理

在位函数的边值问题中，满足给定边界条件的位函数分布是惟一的，这个结论称为边值问题的惟一性定理。下面用反证法证明第一类边值问题解的惟一性。

设体积V内分布有密度为$\rho(\boldsymbol{r})$的电荷，在V的边界面S上，位函数值为ϕ_o；现假设有两个解ϕ_1和ϕ_2都满足泊松方程和给定的边界条件，即在V内，有

$$\nabla^2\phi_1 = -\frac{\rho}{\varepsilon_o} \text{和} \nabla^2\phi_2 = -\frac{\rho}{\varepsilon_o}$$

在边界面S上有

$$\phi_1\Big|_S = \phi_o \quad \text{和} \quad \phi_2\Big|_S = \phi_o$$

两解之差$\phi' = \phi_1 - \phi_2$，则在V内有

$$\nabla^2\phi' = \nabla^2\phi_1 - \nabla^2\phi_2 = 0$$

在边界面S上

$$\phi'\Big|_S = 0$$

利用格林第一公式

$$\int_V (\psi\nabla^2\phi + \nabla\Psi \cdot \nabla\phi)\mathrm{d}V = \oint_s \psi\frac{\partial\phi}{\partial n}\mathrm{d}S$$

取$\psi = \phi = \phi'$，上式变为

$$\int_V (\phi'\nabla^2\phi' + \nabla\phi' \cdot \nabla\phi')\mathrm{d}V = \oint_s \phi'\frac{\partial\phi'}{\partial n}\mathrm{d}S$$

由于$\phi'|_s = 0, \nabla^2\phi' = 0$，故上式变为

$$\int_V |\nabla\phi'|^2\mathrm{d}V = 0$$

因$|\nabla\phi'|^2 \geqslant 0$，故有$\nabla\phi' = 0$，即$\phi' = C$

又因$\phi'|_s = 0$，故$C = 0$，则有

$$\phi' = \phi_1 - \phi_2 = 0$$

即

$$\phi_1 = \phi_2$$

这便证明了解的惟一性。对于第二类和第三类边值问题的解的惟一性可仿照上述方法证明。

惟一性定理是关于边值问题的一个重要定理,为间接求解边值问题提供了理论依据。许多具体的边值问题很难得到严格的数学解。惟一性定理使得在求解这种场时,可以采用灵活的方法,如通过分析甚至猜测提出尝试解,只要此解即能满足泊松方程或拉普拉斯方程,又能满足给定的边界条件,那就一定是该场的解。

8.3 镜像法

镜像法是一种间接求解场解的方法。在保持场域边界面上所给定的边界条件不变的情况下,将导体上的感应电荷或介质界面上的极化电荷等复杂的电荷分布,用求解区域以外的一个或几个假想的点电荷(镜像电荷)来等效。由于未改变求解区域内的电荷分布,因而不影响求解区域位函数所满足的泊松方程。根据惟一性定理可知,由此得到的解答是惟一正确的解。

用镜像法解决问题时,找出满足边界条件的适当镜像电荷(数量、位置及电量)是至关重要的,并且遵循像电荷必须在求解区域外这一原则,如此,原来的边值问题就转化为求解无界均匀介质空间点电荷场的分布型问题了。

8.3.1 对导体平面的镜像

1. 点电荷对接地无限大导体平面的镜像

【例 8.3】 如图 8.1 所示,在真空中距点电荷 q 为 h 处,有一接地的无限大导体平面,求空间的电位和导体平面上的感应电荷面密度的分布。

解: 电荷 q 会在导体表面感应出负电荷,直接计算这些感应电荷产生的场是极为困难的,我们看到,在 $z>0$ 的上半空间内,除点电荷 q 所在点外,电位 ϕ 应满足 $\nabla^2\phi=0$;又由于导体平面接地,因此在 $z=0$ 处,$\phi=0$。

我们先来考查图 8.2 所示的电荷系统:在真空中有一对电量分别为 $+q$、$-q$,相距为 $2h$ 的电荷。两电荷在空间任一点 P 产生的电位为

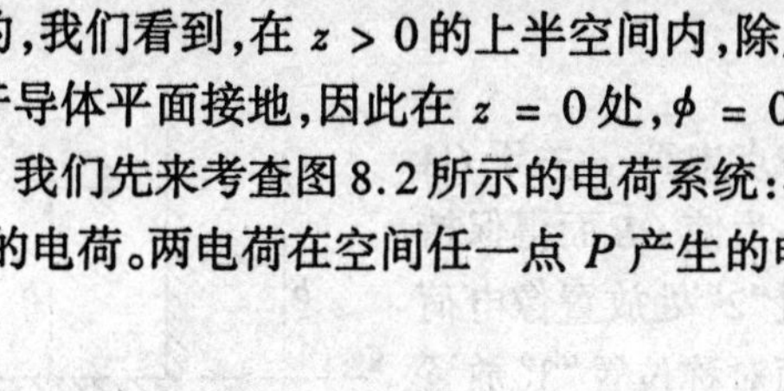

图 8.1

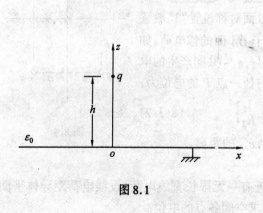

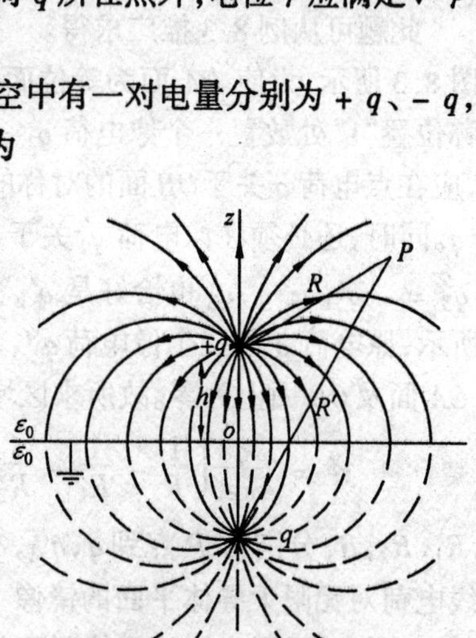

图 8.2

$$\phi(x,y,z)=\frac{q}{4\pi\varepsilon_o}\left[\frac{1}{\sqrt{x^2+y^2+(z-h)^2}}-\frac{1}{\sqrt{x^2+y^2+(z+h)^2}}\right] \tag{8.3.1}$$

显见，除电荷 q 和 $-q$ 所在点外，上式满足 $\nabla^2\phi=0$ 及 $z=0$ 处 $\phi=0$ 的条件。

我们看到，考查的电荷系统与本题中的电荷系统，在 $z>0$ 的上半空间，具有相同的电荷分布，且在 $z=0$ 处，电位 $\phi=0$。根据惟一性定理，式(8.3.1)就是本题 $z>0$ 区域的解，位于 $-h$ 处的电荷 $-q$ 即为等效导体上感应电荷的像电荷。而对于 $z<0$ 区域，没有场存在，故其电位与导体面电位相同，即 $\phi=0$。这从静电屏蔽效应可以看出：无限大的接地导体平面将下半空间与上半空间隔绝，使下半空间不受外界电场的影响，故在 $z<0$ 区域 $\phi=0$。

总结上述，本题的解为

$$\begin{cases}\phi=\dfrac{q}{4\pi\varepsilon_o}\left(\dfrac{1}{\sqrt{x^2+y^2+(z-h)^2}}-\dfrac{1}{\sqrt{x^2+y^2+(z+h)^2}}\right) & z>0\\ \phi=0 & z\leqslant 0\end{cases}$$

导体平面上的感应电荷密度 ρ_s 为

$$\rho_s=\varepsilon_o E_n\big|_{z=0}=-\varepsilon_o\frac{\partial\phi}{\partial z}\Big|_{z=0}=-\frac{qh}{2\pi(x^2+y^2+h^2)^{3/2}}$$

感应电荷

$$\begin{aligned}Q&=\int_s\rho_s\mathrm{d}s\\&=-\frac{qh}{2\pi}\int_{-\infty}^{+\infty}\int_{-\infty}^{+\infty}\frac{\mathrm{d}x\mathrm{d}y}{(x^2+y^2+h^2)^{3/2}}\\&=-q\end{aligned}$$

恰好等于像电荷。

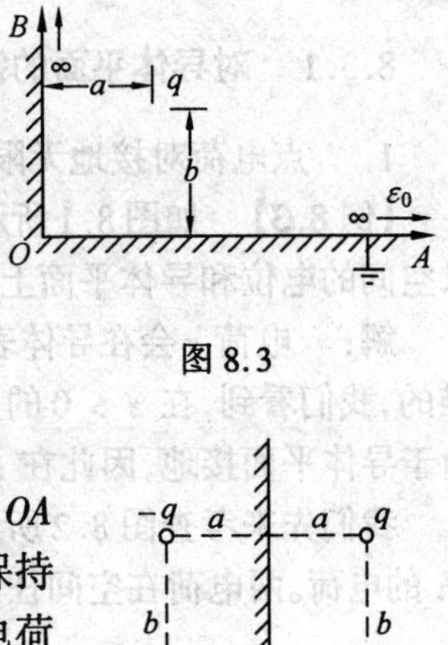

图 8.3

【例 8.4】 如图 8.3 中电荷 q 置于成直角的接地无限大导体平面之间，求空间各点的电位。

解： 此题可从例 8.3 推广求得。

如图 8.3 所示，为使 OA 面为等位面，应在点电荷 q 关于 OA 面的对称位置"1"处放置一个像电荷 $q_1'=-q$；为使 OB 面得保持等位面，应在点电荷 q 关于 OB 面的对称的位置"2"处放置像电荷 $q'_2=-q$。同时，还必须在像电荷 q_1' 关于 OB 面对称位置"3"放置像电荷 $q_3'=-q'_1=q$，q_3' 也恰好是 q'_2 关于 OA 面的像电荷。如图 8.4 所示，原电荷 q 与三个像电荷 q'_1、q'_2、q'_3 共同产生的电位满足 OA 面及 OB 面上为零。故所求区域内任一点 P 的电位为：

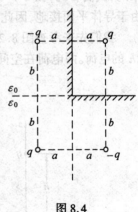

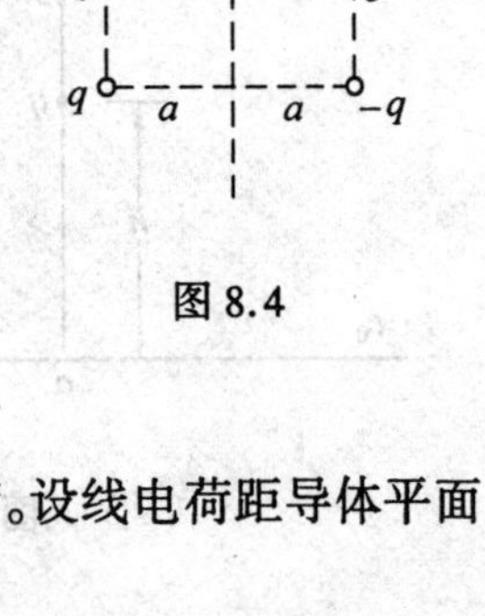

图 8.4

$$\phi=\frac{q}{4\pi\varepsilon_o}\left[\frac{1}{R}-\frac{1}{R_1}-\frac{1}{R_2}+\frac{1}{R_3}\right] \tag{8.3.2}$$

R,R_1,R_2,R_3 分别为 P 点到 q,q'_1,q'_2,q'_3 的距离。

2.线电荷对无限大导体平面的镜像

例 8.5 位于无限大接地导体平面附近有一无限长直线电荷。设线电荷距导体平面为 h，单位长度带电荷为 ρ_l，如图 8.5 所示，求空间各点的电位。

解： 在长直线上取一微长度 dl，那么 $\rho_l dl$ 可以看作点电荷，在其关于导体平面对称的位置上，有一像电荷 $-\rho_l dl$ 与之对应，使导体平面保持零位，如此按迭加原理，线电荷 ρ_l 关于导体平面镜像为一线电荷 $\rho'_l = -\rho_l$，位置为 $z = -h$。

那么在 $z > 0$ 的上半空间中，电位为

$$\phi = \frac{\rho_l}{2\pi\varepsilon_o}\ln\frac{\sqrt{x^2 + (z + h)^2}}{\sqrt{x^2 + (z - h)^2}}$$

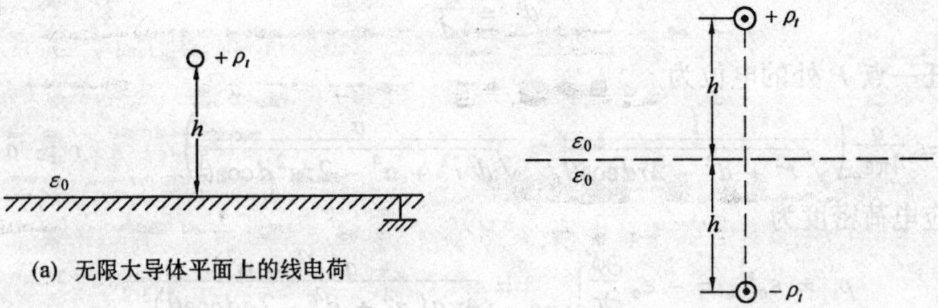

(a) 无限大导体平面上的线电荷

(b) 线电荷对导体平面的镜像

图 8.5

8.3.2 对导体球面的镜像

当一个点电荷位于球形导体附近时，导体球面会出现感应电荷。球外任一点的电位由点电荷与感应电荷共同产生。这类问题也能用镜像法求解。

1. 点电荷对接地导体球面的镜像

【例 8.6】 真空中有一半径为 a 的接地导体球，距球心 $d(d > a)$ 处有一点电荷 $+q$。求空间的电位分布及导体球面上的感应电荷。

解 取球心为原点，由于静电屏蔽，球内区域的电位为零，现求球外区域的电位分布。

如图 8.6 所示，利用镜像法，球面上感应电荷对空间的作用用球内一像电荷 q' 等效。出于对称性考虑，q' 应在球心与 q 的连线上。设 q' 距球心为 d'，则由 q 和 q' 产生的电位为

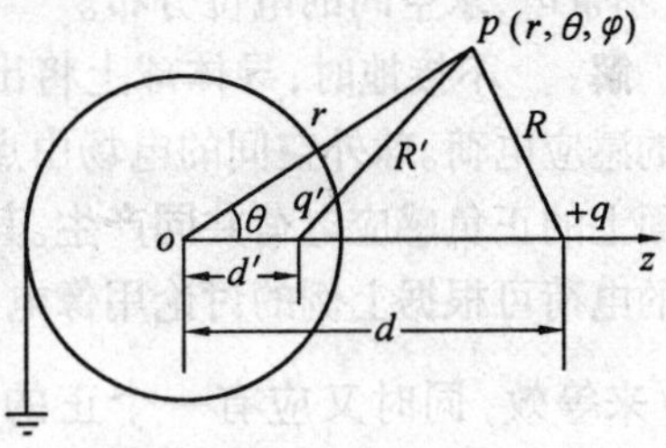

图 8.6

$$\phi = \frac{1}{4\pi\varepsilon_o}\left(\frac{q}{\sqrt{r^2 + d^2 - 2rd\cos\theta}} + \frac{q'}{\sqrt{r^2 + d'^2 - 2rd'\cos\theta}}\right)$$

由导体球接地，在球面 $r = a$ 处有 $\phi = 0$，即

$$\frac{1}{4\pi\varepsilon_o}\left(\frac{q}{\sqrt{a^2 + d^2 - 2ad\cos\theta}} + \frac{q'}{\sqrt{a^2 + d^{12} - 2ad'\cos\theta}}\right) = 0$$

上式对任意 θ 均成立，因此令 $\theta = 0$ 和 $\theta = \pi$，可得到

$$\begin{cases}\dfrac{q}{d-a}+\dfrac{q'}{a-d'}=0\\ \dfrac{q}{d+a}+\dfrac{q'}{a+d'}=0\end{cases}$$

解此方程组得

$$q'=-\frac{a}{d}q \tag{8.3.3}$$

$$d'=\frac{a^2}{d} \tag{8.3.4}$$

于是球外任一点 P 处的电位为

$$\phi=\frac{q}{4\pi\varepsilon_o}\left(\frac{1}{\sqrt{r^2+d^2-2rd\cos\theta}}-\frac{a}{\sqrt{d^2r^2+a^4-2ra^2d\cos\theta}}\right)\qquad r\geqslant a$$

球面上感应电荷密度为

$$\rho_s=\varepsilon_o E_n=-\varepsilon_o\frac{\partial\phi}{\partial r}\bigg|_{r=a}=\frac{-q(d^2-a^2)}{4\pi a(a^2+d^2-2ad\cos\theta)^{3/2}}$$

球面上总的感应电荷为

$$Q_i=-\frac{q(d^2-a^2)}{4\pi a}\int_o^\pi\frac{2\pi a^2\sin\theta\mathrm{d}\theta}{(a^2+d^2-2ad\cos\theta)^{3/2}}$$

$$=-\frac{a}{d}q$$

总的感应电荷等于像电荷的值。

2.点电荷对不接地导体球的镜像

【例 8.7】 在例 8.3 中,若球形导体不接地,不带电,求空间的电位分布。

解: 不接地时,导体球上将出现等量异号的感应电荷。球外空间的电场由点电荷 q 及球面上的正负感应电荷共同产生。其中负的感应的电荷可根据上例的讨论用像电荷 $q'=-\frac{a}{d}q$ 来等效,同时又应有一个正的像电荷 $q''=-q'$ 来中和像电荷 q',以保持球体中性;为保持球面是等位面,像电荷 q'' 应放置在球心位置,如图 8.7,球外任一点 P 的电位为

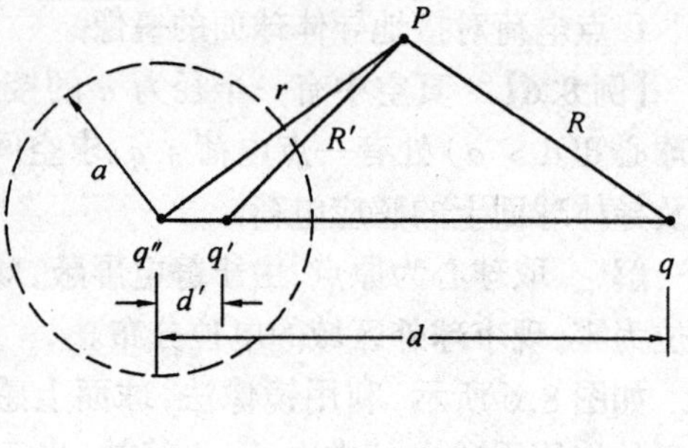

图 8.7

$$\phi=\frac{q}{4\pi\varepsilon_o}\left[\frac{1}{R}-\frac{a}{\mathrm{d}R'}+\frac{a}{\mathrm{d}r}\right]$$

8.3.3 线电荷对导体圆柱的镜像

例 8.8 在半径为 a 的导体圆柱外,一根和圆柱轴线平行的线电荷的密度为 ρ_l,与轴线的距离为 h,如图 8.8 所示,求空间的电位分布。

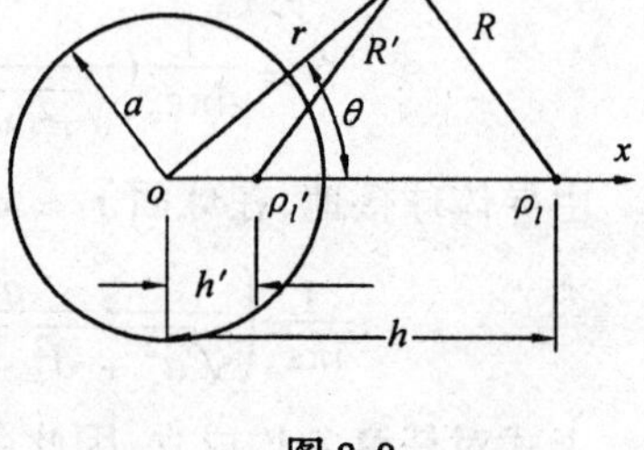

图 8.8

解： 为了使圆柱面成为等位面，镜像电荷 ρ'_l 也必须为天限长而且与圆柱轴线平行。设镜像线电荷 ρ'_l，它与圆柱轴线距离为 h'，则任意点 P 的电位为

$$\phi = -\frac{\rho_l}{2\pi\varepsilon_o}\ln R - \frac{\rho_l}{2\pi\varepsilon_o}\ln R' + C$$

在圆柱面 $r = a$ 处，电位应等于零，则有

$$-\frac{\rho_l}{4\pi\varepsilon_o}\ln(a^2 + h^2 - 2ah\cos\theta) - \frac{\rho'_l}{4\pi\varepsilon_o}\ln(a^2 + h'^2 - 2ah'\cos\theta) + C' = 0$$

上式对任意 θ 值都成立。既然柱面是等位面，在柱面上任一点的电场强度的切向分量应等于零，因此在上式对 θ 求导可得

$$\rho_l h(a^2 + h'^2 - 2ah'\cos\theta) + \rho_l' h'(a^2 + h^2 - 2ah\cos\theta) = 0$$

比较等式两边 $\cos\theta$ 的相应项的系数得到

$$\rho_l h(a^2 + h'^2) = -\rho_l' h'(a^2 + h^2)$$

$$\rho'_l = -\rho_l$$

由以上两式可解得

$$\rho'_l = -\rho_l \quad h' = \frac{a^2}{h}$$

$$\rho'_l = -\rho_l \quad h' = h \qquad (8.3.5)$$

后一组解显然不合理，应舍去。于是得圆柱外任一点的电位

$$\phi = \frac{\rho_l}{2\pi\varepsilon_o}\ln\frac{R'}{R} + C$$

当 $r = a$ 时，$\phi = 0$ 时，可求得

$$C = \frac{\rho_l}{2\pi\varepsilon_o}\ln\frac{h}{a}$$

故

$$\phi = \frac{\rho_l}{2\pi\varepsilon_o}\ln\frac{hR'}{aR}$$

上面的结果可以用来求解平行的双线问题。

【例 8.9】 设两根无限长平行导体圆柱，半径为 a，轴线间距为 d，如图 8.9 所示，求两圆柱导体间的电容。

解： 设两导体单位长度分别带电荷 ρ_l 和 $-\rho_l$。可将两圆柱导体上的电荷等效成互为镜像的两根线电荷 ρ_l 和 $-\rho_l$，由式(8.3.5)知

$$d_1 + d_2 = d, \qquad d_1 d_2 = a^2$$

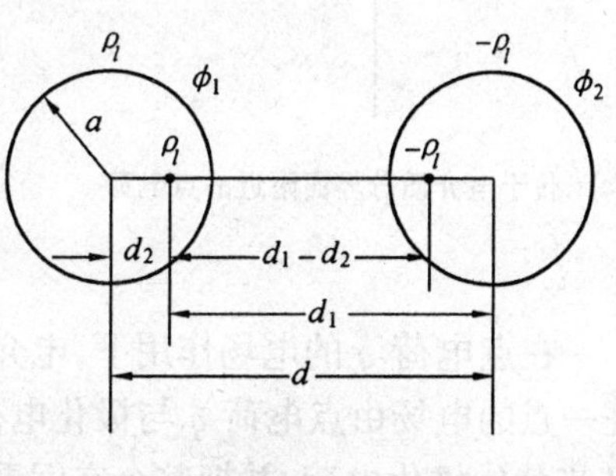

图 8.9

解得

$$d_1 = \frac{1}{2}\left[d + \sqrt{d^2 - 4a^2}\right]$$

$$d_2 = \frac{1}{2}\left[d - \sqrt{d^2 - 4a^2}\right]$$

于是

$$\phi_1 = -\frac{\rho_l}{2\pi\varepsilon_o}\ln\frac{d_1}{a} + C$$

$$\phi_2 = \frac{\rho_l}{2\pi\varepsilon_o}\ln\frac{d_1}{a} + C$$

两圆柱间的电压

$$U = \phi_2 - \phi_1 = \frac{\rho_l}{\pi\varepsilon_o}\ln\frac{d_1}{a}$$

故单位长度的电容

$$C_o = \frac{\rho_l}{U} = \frac{\pi\varepsilon_o}{\ln\frac{d_1}{a}} = \frac{\pi\varepsilon_o}{\ln\frac{d + \sqrt{d^2 - 4a^2}}{a}}$$

当 $d \gg a$,则 $$C_o \approx \frac{\pi\varepsilon_o}{\ln d/a}$$

用镜像线电荷来代替原来导线上的电荷的对外作用中心线,故镜像电荷也可称为等效电轴,而平行双线问题的镜像法又常称为电轴法。

8.3.4 两种不同介质中置有点电荷时的镜像

设点电荷 q 位于电介质 1 中,距电介质 1 和电介质 2 的分界平面为 d,如图 8.10(a) 所示,电介质 1 和电介质 2 的介电常数分别为 ε_1 和 ε_2。

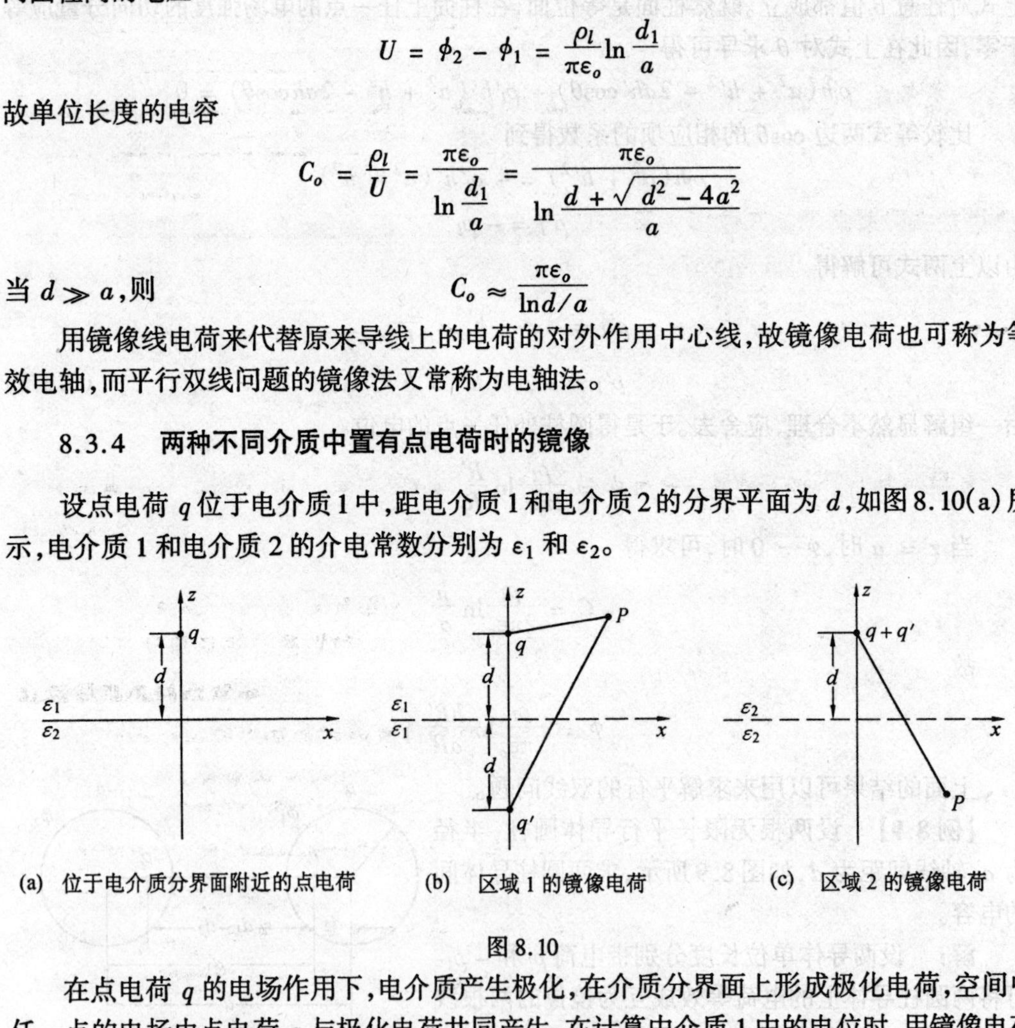

(a) 位于电介质分界面附近的点电荷　　(b) 区域 1 的镜像电荷　　(c) 区域 2 的镜像电荷

图 8.10

在点电荷 q 的电场作用下,电介质产生极化,在介质分界面上形成极化电荷,空间中任一点的电场由点电荷 q 与极化电荷共同产生。在计算中介质 1 中的电位时,用镜像电荷 q' 来替代极化电荷,并把整个空间看作充满均匀电介质 ε_1,镜像电荷 q' 应位于点电荷 q 关于介质分界面的对称点上,如图 8.10(b) 所示。电介质 ε_1 中任一点的电位应为

$$\phi_1 = \frac{1}{4\pi\varepsilon_o}\left[\frac{q}{\sqrt{x^2 + y^2 + (z - d)^2}} + \frac{q'}{\sqrt{x^2 + y^2 + (z + d)^2}}\right] \qquad z \geqslant 0 \qquad (8.3.6a)$$

在计算电介质 2 中电位时,用镜像电荷 q'' 替代极化电荷。并把整个空间视为充满均匀电介

质 ε_2，镜像电荷 q'' 应与点电荷 q 位于同一点，如图 8.10(c) 所示，电介质 ε_2 中的电位则为

$$\phi_2 = \frac{q + q''}{4\pi\varepsilon_2\sqrt{x^2 + y^2 + (z - d)^2}} \qquad z \leqslant 0 \tag{8.3.6b}$$

在介质界面 $z = 0$ 处，电位满足边界条件

$$\begin{cases} \phi_1\Big|_{z=0} = \phi_2\Big|_{z=0} & (8.3.7a) \\ \varepsilon_1 \dfrac{\partial\phi_1}{\partial z}\Big|_{z=0} = \varepsilon_2 \dfrac{\partial\phi_2}{\partial z}\Big|_{z=0} & (8.3.7b) \end{cases}$$

将式(8.3.6)代入式(8.3.7)，可以得到

$$\begin{cases} \dfrac{1}{\varepsilon_1}(q + q') = \dfrac{1}{\varepsilon_2}(q + q'') \\ q - q' = q + q'' \end{cases}$$

由此解出镜像电荷 q' 和 q'' 分别为

$$q' = \frac{\varepsilon_1 - \varepsilon_2}{\varepsilon_1 + \varepsilon_2}q \tag{8.3.8a}$$

$$q'' = \frac{\varepsilon_2 - \varepsilon_1}{\varepsilon_1 + \varepsilon_2}\cdot q \tag{8.3.8b}$$

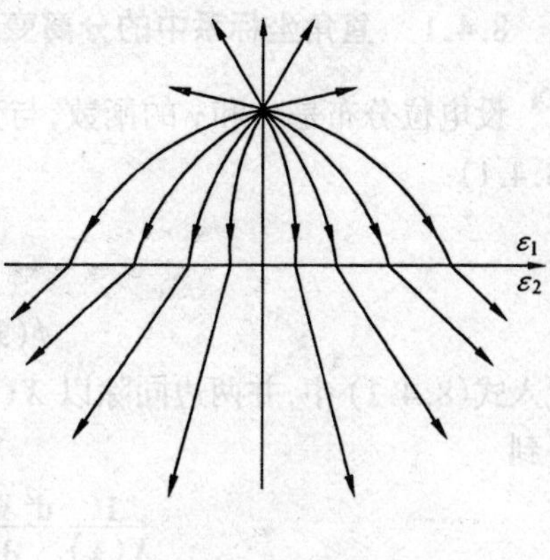

图 8.11

将式(8.3.8)代入式(8.3.6)，则得到空间电位分布为

$$\phi_1 = \frac{q}{4\pi\varepsilon_1}\left[\frac{1}{\sqrt{x^2 + y^2 + (z - d)^2}} + \frac{\varepsilon_1 - \varepsilon_2}{\varepsilon_1 + \varepsilon_2}\frac{1}{\sqrt{x^2 + y^2 + (z + d)^2}}\right] \qquad z \geqslant 0$$

$$\phi_2 = \frac{q}{2\pi(\varepsilon_1 + \varepsilon_2)}\frac{1}{\sqrt{x^2 + y^2 + (z - d)^2}} \qquad z \leqslant 0$$

图 8.11 所示为 $\varepsilon_2 > \varepsilon_1$ 时的电力线分布。

上述结果可推广到线电荷 ρ_l 与介质分界面的情况，只需将 q、q' 和 q'' 相应地写成 ρ_l、ρ'_l 和 ρ'_l。

8.4 分离变量法

分离变量法是直接求解数学物理方程的一个基本方法，也是求解边值问题的常用方法。本节主要是用此法求解无源区域的拉氏方程。位函数被表示为几个量的乘积形式，每一个量都是一维函数，将如此表达的位函数带入拉氏方程后原来的偏微方程分离为几个常微分方程，从而可以分别求解。可以这样做的条件是：所给边界面与一个适当的坐标面吻合，或至少分段地与坐标吻合。

利用分离变量法求解边值问题的一般步骤是：

第一步，按照边界面的形状，选取适当的坐标系；

第二步，将待求函数表示为几个一维函数的乘积，将偏积分方程分离为几个常微分方程并求其通解；

第三步，根据给定边界条件，选择通解的形式，并确定通解中的待定系数。

下面分别在直角坐标系、圆柱坐标系和球坐标系下求解矩形、圆柱形和球形边界的场。

为使分析过程不至于太繁琐,而又能说明问题,在各坐标系下的分离变量法分析中,假设位函数是二维函数。

8.4.1　直角坐标系中的分离变量法

设电位分布是 x 和 y 的函数,与变量 z 无关,则标量电位 ϕ 的拉普拉斯方程可写为式(8.4.1):

$$\frac{\partial^2\phi}{\partial x^2}+\frac{\partial^2\phi}{\partial y^2}=0 \tag{8.4.1}$$

令

$$\phi(x,y)=X(x)Y(y) \tag{8.4.2}$$

代入式(8.4.1)中,并两边同除以 $X(x)Y(y)$,
得到

$$\frac{1}{X(x)}\frac{\mathrm{d}^2X(x)}{\mathrm{d}x^2}+\frac{1}{Y(y)}\frac{\mathrm{d}^2Y(y)}{\mathrm{d}y^2}=0$$

上式中每项仅是一个独立变量的函数,因此,要使上式对任何 x,y 都成立,只能是每项等于常数,于是可令

$$\frac{1}{X(x)}\frac{\mathrm{d}^2X(x)}{\mathrm{d}x^2}=-k_x^2 \tag{8.4.3a}$$

$$\frac{1}{Y(y)}\frac{\mathrm{d}^2Y(y)}{\mathrm{d}y^2}=-k_y^2 \tag{8.4.3b}$$

且

$$k_x^2+k_y^2=0$$

k_x,k_y 称为分离变量,当它们取值不同时,方程的解也有不同形式。有以下几种可能:

1. $k_x^2=k_y^2=0$,此时方程式(8.4.3)的解为

$$X(x)=A_ox+B_o$$

$$Y(y)=C_oy+D_o$$

于是

$$\phi(x,y)=(A_ox+B_o)(C_oy+D_o) \tag{8.4.4a}$$

2. $k_x^2>0$,则 $k_y^2=-k_x^2<0$,此时方程(8.4.3a)的特征方程有一对共轭虚根 $\pm\mathrm{j}k_x$,故解的形式为

$$X(x)=A\sin k_xx+B\cos k_xx$$

$$Y(y)=C'e^{k_xy}+D'e^{-k_xy}=C\mathrm{sh}k_xy+D\mathrm{ch}k_xy$$

于是

$$\phi(x,y)=(A\sin k_xx+B\cos k_xx)(C\mathrm{sh}k_xy+D\mathrm{ch}k_xy) \tag{8.4.4b}$$

3. $k_y^2>0$,则 $k_x^2=-k_y^2<0$,此时方程式(8.4.3a)的特征方程有两个不等实根 $\pm k_y$,方程式(8.4.3b)的特征方程有一对共轭虚根 $\pm\mathrm{j}k_y$,故解的形式为

$$X(x)=A\mathrm{sh}k_yx+B\mathrm{ch}k_yx$$

$$Y(y)=C\sin k_yy+D\cos k_yy$$

于是

$$\phi(x,y)=(A\mathrm{sh}k_yx+B\mathrm{ch}k_yx)(C\sin k_yy+D\cos k_yy) \tag{8.4.4c}$$

式(8.4.4a、b、c)都是方程式(8.4.1)的解,由于拉普拉斯方程是线性的,所以它们的

线性组合也是方程式(8.4.1)的解,而且为了满足给定的边界条件,分离常数通常要取一系列特定的值,故待求函数一般是一个级数解,称为通解。

根据 k_x、k_y 的取值不同,二维问题的通解可写为:

$$\phi(x,y) = (A_o x + B_o)(C_o y + D_o) + \sum_{n=1}^{\infty}(A_n \sin k_{xn}x + B_n \cos k_{xn}x)\cdot(C_n \operatorname{sh} k_{xn}y + D_n \operatorname{ch} k_{xn}y) \tag{8.4.5a}$$

或

$$\phi(x,y) = (A_o x + B_o)(C_o y + D_o) + \sum_{n=1}^{\infty}(A_n \operatorname{sh} k_{yn}x + B_n \operatorname{ch} k_{yn}x)\cdot(C_n \sin k_{yn}y + D_n \cos k_{yn}y) \tag{8.4.5b}$$

究竟如何选取分离常数,要由给定边值的具体情况决定。

【例 8.10】 横截面为矩形的长金属管由四块平板组成,四条棱线处都有无限小缝隙相互绝缘,如图 8.12 示。求管中的电位分布。

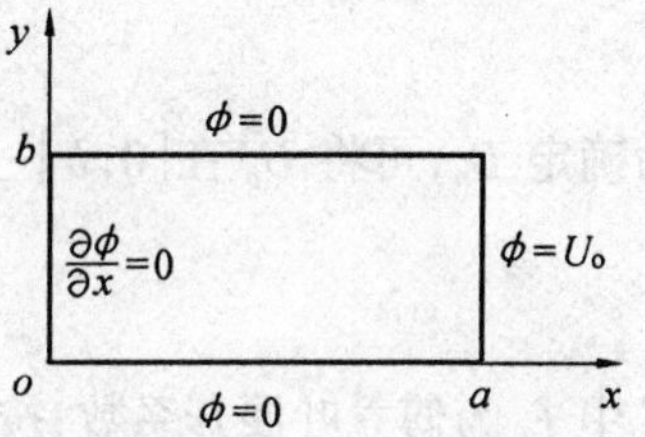

图 8.12

解 设金属管在 z 方向为无限长,故电位函数与 z 无关,是一个二维场问题,依据边界条件

$$y = 0, 0 < x < a \text{ 时}, \phi = 0 \tag{8.4.6a}$$

$$y = b, 0 < x < a \text{ 时}, \phi = 0 \tag{8.4.6b}$$

可知,式(8.4.5b)的通解形式可以满足,故位函数的通解为

$$\phi(x,y) = (A_o x + B_o)(C_o y + D_o) + \sum_{n=1}^{\infty}(A_n \operatorname{sh} k_{yn}x + B_n \operatorname{ch} k_{yn}x)(C_n \sin k_{yn}y + D_n \cos k_{yn}y)$$

将式(8.4.6a)代入上式,得

$$0 = D_o(A_o x + B_o) + \sum_{n=1}^{\infty}(A_n \operatorname{sh} k_{yn}x + B_n \operatorname{ch} k_{yn}x)D_n$$

要使上式对任意 x 都成立,需 $D_o = 0, D_n = 0$,因此

$$\phi(x,y) = C_o y(A_o x + B_o) + \sum_{n=1}^{\infty} C_n \sin k_{yn}y(A_n \operatorname{sh} k_{yn}x + B_n \operatorname{ch} k_{yn}x)$$

将式(8.4.6b)代入上式,得

$$0 = C_o b(A_o x + B_o) + \sum_{n=1}^{\infty} C_n \sin k_{yn}b(A_n \operatorname{sh} k_{yn}x + B_n \operatorname{ch} k_{yn}x)$$

要使上式对任意 x 都成立,需 $C_o = 0, C_n \sin k_{yn}b = 0$。若 $C_n = 0$,则 $\phi(x,y) = 0$,这是不可能的,只有 $\sin k_{yn}b = 0$,,由此得到

$$k_{yn} = \frac{n\pi}{b} \qquad n = 1,2,\cdots$$

因此

$$\phi(x,y) = \sum_{n=1}^{\infty} C_n \sin\frac{n\pi}{b}y(A_n \operatorname{sh} k_{yn}x + B_n \operatorname{ch} k_{y_n}x)$$

$$= \sum_{n=1}^{\infty} \sin \frac{n\pi}{b} y (A_n' \mathrm{sh} k_{yn} x + B'_n \mathrm{ch} k_{yn} x)$$

再将边界条件：$x = 0, 0 < y < b$ 时，$\frac{\partial \phi}{\partial x} = 0$ 代入上式，得

$$0 = \sum_{n=1}^{\infty} A_n' k_{yn} \sin \frac{n\pi}{b} y$$

所以 $A_n' = 0$，于是

$$\phi(x, y) = \sum_{n=1}^{\infty} \sin \frac{n\pi}{b} y \cdot B_n' \mathrm{ch} \frac{n\pi}{b} x$$

再将边界条件：$x = a, 0 < y < b$ 时，$\phi = U_o$ 代入上式，得

$$U_o = \sum_{n=1}^{\infty} B_n' \sin \frac{n\pi}{b} y \mathrm{ch} \frac{n\pi}{b} a \tag{8.4.7}$$

为确定 B_n'，可将 U_o 在 $[0, b]$ 上按 $\{\sin \frac{n\pi}{b} y\}$ 展开为傅立叶函数

$$U_o = \sum_{n=1}^{\infty} f_n \sin \frac{n\pi}{b} y \tag{8.4.8}$$

式中 f_n 为傅立叶展开系数，按下式计算

$$f_n = \frac{2}{b} \int_o^b U_o \sin \frac{n\pi}{b} y \mathrm{d}y$$

$$= \begin{cases} 0 & n = 2, 4, 6, \cdots \\ \frac{4U_o}{n\pi} & n = 1, 3, 5 \cdots \end{cases}$$

比较式(8.4.7)和式(8.4.8)中 $\sin \frac{n\pi}{b} y$ 的系数，得

$$B_n' = \frac{f_n}{\mathrm{ch} \frac{n\pi}{b} a} = \begin{cases} 0 & n = 2, 4, 6, \cdots \\ \frac{4U_o}{n\pi \mathrm{ch} \frac{n\pi}{b} a} & n = 1, 3, 5, \cdots \end{cases}$$

最后得到所求的电位函数为

$$\phi(x, y) = \frac{4U_o}{\pi} \sum_{n\text{为奇数}} \frac{1}{n \mathrm{ch} \frac{n\pi}{b} a} \mathrm{ch} \frac{n\pi}{b} x \sin \frac{n\pi}{b} y$$

8.4.2 圆柱坐标系中的分离变量法

当场域具有圆柱形边界(如同轴线，圆波导等)时，适合采用圆柱坐标(r, φ, z)。设电位分布与 z 无关，只是(r, φ)的函数，则拉普拉斯方程为

$$\frac{1}{r} \frac{\partial}{\partial r} (r \frac{\partial \phi}{\partial r}) + \frac{1}{r^2} \frac{\partial^2 \phi}{\partial \varphi^2} = 0 \tag{8.4.9}$$

设 $\phi(r, \varphi) = R(r) G(\varphi)$ 代入上式，得

$$G(\varphi) \frac{1}{r} \frac{\mathrm{d}}{\mathrm{d}r} (r \frac{\mathrm{d}R(r)}{\mathrm{d}r}) + \frac{R(r)}{r^2} \frac{\mathrm{d}^2 G(\varphi)}{\mathrm{d}\varphi^2} = 0$$

上式两端同乘以$\dfrac{r^2}{R(r)G(\varphi)}$，

得
$$\frac{r}{R(r)}\frac{d}{dr}\left[r\frac{dR(r)}{dr}\right]+\frac{1}{G(\varphi)}\frac{d^2G(\varphi)}{d\varphi^2}=0$$

要使上式对所有的 r,φ 都成立，必须每一项都等于常数，则有

$$\frac{d^2G(\varphi)}{d\varphi^2}+k^2G(\varphi)=0 \tag{8.4.10}$$

$$r\frac{d}{dr}\left[r\frac{dR(r)}{dr}\right]-k^2R(r)=0 \tag{8.4.11}$$

式中 k 为分离常数。

当 k 取不同的值时，方程式(8.4.10)和式(8.4.11)具有不同形式的解。

(1) $k=0$ 时，方程式(8.4.10)和式(8.4.11)的解分别为

$$G(\varphi)=A_o+B_o\varphi$$

$$R(r)=C_o+D_o\ln r$$

(2) 当 $k^2>0$ 时，方程式(8.4.10)的解为

$$G(\varphi)=A\sin k\varphi+B\cos k\varphi$$

方程式(8.4.11)可写成

$$r^2\frac{d^2R(r)}{dr^2}+r\frac{dR(r)}{dr}-k^2R(r)=0$$

为欧拉方程，其解为

$$R(r)=Cr^k+Dr^{-k}$$

对于圆柱情况，电位 ϕ 具有周期性，即 $\phi(r,\varphi)=\phi(r,\varphi+2\pi)$，故 k 应取整数 $k=n(n=1,2,\cdots)$，于是得到方程式(8.4.10)的通解为

$$\phi(r,\varphi)=(A_o+B_o\varphi)(C_o+D_o\ln r)+\sum_{n=1}^{\infty}(A_n\sin n\varphi+B_n\cos n\varphi)(C_nr^n+D_nr^{-n}) \tag{8.4.12}$$

【例8.11】 将一横截面半径为 a，介电常数为 ε 的长直介质圆柱体，放置在均匀的外电场 $\boldsymbol{E}_o$ 中，$\boldsymbol{E}_o$ 的方向与介质圆柱的轴线相垂直。均匀场中介质的介电常数为 ε_o。求圆柱体放入后场中的电位分布及电场强度的分布。

解 设介质圆柱的轴线与 z 轴重合，外场 $\boldsymbol{E}_o$ 的方向与 x 轴平行，即 $\boldsymbol{E}_o=\boldsymbol{a}_xE_o$，如图8.13示。

当长直圆柱的轴向长度远大于横截面的半径时，对其中间区域电场的分析可忽略两端的边缘效应，因此本问题可作为二维场来分析，场量分布与 z 无关。

分别以 ϕ_1 和 ϕ_2 表示圆柱体内外的电位函数，并选择 $r=0$ 处作为 ϕ 的参考点，ϕ_1 和 ϕ_2 满足拉普拉斯方程。其解的通解形式如式(8.4.12)

$$\phi(r,\varphi)=(A_o+B_o\varphi)(C_o+D_o\ln r)+\sum_{n=1}^{\infty}(A_n\sin n\varphi+B_n\cos n\varphi)(C_nr^n+D_nr^{-n}) \tag{8.4.13}$$

对于 ϕ_2:在 $r > a$ 区域,当 $r\to\infty$ 时,电场不受介质圆柱的影响,该处的电位分布与均匀外场的电位分布相同,所以

$$\phi_2 = -E_o x = -E_o r\cos\varphi \qquad r\to\infty$$

将其与式(8.4.13)比较,可定出 $A_0 = B_0 = C_0 = D_0 = 0, A_n = 0$;当 $n \geqslant 2$ 时,$B_n = 0$,即必须取 $n = 1$。

于是
$$\phi_2 = (C''_1 r + \frac{D''_1}{r})\cos\varphi \qquad (r \geqslant a)$$

对于 ϕ_1:在 $r < a$ 区域,由 $\phi_1\Big|_{r=a} = \phi_2\Big|_{r=a}, \varepsilon_o\dfrac{\partial\phi_2}{\partial r} = \varepsilon\dfrac{\partial\phi_1}{\partial r}$ 可知,ϕ_1 要有与 ϕ_2 相同的形式,即

$$\phi_1 = (C'_1 r + \frac{D'_1}{r})\cos\varphi \qquad (r < a)$$

下面根据边界条件确定常数 C'_1、D'_1、C''_1、D''_1。

当 $r\to\infty$ 时,$\phi_2 = -E_o r\cos\varphi$,得 $C''_1 = -E_o$;

当 $r\to 0$ 时,ϕ_1 为有限值,得 $D'_1 = 0$;

在 $r = a$ 处,$\phi_1 = \phi_2, \varepsilon\dfrac{\partial\phi_1}{\partial r} = \varepsilon_o\dfrac{\partial\phi_2}{\partial r}$,得 C'_1 和 D''_1 所满足的方程

$$(-E_o a + \frac{D''_1}{a})\cos\varphi = C'_1 a\cos\varphi$$

$$\varepsilon A'_1 = \varepsilon_o(-E_o - \frac{D''_1}{a^2})$$

$$C'_1 = -\frac{a\varepsilon_o}{\varepsilon + \varepsilon_o}E_o \qquad D''_1 = \frac{\varepsilon - \varepsilon_o}{\varepsilon + \varepsilon_o}a^2 E_o$$

于是电位函数的解为

$$\phi_1 = -\frac{2\varepsilon_o}{\varepsilon + \varepsilon_o}E_o r\cos\varphi \qquad (r < a)$$

$$\phi_2 = -E_o r\cos\varphi + \frac{\varepsilon - \varepsilon_o}{\varepsilon + \varepsilon_o}a^2 E_o\frac{1}{r}\cos\varphi \qquad (r > a)$$

介质圆柱内、外的电场强度分别为

$$\boldsymbol{E}_1 = -\nabla\phi_1 = \boldsymbol{a}_x\frac{2\varepsilon_o}{\varepsilon + \varepsilon_o}E_o = \boldsymbol{a}_r\frac{2\varepsilon_o}{\varepsilon - \varepsilon_o}E_o\cos\varphi - \boldsymbol{a}_\varphi\frac{2\varepsilon_o}{\varepsilon + \varepsilon_o}E_o\sin\varphi$$

$$\boldsymbol{E}_2 = -\nabla\phi_2 = \boldsymbol{a}_r\left[\frac{\varepsilon - \varepsilon_o}{\varepsilon + \varepsilon_o}(\frac{a}{r})^2 + 1\right]E_o\cos\varphi + \boldsymbol{a}_r\left[\frac{\varepsilon - \varepsilon_o}{\varepsilon + \varepsilon_o}(\frac{a}{r})^2 - 1\right]E_o\sin\varphi$$

可见圆柱内的电场是均匀的,且与外场 $\boldsymbol{E}_o$ 平行,介质圆柱在均匀外场中被均匀极化。但因 $2\varepsilon_o/(\varepsilon_o + \varepsilon) < 1$,所以 $E_1 < E_o$,这是由于柱面上的极化电荷在介质产生了与 $\boldsymbol{E}_o$ 相反的场,介质柱内外场分布如图 8.14 所示。

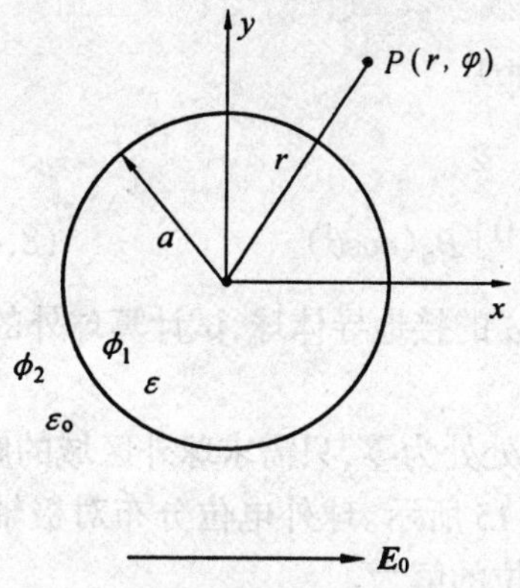

图 8.13

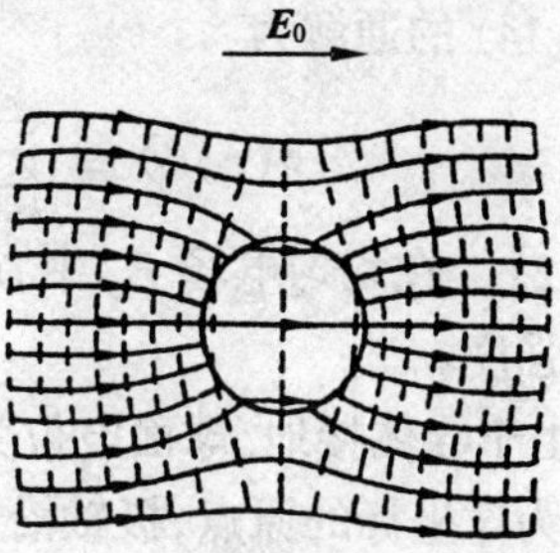

图 8.14

8.4.3 球坐标系中的分离变量法

当场域具有球形边界时,适合采用球面坐标(r,θ,φ)。若电位函数与 φ 无关,即以极轴为对称的场分布,则拉普拉斯方程为

$$\frac{1}{r^2}\frac{\partial}{\partial r}\left(r^2\frac{\partial\phi}{\partial r}\right)+\frac{1}{r^2\sin\theta}\frac{\partial}{\partial\theta}\left(\sin\theta\frac{\partial\phi}{\partial\theta}\right)=0 \tag{8.4.14}$$

令

$$\phi(r,\theta)=R(r)\theta(\theta)$$

代入式(8.4.14),两边同乘以 $r^2/R(r)\theta(\theta)$,得

$$\frac{1}{R(r)}\frac{\mathrm{d}}{\mathrm{d}r}\left(r^2\frac{\mathrm{d}R(r)}{\mathrm{d}r}\right)+\frac{1}{\theta(\theta)\sin\theta}\frac{\mathrm{d}}{\mathrm{d}\theta}\left(\sin\theta\frac{\mathrm{d}\theta(\theta)}{\mathrm{d}\theta}\right)=0$$

要使上式对所有 r 和 θ 都成立,则每一项都必须等于常数,故上式可分离成两个微分方程

$$\frac{\mathrm{d}}{\mathrm{d}r}\left(r^2\frac{\mathrm{d}R(r)}{\mathrm{d}r}\right)-k^2R=0 \tag{8.4.15}$$

$$\frac{\mathrm{d}}{\mathrm{d}\theta}\left(\sin\theta\frac{\mathrm{d}\theta(\theta)}{\mathrm{d}\theta}\right)+k^2\sin\theta\cdot\theta(\theta)=0 \tag{8.4.16}$$

k 为分离常数

方程式(8.4.16)是勒让德方程的一种形式。对于球形区域问题,θ 的变化范围从 0 到 π。这时分离变量 k 的取值应满足

$$k^2=n(n+1)\qquad(n=0,1,2,\cdots)$$

式(8.4.16)的解为勒让德多项式,通常记作 $P_n(\cos\theta)$,即

$$\theta(\theta)=C_nP_n(\cos\theta)$$

$$P_o(\cos\theta)=1$$

$$P_1(\cos\theta)=\cos\theta$$

$$P_2(\cos\theta)=\frac{1}{2}(3\cos^2\theta-1)$$

方程式(8.4.15)展开后得

$$r^2\frac{\mathrm{d}^2R(r)}{\mathrm{d}r^2}+2r\frac{\mathrm{d}R}{\mathrm{d}r}-n(n+1)R=0$$

也是欧拉方程,解为

$$R(r) = A_n r^n + B_n r^{-(n+1)}$$

故方程(8.4.14)的通解为

$$\phi(r,\theta) = \sum_{n=0}^{\infty} [A_n r^n + B_n r^{-(n+1)}] P_n(\cos\theta) \tag{8.4.17}$$

【例8.12】 在均匀电场 $\boldsymbol{E}_o$ 中,放置一个半径为 a 的接地导体球,试计算球外的电位分布和电场强度。

解: 由于导体接地,球面电位为零,球内电位也处处为零,只需求球外区域的解。

取球心为球坐标的原点,极轴沿 $\boldsymbol{E}_o$ 方向,如图 8.15 所示。球外电位分布对极轴呈轴对称,即 ϕ 和 φ 无关,根据式(8.4.17),球外区域的电位的解为

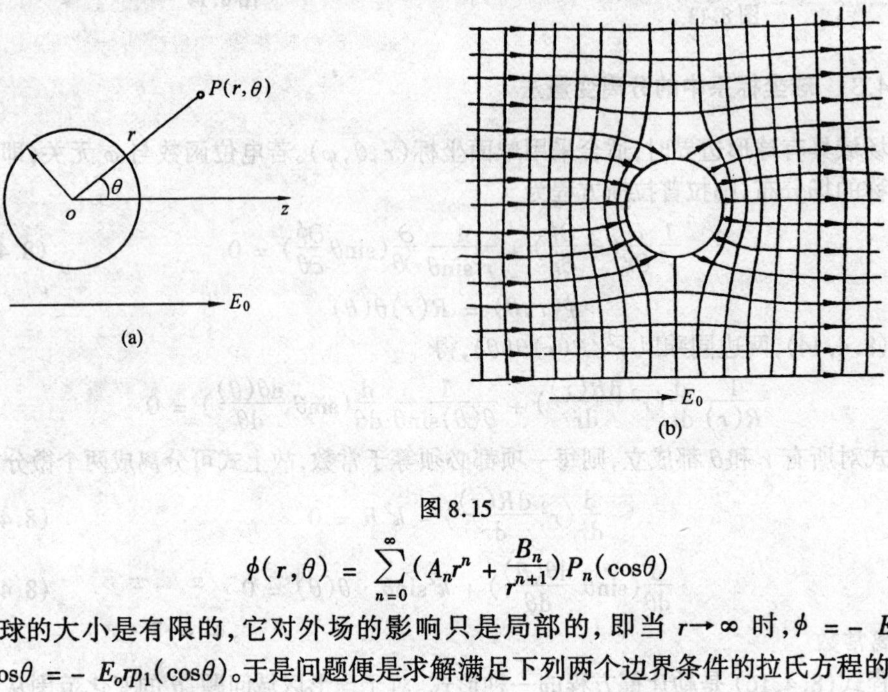

图 8.15

$$\phi(r,\theta) = \sum_{n=0}^{\infty} (A_n r^n + \frac{B_n}{r^{n+1}}) P_n(\cos\theta)$$

由于球的大小是有限的,它对外场的影响只是局部的,即当 $r\to\infty$ 时,$\phi = -E_o z = -E_o r\cos\theta = -E_o r p_1(\cos\theta)$。于是问题便是求解满足下列两个边界条件的拉氏方程的解

$$(a) \quad r\to\infty \text{ 时}, \phi = -E_o r P_1(\cos\theta)$$

$$(b) \quad r = a \text{ 时}, \phi = 0$$

由条件(a)

$$\sum_{n=0}^{\infty} (A_n r^n + \frac{B_n}{r^{n+1}}) P_n(\cos\theta) \Big|_{r\to\infty} = -E_o r P_1(\cos\theta) \Big|_{r\to\infty}$$

可定出

$$A_1 = -E_o, A_n = 0 \quad (n \neq 1)$$

$$\phi(r,\theta) = -E_o r P_1(\cos\theta) + \sum_{n=0}^{\infty} \frac{B_n}{r^{n+1}} P_n(\cos\theta)$$

由条件(b)

$$-E_o a P_1(\cos\theta) + \sum_{n=0}^{\infty} \frac{B_n}{a^{n+1}} P_n(\cos\theta) = 0$$

这就要求 $B_n = 0(n \neq 1)$,所以

$$-E_o a P_1(\cos\theta) + \frac{B_1}{a^2} P_1(\cos\theta) = 0$$

由此得

$$B_1 = E_o a^3$$

故

$$\phi(r,\theta) = -E_o r\cos\theta + \frac{E_o a^3}{r^2}\cos\theta$$

球外电场 r 分量及 θ 分量各为

$$\begin{cases} E_r = -\dfrac{\partial\phi}{\partial r} = (1 + \dfrac{2a^3}{r^3}) E_o\cos\theta \\ E_\theta = -\dfrac{1}{r}\dfrac{\partial\phi}{\partial\theta} = -(1 - \dfrac{a^3}{r^3}) E_o\sin\theta \end{cases}$$

8.5 有限差分法

有限差分法是一种数值解法,这种方法是将场域进行网络划分,用各网格节点(各离散点)上函数的差商来近似代替该点的偏导数,则偏微分方程可以化成差分方程,求解差分方程,得到电位函数的数值解。

原则上网络的划分可以采用任意的分布方式。为简化问题,通常采用完全有规律的分布方式,这样在每个离散点上就能得到相同形式的差分方程。其中最简单的是正方形网格,如图 8.16 网格线的交点(图中"·"点)称为网格节点,网格线间的距离称为步距,一般以 h 表示。

图 8.16

8.5.1 差分方程的导出

设在一个边界为 L 的二维矩形区域 D 内,电位函数 $\phi(x, y)$ 满足拉普拉斯方程

$$\frac{\partial^2\phi}{\partial x^2} + \frac{\partial^2\phi}{\partial y^2} = 0 \tag{8.5.1}$$

在边界 L 上各点的电位值已给定,即

$$\phi|_L = f(x,y) \tag{8.5.2}$$

为了用差分法求解 D 内的电位函数,作平行于坐标轴的两组平行线

$$\left.\begin{aligned} x_i &= x_0 + ih \\ y_i &= y_0 + jh \end{aligned}\right\} \quad (i,j = 0,1,2,\cdots) \tag{8.5.3}$$

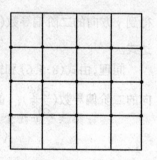

将区域 D 划分为许多正方形网格，如图 8.17 所示。

我们用 $\phi_{i,j}$ 表示点(x_i,y_i)处的电位值。

利用二元函数的泰勒展开公式，可将与节点(x_i,y_j)直接相邻的节点上的电位函数值表示为

$$\phi_{i-1,j}=\phi(x_i-h,y_j)=\phi_{i,j}-h(\frac{\partial\phi}{\partial x})_{i,j}+\frac{h^2}{2}(\frac{\partial^2\phi}{\partial x^2})_{i,j}-\cdots \quad (8.5.4)$$

$$\phi_{i+1,j}=\phi(x_i+h,y_j)=\phi_{i,j}+h(\frac{\partial\phi}{\partial x})_{i,j}+\frac{h^2}{2}(\frac{\partial^2\phi}{\partial x^2})_{i,j}+\cdots \quad (8.5.5)$$

$$\phi_{i,j-1}=\phi(x_i,y_j-h)=\phi_{i,j}-h(\frac{\partial\phi}{\partial y})_{i,j}+\frac{h^2}{2}(\frac{\partial^2\phi}{\partial y^2})_{i,j}-\cdots \quad (8.5.6)$$

$$\phi_{i,1+j}=\phi(x_i,y_j+h)=\phi_{i,j}+h(\frac{\partial\phi}{\partial y})_{i,j}+\frac{h^2}{2}(\frac{\partial^2\phi}{\partial y^2})_{i,j}-\cdots \quad (8.5.7)$$

将式(8.5.4)和式(8.5.5)相加，并忽略 h^4 项以及更高阶项，则可得

$$(\frac{\partial\phi^2}{\partial x^2})_{i,j}\approx\frac{1}{h^2}(\phi_{i-1,j}-2\phi_{i,j}+\phi_{i+1,j}) \quad (8.5.8)$$

上式即是 x 方向的二阶偏导数$(\frac{\partial^2\phi}{\partial x^2})i,j$ 的二阶差分表达式。同理，由式(8.5.6)和式(8.5.7)，可得到 y 方向的二阶偏导数$(\frac{\partial^2\phi}{\partial y^2})_{i,j}$的二阶差分表达式。

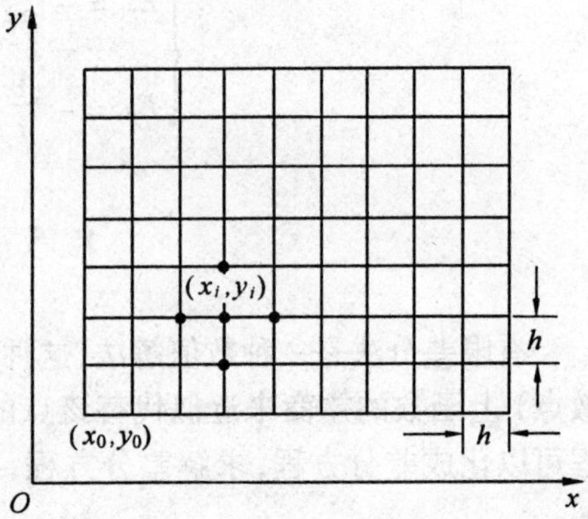

图 8.17

同理，由式(8.5.6)和式(8.5.7)，可得到 y 方向的二阶偏导数$(\frac{\partial^2\phi}{\partial y^2})_{i,j}$的二阶表达式为

$$(\frac{\partial^2\phi}{\partial y^2})i,j\approx\frac{1}{h^2}(\phi_{i,j-1}-2\phi_{i,j}+\phi_{i,j+1}) \quad (8.5.9)$$

将式(8.5.8)和式(8.5.9)代入式(8.5.1)就得到节点(x_i,y_j)处的有限差分方程

$$\phi_{i,j}=\frac{1}{4}(\phi_{i,j-1}+\phi_{i-1,j}+\phi_{i,j+1}+\phi_{i+1,j}) \quad (8.5.10)$$

这样，在点(x_i,y_j)处的电位 ϕ 满足的拉普拉斯方程近似地被一个差分方程所代替。由式(8.5.10)可见，用差分方程代替拉普拉斯方程后，原来的二阶偏导数运算转化为代数运算，节点(x_i,y_j)的电位值 $\phi_{i,j}$ 仅由周围四个邻节点的电位值决定。这就使问题的求解得以简化。

8.5.2 差分方程的求解

由于对场域 D 的每一节点都有一差分方程。因此得到的是一个差分方程组，这个方程组所包含方程的个数就等于场域 D 内的节点数。

(一) 同步迭代法

求解差分方程组最常用的方法是迭代法，同步迭代法是简单的迭代方式。首先，任意给定区域 D 内每一个节点上的数值作为电位的零次近似值 $\phi_{i,j}^{(0)}$，然后把这组值代入式(8.5.10)的右端，得到

$$\phi_{i,j}^{(1)} = \frac{1}{4}[\phi_{i,j-1}^{(0)} + \phi_{i-1,j}^{(0)} + \phi_{i,j+1}^{(0)} + \phi_{i+1,j}^{(0)}]$$

将 $\phi_{i,j}^{(1)}$ 作为电位的一次近似值。在上式右端四个值中若涉及到边界节点上的值时，均用相应的已知值 $f(x_i,y_i)$ 代入。再将 $\phi_{i,j}^{(1)}$ 代入式(8.5.10)右端，又可得到电位的二次近似值 $\phi_{i,j}^{(2)}$。一般说来，在已得到电位的第 k 次近似值 $\phi_{i,j}^{(k)}$ 后，由公式

$$\phi_{i,j}^{(k+1)} = \frac{1}{4}[\phi_{i,j-1}^{(k)} + \phi_{i-1,j}^{(k)} + \phi_{i,j+1}^{(k)} + \phi_{i+1,j}^{(k)}] \tag{8.5.11}$$

就得到电位的第 $k+1$ 次近似值，这样下去，直到相邻两次迭代解 $\phi_{i,j}^{(k)}$ 与 $\phi_{i,j}^{(k+1)}$ 间的误差(例如最大绝对误差 $\max\limits_{i,j}|\phi_{i,j}^{(k+1)} - \phi_{i,j}^{(k)}|$)不超过允许范围时，就可结束迭代过程。下面以一个简单问题为例来说明上述求解过程。

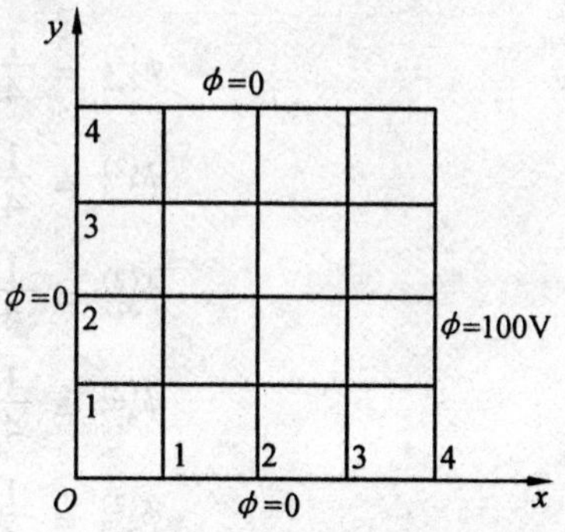

图 8.18

【例 8.13】 设有一个接地的正方形截面的长导体槽，槽的盖板与槽的侧面之间用绝缘物隔开，盖板的电位为 100V。试计算槽内的电位分布。

解： 将场域划分为 16 个网格，共有 25 个节点，其中有 9 个内节点，如图 8.18 所示。设内节点上电位的零次近似值为

$$\left.\begin{aligned} \phi_{1,1}^{(0)} = \phi_{1,2}^{(0)} = \phi_{1,3}^{(0)} = 25 \\ \phi_{2,1}^{(0)} = \phi_{2,2}^{(0)} = \phi_{2,3}^{(0)} = 50 \\ \phi_{3,1}^{(0)} = \phi_{3,2}^{(0)} = \phi_{3,3}^{(0)} = 75 \end{aligned}\right\} \tag{8.5.12}$$

代入式(8.5.11)右端，得到电位的一次近似值为

$$\phi_{1,1}^{(1)} = \frac{1}{4}(0 + 0 + 25 + 50) = 18.75$$

$$\phi_{1,2}^{(1)} = \frac{1}{4}(25 + 0 + 25 + 50) = 25$$

$$\phi_{1,3}^{(1)} = \frac{1}{4}(25 + 0 + 0 + 50) = 18.75$$

$$\phi_{2,1}^{(1)} = \frac{1}{4}(0 + 25 + 50 + 75) = 37.5$$

$$\phi_{2,2}^{(1)} = \frac{1}{4}(50 + 25 + 50 + 75) = 50$$

$$\phi_{2,3}^{(1)} = \frac{1}{4}(50 + 25 + 0 + 75) = 37.5$$

$$\phi_{3,1}^{(1)} = \frac{1}{4}(0 + 50 + 75 + 100) = 56.25$$

$$\phi_{3,2}^{(1)} = \frac{1}{4}(75 + 50 + 75 + 100) = 75$$

$$\phi_{3,3}^{(1)} = \frac{1}{4}(75 + 50 + 0 + 100) = 56.25$$

将上述一次近似值再代入式(8.5.11),可得到电位的二次近似值

$$\phi_{1,1}^{(2)} = \frac{1}{4}(0 + 0 + 25 + 37.5) = 15.625$$

$$\phi_{1,2}^{(2)} = \frac{1}{4}(0 + 0 + 25 + 37.5) = 21.875$$

$$\phi_{1,3}^{(2)} = \frac{1}{4}(25 + 0 + 0 + 37.5) = 15.625$$

$$\phi_{2,1}^{(2)} = \frac{1}{4}(0 + 18.75 + 50 + 56.25) = 31.25$$

$$\phi_{2,2}^{(2)} = \frac{1}{4}(37.5 + 25 + 37.5 + 75) = 43.75$$

$$\phi_{2,3}^{(2)} = \frac{1}{4}(50 + 18.75 + 0 + 56.25) = 31.25$$

$$\phi_{3,1}^{(2)} = \frac{1}{4}(0 + 37.5 + 75 + 100) = 53.125$$

$$\phi_{3,2}^{(2)} = \frac{1}{4}(56.25 + 50 + 56.25 + 100) = 65.625$$

$$\phi_{3,3}^{(2)} = \frac{1}{4}(75 + 37.5 + 0 + 100) = 53.125$$

这样一次次迭代下去,算到 $\phi_{i,j}^{(28)}$ 时,可以发现这些值与 $\phi_{i,j}^{(27)}$ 相比,小数点后面3位数字相同,所以取 $\phi_{i,j}^{(28)}$ 作为近似解,就得到

$$\phi_{1,1} = 7.411, \phi_{1,2} = 9.823, \phi_{1,3} = 7.144,$$

$$\phi_{2,1} = 18.751, \phi_{2,2} = 25.002, \phi_{2,3} = 18.751,$$

$$\phi_{3,1} = 42.857, \phi_{3,2} = 52.680, \phi_{3,3} = 42.857,$$

(二) 超松弛迭代法

一般说来,同步迭代法的收敛速度较慢。为了加快迭代过程的收敛性,通常采用超松弛迭代法。与同步迭代法不同,超松弛迭代法采用如下迭代公式

$$\phi_{i,j}^{(k+1)} = \phi_{i,j}^{(k)} + \alpha[\phi_{i,j}^{(k+1)} - \phi_{i,j}^{(k)}] \tag{8.5.13}$$

式中

$$\phi_{i,j}^{(k+1)} = \frac{1}{4}[\phi_{i,j-1}^{(k+1)} + \phi_{i-1,j}^{(k+1)} + \phi_{i,j+1}^{(k)} + \phi_{i+1,j}^{(k)}] \tag{8.5.14}$$

α 是一个决定超松弛程度的收敛因子(或称松弛因子)。它的取值范围在 1 ~ 2 之间,当 $\alpha \geqslant 2$ 时,迭代过程是发散的。已经证明,若一正方形区域用正方形网格划分,每边的节点数 $(p + 1)$,则收敛因子取值为

$$\alpha_o = \frac{2}{1 + \sin(\frac{\pi}{p})} \tag{8.5.15}$$

时,迭代过程的收敛速度最快。

从式(8.5.14)可知,在计算 $\phi_{i,j}^{(k+1)}$ 时,利用了 $\phi_{i-1,j}^{(k+1)}$ 和 $\phi_{i,j-1}^{(k+1)}$ 两个第 $k+1$ 次近似值。所以,使用超松弛迭代法时,必须将网格节点按一定顺序排列,并逐个进行迭代。通常是按节点的自然顺序进行迭代,即对每一纵列从下到上依次地进行迭代,等这一列的所有节点都迭代完后,再紧接着对下一列的节点按同样顺序进行迭代。

仍考虑例(8.5.1),按式(8.5.15)计算得加速收敛因子 $\alpha = 1.17$。零次近似值仍取式(8.5.12),代入式(8.5.13)和式(8.5.14),可得到一次近似解为

$$\phi_{1,1}^{(1)} = 25 + 1.17 \times \frac{1}{4}[(0 + 0 + 25 + 50) - 25] = 17.69$$

$$\phi_{1,2}^{(1)} = 25 + 1.17 \times \frac{1}{4}[(17.69 + 0 + 25 + 50) - 25] = 22.86$$

$$\phi_{1,3}^{(1)} = 25 + 1.17 \times \frac{1}{4}[(22.86 + 0 + 0 + 50) - 25] = 17.06$$

$$\phi_{2,1}^{(1)} = 50 + 1.17 \times \frac{1}{4}[(0 + 17.69 + 25 + 75) - 50] = 33.24$$

$$\phi_{2,2}^{(1)} = 50 + 1.17 \times \frac{1}{4}[(33.24 + 22.86 + 50 + 75) - 50] = 44.47$$

$$\phi_{2,3}^{(1)} = 50 + 1.17 \times \frac{1}{4}[(44.47 + 17.06 + 0 + 75) - 50] = 31.44$$

$$\phi_{3,1}^{(1)} = 75 + 1.17 \times \frac{1}{4}[(0 + 33.24 + 75 + 100) - 75] = 48.16$$

$$\phi_{3,2}^{(1)} = 75 + 1.17 \times \frac{1}{4}[(48.16 + 44.47 + 75 + 100) - 75] = 65.53$$

$$\phi_{3,3}^{(1)} = 75 + 1.17 \times \frac{1}{4}[(65.53 + 31.44 + 0 + 100) - 75] = 44.86$$

照此迭代 10 次时,即可达到相邻两次的绝对误差小于 10^{-3}。

8.6 有限元法

有限元法也是通过对场域的离散化来求出电位数值解的一种方法,它以变分原理和剖分插值为基础。首先将边值问题转化为相应的变分问题,即泛函数值问题。然后利用剖分值将变分插值问题离散化,并归结为求解一组线性方程。这里我们对用有限元法求解二维拉普拉斯方程的第一类边值问题做一简单的介绍。

8.6.1 边值问题的泛函极值

设在以 L 为边界的区域 D 内,电位函数 ϕ 满足拉普拉斯方程

$$\frac{\partial^2 \phi}{\partial x^2} + \frac{\partial^2 \phi}{\partial y^2} = 0 \tag{8.6.1}$$

在边界 L 上的电位值已给定,即

$$\phi|_L = f(x, y) \tag{8.6.2}$$

我们知道沿 z 轴的每单位长度中的电场能量

$$W = \frac{1}{2}\iint_D \varepsilon E^2 \mathrm{d}s = \frac{\varepsilon}{2}\iint_D [(\frac{\partial \phi}{\partial x})^2 + (\frac{\partial \phi}{\partial y})^2] \mathrm{d}x\mathrm{d}y \tag{8.6.3}$$

由式(8.6.3)可知,对于不同的电位函数 $\phi(x,y)$ W 有不同的值,因此,我们将电场能量看作是电位 ϕ 函数,即 $W = W(\phi)$,并称为能量泛函。

可以证明,在边界条件下式(8.6.2),使能量泛函式(8.6.3)取得极小值的电位函数 $\phi(x,y)$ 必满足方程式(8.6.1)。这就表明,边值问题式(8.6.1)和式(8.6.2)的求解等价为求解泛函极值问题

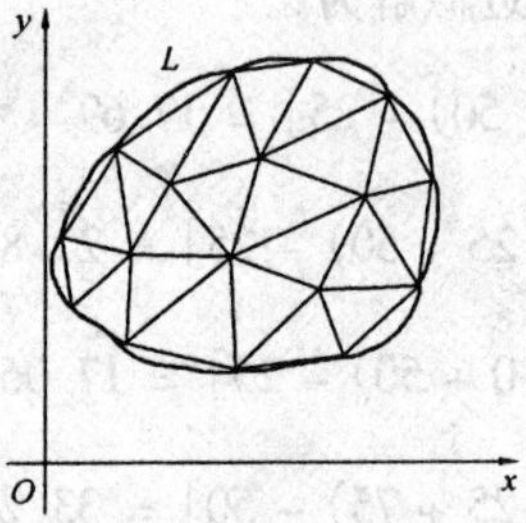

图 8.19

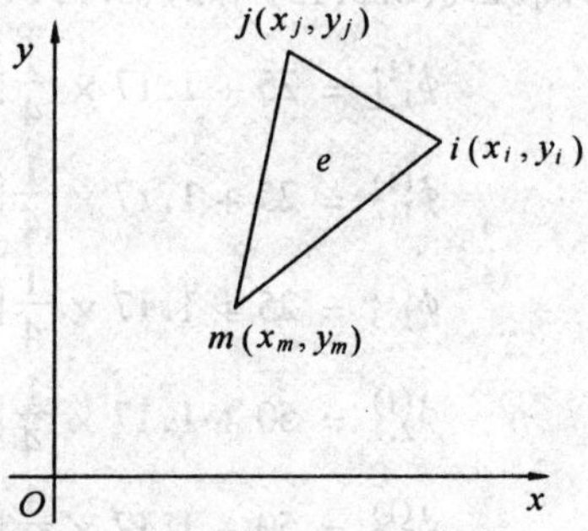

图 8.16

$$\left.\begin{aligned} W(\phi) &= \frac{\varepsilon}{2}\iint_D\left[\left(\frac{\partial\phi}{\partial x}\right)^2+\left(\frac{\partial\phi}{\partial y}\right)^2\right]\mathrm{d}x\mathrm{d}y = \min \\ \phi\mid_L &= f(x,y) \end{aligned}\right\} \tag{8.6.4}$$

8.6.2 泛函极值问题的离散化

1. 场域的三角形单元剖分

在对场域进行剖分时,最常用的是采用三角形单元剖分,即将场域 D 剖分为有限个互不重叠的三角形单元,如图 8.19 所示。各三角形单元的形状和大小是任意的,因此有限元法的剖分方法灵活性较大,能较好的适应边界形状。但是,必须注意,任一三角形的顶点必须同时是其相邻三角形的顶点,而不能是相邻三角形边上的点。

以三角形的顶点为节点,对所有单元和节点分别按一定顺序编号。编号的次序可以任意的,不会影响计算结果,但从压缩计算机的存储量、简化程序和减少计算量的角度考虑,通常对三角形单元按物理性质区域的划分连续编号,对节点编号时一般应使每一个三角形单元的三个节点的编号尽量接近,相差不太悬殊。

2. 线性插值

线性插值是将三角形单元中任一点的电位 ϕ 用坐标 x,y 的线性函数来近似。任取一单元,设其编号为 e,其三个节点的编号按逆时针顺序标记为 i、j、m,如图 8.6.2 所示。采用线性插值后,单元中的电位可表示为

$$\phi(x,y) = a_1 + a_2x + a_3y \tag{8.6.5}$$

式中待定系数 a_1, a_2 和 a_3 由该单元的三个节点上的待定函数值 ϕ_i, ϕ_j 和 ϕ_m 以及节点坐标 (x_i,y_i)、(x_j,y_j) 和 (x_m,y_m) 确定。将三个节点的坐标及电位值代入式(8.6.5),得到

$$\phi_i = a_1 + a_2 x_i + a_3 y_i$$
$$\phi_j = a_1 + a_2 x_j + a_3 y_j$$
$$\phi_m = a_1 + a_2 x_m + a_3 y_m$$

由此可解得

$$\left.\begin{aligned} a_1 &= (a_i\phi_i + a_j\phi_j + a_m\phi_m)/2\triangle \\ a_2 &= (b_i\phi_i + b_j\phi_j + b_m\phi_m)/2\triangle \\ a_3 &= (c_i\phi_i + c_j\phi_j + c_m\phi_m)/2\triangle \end{aligned}\right\} \tag{8.6.6}$$

式中

$$\left.\begin{aligned} & a_i = x_j y_m - x_m y_j, a_j = x_m y_i - x_i y_m, a_m = x_i y_i - x_j y_i \\ & b_i = y_j - y_m, b_j = y_m - y_i, b_m = y_i - y_j \\ & c_i = x_m - x_j, c_j = x_i - x_m, c_m = x_j - x_i \\ & \triangle = \frac{1}{2}(b_i c_j - b_j c_i) \end{aligned}\right\} \tag{8.6.7}$$

于是,可得到三角形中的插值函数为

$$\phi = \frac{1}{2\triangle}[(a_i + b_i x + c_i y)\phi_i + (a_j + b_j x + c_j y)\phi_j + (a_m + b_m x + c_m y)\phi_m] \tag{8.6.8}$$

将上式对 x 和 y 求一阶偏导数,得到

$$\left.\begin{aligned} \frac{\partial\phi}{\partial x} &= \frac{1}{2\triangle}(b_i\phi_i + b_j\phi_j + b_m\phi_m) \\ \frac{\partial\phi}{\partial y} &= \frac{1}{2\triangle}(c_i\phi_i + c_j\phi_j + c_m\phi_m) \end{aligned}\right\} \tag{8.6.9}$$

3. 单元分析

单元分析就是对每一个单元,计算其能量函数对三个节点电位的一阶偏导数。在单元 e 中的能量函数为

$$W_e(\phi) = \frac{\varepsilon}{2}\iint_D [(\frac{\partial\phi}{\partial x})^2 + (\frac{\partial\phi}{\partial y})^2]\mathrm{d}x\mathrm{d}y$$

将式(8.6.9)代入上式,得到

$$W_e = (\phi_i, \phi_j, \phi_m) = \frac{\varepsilon}{2}\iint_D [(b_i\phi_i + b_j\phi_j + b_m\phi_m)^2 + (c_i\phi_i + c_j\phi_i + c_m\phi_m)^2]\frac{\mathrm{d}x\mathrm{d}y}{(2\triangle)^2}$$

$$= \frac{\varepsilon}{8\triangle}[(b_i\phi_i + b_j\phi_j + b_m\phi_m)^2 + (c_i\phi_i + c_j\phi_j + c_m\phi_m)^2]$$

由上式分别对 ϕ_i、ϕ_j 和 ϕ_m 求偏导数,可得

$$\frac{\partial W_e}{\partial\phi_i} = \frac{\varepsilon}{4\triangle}[(b_i\phi_i + b_j\phi_j + b_m\phi_m)b_i + (c_i\phi_i + c_j\phi_i + c_m\phi_m)c_i]$$

$$= \frac{\varepsilon}{4\triangle}[(b_i^2 + c_j^2)\phi_i + (b_i b_j + c_i c_j)\phi_j + (b_i b_m + c_i c_m)\phi_m]$$

$$\frac{\partial W_e}{\partial\phi_j} = \frac{\varepsilon}{4\triangle}[(b_i\phi_i + b_j\phi_j + b_m\phi_m)b_j + (c_i\phi_i + c_j\phi_i + c_m\phi_m)c_j]$$

$$= \frac{\varepsilon}{4\triangle}[(b_i b_j + c_i c_j)\phi_i + (b_j^2 + c_j^2)\phi_j + (b_j b_m + c_j c_m)\phi_m]$$

$$\frac{\partial W_e}{\partial \phi_m} = \frac{\varepsilon}{4\Delta}[(b_i\phi_i + b_j\phi_j + b_m\phi_m)b_m + (c_i\phi_i + c_j\phi_j + c_m\phi_m)c_m]$$

$$= \frac{\varepsilon}{4\Delta}[(b_ib_m + c_ic_m)\phi_i + (b_jb_m + c_jc_m)\phi_j + (b_m^2 + c_m^2)\phi_m]$$

写成矩阵形式，就是

$$\begin{bmatrix} \frac{\partial W_e}{\partial \phi_i} \\ \frac{\partial W_e}{\partial \phi_j} \\ \frac{\partial W_e}{\partial \phi_m} \end{bmatrix} = \begin{bmatrix} k_{ii}^e & k_{ij}^e & k_{im}^e \\ k_{ji}^e & k_{jj}^e & k_{jm}^e \\ k_{mi}^e & k_{mj}^e & k_{mm}^e \end{bmatrix} \begin{bmatrix} \phi_i \\ \phi_j \\ \phi_m \end{bmatrix} = [k]^e\{\phi\}^e \tag{8.6.10}$$

式中矩阵$[k]^e$的各元素为

$$\begin{cases} k_{ii}^e = \frac{e}{4\Delta}(b_i^2 + c_i^2), k_{jj}^e = \frac{\varepsilon}{4\Delta}(b_j^2 + c_j^2), k_{mm}^e = \frac{\varepsilon}{4\Delta}(b_m^2 + c_m^2) \\ k_{ij}^e = k_{ji}^e = \frac{e}{4\Delta}(b_ib_j + c_ic_j) \\ k_{jm}^e = k_{mj}^e = \frac{\varepsilon}{4\Delta}(b_jb_m + c_mc_i) \\ k_{mi}^e = k_{im}^e = \frac{\varepsilon}{4\Delta}(b_mb_i + c_mc_i) \end{cases} \tag{8.6.11}$$

4.总体合成

将所有单元的能量函数加起来，就得到整个场域 D 内的能量函数

$$W(\phi_1, \phi_2, \cdots, \phi_N) = \sum_{e=1}^{n} W_e(\phi_i, \phi_j, \phi_m) \tag{8.6.12}$$

它是所有节点电位二次函数。这样求能量泛函的极值问题就转化求多元函数 $W(\phi_1, \phi_2, \cdots, \phi_N)$ 的极问题。利用多元函数求求值的原理，将 W 对每一个节点的 ϕ 求一阶偏导数，并令其等于零，即

$$\begin{aligned} \frac{\partial W}{\partial \phi_1} &= 0 \\ &\vdots \\ \frac{\partial W}{\partial \phi_N} &= 0 \end{aligned} \tag{8.6.13}$$

这是关于所有节点的 ϕ 的一个方程组，解此方程组，则可得到所有节点的 ϕ 值。由于 W 是节点的 ϕ 的二次函数，因此，$\frac{\partial W}{\partial \phi}$ 便是节点的 ϕ 的线性函数，故式(8.6.13)为线性方程组，可写为如下形式

$$\left.\begin{aligned} k_{11}\phi_1 + k_{12}\phi_2 + \cdots + k_{1N}\phi_N = 0 \\ k_{21}\phi_1 + k_{22}\phi_2 + \cdots + k_{2N}\phi_N = 0 \\ \vdots \\ k_{N1}\phi_1 + k_{N2}\phi_2 + \cdots + k_{NN}\phi_N = 0 \end{aligned}\right\} \tag{8.6.14}$$

写成矩阵形式，则为

$$\begin{bmatrix} k_{11} & k_{12} & \cdots & k_{1N} \\ k_{21} & k_{22} & \cdots & k_{2N} \\ \vdots & \vdots & \vdots & \vdots \\ k_{N1} & k_{N2} & \cdots & k_{NN} \end{bmatrix} \begin{bmatrix} \phi_1 \\ \phi_2 \\ \cdots \\ \phi_N \end{bmatrix} = 0 \tag{8.6.15}$$

或简记为

$$[k]\{\phi\} = \{0\} \tag{8.6.16}$$

式中 $[k]$ 称为系数矩阵，$\{\phi\}$ 称为解向量。

系数矩阵 $[k]$ 的各元素可通过各单元矩阵 $[k]^e$ 的元来确定。为此，把各单元矩阵 $[k]^e$ 按节点编号次扩充为 N 阶方阵 $[\tilde{k}]^e$，在 $[\tilde{k}]^e$ 中除行、列数分别为 i,j,m 时，存在有九个原 $[k]^e$ 的元素外，其余各行、的元素都为零。于是式(8.6.15)可改写为等价的形式

$$\left\{\frac{\partial W_e}{\partial \phi}\right\} = [\tilde{k}]^e\{\phi\} \tag{8.6.17}$$

式中 $\left\{\frac{\partial W_e}{\partial \phi}\right\} = \left[\frac{\partial W_e}{\partial \phi_1}, \frac{\partial W_e}{\partial \phi_2}, \cdots, \frac{\partial W_e}{\partial \phi_N}\right]^T$ 是 N 维列向量。根据式(8.6.12)和式(8.6.17)，有

$$\left\{\frac{\partial W}{\partial \phi}\right\} = \sum_{e=1}^{e}\left\{\frac{\partial W_e}{\partial \phi}\right\} = \sum_{e=1}^{n}[\tilde{k}]^e\{\phi\} = \left(\sum_{e=1}^{n}[\tilde{k}]^e\right)\{\phi\}$$

根据式(8.6.13)，有 $\left\{\frac{\partial W}{\partial \phi}\right\} = 0$，即

$$\left(\sum_{e=1}^{n}[\tilde{k}]^e\right)\{\phi\} = \{0\} \tag{8.6.18}$$

比较式(8.6.16)和式(8.6.18)，即得到

$$[k] = \sum_{e=1}^{n}[\tilde{k}]^e \tag{8.6.19}$$

5. 边界条件的处理

在上述离散化过程中，尚未涉及到边界条件式(8.6.2)的处理。由于在边界的节点上的电位 ϕ 是已知的，因此对 W 求极值时，不能将 W 对这些节点的电位 ϕ 求偏导数，于是应对方程组式(8.6.16)进行修改，其处理方法是：若已知第 s 号节点是边界节点，其电位值 $\phi_s = \phi_{s_0}$，则将 $[k]$ 中的主对角线元素 k_{ss} 改为1，而第 s 行和第 s 列的其余素全改为零；而方程式(8.6.16)右端第 s 行改为 ϕ_{s_0}，其余各行则改写为 $-k_{ls}\phi_{s_0}$（$l = 1,2,\cdots N$ 且 $l \neq s$）。即

$$\begin{bmatrix} k_{11} & \cdots & 0 & \cdots & k_{1N} \\ \vdots & & \vdots & & \vdots \\ 0 & \cdots & 1 & \cdots & 0 \\ \vdots & & \vdots & & \vdots \\ k_{N1} & \cdots & 0 & \cdots & k_{NN} \end{bmatrix} \begin{bmatrix} \phi_1 \\ \vdots \\ \phi_{s_0} \\ \vdots \\ \phi_N \end{bmatrix} = \begin{bmatrix} -k_{1s}\phi_{s_0} \\ \vdots \\ \phi_{s_0} \\ \vdots \\ -k_{Ns}\phi_{s_0} \end{bmatrix} \tag{8.6.20}$$

对每个边界节点均按以上方法处理，即可得到场域内的节点电位的线性方程组，解此方程

组就得到场域内各节点的电位值。

习　题

8.1　已知无限大平板电容器中的电荷密度 $\rho = kx^2$，k 为常数，填充的介质的介电常数为 ϵ，上板的电位为 V_0，下板接地，板间距离为 d，如图所示。试通过解泊松方程求板间的电位分布函数。

8.2　两块无限大接地平行板导体相距为 d，其间有一个与导体板平行的无限大电荷片，其面电荷密度为 ρ_s，如图所示。试通过解拉普拉斯方程求两导体板间的电位分布。

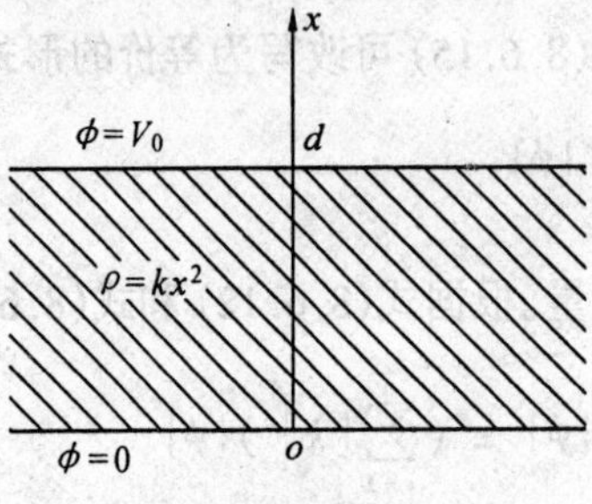

题 8.1

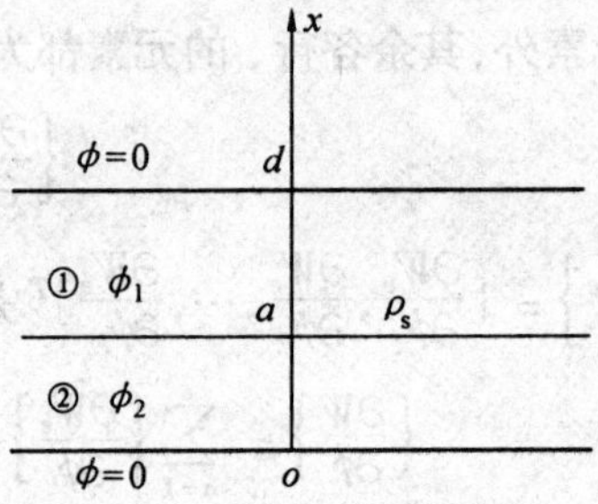

题 8.2

8.3　如图所示，在均匀外电场 $\boldsymbol{E}_0 = \boldsymbol{a}_z E_0$ 中，一正点电荷 q 与接地导体平面相距为 x。求：

(1) 当点电荷 q 所受之力为零时，x 的值为多大？

(2) 若点电荷最初置于(1)中所求得 x 值的 $\frac{1}{2}$ 处，要使该电荷向正 x 方向运动，所需最小初速度为多大？

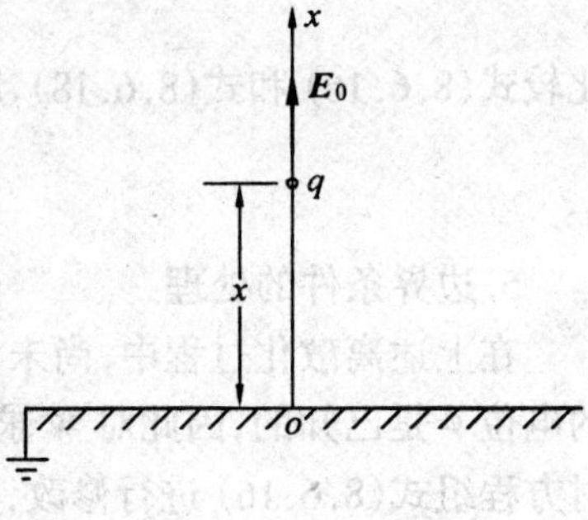

题 8.3

8.4　一点电荷 q 位于成 60° 的接地导体角域内的点 $M(1,1,0)$ 处，如图所示。(1) 求出所有镜像电荷的位置和大小；(2) 求点 $N(2,1,0)$ 处的电位。

8.5　真空中一点电荷 $q = 10^{-6}$C，放在半径为 r = 5cm 的不接地导体球壳外，距球心为 d = 15cm，求：(1) 球面上的电场强度何处最大、其数值为多少？(2) 若将球壳接地，情况如何？

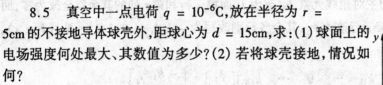

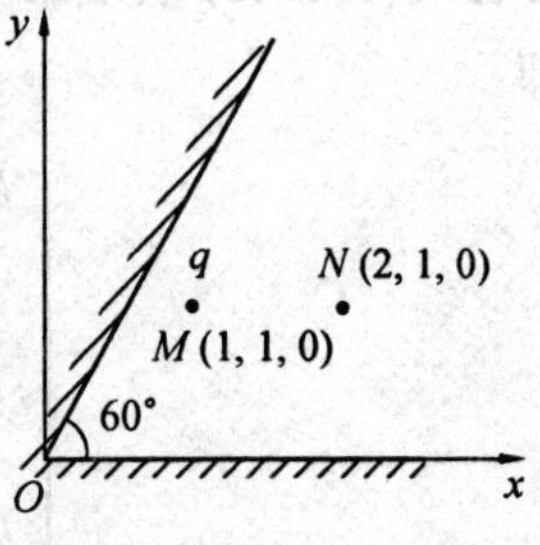

题 8.4

8.6　已知一个半径为 a 的导体球上带电荷为 Q，在球外有一点电荷 q 距球心为 d。证明：当下式成立时，点电荷 q 所受电场力为零

$$\frac{Q}{q} = \frac{a^3(2d^2 - a^2)}{d(d^2 - a^2)^2}$$

8.7　半径分别为 r_1 和 r_2，介电常数为 ε_r 的介质球壳放在均匀外场 $E_0\boldsymbol{a}_z$ 中，求球壳内部的电场。

8.8　如图所示，半径为 a 的导体半球放在无限大导体板上。在半球放入前，导体平面上空任一点的电场都等于 $\boldsymbol{E}_0$，球和导体板的电位都是零，求导体板上半空间的电位。

8.9　半径为 a 的导体球壳上电位为 $\phi = V_0\sin^2\theta$，求球壳内外的电位。

8.10　半径为 a 的导体球壳被一分为二，上半球电位为 V_0，下半球电位为零，求球内外的电位。

8.11　如图所示，带电量为 q 的点电荷位于无限大接地导体板上方，距板为 z 处。板的上方有一均匀电场 $\boldsymbol{E} = E_0\boldsymbol{a}_z$，若使作用到 q 上的力为零，问 $z = ?$

8.12　如图所示，在距地面高为 h 处，与地面平行放置一无限长、半径为 a 的接地导线，其周围有均匀电场 $\boldsymbol{E}_0$，求导线上每单位长度上的感应电荷。

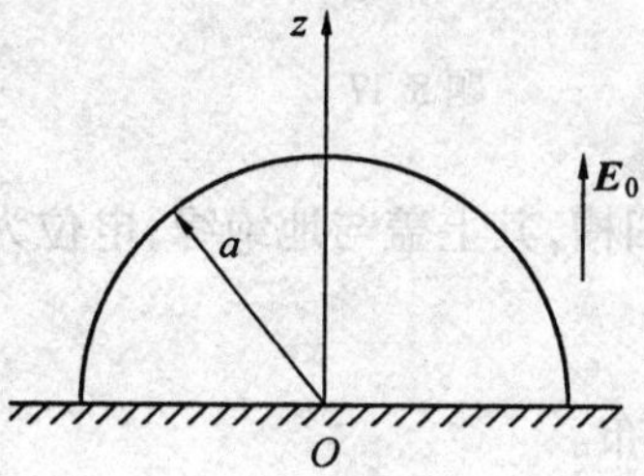

题 8.8

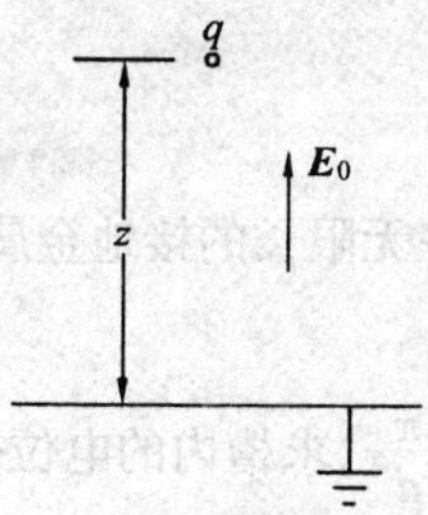

题 8.11

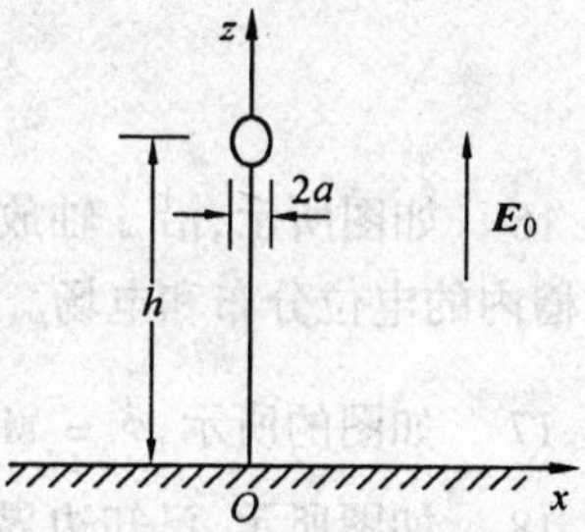

题 8.12

8.13　如图所示，一线电荷密度为 ρ_l 的无限长细直导线，平行放在接地无限大导体平板前 d 处，求导体表面感应电荷密度分布。

8.14　如图所示，在接地的导体平面上有一半径为 a 的半球凸部，半球的球心在导体平面上，点电荷 q 位于系统的对称轴上并与平面相距为 $d(d > a)$，求上半空间的电位。

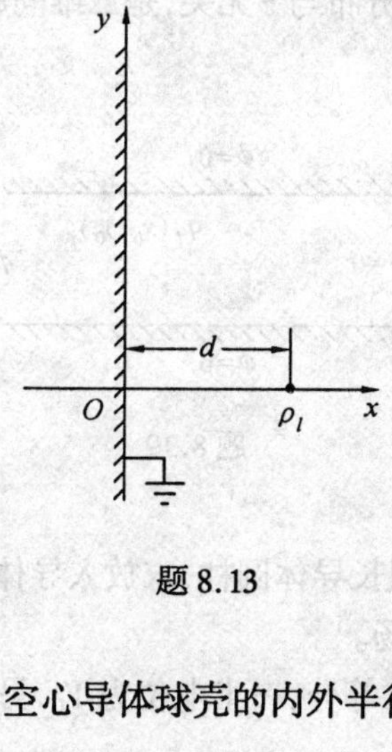

题 8.13

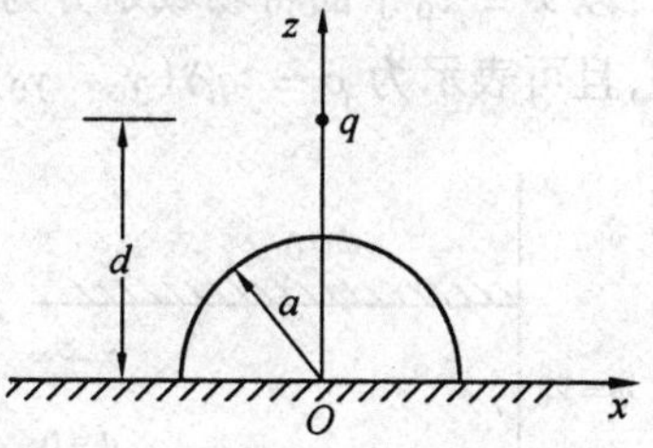

题 8.14

8.15　空心导体球壳的内外半径分别为 r_1 和 r_2，在距球心为 $d(a < r_1)$ 处放置一点

电荷 q，

(1) 球壳不接地不带电时，求球内外的电位，(2) 球壳不接地并带电为 Q 时，求球内外的电位。

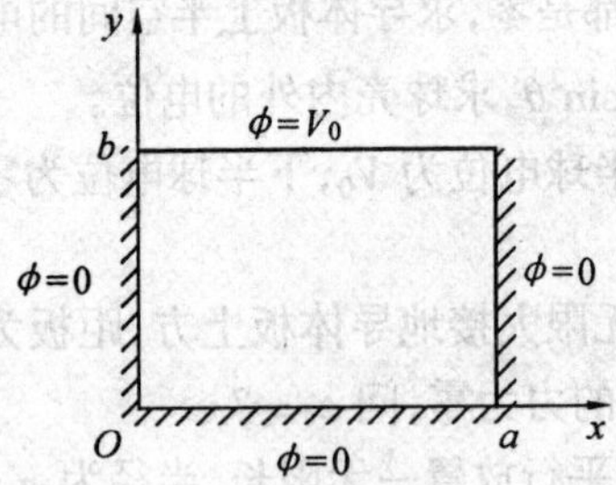

题 8.16

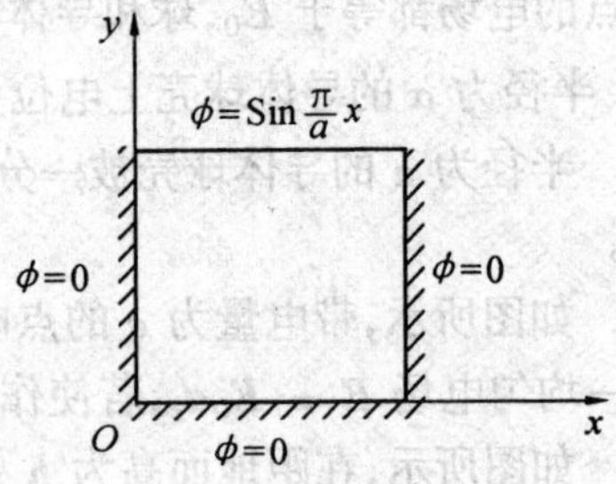

题 8.17

8.16　如图所示，沿 z 轴放一无限长的接地金属凹槽，其上盖与地绝缘，电位为 $\phi = V_0$，求槽内的电位分布和电场。

8.17　如图的所示，$\phi = \sin\frac{\pi}{a}x$，求槽内的电位分布。

8.18　如图所示，已知边界关系为

$$x = 0\ ,\quad \phi = V_0$$
$$x = \infty\ ,\quad \phi = 0$$
$$y = 0\ ,\quad \phi = 0$$
$$y = b\ ,\quad \phi = 0$$

求此二维区域内的电位分布。

8.19　如图所示，无限长矩形导体槽中有一平行的线电荷 q_l，求槽中的电位分布。

提示：以 $x = x_0$ 平面将场域划分为两个区域，场分布与 z 无关，是二维问题。q_l 转化为边界条件，且可表示为 $\rho = q_l\delta(y - y_0)$。

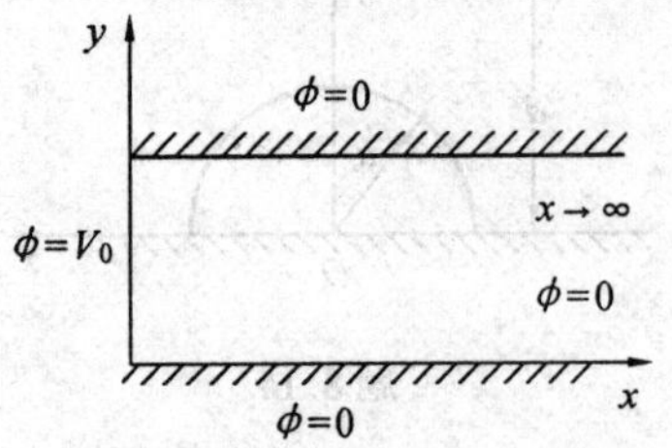

题 8.18

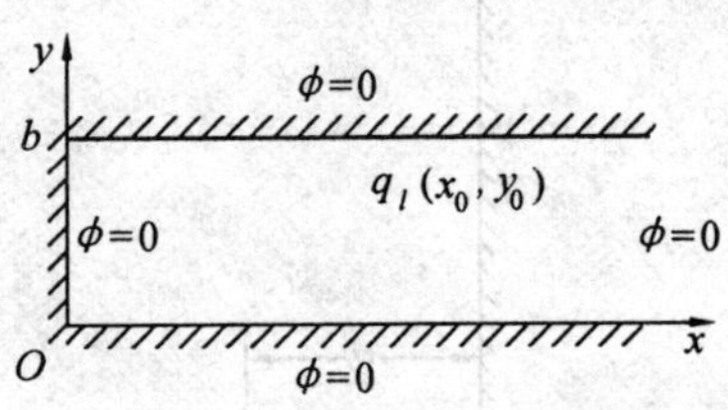

题 8.19

8.20　在均匀电场 E_0 垂直放入半径为 a 的无限长导体圆柱，求放入导体后导体内外的电场，并求导体表面上 $\varphi = 0$ 和 $\varphi = \pi/2$ 处的电场。

8.21　一无限长、半径为 a 圆筒被沿轴线切成二等分，一半电位为 V_0，另一半接地（ϕ

= 0),求圆筒内部的电位。

8.22　如图所示,在半径为 a 的半无限长圆筒柱面上保持零电位,而在 $z=0$ 的底面上保持电位为 V_0,求筒内的电位。

8.23　如图所示,在圆筒的两底面电位为零,而侧面上电位为 V_0,求筒内的电位。

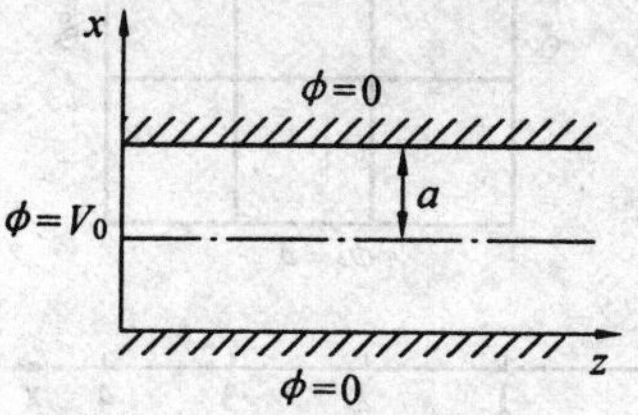

题 8.22

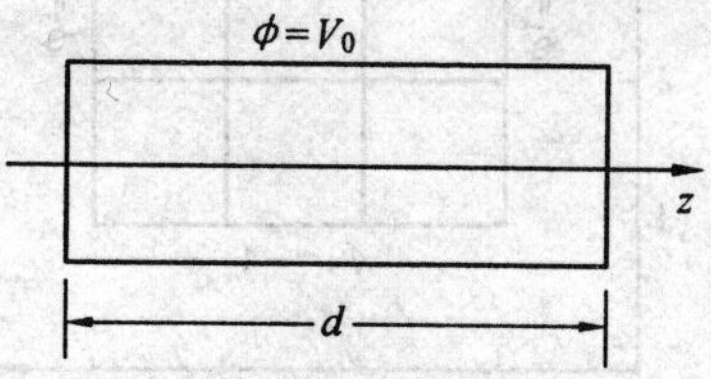

题 8.23

8.24　求如图所示的二维区域的电位分布。

8.25　两块直角形导体板沿 x 方向和沿 z 方向都是无限长,如图所示。下板电位为 0,上板电位为 ϕ_0,求两板所围区域的电位分布。

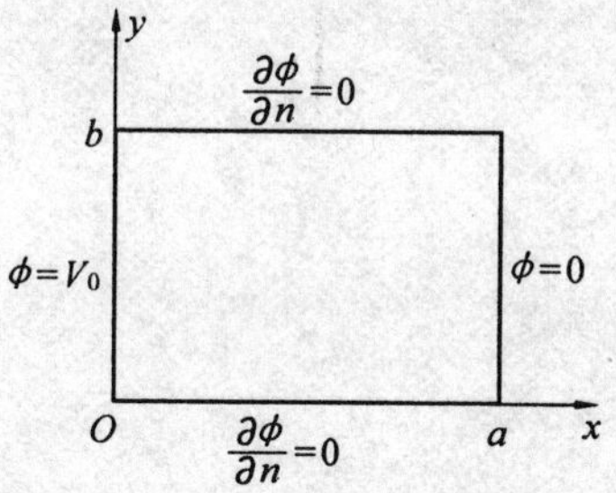

题 8.24

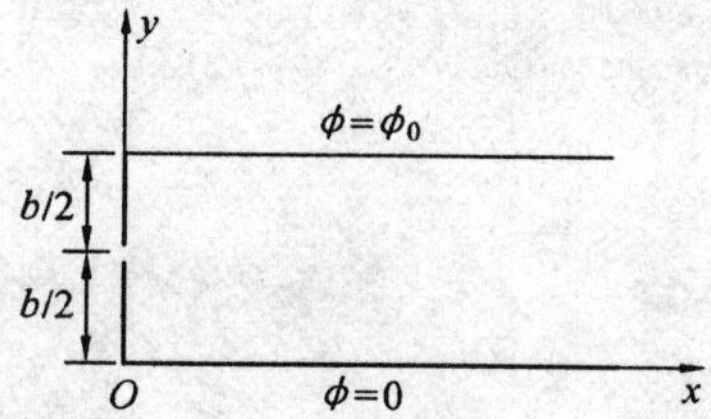

题 8.25

8.26　一半径为 b 的圆柱形长直导体位于均匀外电场 E_0 中,导体表面覆盖有一层厚度为 a 的绝缘材料,其介电常数为 ε,如图所示。求导体外各处的电位。

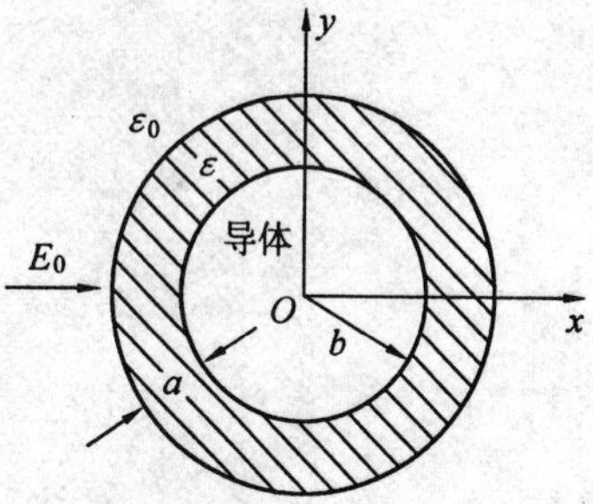

题 8.26

8.27　板间距离为 d = 1cm 的平行板电容器,其中的介质(介电常数为 $\varepsilon=9\varepsilon_0$)内存在有圆柱形气泡,气泡的直径为 $2r_0=1\text{mm}$,如图所示,已知介质和空气的击穿场强分别为 $15\times10^3\text{kV/m}$ 和 $3\times10^3\text{kV/m}$,求该平行板电容器在下述情况下的最大工作电压:(1) 存在有上述圆柱形气泡缺陷的情况;(2) 无缺陷的情况(设在这两种情况下,相应的最大工作场强值取为击穿场强值的 $\dfrac{1}{4}$)。

8.28　如图所示的边值问题,无限长的方形导体槽的截面分为 9 个方格,各边都保持不同的电位,用网格法求场域内四个场点的电位值:$\phi(2,2)$,$\phi(2,3)$,$\phi(3,2)$,$\phi(3,3)$

8.29　按如图所示的边值问题重做上题。

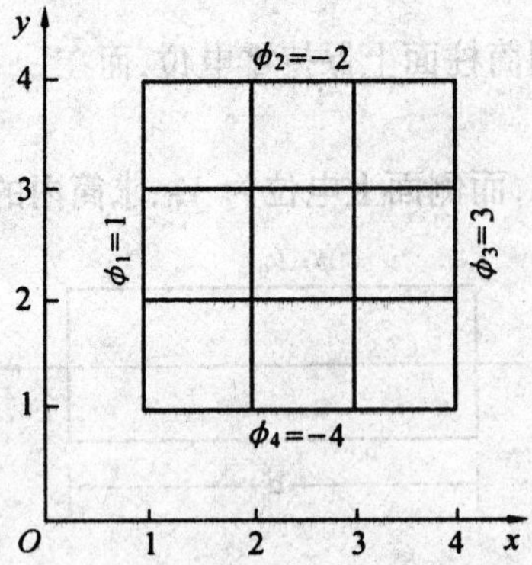

题 8.28

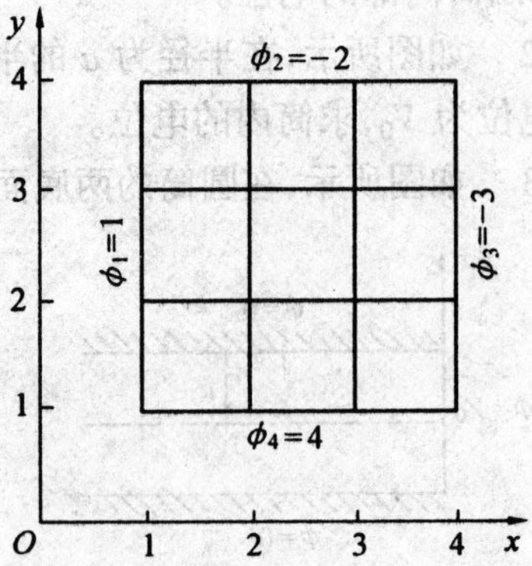

题 8.29

8.30　若在题 8.28 图中的四个边接地，而在其槽中充满密度为 $\rho_0 = -8\varepsilon_0 \mathrm{C/m^3}$ 的电荷，用网格法重做 28 题。

第九章　电磁场理论专题

这一章我们将专题讨论正弦电磁场的位函数理论和基本解法。

9.1　电磁场的位函数

位函数描述法是电磁场的一个重要的并且是应用很广的描述方法，我们知道，求解时变电磁场的问题往往都可以归结为求解齐次或非齐次的波动方程问题。然而，直接去求解电磁量（E 和 H）的非齐次波动方程时，一则方程形式较复杂，二则需要求解六个未知标量函数。为此，作为简化计算的工具，我们引入电磁场的辅助位函数。利用适当的辅助条件，可以得到形式简单的波动方程，并且需要求解的未知标量函数的数目从六个减到四个，甚至可减少到两个，这就是引入电磁场位函数的原因。

9.1.1　均匀媒质中的麦克斯韦方程组与波动方程

当激发场源是自由电荷密度 ρ 和传导电流密度 $\boldsymbol{J}$ 时，麦克斯韦方程组为

$$\begin{cases}\nabla\times\boldsymbol{E}=-\mathrm{j}\omega\mu\boldsymbol{H}\\ \nabla\times\boldsymbol{H}=\boldsymbol{J}+\mathrm{j}\omega\varepsilon\boldsymbol{E}\\ \nabla\cdot\boldsymbol{E}=\rho/\varepsilon\\ \nabla\cdot\boldsymbol{H}=0\end{cases}\tag{9.1.1}$$

当激发场源是磁荷 ρ_m 和磁流 $\boldsymbol{J}_m$ 时，其麦克斯韦方程组为

$$\begin{cases}\nabla\times\boldsymbol{H}=+j\omega\epsilon\boldsymbol{E}\\ \nabla\times\boldsymbol{E}=-J_m-j\omega\mu\boldsymbol{H}\\ \nabla\cdot\boldsymbol{H}=\rho_m/\mu\\ \nabla\cdot\boldsymbol{E}=0\end{cases}\tag{9.1.2}$$

两种场源所激发的场的对偶量为

$$\begin{cases}\boldsymbol{J}\leftarrow\ \rightarrow\boldsymbol{J}_m\\ \rho\leftarrow\ \rightarrow\rho_m\\ \boldsymbol{E}\leftarrow\ \rightarrow\boldsymbol{H}_m\\ \boldsymbol{H}\leftarrow\ \rightarrow-\boldsymbol{E}_m\\ \varepsilon\leftarrow\ \rightarrow\mu\end{cases}\tag{9.1.3}$$

相应于($\rho,\boldsymbol{J}$)源的波动方程为

$$\begin{cases}\nabla^2 \boldsymbol{E} + k^2 \boldsymbol{E} = \dfrac{1}{\varepsilon}(\nabla \rho + j\omega\varepsilon\mu \boldsymbol{J}) \\ \nabla^2 \boldsymbol{H} + k^2 \boldsymbol{H} = -\nabla \times \boldsymbol{J} \\ k^2 = \omega^2 \mu\varepsilon \end{cases} \tag{9.1.4}$$

相应于$(\rho_m, \boldsymbol{J}_m)$源的波动方程为

$$\begin{cases}\nabla^2 \boldsymbol{H} + k^2 \boldsymbol{H} = \dfrac{1}{\mu}(\nabla \rho_m + j\omega\varepsilon\mu \boldsymbol{J}_m) \\ \nabla^2 \boldsymbol{E} + k^2 \boldsymbol{E} = \nabla \times \boldsymbol{J}_m \\ k^2 = \omega^2 \varepsilon\mu \end{cases} \tag{9.1.5}$$

习惯上把正弦场的波动方程称为亥姆霍兹方程,所以上面两个方程称为场矢量 $\boldsymbol{E}$ 和 $\boldsymbol{H}$ 的非齐次亥姆霍兹方程。

9.1.2 电磁场的位函数

由矢量分析知,当电磁场量的散度或旋度为零时,可用相应的矢量场或标量场来代替电磁场。

当场源是$(\rho, \boldsymbol{J})$时,引用矢量磁位 $\boldsymbol{A}$ 和标量电位 ϕ 来描述电磁场。

$$\begin{aligned}\boldsymbol{H} &= \frac{1}{\mu}\nabla \times \boldsymbol{A} \\ \boldsymbol{E} &= -\nabla \phi - j\omega \boldsymbol{A}\end{aligned} \tag{9.1.6}$$

当场源是$(\rho_m, -\boldsymbol{J}_m)$时,引用矢量电位 $\boldsymbol{A}_m$ 和标量磁位 ϕ_m 来描述电磁场。

$$\begin{aligned}\boldsymbol{E} &= -\frac{1}{\varepsilon}\nabla \times \boldsymbol{A}_m \\ \boldsymbol{H} &= -\nabla \phi_m - j\omega \boldsymbol{A}\end{aligned} \tag{9.1.7}$$

由于电磁场只给定 $\boldsymbol{A}$ 或 $\boldsymbol{A}_m$ 的旋度,其散度是任意的,故位函数$(\boldsymbol{A}, \phi)$和$(\boldsymbol{A}_m, \phi_m)$不是惟一的,可进行如下的规范变换。

$$\begin{cases}\boldsymbol{A}' = \boldsymbol{A} + \nabla \Psi \\ \phi' = \phi - j\omega \Psi\end{cases} \tag{9.1.8}$$

$$\begin{cases}\boldsymbol{A}' = \boldsymbol{A}_m + \nabla \Psi_m \\ \phi_m' = \phi_m - j\omega \Psi_m\end{cases} \tag{9.1.9}$$

式中 Ψ 和 Ψ_m 是任意可微的标量函数,称为规范函数。位函数的对偶量为

$$\begin{cases}\boldsymbol{A} \leftarrow \rightarrow \boldsymbol{A}_m \\ \phi \leftarrow \rightarrow \phi_m \\ \psi \leftarrow \rightarrow \psi_m\end{cases} \tag{9.1.10}$$

当位函数作规范变换时,电磁场量和麦克斯韦方程均不变,这一性质称为电磁场的规范变换不变性。

9.1.3 规范条件与位函数的微分方程

在均匀媒质中,由麦克斯韦方程组和位函数的定义,可以得到位函数满足的微分方程

为

$$\begin{cases}\nabla^2 \boldsymbol{A} + k^2\boldsymbol{A} - \nabla(\nabla\cdot\boldsymbol{A} + j\omega\varepsilon\mu\phi) = -\mu\boldsymbol{J} \\ \nabla^2\phi + k^2\phi + j\omega(\nabla\cdot\boldsymbol{A} + j\omega\varepsilon\mu\phi) = -\rho/\varepsilon\end{cases} \tag{9.1.11}$$

或

$$\begin{cases}\nabla^2 \boldsymbol{A}_m + k^2\boldsymbol{A}_m - \nabla(\nabla\cdot\boldsymbol{A}_m + j\omega\varepsilon\mu\phi_m) = -\varepsilon\boldsymbol{J}_m \\ \nabla^2\phi_m + k^2\phi_m + j\omega(\nabla\cdot\boldsymbol{A}_m + j\omega\varepsilon\mu\phi_m) = -\rho_m/\mu\end{cases} \tag{9.1.12}$$

由于电磁场存在规范变换自由度，我们可以对$\nabla\cdot\boldsymbol{A}$或$\nabla\cdot\boldsymbol{A}_m$提出任意附加条件，通常采用以下两种规范条件

$$\begin{cases}\nabla\cdot\boldsymbol{A} + j\omega\varepsilon\mu\phi = 0 \\ \text{或}\nabla\cdot\boldsymbol{A}_m + j\omega\varepsilon\mu\phi_m = 0\end{cases} \tag{9.1.13}$$

称为洛仑兹规范条件：

$$\begin{cases}\nabla\cdot\boldsymbol{A} = 0 \\ \text{或}\nabla\cdot\boldsymbol{A}_m = 0\end{cases} \tag{9.1.14}$$

称为库仑规范条件。由于由洛仑兹规范条件所得到的位函数的方程形式对称，互不耦合，其意义明显，在相对论中显示出协变性等优点，所以下面讨论均采用洛仑兹规范条件，即有

$$\begin{aligned}&\nabla^2\boldsymbol{A} + k^2\boldsymbol{A} = -\mu\boldsymbol{J} \\ &\nabla^2\phi + k^2\phi = -\rho/\varepsilon \\ &\nabla\cdot\boldsymbol{A} + j\omega\varepsilon\mu\phi = 0\end{aligned} \tag{9.1.15}$$

或

$$\begin{aligned}&\nabla^2\boldsymbol{A}_m + k^2\boldsymbol{A}_m = -\varepsilon\boldsymbol{J}_m \\ &\nabla^2\phi_m + k^2\phi_m = -\rho_m/\mu \\ &\nabla\cdot\boldsymbol{A}_m + j\omega\varepsilon\mu\phi_m = 0\end{aligned} \tag{9.1.16}$$

我们知道，洛仑兹规范条件总是可以实现的，但是它只限定$\boldsymbol{A}$和ϕ之间存在一定的约束关系，并未给定$\nabla\cdot\boldsymbol{A}$值，所以在洛仑兹规范条件下，位函数$\boldsymbol{A}$，$\phi$仍不惟一，仍然存在规范变换的自由度。

$$\begin{cases}\boldsymbol{A}' = \boldsymbol{A} + \nabla\psi \\ \phi' = \phi - j\omega\psi\end{cases} \tag{9.1.17}$$

规范函数ψ满足

$$\nabla^2\psi + k^2\psi = 0 \tag{9.1.18}$$

根据位函数的洛仑兹规范条件式(9.1.13)可知，在高频场中，ϕ和$\boldsymbol{A}$互不独立，ϕ可由$\boldsymbol{A}$表示为

$$\begin{cases}\phi = -\nabla\cdot\boldsymbol{A}/j\omega\varepsilon\mu \\ \text{或} -\nabla\phi = \nabla(\nabla\cdot\boldsymbol{A})/j\omega\varepsilon\mu\end{cases} \tag{9.1.19}$$

由此，电磁场量$\boldsymbol{E}$和$\boldsymbol{H}$可只由$\boldsymbol{A}$和$\boldsymbol{A}_m$表示如下：

$$\begin{aligned}&\boldsymbol{H} = \frac{1}{\mu}\nabla\times\boldsymbol{A} \\ &\boldsymbol{E} = -j\omega\left(1 + \frac{1}{k^2}\nabla\nabla\cdot\right)\boldsymbol{A}_m\end{aligned} \tag{9.1.20}$$

或

$$
\begin{aligned}
E &= -\frac{1}{\varepsilon}\nabla\times A_m \\
H &= -j\omega\left(1+\frac{1}{k^2}\nabla\nabla\cdot\right)A_m
\end{aligned}
\tag{9.1.21}
$$

由于 $\boldsymbol{E}$ 和 $\boldsymbol{H}$ 均由 $\boldsymbol{A}$ 或 $\boldsymbol{A}_m$ 来描述，这样就使待求的量由六个减少到三个。

当 $\omega = 0$ 时，即对于静态场，$\boldsymbol{A}$ 和 ϕ 之间的约束关系的洛仑兹条件不存在而彼此独立，从而过渡到静态场的情况。

$$
\begin{cases}
H = \dfrac{1}{\mu}\nabla\times A \\
E = -\nabla\phi
\end{cases}
\tag{9.1.22}
$$

可见，标位 ϕ 主要在静态场中起作用。

9.1.4 赫兹电矢量 $\boldsymbol{\Pi}_e$ 与赫兹磁矢量 $\boldsymbol{\Pi}_m$

矢位 $\boldsymbol{A}$(或 $\boldsymbol{A}_m$) 和标位 ϕ(或 ϕ_m) 是从电荷源 ρ(或磁荷 ρ_m) 和电流源 $\boldsymbol{J}$(或磁流源 $\boldsymbol{J}_m$) 彼此独立的观点出发的，这从它们所满足的亥姆霍兹方程式(9.1.11) 和式(9.1.12) 可以得到说明。但实际上，在时变场情况下，ρ(或 ρ_m) 和 J(或 Jm) 互不独立，而是由电流或磁流的连续性方程联系着。

$$
\begin{cases}
\nabla\cdot J + j\omega\rho = 0 \\
\text{或}\nabla\cdot J_m + j\omega\rho_m = 0
\end{cases}
\tag{9.1.23}
$$

因而 $\boldsymbol{A}$(或 A_m) 和 ϕ(或 ϕ_m) 互不独立依洛仑兹条件式(9.1.13) 联系着，由此可见，存在统一描述源和位函数的可能性

令

$$
\begin{cases}
J = j\omega \mathbf{P} \\
\rho = -\nabla\cdot P
\end{cases}
\tag{9.1.24}
$$

可见，用极化矢量 $\boldsymbol{P}$ 来代表 $\boldsymbol{P}$ 和 $\boldsymbol{J}$，满足电流连续性方程。相应地

令

$$
\begin{cases}
A = j\omega\varepsilon\mu\Pi_e \\
\phi = -\nabla\cdot\Pi_e
\end{cases}
\tag{9.1.25}
$$

即用赫兹电矢量 $\boldsymbol{\Pi}_e$ 来代表 $\boldsymbol{A}$ 和 ϕ，满足洛仑兹规范条件式(9.1.13)。

由对偶关系，令

$$
\begin{cases}
J_m = j\omega\mu M \\
\rho_m = -\mu\nabla\cdot M
\end{cases}
\tag{9.1.26}
$$

则磁流连续性方程自然满足，$\boldsymbol{M}$ 称为磁化矢量。相应地，令

$$
\begin{cases}
A_m = j\omega\varepsilon\mu\Pi_m \\
\phi_m = -\nabla\cdot\Pi_m
\end{cases}
\tag{9.1.27}
$$

则洛仑兹规范条件也自然满足，$\boldsymbol{\Pi}_m$ 称为赫兹磁矢量。

将式(9.1.25) 和式(9.1.27) 代入式(9.1.20) 和式(9.1.21)，可得到场量表达式

$$
\begin{cases}
H = j\omega\varepsilon\nabla\times\Pi_e \\
E = \nabla(\nabla\cdot\Pi_e) + k^2\Pi_e
\end{cases}
\tag{9.1.28}
$$

或
$$E = -j\omega\mu \nabla \times \boldsymbol{\Pi}_m$$
$$H = \nabla(\nabla \cdot \boldsymbol{\Pi}_m) + k^2\boldsymbol{\Pi}_m \tag{9.1.29}$$
将式(9.1.24)～(9.1.27)式代入亥姆霍兹方程(9.1.15)和(9.1.16)，则得到$\boldsymbol{\Pi}_e$和$\boldsymbol{\Pi}_m$所满足的亥姆霍兹方程
$$\nabla^2\boldsymbol{\Pi}_e + k^2\boldsymbol{\Pi}_e = -\frac{\boldsymbol{P}}{\varepsilon} \tag{9.1.30}$$
$$\nabla^2\boldsymbol{\Pi}_m + k^2\boldsymbol{\Pi}_m = -\boldsymbol{M} \tag{9.1.31}$$

9.1.5 无源区位函数的独立分量数

在 $\rho = 0$ 的空间，标位 ϕ 满足
$$\nabla^2\phi + k^2\phi = 0 \tag{9.1.32}$$
在洛仑兹规范条件下，规范函数 ψ 满足
$$\nabla^2\psi + k^2\psi = 0 \tag{9.1.33}$$
我们有可能适当选择 ψ，使得标位恒为零，设$(\boldsymbol{A},\phi)$是满足洛仑兹条件的一组规范，但 $\phi \neq 0$，作规范变换 $\boldsymbol{A}' = \boldsymbol{A} + \nabla\psi, \phi' = \phi - j\omega\psi$，只要令 $\psi = -\frac{j}{\omega}\phi$，则$\nabla^2\psi + k^2\psi = -\frac{j}{\omega}\cdot(\nabla^2\phi + k^2\phi) = 0$且 $\phi' = 0$，从而$(\boldsymbol{A},\phi')$是满足洛仑兹规范条件的一组规范，这时亥姆霍兹方程和洛仑兹条件简化为
$$\begin{cases}\nabla^2\boldsymbol{A} + k^2\boldsymbol{A} = -\mu\boldsymbol{J} \\ \nabla\cdot\boldsymbol{A} = 0\end{cases} \tag{9.1.34}$$
和
$$\begin{cases}\boldsymbol{H} = \dfrac{1}{\mu}\nabla\times\boldsymbol{A} \\ \boldsymbol{E} = -j\omega\boldsymbol{A}\end{cases} \tag{9.1.35}$$

在 $\rho = 0$、$\boldsymbol{J} = 0$ 的空间，
$$\begin{cases}\nabla^2\boldsymbol{A} + k^2\boldsymbol{A} = 0, \quad \nabla\cdot\boldsymbol{A} = 0 \\ \boldsymbol{H} = \dfrac{1}{\mu}\nabla\times\boldsymbol{A}, \quad \boldsymbol{E} = -j\omega\boldsymbol{A}\end{cases} \tag{9.1.36}$$
由此可见，在 $\rho = 0$ 或 $\rho = 0, \boldsymbol{J} = 0$ 的无源区，电磁场 $\boldsymbol{E}$、$\boldsymbol{H}$ 的六个分量的计算可简化为矢位 $\boldsymbol{A}_m$ 的三个分量的计算，其中只有两个分量是独立的。

根据对偶关系，采用完全类似的讨论方法，在 $\rho_m = 0$ 的空间，
$$\begin{cases}\nabla^2\boldsymbol{A}_m + k^2\boldsymbol{A}_m = -\varepsilon\boldsymbol{J}_m, \nabla\cdot\boldsymbol{A}_m = 0 \\ \boldsymbol{E} = -\dfrac{1}{\varepsilon}\nabla\times\boldsymbol{A}_m, \boldsymbol{H} = -j\omega\boldsymbol{A}_m\end{cases} \tag{9.1.38}$$
此时电磁场$\boldsymbol{E}$和$\boldsymbol{H}$的六个分量的计算简化为矢位$\boldsymbol{A}_m$的三个分量的计算，其中只有两个分量是独立的。

综上所述，可见对无源区的电磁场，只需用两个独立的标量函数即可描述，当然这两个独立标量函数可按不同形式出现。下面说明在柱面坐标中，这两个独立标量函数是赫兹矢量的两个分量，即 $\boldsymbol{\Pi}_e$ 和 $\boldsymbol{\Pi}_m$ 的 z 分量。

在柱面坐标中，一组坐标曲面是由平行于 z 轴的直线所产生的柱面族，如图9.1所示。在此柱面族的任一柱面上，可取三个相互正交的单位矢量 $\boldsymbol{a}_1=\boldsymbol{a}_z$、$\boldsymbol{a}_2$ 和 $\boldsymbol{a}_3$。在此坐标系统中，任一点的位置将由一组坐标 (z,u_2,u_3) 确定，元长度

$$ds^2=dz^2+(h_2du_2)^2+(h_3du_3)^2$$

式中 h_2 和 h_3 为相应于坐标 u_2 和 u_3 的拉梅系数，直角坐标 z 的拉梅系数 $h_1=1$。

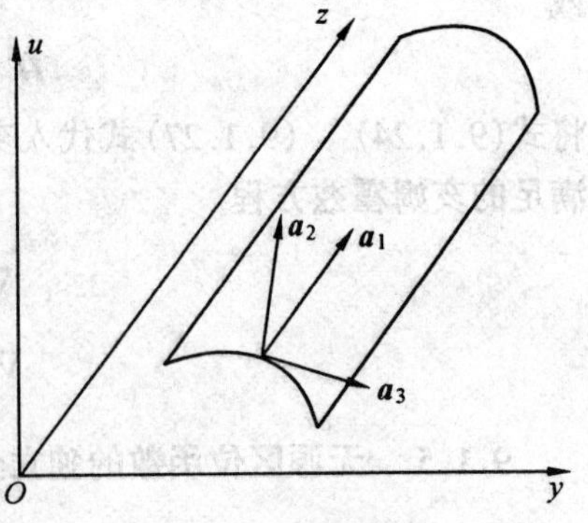

图9.1

在柱面坐标系中，取 $\boldsymbol{\Pi}_e$ 沿 z 轴方向，即 $\Pi_1=\Pi_e$，$\Pi_2=\Pi_3=0$，则由式(9.1.28)和式(9.1.30)，在无源区，$\boldsymbol{E}=\nabla\times\nabla\times\boldsymbol{\Pi}_e$。在正交曲线坐标系中，

$$\boldsymbol{E}=\begin{vmatrix}\boldsymbol{a}_1/h_2h_3 & \boldsymbol{a}_2/h_3h_1 & \boldsymbol{a}_3/h_1h_2\\ \dfrac{\partial}{\partial z} & \dfrac{\partial}{\partial u_2} & \dfrac{\partial}{\partial u_3}\\ 0 & \dfrac{h_2}{h_3h_1}\dfrac{\partial}{\partial u_3}(h,\Pi_e) & -\dfrac{h_3}{h_1h_2}\dfrac{\partial}{\partial u_2}(h,\Pi_e)\end{vmatrix}$$

又由

$$\boldsymbol{H}=j\omega\epsilon\nabla\times\boldsymbol{\Pi}_e=\frac{j\omega\epsilon}{h_1h_2h_3}\begin{vmatrix}h_1\boldsymbol{a}_z & h_2\boldsymbol{a}_2 & h_3\boldsymbol{a}_3\\ \dfrac{\partial}{\partial z} & \dfrac{\partial}{\partial u_2} & \dfrac{\partial}{\partial u_3}\\ \Pi_e & 0 & 0\end{vmatrix}$$

便得到如下电磁场

$$\begin{cases}E_z=-\dfrac{1}{h_2h_3}\left[\dfrac{\partial}{\partial u_2}\left(\dfrac{h_3}{h_2}\dfrac{\partial\Pi_e}{\partial u_2}\right)+\dfrac{\partial}{\partial u_3}\left(\dfrac{h_2}{h_3}\dfrac{\partial\Pi_e}{\partial u_3}\right)\right]=\dfrac{\partial^2\Pi_e}{\partial z}+k^2\Pi_e\\ E_2=\dfrac{1}{h_3}\dfrac{\partial}{\partial_z}\left(\dfrac{h_3}{h_2}\dfrac{\partial\Pi_e}{\partial u_2}\right)=\dfrac{1}{h_2}\dfrac{\partial^2\Pi_e}{\partial z\partial u_2}\\ E_3=\dfrac{1}{h_3}\dfrac{\partial^2\Pi_e}{\partial z\partial u_3}\\ H_z=0\\ H_2=j\omega\epsilon\dfrac{1}{h_3}\dfrac{\partial\Pi_e}{\partial u_3}\\ H_3=-j\omega\epsilon\dfrac{1}{h_2}\dfrac{\partial\Pi_e}{\partial u_2}\end{cases}\tag{9.1.39}$$

式中 E_z 的得出，可参见式(9.1.40)。由于 $\boldsymbol{\Pi}_e$ 只有 z 分量，故 柱面正交曲线坐标系中可得到只含 Π_e 的独立标量亥姆霍兹方程。

$$\nabla^2\Pi_e+k^2\Pi_e=0$$

或

$$\frac{1}{h_2h_3}\left[\frac{\partial}{\partial u_2}\left(\frac{h_3}{h_2}\frac{\partial \Pi_e}{\partial u_2}\right)+\frac{\partial}{\partial u_3}\left(\frac{h_2}{h_3}\frac{\partial \Pi_e}{\partial u_\epsilon}\right)\right]+\frac{\partial^2 \Pi_e}{\partial z^2}+k^2\Pi_e=0 \tag{9.1.40}$$

当然,我们希望方程式(9.1.40)是可分离变量的,以便求得有用的解。由式(9.1.39)可见,在柱面坐标中,$\boldsymbol{\Pi}_e$ 的 z 分量描述的是 TM 波场。

同样地,当取 $\boldsymbol{\Pi}_m$ 沿 z 轴方向,即 $\Pi_1=\Pi_m,\Pi_2=\Pi_3=0$,则由对偶关系和完全类似的讨论又可得到一个部分波场如下。

$$\begin{cases} H_z=-\dfrac{1}{h_2h_3}\left[\dfrac{\partial}{\partial u_2}\left(\dfrac{h_3}{h_2}\dfrac{\partial \Pi_m}{\partial u_2}\right)+\dfrac{\partial}{\partial u_3}\left(\dfrac{h_2}{h_3}\dfrac{\partial \Pi_m}{\partial u_3}\right)\right]=\dfrac{1}{h_2}\dfrac{\partial^2\Pi_m}{\partial z\partial u_3}\\ H_3=\dfrac{1}{h_3}\dfrac{\partial^2\Pi_m}{\partial z\partial u_3}\\ E_z=0\\ E_2=-\dfrac{j\omega u}{h_3}\dfrac{\partial \Pi_m}{\partial u_3}\\ E_3=\dfrac{j\omega u}{h_2}\dfrac{\partial \Pi_m}{\partial u_2}\end{cases} \tag{9.1.41}$$

式中 Π_m 满足与式(9.1.40)形式完全相同的方程。可见在柱面坐标中,$\boldsymbol{\Pi}_m$ 的 z 分量描述的是 TE 波场。

可以证明,将式(9.1.39)和式(9.1.41)所给出的两个部分波场迭加起来所获得的总场,可以满足在 z 为常数的平面上,和任意 u_2 和 u_3 为常数的曲面上所任意给予的边界条件。故上述两部分场的迭加,可以给出无源的柱面区域中的电磁场的普遍式(即通解)。

9.2 齐次矢量亥姆霍兹方程的解

在无源区,无论是场矢量 $\boldsymbol{E}$ 和 $\boldsymbol{H}$,还是矢位 $\boldsymbol{A}$ 和 $\boldsymbol{A}_m$,$\boldsymbol{\Pi}_e$ 和 $\boldsymbol{\Pi}_m$,均满足如下形式的齐次矢量亥姆霍兹方程

$$\nabla^2\boldsymbol{C}+k^2\boldsymbol{C}=0 \text{ 或 } \nabla(\nabla\cdot\boldsymbol{C})-\nabla\times\nabla\times\boldsymbol{C}+k^2\boldsymbol{C}=0 \tag{9.2.1}$$

对上述方程的求解有两个基本途径。一是求解相应分量的标量亥姆霍兹方程;二是直接求解矢量亥姆霍兹方程。

9.2.1 标量亥姆霍兹方程的求解

对方程式(9.2.1)的求解,我们的基本出发点是求解相应的齐次标量亥姆霍兹方程,形如

$$\nabla^2C_j+k^2C_j=0 \qquad j=1,2,3 \tag{9.2.2}$$

这一途径只能在某些正交曲线坐标系中才可行。

在直角坐标系中

$$\nabla^2\boldsymbol{C}=\frac{\partial^2\boldsymbol{C}}{\partial x^2}+\frac{\partial^2\boldsymbol{C}}{\partial y^2}+\frac{\partial^2\boldsymbol{C}}{\partial z^2}=\boldsymbol{a}_x\nabla^2C_x+\boldsymbol{a}_y\nabla^2C_y+\boldsymbol{a}_z\nabla^2C_z \tag{9.2.3}$$

由此,从方程式(9.2.1)可以得到矢量函数 $\boldsymbol{C}$ 的三个坐标分量的三个独立标量亥姆霍兹

方程，采用分离变量法求出三个分量后，矢量场即可得到解答。具体过程参见对均匀平面波的求解。

在柱面坐标中，有一个直角坐标 z，由于 $(\nabla^2 \boldsymbol{C})_z = \nabla^2 C_z$，所以能且只能获得矢量函数的 z 分量的独立标量亥姆霍兹方程。

$$\nabla^2 C_z + k^2 C_z = 0 \tag{9.2.4}$$

由位函数的一般理论可知，通常能用分离变量法求出柱面区域中 C_z 的解，那么由 A_z 和 A_{mz} 就能给出该区域内全部电磁场解答。

可以证明，在球面区域中，能得到关于 A_r/r 和 A_{mr}/r 的独立标量亥姆霍兹方程。前者描述 TM 波场，后者描述 TE 波场，而两个部分波场的迭加能给出球面区域的全部电磁场解。

9.2.2 矢量亥姆霍兹方程的求解

我们看到，当正交曲线坐标系的某一坐标分量是直角坐标，或是球面坐标的 r 分量时，能够得到该分量的独立标量亥姆霍兹方程。但在一般的正交曲线坐标中，不一定会遇到其中的一个坐标就是直角坐标，如回转抛物面坐标系的三个坐标是(α、β、ψ)；回转椭球系和圆环坐标系是(ζ、φ、ψ)；共焦二次曲面坐标系是(λ、μ、υ)。在这些坐标系中，三个单位矢量不是常矢量，因而所得到的三个标量方程是 $\boldsymbol{C}$ 的各分量的耦合方程。从这些耦合方程中解出 $\boldsymbol{C}$ 的各个分量一般比较困难，因此研究方程式(9.2.1)直接解，对解决曲线坐标中电磁场的表达问题是很有必要的。

我们的基本出发点仍然是利用式(9.2.2)形式的标量亥姆霍兹方程的解，来求出矢量亥姆霍兹方程式(9.2.1)的解。为此，设 ψ 是标量亥姆霍兹方程

$$\nabla^2 \psi + k^2 \psi = 0 \tag{9.2.5}$$

的解。设 $\boldsymbol{a}$ 是一个常数矢量或常数单位矢量。作出如下三个矢量

$$\boldsymbol{L} = \nabla \psi, \quad \boldsymbol{M} = \nabla \times (\boldsymbol{a}\psi), \quad \boldsymbol{N} = \frac{1}{k} \nabla \times \boldsymbol{M} \tag{9.2.6}$$

首先可以证明矢量 $\boldsymbol{L}$、$\boldsymbol{M}$ 和 $\boldsymbol{N}$ 均是式(9.2.1)的解。令 $\boldsymbol{C} = \boldsymbol{L}$ 并代入式(9.2.1)得

$$\begin{aligned} & \nabla\nabla \cdot \boldsymbol{L} - \nabla \times \nabla \times \boldsymbol{L} + k^2 \boldsymbol{L} \\ = & \nabla\nabla(\nabla \psi) - \nabla \times \nabla \times (\nabla \psi) + k^2 \nabla \psi \\ = & \nabla(\nabla^2 \psi + k^2 \psi) = 0 \end{aligned}$$

又令 $\boldsymbol{C} = \boldsymbol{M}$ 并代入式(9.2.1)得

$$\begin{aligned} & \nabla\nabla \cdot \boldsymbol{M} - \nabla \times \nabla \times \boldsymbol{M} + k^2 \boldsymbol{M} \\ = & \nabla\nabla \cdot [\nabla \times (\boldsymbol{a}\psi)] - \nabla \times \nabla \times [\nabla \times (\boldsymbol{a}\psi)] + k^2 \boldsymbol{M} \\ = & -\nabla \times [\nabla\nabla \cdot (\boldsymbol{a}\psi) - \nabla^2(\boldsymbol{a}\psi)] + k^2 \boldsymbol{M} \\ = & \nabla \times \nabla^2(\boldsymbol{a}\psi) + k^2 \boldsymbol{M} \\ = & -\nabla \times (-k^2 \boldsymbol{a}\psi) + k^2 \boldsymbol{M} \\ = & -k^2 \boldsymbol{M} + k^2 \boldsymbol{M} = 0 \end{aligned}$$

再令 $\boldsymbol{C} = \boldsymbol{N}$ 并代入式(9.2.1)得

$$\nabla\nabla\cdot \boldsymbol{N}-\nabla\times\nabla\times \boldsymbol{N}+k^2\boldsymbol{N}$$

$$=\frac{1}{k}\nabla\nabla\cdot\nabla\times \boldsymbol{M}-\frac{1}{k}\nabla\times\nabla\times\nabla\times \boldsymbol{M}+k\nabla\times \boldsymbol{M}$$

$$=-\frac{1}{k}\nabla(\nabla\nabla\cdot \boldsymbol{M}-\nabla^2\boldsymbol{M})+k\nabla\times \boldsymbol{M}$$

$$=\frac{1}{k}\nabla\times\nabla^2(\boldsymbol{a}\psi)+k\nabla\times \boldsymbol{M}=-k\nabla\times \boldsymbol{M}+k\nabla\times \boldsymbol{M}=0$$

其次，我们来研究矢量 $\boldsymbol{L}$、$\boldsymbol{M}$ 和 $\boldsymbol{N}$ 的性质及它们之间的相互关系。

显而易见：

$$\nabla\cdot \boldsymbol{M}=0$$

$$\nabla\cdot \boldsymbol{N}=0$$

$$\nabla\times \boldsymbol{L}=0$$

$$\nabla\cdot \boldsymbol{L}=\nabla^2\psi=-k^2\psi$$

同时 $\boldsymbol{M}$ 和 $\boldsymbol{N}$ 成旋度关系。这是因为

$$\nabla\times \boldsymbol{N}=\frac{1}{k}\nabla\times\nabla\times \boldsymbol{M}=\frac{1}{k}(\nabla\nabla\cdot \boldsymbol{M}-\nabla^2\boldsymbol{M})$$

$$=-\frac{1}{k}\nabla^2\boldsymbol{M}=k\boldsymbol{M}$$

或

$$\boldsymbol{M}=\frac{1}{k}\nabla\times \boldsymbol{N}$$

$\boldsymbol{M}$ 和 $\boldsymbol{L}$ 成正交关系。这是因为

$$\boldsymbol{M}\cdot \boldsymbol{L}=\nabla(\boldsymbol{a}\psi)\cdot\nabla\psi=\nabla\psi\times \boldsymbol{a}\cdot\nabla\psi=0$$

由此可见，矢量 $\boldsymbol{L}$、$\boldsymbol{M}$ 和 $\boldsymbol{N}$ 三者不共线。

最后，我们知道齐次标量亥姆霍兹方程式(9.2.5)在一定区域内存在一系列的本征波函数，它们构成一个有限、连续、单值的离散函数集合$\{\psi_n\}$。由 ψ_n 通过式(9.2.6)可得到一系列本征波矢量$\{\boldsymbol{L}_n\}$、$\{\boldsymbol{M}\}$、$\{\boldsymbol{N}_n\}$。$\boldsymbol{L}_n$、$\boldsymbol{M}_n$ 和 $\boldsymbol{N}_n$ 中任意两者都不共线。可以证明，在某些正交曲线坐标系中，$\boldsymbol{L}_n$、$\boldsymbol{M}_n$ 和 $\boldsymbol{N}_n$ 三者之间存在一定的正交关系。故任一矢量函数可由 $\boldsymbol{L}_n$、$\boldsymbol{M}_n$、$\boldsymbol{N}_n$ 的线性迭加来表示，迭加的系数可由 $\boldsymbol{L}_n$、$\boldsymbol{M}_n$ 和 $\boldsymbol{N}_n$ 三者之间的正交关系求出。若此矢量是无源的，则表示式只包含 $\boldsymbol{M}_n$ 及 $\boldsymbol{N}_n$；若此矢量的散度不为零，则表示式应保留 $\boldsymbol{L}_n$ 项。

现作如下对比

$$\text{无源区}\begin{cases}\boldsymbol{E}=\dfrac{-j\omega\mu}{k^2}\nabla\times \boldsymbol{H}\\ \boldsymbol{H}=-\dfrac{1}{j\omega\mu}\nabla\times \boldsymbol{E}\\ \nabla\cdot \boldsymbol{E}=0,\nabla\cdot \boldsymbol{H}=0\end{cases}\qquad \text{矢量}\begin{cases}\boldsymbol{M}=\dfrac{1}{k}\nabla\times \boldsymbol{N}\\ \boldsymbol{N}=\dfrac{1}{k}\nabla\times \boldsymbol{M}\\ \nabla\cdot \boldsymbol{M}=0,\nabla\cdot \boldsymbol{N}=0\end{cases}$$

可见由矢量 $\boldsymbol{M}$ 和 $\boldsymbol{N}$ 表示场量 $\boldsymbol{E}$ 和 $\boldsymbol{H}$ 是适宜的。

试取

$$\boldsymbol{A}=\frac{1}{j\omega}\sum_n(a_n\boldsymbol{M}_n+b_n\boldsymbol{N}_n+C_n\boldsymbol{L}_n)\qquad(9.2.7)$$

则

$$\boldsymbol{H} = \frac{1}{\mu}\nabla\times\boldsymbol{A} = \frac{1}{j\omega\mu}\sum_n(a_n\nabla\times\boldsymbol{M}_n + b_n\nabla\times\boldsymbol{N}_n + C_n\nabla\times\boldsymbol{L}_n)$$

$$= \frac{k}{j\omega\mu}\sum_n(a_n\boldsymbol{N}_n + b_n\boldsymbol{M}_n) \tag{9.2.8}$$

$$\boldsymbol{E} = \frac{-j\omega\mu}{k^2}\nabla\times\boldsymbol{H} = -\frac{1}{k^2}\sum_n(a_n\nabla\times\boldsymbol{N}_n + b_n\nabla\times\boldsymbol{M}_n)$$

$$= -\sum_n(a_n\boldsymbol{M}_n + b_n\boldsymbol{N}_n) \tag{9.2.9}$$

上述齐次矢量亥姆霍兹方程的直接解法在处理电磁波的辐射和散射等问题时是很有用的。

9.3 解非齐次亥姆霍兹方程的格林函数法

9.3.1 点源非齐次标量亥姆霍兹方程

在含源区,我们要求解的是

$$\begin{cases}\nabla^2\boldsymbol{A} + k^2\boldsymbol{A} = -\mu\boldsymbol{J}\\ \nabla^2\boldsymbol{A}_m + k^2\boldsymbol{A}_m = -\varepsilon\boldsymbol{J}_m\end{cases} \tag{9.3.1}$$

形式的非齐次矢量亥姆霍兹方程。求解式(9.3.1)的出发点之一,仍是先求出与其相应的非齐次标量亥姆霍兹方程的解,由此来获得场矢量 $\boldsymbol{E}$ 和 $\boldsymbol{H}$ 的解。

为此,考虑如下非齐次标量亥姆霍兹方程

$$\nabla^2\psi(\boldsymbol{r}) + k^2\psi(\boldsymbol{r}) = -f(\boldsymbol{r}) \tag{9.3.2}$$

这里 ψ 代表矢量函数的某一坐标分量或与其有关的标量函数,f 代表包含电荷与电流源的相应的标量密度函数。

由于电磁场的可迭加性及方程的线性结构,为了求解方程式(9.3.2),设想把任意的源分布看成是一系列点源的集合,则位于 $\boldsymbol{r}'$ 处的单位点源满足如下形式的方程

$$\nabla^2G(\boldsymbol{r},\boldsymbol{r}') + k^2G(\boldsymbol{r},\boldsymbol{r}') = -\delta(\boldsymbol{r}-\boldsymbol{r}') \tag{9.3.3}$$

方程式(9.3.3)在一定区域的解就称为非齐次标量亥姆霍兹方程式(9.3.2)在该区域中的格林函数。

9.3.2 非齐次标量亥姆霍兹方程格林函数解的一般表达式

借助于在一定区域中点源的格林函数,可以获得区域中的任意源分布的亥姆霍兹方程的解的积分表达式。为此,利用标量格林第二公式于某区域 τ 中,见图9.2所示,则有

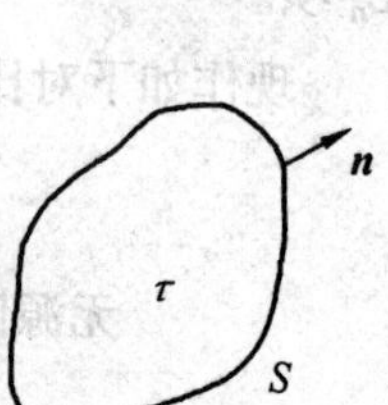

图 9.2

$$\int_\tau(\phi\nabla^2\psi - \psi\nabla^2\phi)\mathrm{d}\tau = \oint_s(\phi\nabla\psi - \psi\nabla\phi)\cdot\boldsymbol{n}\mathrm{d}s \tag{9.3.4}$$

式中 ϕ 和 ψ 是图9.2所示的区域 τ 中的任意可微标量函数，S 为区域 τ 的闭合界面，$\boldsymbol{n}$ 是闭曲面 S 的外法向单位矢量。今取 $\psi(\boldsymbol{r})$ 是方程式(9.3.2) 的解，ϕ 是与该方程相应的格林函数，即方程式(9.3.3) 的解 $G(\boldsymbol{r},\boldsymbol{r}')$，于是

$$\begin{aligned}&\int_\tau [G(\boldsymbol{r},\boldsymbol{r}')\nabla^2\psi(\boldsymbol{r}) - \psi(\boldsymbol{r})\nabla^2 G(\boldsymbol{r},\boldsymbol{r}')]\mathrm{d}\tau \\ &= \oint_S [G(\boldsymbol{r},\boldsymbol{r}')\nabla\psi(\boldsymbol{r}) - \psi(\boldsymbol{r})\nabla G(\boldsymbol{r},\boldsymbol{r}')]\cdot \boldsymbol{n}\mathrm{d}s\end{aligned}$$

为使坐标的表示符合习惯，将上式的积分变量 $\boldsymbol{r}$ 改为 $\boldsymbol{r}'$，G 中 $\boldsymbol{r}$ 与 $\boldsymbol{r}'$ 互换不影响其结果

$$\begin{aligned}&\int_\tau [G(\boldsymbol{r}',\boldsymbol{r})\nabla'^2\psi(\boldsymbol{r}') - \psi(\boldsymbol{r}')\nabla'^2(\boldsymbol{r}',\boldsymbol{r})]\mathrm{d}\tau' \\ &= \oint_S [G(\boldsymbol{r}',\boldsymbol{r})\nabla'\psi(\boldsymbol{r}') - \psi(\boldsymbol{r}')\nabla' G(\boldsymbol{r}',\boldsymbol{r})]\cdot \boldsymbol{n}'\mathrm{d}s\end{aligned} \tag{9.3.5}$$

由式(9.3.2) 和式(9.3.3)，则有式(9.3.5) 式的右端为

$$\int_\tau \{G(\boldsymbol{r}',\boldsymbol{r})[-f(\boldsymbol{r}') - k^2\psi(\boldsymbol{r}') - \psi(\boldsymbol{r}')] - \psi(\boldsymbol{r}')[-\delta'^2(\boldsymbol{r}'-\boldsymbol{r}) - k^3 G(\boldsymbol{r}',\boldsymbol{r})]\}\mathrm{d}\tau'$$

$$= -\int_\tau G(\boldsymbol{r}',\boldsymbol{r})f(\boldsymbol{r}')\mathrm{d}\tau' + \psi(\boldsymbol{r})$$

由此

$$\begin{aligned}\psi(\boldsymbol{r}) &= \int_\tau G(\boldsymbol{r}',\boldsymbol{r})f(\boldsymbol{r}')\mathrm{d}\tau' \\ &+ \oint_s [G(\boldsymbol{r},\boldsymbol{r})\nabla'\psi(\boldsymbol{r}') - \psi(\boldsymbol{r}')\nabla' G(\boldsymbol{r}',\boldsymbol{r})]\cdot \boldsymbol{n}\mathrm{d}s'\end{aligned} \tag{9.3.6}$$

这就是非齐次的标量亥姆霍兹方程的格林函数解的一般表达式。对式(9.3.6) 式可作这样的解释：区域 τ 内任一点的波函数一部分是由 τ 内场源贡献的，另一部分是外部场源通过它给定闭合面 S 上的 ψ 和 $\nabla\psi$ 而贡献的。

9.3.3　非齐次标量亥姆霍兹方程的格林函数解

首先求均匀无界空间亥姆霍兹方程的格林函数，即求解方程式(9.3.3) 的解。为求解简便，可设想坐标系的原点移置在单位点源 $\rho(\boldsymbol{r}')\mathrm{d}\tau' = \delta(\boldsymbol{R})\mathrm{d}\tau'$ 上，见图9.3，则在均匀无界空间的单位点源的格林函数必定是球对称的，即 G 只与 R 有关，于是式(9.3.3) 可写成

$$\frac{1}{R}\frac{\mathrm{d}^2}{\mathrm{d}R^2}(RG_0) + k^2 G_0 = -\delta(\boldsymbol{R}) \tag{9.3.7}$$

在 $\boldsymbol{R}\neq 0$ 处(点源外) 的方程为

$$\frac{\mathrm{d}^2}{\mathrm{d}R^2}(RG_0) + k^2(RG_0) = 0 \tag{9.3.8}$$

其解为

$$G_0 = \frac{A}{R}\mathrm{e}^{\pm jkR} \tag{9.3.9}$$

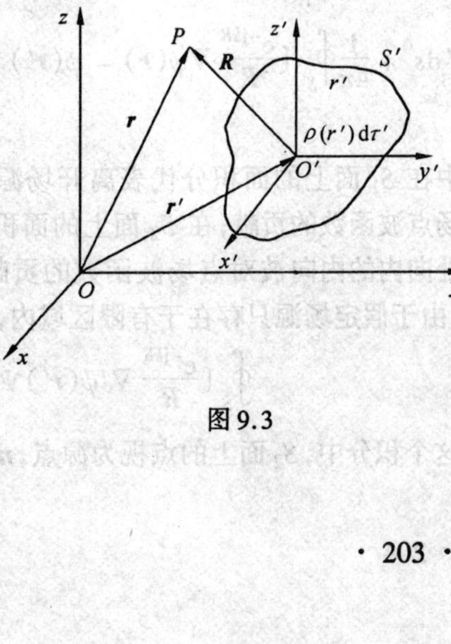

图9.3

为确定常数 A 以获得满足方程式(9.3.3)的格林函数，将式(9.3.9)代入方程式(9.3.3)，并在圆心位于 $R=0$ 的小球体内作体积分，此时 $kR \leqslant 1, e^{\pm jkR} \approx 1, G_0 = A/R$，于是

$$\int_\tau (\nabla^2 + k^2) G \mathrm{d}\tau = -\int_\tau \delta(\boldsymbol{k}) \mathrm{d}\tau$$

或

$$A\int_\tau \left[\nabla^2\left(\frac{1}{R}\right) + \frac{k^2}{R}\right] \mathrm{d}\tau = -1$$

当 τ 很小时($R \to 0$)

$$A\int_{\tau\to 0} \frac{k^2}{R} \mathrm{d}\tau = A\int_{\tau\to 0} \frac{k^2}{R} R^2 \sin\theta' \mathrm{d}\theta' \mathrm{d}\varphi' \mathrm{d}R \to 0$$

$$A\int_{\tau\to 0} \nabla^2 \frac{1}{R} \mathrm{d}\tau = -A\int_{\tau\to 0} 4\pi\delta(R) \mathrm{d}\tau = -4\pi A$$

由此得

$$A = \frac{1}{4\pi}$$

于是由点源产生的向外辐射的场的格林函数为

$$G(\boldsymbol{r}, \boldsymbol{r}') = \frac{1}{4\pi|\boldsymbol{r} - \boldsymbol{r}'|} e^{-jk|\boldsymbol{r}-\boldsymbol{r}'|} = \frac{1}{4\pi R} e^{-jkR} \tag{9.3.10}$$

将此格林函数代入式(9.3.6)即可得到非齐次标量亥姆霍兹方程式(9.3.2)的解为

$$\psi(\boldsymbol{r}) = \frac{1}{4\pi}\int_\tau \frac{e^{-jkR}}{R} f(\boldsymbol{r}') \mathrm{d}\tau' + \frac{1}{4\pi}\oint_s \left[\frac{e^{-jkR}}{R} \nabla' \psi(\boldsymbol{r}') - \Psi(\boldsymbol{r}') \nabla'\left(\frac{e^{-jkR}}{R}\right)\right] \cdot \boldsymbol{n}' \mathrm{d}s' \tag{9.3.11}$$

9.3.4 均匀无界空间中索莫菲尔德辐射条件

在均匀无界空间中，若场源分布在有限区域 τ' 内时，做一闭合面 S_1，包围全部场源，并作一个无限大球面 S_2，见图9.4。则在 S_1 面外，S_2 面内的任意一场点的波函数 $\psi(\boldsymbol{r})$ 为

$$\psi(\boldsymbol{r}) = \frac{1}{4\pi}\int_{s'_1} \left[\frac{e^{-jkR}}{R} \nabla' \psi(\boldsymbol{r}') - \psi(\boldsymbol{r}') \nabla'\left(\frac{e^{-jkR}}{R}\right)\right] \cdot \boldsymbol{n}' \mathrm{d}s' + \frac{1}{4\pi}\oint_{S'_2} \left[\frac{e^{-jkR}}{R} \nabla' \psi(\boldsymbol{r}) - \psi(\boldsymbol{r}') \nabla'\left(\frac{e^{-jkR}}{R}\right)\right] \cdot \boldsymbol{n}' \mathrm{d}s' \tag{9.3.12}$$

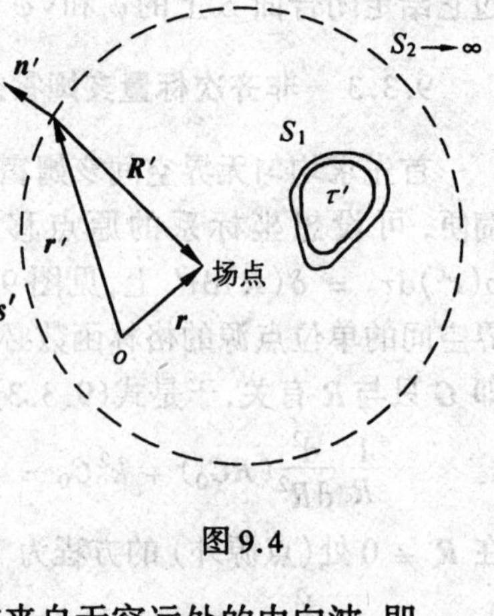

图9.4

其中在 S_1 面上的面积分代表离开场源的向外辐射波对场点波函数的贡献；在 S_2 面上的面积分代表由无穷远处向内的内向波对点场波函数的贡献。从物理上判断，由于假定场源只存在于有限区域内，显然不应当存在来自无穷远处的内向波，即

$$\oint_{S_2} \left[\frac{e^{-jkR}}{R} \nabla' \psi(\boldsymbol{r}') \Psi(\boldsymbol{r}') \nabla' \times \left(\frac{e^{-jkR}}{R}\right)\right] \cdot \boldsymbol{n}' \mathrm{d}s' = 0 \tag{9.3.13}$$

在这个积分中，S_2 面上的点视为源点，$\boldsymbol{n}'$ 代表 S_2 面的外法向单位矢量，当 $S_2 \to \infty$ 时，可视

$\boldsymbol{n}'$与$\boldsymbol{R}'$反向,又由于从有限区域内的源点指向场点习惯用$\boldsymbol{R}$,则$\nabla'\psi(\boldsymbol{r}')\cdot\boldsymbol{n}=\frac{\partial}{\partial R}\psi(\boldsymbol{r}')$,在 $S_2\to\infty$ 时,$\boldsymbol{R}'$ 与$\boldsymbol{R}$ 的反向,$\nabla'(\frac{1}{R}\mathrm{e}^{-\mathrm{j}kR})\cdot\boldsymbol{n}'=\frac{\partial}{\partial R}(\frac{1}{R}\mathrm{e}^{-\mathrm{j}kR})=\frac{1}{R^2}\mathrm{e}^{-\mathrm{j}kR}+\mathrm{j}k\frac{1}{R}\mathrm{e}^{-\mathrm{j}kR}$,面元 $\mathrm{d}s'=R^2\mathrm{d}\Omega$,这样式(9.3.13)式可写成

$$\oint_{S_2}R(\frac{\partial\psi}{\partial R}+\mathrm{j}k\psi)\mathrm{e}^{-\mathrm{j}kR}\mathrm{d}\Omega'+\oint_{S_2}\psi\mathrm{e}^{-\mathrm{j}kR}\mathrm{d}\Omega'=0 \tag{9.3.14}$$

这里我们再从物理上的考虑对波函数的性质作一规定,在实际媒质中(包括空气在内)有限源在无穷远处不产生影响,即 $R\to\infty$ 时,$\psi\propto\frac{1}{R}$。因此,如果波函数 ψ 满足条件

$$\lim_{R\to\infty}R(\frac{\partial\psi}{\partial R}+\mathrm{j}k\psi)=0 \tag{9.3.15}$$

则等式(9.3.14)及式(9.3.13)均成立。式(9.3.15)就称为索莫菲尔德辐射条件,它表示在均匀无界空间中,当场源存在于有限区域内时,其辐射波是外向波,辐射场的波函数必须满足辐射条件式(9.3.15)。

9.3.5 均匀无界空间中非齐次亥姆霍兹方程的格林函数解

从非齐次标量亥姆霍兹方程式(9.3.2)的基尔霍夫公式解式(9.3.11)出发,对均匀无界空间中的场源只分布在限区域内的辐射问题,可令式(9.3.11)的积分闭合面 S 扩大为无限大球面。由于辐射场的波函数 ψ 必满足辐射条件式(9.3.15),式(9.3.11)中的面积分项为零,故

$$\psi(\boldsymbol{r})=\frac{1}{4\pi}\int_\tau\frac{\mathrm{e}^{-\mathrm{j}kR}}{R}f(\boldsymbol{r}')\mathrm{d}\tau' \tag{9.3.16}$$

该式称为亥姆霍兹积分。将此 $\psi(\boldsymbol{r})$ 看成是矢量位 $\boldsymbol{A}$ 或$\boldsymbol{A}_m$ 的各个直角分量,可得

$$\boldsymbol{A}(\boldsymbol{r})=\frac{\mu}{4\pi}\int_\tau\boldsymbol{J}(\boldsymbol{r}')\frac{\mathrm{e}^{-\mathrm{j}kR}}{R}\mathrm{d}\tau' \tag{9.3.17a}$$

$$\boldsymbol{A}_m(\boldsymbol{r})=\frac{\varepsilon}{4\pi}\int_\tau\boldsymbol{J}_m(\boldsymbol{r}')\frac{\mathrm{e}^{-\mathrm{j}kR}}{R}\mathrm{d}\tau' \tag{9.3.17b}$$

上式就是在均匀无限空间中的有限源的矢量位 $\boldsymbol{A}$ 或$\boldsymbol{A}_m$ 的亥姆霍兹积分表达式。其物理意义是:场点处场的相位滞后于场源的相位,说明在媒质中电磁场是以有限速度传播的。由此可以说,电磁辐射就是电磁场的一种滞后效应。

由 $\boldsymbol{A}$ 和$\boldsymbol{A}_m$ 就可 计算电磁场量$\boldsymbol{E}$ 和$\boldsymbol{H}$,其表达式如下

$$\boldsymbol{E}(\boldsymbol{r})=-\mathrm{j}\omega[1+\frac{1}{k^2}\nabla\nabla\cdot]\boldsymbol{A}(\boldsymbol{r})-\frac{1}{\varepsilon}\nabla\times\boldsymbol{A}_m(\boldsymbol{r}) \tag{9.3.18}$$

$$\boldsymbol{H}(\boldsymbol{r})=\frac{1}{\mu}\nabla\times\boldsymbol{A}(\boldsymbol{r})-\mathrm{j}\omega[1+\frac{1}{k^2}\nabla\nabla\cdot]\boldsymbol{A}_m(\boldsymbol{r}) \tag{9.3.19}$$

由式(9.3.17a及b)、式(9.3.18和式(9.3.19)和电磁场的对偶性原理就能很容易地计算出电偶极子和磁偶极子的辐射表达式。

9.3.6 矩形区域中非齐次亥姆霍兹方程的格林函数解

上面介绍的是无界空间的格林函数,这里再以矩形区域为例介绍有界空间中的格林

函数。

设在矩形波导中的(x',z')处，置一平行于y轴的均匀有限线电流源$\boldsymbol{J} = \boldsymbol{a}_y I_o \delta(x - x')\delta(z - z')$。这里的源是以电流源的形式给出的，即$\rho = 0$，所以用矢量位$\boldsymbol{A}$所描述的波场为

$$\begin{cases}\nabla^2\boldsymbol{A} + k^2\boldsymbol{A} = -\mu_o\boldsymbol{J} \\ \nabla\cdot\boldsymbol{A} = 0\end{cases} \tag{9.3.20}$$

$$\begin{cases}\boldsymbol{E} = -j\omega\boldsymbol{A} & (9.3.21) \\ \boldsymbol{H} = \dfrac{1}{\mu}\nabla\times\boldsymbol{A} & (9.3.22)\end{cases}$$

由于线电流只有y分量，所以可选$\boldsymbol{A} = \boldsymbol{a}_y A$，又由洛仑兹规范条件$\nabla\cdot\boldsymbol{A} = 0$，可得$\partial A/\partial y = 0$，由此激励场沿$y$方向无变化，是二维场$A(x,z)$。

对本问题所给的均匀有限电流源，其密度函数可用二维δ函数表示，对单位强度的线源在给定边界条件下所激励的场，即标量亥姆霍兹方程的格林函数，它满足

$$\begin{cases}(\dfrac{\partial^2}{\partial x^2} + \dfrac{\partial^2}{\partial z^2} + k^2)G(\boldsymbol{r}',\boldsymbol{r}') = -\mu_o\delta(x - x')\delta(z - z') & (9.2.23) \\ G = 0 \quad x = 0, a & (9.3.24)\end{cases}$$

由于这个问题在x方向有界，而在z方向无界，所以不能采取通常的分离变量法来找关于x和关于z的函数，下面将会看到这样的问题可以通过傅立叶级数展开来处理。

将式(9.3.23)两边同乘$\sin\dfrac{n\pi x}{a}$，并在$0 \leqslant x \leqslant a$的区间上积分，利用式(9.3.24)得到

$$\begin{aligned}(k^2 - \frac{n^2\pi^2}{a^2} + \frac{\partial^2}{\partial z^2})\int_0^a G\sin\frac{n\pi x}{a}\mathrm{d}x \\ = -\mu_o\sin\frac{n\pi x'}{a}\delta(z - z')\end{aligned} \tag{9.3.25}$$

令

$$\varepsilon_n(z) = \int_o^a G(x,z)\sin\frac{n\pi x}{a}\mathrm{d}x \tag{9.3.26}$$

将式(9.3.26)代入式(9.3.25)得$\varepsilon_n(z)$所满足的方程为

$$(\frac{\partial^2}{\partial z^2} - \gamma_n^2)\varepsilon_n(z) = -\mu_o\sin\frac{n\pi x'}{a}\delta(z - z') \tag{9.3.27}$$

式中

$$\gamma_n^2 = (\frac{n\pi}{a})^2 - k^2 \tag{9.3.28}$$

在$z = z'$处

$$(\frac{\partial^2}{\partial z^2} - \gamma_n^2)\varepsilon_n(z) = 0 \tag{9.3.29}$$

其解为$\mathrm{e}^{\pm\gamma_n z}$，它代表从$z = z'$处的源传播开的波，为此取

$$\begin{cases}\varepsilon_n(z) = b_n\mathrm{e}^{\gamma_n z} & z < z' \\ \varepsilon_n(z) = c_n\mathrm{e}^{\gamma_n z} & z > z'\end{cases} \tag{9.3.30}$$

根据电磁场的单值性(解惟一)，在$z = z'$处，$\varepsilon_n(z)$应是连续的，即

$$b_n\mathrm{e}^{\gamma_n z} = c_n\mathrm{e}^{-\gamma_n z} \tag{9.3.31}$$

但由于$z = z'$处$\delta(z - z')$源的存在，使$\partial\varepsilon_n/\partial z$不连续，将式(9.3.27)在$z' - \triangle$至$z' +$

△ 区间积分,并令 △→0,则

$$\lim_{\Delta\to 0}\frac{\partial \varepsilon_n}{\partial z}\bigg|_{z-\Delta}^{z'+\Delta} = -\mu_o \sin\frac{n\pi x'}{a} \tag{9.3.32}$$

将式(9.3.30) 代入式(9.3.32) 得

$$-c_n\gamma_n e^{-\gamma_n z'} - b_n\gamma_n e^{\gamma_n z'} = -\mu_o \sin\frac{n\pi x'}{a} \tag{9.3.33}$$

由式(9.3.31) 和式(9.3.33) 联立解得

$$\begin{cases} b_n = \dfrac{\mu_o}{2\gamma_n}\sin\dfrac{n\pi x'}{a}e^{-\gamma_n z'} \\ c_n = \dfrac{\mu_o}{2\gamma_n}\sin\dfrac{n\pi x'}{a}e^{\gamma_n z'} \end{cases} \tag{9.3.34}$$

由此得

$$\varepsilon_n(z) = \frac{\mu_o}{2\gamma_n}\sin\frac{n\pi x'}{a}e^{\gamma_n(z-z')} \qquad z \leqslant z'$$

$$\varepsilon_n(z) = \frac{\mu_o}{2\gamma_n}\sin\frac{n\pi x'}{a}e^{\gamma_n(z-z')} \qquad z \geqslant z' \tag{9.3.35}$$

将式(9.3.35) 代入式(9.3.36) 便得到格林函数

$$G(x,z,x',z') = \frac{\mu_o}{a}\sum_{n=1}^{\infty}\frac{1}{\gamma_n}\sin\frac{n\pi x'}{a}\sin\frac{n\pi x}{a}e^{-\gamma_n|z-z'|} \tag{9.3.36}$$

对于向 $z > z'$ 方向传播的波,取 $|z-z'| = z-z'$;对于向 $z < z'$ 方向传播的波,取 $|z-z'| = z'-z$。

由于式(9.3.36)是位于(x',z')处的单位强度的均匀线流源的格林函数,则强度为 I_o 的均匀线流源的矢量位 $\boldsymbol{A}$ 为

$$\begin{aligned} \boldsymbol{A} &= \boldsymbol{a}_y A \\ &= \boldsymbol{a}_y I_o G \\ &= \boldsymbol{a}_y\frac{\mu_o I_o}{a}\sum_{n=1}^{\infty}\frac{1}{\gamma_n}\sin\frac{n\pi x'}{a}\sin\frac{n\pi x}{a}e^{-\gamma_n|z-z'|} \end{aligned} \tag{9.3.37}$$

相应的电场为

$$\begin{aligned} \boldsymbol{E} &= -j\omega\boldsymbol{A} \\ &= -\boldsymbol{a}_y\frac{j\omega\mu_o I_o}{a}\sum_{n=1}^{\infty}\frac{1}{\gamma_n}\sin\frac{n\pi x'}{a}\sin\frac{n\pi x}{a}e^{-\gamma_n|z-z'|} \end{aligned} \tag{9.3.38}$$

相应磁场为

$$\begin{cases} H_x = -\dfrac{1}{\mu}\dfrac{\partial A}{\partial z} \\ H_z = \dfrac{1}{\mu}\dfrac{\partial A}{\partial x} \end{cases} \tag{9.3.39}$$

可见,该均匀线流源激励的是TE_{n0}波型,脚标 n 表示场量沿x方向(宽边内)变化的半周期数,0 表示场的分布与 y 轴无关。

9.4 任意时变电磁场问题的求解方法

按上一节的讨论,对随时间任意规律变化的时变电磁场问题,可归结为求解如下形式的标量波动方程

$$\nabla^2\psi(\boldsymbol{r},t)-\varepsilon\mu\frac{\partial^2\psi(\boldsymbol{r},t)}{\partial t^2}=-f(\boldsymbol{r},t) \tag{9.4.1}$$

将波函数 $\psi(\boldsymbol{r},t)$ 和源的密度函数 $f(\boldsymbol{r},t)$ 对 t 作傅立叶变换,消去时间因子就可以得到相应的亥姆霍兹方程式(9.3.2)。

为此,将 $\psi(\boldsymbol{r},t)$ 和 $f(\boldsymbol{r},t)$ 对 t 进行傅氏变换

$$\begin{cases}\psi(\boldsymbol{r},t)=\int_{-\infty}^{+\infty}\psi(\boldsymbol{r},\omega)e^{j\omega t}d\omega\\ f(\boldsymbol{r},t)=\int_{-\infty}^{+\infty}f(\boldsymbol{r},\omega)e^{j\omega t}d\omega\end{cases} \tag{9.4.2}$$

各相应的频率分量可以由傅立叶逆变换表示为

$$\begin{cases}\psi(\boldsymbol{r},\omega)=\frac{1}{2\pi}\int_{-\infty}^{+\infty}\psi(\boldsymbol{r},t)e^{j\omega t}dt\\ f(\boldsymbol{r},\omega)=\frac{1}{2\pi}\int_{-\infty}^{+\infty}f(\boldsymbol{r},t)e^{j\omega t}dt\end{cases} \tag{9.4.3}$$

将式(9.4.3)代入式(9.4.1)就可看出,每一频率分量 $\psi(r,\omega)$ 满足非齐次亥姆霍兹方程(9.3.2)。

我们已经得到非齐次亥姆霍兹方程格林函数解为

$$\psi(\boldsymbol{r},\omega)=\int_\tau G(\boldsymbol{r}',\boldsymbol{r})f(\boldsymbol{r}',\omega)+\oint_s[G(\boldsymbol{r}',\boldsymbol{r})\nabla'\psi(\boldsymbol{r}',\omega)-\psi(\boldsymbol{r},\omega)\nabla'G(\boldsymbol{r}',\boldsymbol{r})]\cdot\boldsymbol{n}ds' \tag{9.4.4}$$

将此式代入式(9.4.2)式得

$$\begin{aligned}\psi(\boldsymbol{r},t)=&\int_{+\infty}^{+\infty}[\int_\tau G(\boldsymbol{r}',\boldsymbol{r})f(\boldsymbol{r}',\omega)d\tau']e^{j\omega t}d\omega\\&+\int_{-\infty}^{+\infty}\{\phi_s[G(\boldsymbol{r}',\boldsymbol{r})\nabla'\psi(\boldsymbol{r},\omega)-\psi(\boldsymbol{r}',\omega)\nabla'G(\boldsymbol{r},\boldsymbol{r})]\times\boldsymbol{n}dS'\}e^{j\omega t}d\omega\end{aligned} \tag{9.4.5}$$

再将式(9.4.3)代入上式,其右端第一项体积分为

$$\begin{aligned}&\int_{+\infty}^{+\infty}[\int_\tau G(\boldsymbol{r}',\boldsymbol{r})f(\boldsymbol{r}',\omega)d\tau']e^{j\omega t}d\omega\\&=\int_\tau\int_{-\infty}^{+\infty}[\frac{1}{2\pi}\int_{-\infty}^{+\infty}[G(\boldsymbol{r}',\boldsymbol{r})e^{j\omega(t-t')}d\omega]f(\boldsymbol{r}',t')dt'd\tau'\\&=\int_\tau\int_{-\infty}^{+\infty}G(\boldsymbol{r},\boldsymbol{r}',t,t')f(\boldsymbol{r}',t')dt'd\tau'\end{aligned} \tag{9.4.6}$$

式中

$$G(\boldsymbol{r},\boldsymbol{r}',t,t')=\frac{1}{2\pi}\int_{-\infty}^{+\infty}G(\boldsymbol{r},\boldsymbol{r})e^{j\omega(t-t')}d\omega \tag{9.4.7}$$

是与时间有关的格林函数。右端第二项面积分为

$$\int_{-\infty}^{+\infty}\left\{\oint_s[G(\boldsymbol{r}',\boldsymbol{r})\nabla'\psi(\boldsymbol{r}',\omega)-\psi(\boldsymbol{r},\omega)\nabla'G(\boldsymbol{r}',\boldsymbol{r})]\cdot\boldsymbol{n}'\mathrm{d}s\right\}\mathrm{e}^{\mathrm{j}\omega t}\mathrm{d}\omega$$

$$=\oint_s\left\{\int_{-\infty}^{+\infty}[G(\boldsymbol{r}',\boldsymbol{r})\frac{1}{2\pi}\int_{-\infty}^{+\infty}\mathrm{e}^{\mathrm{j}\omega t}\nabla'\psi(\boldsymbol{r}',t')\mathrm{d}t']\mathrm{e}^{\mathrm{j}\omega t}\mathrm{d}\omega\cdot\boldsymbol{n}'\mathrm{d}s'\right\}$$

$$=\oint_s\left\{\int_{-\infty}^{+\infty}\frac{1}{2\pi}\int_{-\infty}^{+\infty}\psi(\boldsymbol{r}',t')\mathrm{e}^{-\mathrm{j}\omega t}\mathrm{d}t']\nabla'G(\boldsymbol{r}',\boldsymbol{r})]\mathrm{e}^{\mathrm{j}\omega t}\cdot\boldsymbol{n}'\mathrm{d}s'\right\}$$

$$=\oint_s\left\{\int_{-\infty}^{+\infty}\frac{1}{2\pi}\int_{-\infty}^{+\infty}G(\boldsymbol{r}',\boldsymbol{r})\mathrm{e}^{\mathrm{j}\omega(t-t')}\mathrm{d}\omega]\nabla'\psi(\boldsymbol{r}',t')\mathrm{d}t'\right\}$$

$$\times\boldsymbol{n}'\mathrm{d}s'-\oint_s\left\{\int_{-\infty}^{+\infty}\psi(\boldsymbol{r}',t')\nabla'[\frac{1}{2\pi}\int_{-\infty}^{+\infty}G(\boldsymbol{r}',\boldsymbol{r})\mathrm{e}^{\mathrm{j}\omega(t-t')}\mathrm{d}\omega]\mathrm{d}t'\right\}\times\boldsymbol{n}'\mathrm{d}s'$$

$$=\oint_s\left\{\int_{-\infty}^{+\infty}[G(\boldsymbol{r},\boldsymbol{r}',t,t')\nabla'\psi'(\boldsymbol{r},t')-\psi(\boldsymbol{r}',t')\nabla'G(\boldsymbol{r},\boldsymbol{r}',t,t')]\mathrm{d}t'\right\}\times\boldsymbol{n}'\mathrm{d}s'\tag{9.4.8}$$

将式(9.4.6)和(9.4.8)代入式(9.4.5),便得到非齐次波动方程(9.4.1)的通解为

$$\psi(\boldsymbol{r},t)=\int_{\tau}\int_{-\infty}^{+\infty}[G(\boldsymbol{r},\boldsymbol{r}',t,t')f(\boldsymbol{r}',t')\mathrm{d}t'\mathrm{d}\tau'+$$

$$\oint_s\left\{\int_{-\infty}^{+\infty}[G(\boldsymbol{r},\boldsymbol{r}',t,t')\nabla'\psi(\boldsymbol{r}',t')-\psi(\boldsymbol{r}',t)\nabla'G(\boldsymbol{r},\boldsymbol{r}',t,t')]\mathrm{d}t'\right\}\cdot\boldsymbol{n}'\mathrm{d}s'\tag{9.4.9}$$

式中第一项体积分的积分变量是带撇的场源的空间与时间坐标,积分是对包含场源(电流与电荷)的体积 τ' 进行。因此,这一项代表体积 τ' 内的局部电流源和电荷源对场点 $\boldsymbol{r}$ 处 t 时刻的波函数的贡献。第二项面积分代表区域 τ' 外部的场源或边界面 S' 本身对 S' 内的场点 $\boldsymbol{r}$ 处 t 时刻的波函数的贡献。

下面就均匀无界空间的任意有限源 $f(\boldsymbol{r},t)$ 的解式(9.4.9)作进一步讨论。

我们已经求得均匀无界空间亥姆霍兹方程式(9.3.2)的格林函数为式(9.3.10),据式(9.4.7)得到与时间有关的格林函数为

$$G(\boldsymbol{r},\boldsymbol{r}',t,t')=\frac{1}{2\pi}\int_{-\infty}^{+\infty}G(\boldsymbol{r}',\boldsymbol{r})\mathrm{e}^{\mathrm{j}\omega(t-t')}$$

$$=\frac{1}{4\pi R}\frac{1}{2\pi}\int_{-\infty}^{+\infty}\mathrm{e}^{\mathrm{j}\omega(t-t'-kR/\omega)}\mathrm{d}\omega$$

应用积分公式

$$\int_{-\infty}^{+\infty}\mathrm{e}^{\mathrm{j}\omega T}\mathrm{d}\omega=2\pi\delta(T)$$

则可求得

$$G(\boldsymbol{r},\boldsymbol{r}',t,t')=\delta(t-t'-\frac{kR}{\omega})/4\pi R\tag{9.4.10}$$

对任意时变场,在均匀无界空间中,当场源分布在有限区域内时,将闭合面 S 扩大为无穷大球面,则同样可以证明式(9.4.9)的面积分项为0,再把式(9.4.10)代入式(9.4.9)则可得

$$\psi(\boldsymbol{r},t)=\int_{\tau}\int_{-\infty}^{+\infty}\frac{\delta(t-t'-kR/\omega)}{4\pi R}f(\boldsymbol{r}',\boldsymbol{r})\mathrm{d}t'\mathrm{d}\tau'$$

$$= \int_{\tau} \frac{f(\boldsymbol{r}'t - R/v)}{4\pi R} \mathrm{d}\tau'$$

或

$$\psi(\boldsymbol{r}, t) = \int_{\tau} \frac{f(\boldsymbol{r}', t - R/v)}{4\pi R} \mathrm{d}\tau' \tag{9.4.11}$$

将式(9.4.11)的波函数 $\psi(\boldsymbol{r}, t)$ 看成是矢量 $\boldsymbol{A}$ 或 $\boldsymbol{\Pi}_e$ 的每一个直角分量，然后将三个直角分量相加，就得到在均匀无界空间中，场源分布在有限区域内时任意时变场的位函数。

$$\begin{cases} \boldsymbol{A}(\boldsymbol{r}, t) = \dfrac{\mu}{4\pi}\displaystyle\int_{\tau} \dfrac{\boldsymbol{J}(\boldsymbol{r}, t - R/v)}{R} \mathrm{d}\tau' \\ \boldsymbol{\Pi}_e(\boldsymbol{r}, t) = \dfrac{1}{4\pi\varepsilon}\displaystyle\int_{\tau} \dfrac{\boldsymbol{P}(\boldsymbol{r}', t - R/v)}{R} \mathrm{d}\tau' \end{cases} \tag{9.4.12}$$

最后由位函数与场量 $\boldsymbol{E}$、$\boldsymbol{H}$ 的关系，就可求出已知场源情况下均匀无界空间的电磁场分布。

附录1　矢量分析公式

一、梯度、散度、旋度和拉普拉斯公式

1.直角坐标系

$$\boldsymbol{A} = \boldsymbol{a}_x A_x + \boldsymbol{a}_y A_y + \boldsymbol{a}_z A_z$$

$$\nabla u = \boldsymbol{a}_x \frac{\partial u}{\partial x} + \boldsymbol{a}_y \frac{\partial u}{\partial y} + \boldsymbol{a}_z \frac{\partial u}{\partial z}$$

$$\nabla \cdot \boldsymbol{A} = \frac{\partial A_x}{\partial x} + \frac{\partial A_y}{\partial y} + \frac{\partial A_z}{\partial z}$$

$$\nabla \times \boldsymbol{A} = \begin{vmatrix} \boldsymbol{a}_x & \boldsymbol{a}_y & \boldsymbol{a}_z \\ \frac{\partial}{\partial x} & \frac{\partial}{\partial y} & \frac{\partial}{\partial z} \\ A_x & A_y & A_z \end{vmatrix}$$

$$\nabla^2 u = \frac{\partial^2 u}{\partial x^2} + \frac{\partial^2 u}{\partial y^2} + \frac{\partial^2 u}{\partial z^2}$$

2.圆柱坐标系

$$\boldsymbol{A} = \boldsymbol{a}_r A_r + \boldsymbol{a}_\varphi A_\varphi + \boldsymbol{a}_z A_z$$

$$\nabla u = a_r \frac{\partial u}{\partial r} + a_\varphi \frac{1}{r} \frac{\partial u}{\partial \varphi} + a_z \frac{\partial u}{\partial z}$$

$$\nabla \cdot \boldsymbol{A} = \frac{1}{r} \frac{\partial}{\partial r}(r A_r) + \frac{1}{r} \frac{\partial A_\varphi}{\partial \varphi} + \frac{\partial A_z}{\partial z}$$

$$\nabla \times \boldsymbol{A} = \frac{1}{r} \begin{vmatrix} a_r & r a_\varphi & a_z \\ \frac{\partial}{\partial r} & \frac{\partial}{\partial \varphi} & \frac{\partial}{\partial z} \\ A_r & r A_\varphi & A_z \end{vmatrix}$$

$$\nabla^2 u = \frac{1}{r} \frac{\partial}{\partial r}\left(r \frac{\partial u}{\partial r}\right) + \frac{1}{r^2} \frac{\partial^2 u}{\partial \varphi^2} + \frac{\partial^2 u}{\partial z^2}$$

3.球坐标系

$$\boldsymbol{A} = \boldsymbol{a}_r A_r + \boldsymbol{a}_\theta A_\theta + \boldsymbol{a}_\varphi A_\varphi$$

$$\nabla u = a_r \frac{\partial u}{\partial r} + a_\theta \frac{1}{r} \frac{\partial u}{\partial \theta} + a_\varphi \frac{1}{r\sin\theta} \frac{\partial u}{\partial \varphi}$$

$$\nabla \cdot \boldsymbol{A} = \frac{1}{r^2} \frac{\partial}{\partial r}(r^2 A_r) + \frac{1}{r\sin\theta} \frac{\partial}{\partial \theta}(\sin\theta A_\theta) + \frac{1}{r\sin\theta} \frac{\partial A_\varphi}{\partial \varphi}$$

$$\nabla \times \boldsymbol{A} = \frac{1}{r^2\sin\theta}\begin{vmatrix} a_r & ra_\theta & r\sin\theta a_\varphi \\ \dfrac{\partial}{\partial r} & \dfrac{\partial}{\partial \theta} & \dfrac{\partial}{\partial \varphi} \\ A_r & rA_\theta & r\sin\theta A_\varphi \end{vmatrix}$$

$$\nabla^2 u = \frac{1}{r^2}\frac{\partial}{\partial r}(r^2\frac{\partial u}{\partial r}) + \frac{1}{r^2\sin\theta}\frac{\partial}{\partial \theta}(\sin\theta\frac{\partial u}{\partial \theta}) + \frac{1}{r^2\sin^2\theta}\frac{\partial^2 u}{\partial \varphi^2}$$

二、积分公式

$$\int_V \nabla \times \boldsymbol{A}\mathrm{d}V = \oint_s \boldsymbol{A} \cdot \mathrm{d}\boldsymbol{S}$$ （散度公式）

$$\int_V \nabla \times \boldsymbol{A}\mathrm{d}V = \oint_s \boldsymbol{n} \times \boldsymbol{A}\mathrm{d}S$$

$$\int_V \nabla u\mathrm{d}V = \oint_s u\mathrm{d}\boldsymbol{S}$$

$$\int_S (\nabla \times \boldsymbol{A}) \cdot \mathrm{d}V = \oint_s \boldsymbol{A} \cdot \mathrm{d}\boldsymbol{l}$$ （斯托克斯公式）

$$\int (\boldsymbol{n} \times \nabla u)\mathrm{d}S = \oint_s u\mathrm{d}\boldsymbol{l}$$

三、重要的矢量恒等式

$$\boldsymbol{A} \cdot (\boldsymbol{B} \times \boldsymbol{C}) = \boldsymbol{B} \cdot (\boldsymbol{C} \times \boldsymbol{A}) = \boldsymbol{C} \cdot (\boldsymbol{A} \times \boldsymbol{B})$$

$$\boldsymbol{A} \times (\boldsymbol{B} \times \boldsymbol{C}) = (\boldsymbol{A} \cdot \boldsymbol{C})\boldsymbol{B} - (\boldsymbol{A} \cdot \boldsymbol{B})\boldsymbol{C}$$

$$\nabla(u + v) = \nabla u + \nabla v$$

$$\nabla \cdot (\boldsymbol{A} + \boldsymbol{B}) = \nabla \cdot \boldsymbol{A} + \nabla \boldsymbol{B}$$

$$\nabla \times (\boldsymbol{A} + \boldsymbol{B}) = \nabla \times \boldsymbol{A} + \nabla \times \boldsymbol{B}$$

$$\nabla(uv) = u\nabla v + v\nabla u$$

$$\nabla \cdot (u\boldsymbol{A}) = u\nabla \cdot \boldsymbol{A} + \boldsymbol{A} \cdot \nabla u$$

$$\nabla \cdot (u\boldsymbol{A}) = \nabla u \times \boldsymbol{A} + u\nabla \times \boldsymbol{A}$$

$$\nabla(\boldsymbol{A} \cdot \boldsymbol{B}) = (\boldsymbol{A} \cdot \nabla)\boldsymbol{B} + (\boldsymbol{B} \cdot \nabla)\boldsymbol{A} + \boldsymbol{A} \times (\nabla \times \boldsymbol{B}) + \boldsymbol{B} \times (\nabla \times \boldsymbol{A})$$

$$\nabla \cdot (\boldsymbol{A} \times \boldsymbol{B}) = \boldsymbol{B} \cdot \nabla \times \boldsymbol{A} - \boldsymbol{A} \cdot \nabla \times \boldsymbol{B}$$

$$\nabla \times (\boldsymbol{A} \times \boldsymbol{B}) = \boldsymbol{A} \cdot \nabla \boldsymbol{B} - \boldsymbol{B} \cdot \nabla \boldsymbol{A} + (\boldsymbol{B} \cdot \nabla)A - (\boldsymbol{A} \cdot \nabla)\boldsymbol{B}$$

$$\nabla \cdot \nabla u = \nabla^2 u$$

$$\nabla \times \nabla u = 0$$

$$\nabla \cdot (\nabla \times A) = 0$$

$$\nabla \times \nabla \times \boldsymbol{A} = \nabla(\nabla \cdot \boldsymbol{A}) - \nabla^2 \boldsymbol{A}$$

$$\nabla R = \frac{\boldsymbol{R}}{R}$$

$$\nabla \cdot \boldsymbol{R} = 3$$

$$\nabla \times \boldsymbol{R} = 0$$

$$\nabla \times \frac{\boldsymbol{R}}{R^3} = 0$$

$$\nabla^2 \frac{1}{R} = -4\pi\sigma(\boldsymbol{r} - \boldsymbol{r}')$$

$$\nabla \frac{1}{R} = -\frac{\boldsymbol{R}}{R^3}$$

$$\nabla' \frac{1}{R} = \frac{\boldsymbol{R}}{R^3} = -\nabla \frac{1}{R}$$

其中

$$R = [(x - x')^2 + (y - y')^2 + (z - z')^2]^{1/2}$$

附录 2　电磁波的物理量及单位

物理量	符号	国际制单位			倍　数	高斯制单位
		名　称	代　号			
			中文	国际		
长度	L	米	米	m	10^2	厘米
质量	m	千克	千克	kg	10^3	克
时间	t	秒	秒	s	1	秒
电流	I	安培	安	A	3×10^9	静安
力	$\boldsymbol{F}$	牛顿	牛	N	10^5	达因
功能	W	焦耳	焦	J	10^7	尔格
能量密度	w	焦耳每立方米	焦／米^3	J/m^3	10	尔格／厘米^3
功率	P	瓦特	瓦	W	10^7	尔格／秒
电荷	q	库仑	库	C	3×10^9	静库
电荷面密度	ρ	库仑每立方米	库／米^3	C/m^3	3×10^3	静库／厘米^3
电荷体密度	ρ_s	库仑每平方米	库／米^2	C/m^2	3×10^5	静库／厘米^2
电荷线密度	ρ_l	库仑每米	库／米	C/m	3×10^7	静库／厘米
电位	ϕ	伏特	伏	V	1/300	静伏
电场强度	$\boldsymbol{E}$	伏特每米	伏／米	V/m	$\frac{1}{3}\times10^{-4}$	静伏／厘米
电感应强度	$\boldsymbol{D}$	库仑每平方米	库／米^2	C/m^2	$12\pi\times10^5$	静伏／厘米
电偶极矩	$\boldsymbol{P}$	库仑米	库·米	C·m	3×10^{11}	静库·厘米
电导率	σ	西门子每米	西／米	S/m	9×10^9	1／秒
电阻	R	欧姆	欧	Ω	$\frac{1}{9}\times10^{-11}$	
电容	C	法拉	法	F	9×10^{11}	
电流体密度	$\boldsymbol{J}$	安培每平方米	安／米^2	A/m^2	3×10^5	静安／厘米^2
电流面密度	$\boldsymbol{J}_s$	安培每米	安／米	A/m	3×10^7	静安／厘米
磁通量	Φ_m	韦伯	韦	Wb	10^8	麦克斯韦
磁感应强度	$\boldsymbol{B}$	特斯拉	特	T	10^4	高斯
磁场强度	$\boldsymbol{H}$	安培每米	安／米	A/m	$4\pi\times10^{-3}$	奥斯特
磁化强度	$\boldsymbol{M}$	安培每米	安／米	A/m	10^3	磁矩／厘米^3
极化强度	$\boldsymbol{P}$	库仑每平方米	库／米^2	C/m^2	3×10^5	偶极矩／厘米^3
电感	L	亨利	亨利	H	$\frac{1}{9}\times10^{11}$	静电单位
介电常数	ε	法拉每米	法／米	F/m	$4\pi\times10^{-11}$	
磁导率	μ	亨利每米	亨／米	H/m	$\frac{1}{4\pi}\times10^7$	
磁偶极矩	$\boldsymbol{m}$	安培平方米	安·米^2	A·m^2	3×10^{13}	静安·厘米
矢量位	$\boldsymbol{A}$	韦伯每米	韦／米	Wb/m	10^6	麦克斯韦／厘米
电通量	Ψ	库仑	库	C	3×10^9	静库
平面角	$\theta\varphi$	弧度	弧度	rad		
立体角	Ω	球面度	球面度	Sr		
衰减常数	α	奈培每米	奈培／米	Np/m		
相移常数	β	弧度每米	弧度／米	rad/m		

附录3　并矢和张量

一、三维空间的正交变换

设 $x_1 = x, x_2 = y, x_3 = z$ 和 $x_1' = x', x_2' = y', x_3' = z'$ 分别代表某个矢量在 s 系和 s' 系中的直角坐标，我们称系数与坐标无关的变换

$$\begin{cases} x_1' = a_{11}x_1 + a_{12}x_2 + a_{13}x_3 \\ x_2' = a_{21}x_1 + a_{22}x_2 + a_{23}x_3 \\ x_3' = a_{31}x_1 + a_{32}x_2 + a_{33}x_3 \end{cases} \tag{3.1}$$

为三维空间的线性坐标变换。若上述变换满足条件(正交条件)

$$l^2 = x_1^2 + x_2^2 + x_3^2 = x_{11}^2 + x_{21}^2 + x_{31}^2 \tag{3.2}$$

l 为矢量的长度，则变换(3.1)式称为线性的正交变换。用求和符号表示时，(3.1)式可写为

$$x_i' = \sum_{j=1}^{3} a_{ij}x_j \quad j = 1,2,3 \tag{3.3}$$

(3.2)式可写为

$$\sum_{i=1}^{3} x_{i1}{}^2 = \sum_{i=1}^{3} x_i^2 \tag{3.4}$$

为了书写简便起见，通常略去求和符号，用重复指标的方法，即在表示式中凡相乘的量有重复指示的都表示要对它求和，于是线性变换(3.1)式

$$x_i' = a_{ij}x_j \tag{3.5}$$

正交条件(3.2)式可写为

$$x_i'x_i' = x_ix_i \tag{3.6}$$

在三维空间中，指标用拉丁字母 i, j, k, l 等表示，它们取值均为 1 ~ 3。

根据正交条件(3.6)式可以得到正交变换的条件，即对换系统 a_{ij} 的限制条件。

将(3.5)式代入(3.6)式有

$$(a_{ij}x_j)(a_{ik}x_k) = x_ix_i \tag{3.7}$$

引入克罗聂克符号 δ_{jk}，其定义为

$$\delta_{ik} = \begin{cases} 1 & \text{当 } j = k \\ 0 & \text{当 } j \neq k \end{cases} \tag{3.8}$$

则比较(3.7)式两边的系数，可知

$$a_{ij}a_{ik} = \delta_{jk} \tag{3.9}$$

这是三维线性正交变换所必须满足的条件之一。

我们从(3.1)式中解出 x_j，便可得到 x_j 与 x_i' 之间的变换关系，即(3.1)式的反变换

$$\begin{cases} x_1 = \beta_{11}x_1' + \beta_{12}x_2' + \beta_{13}x_3' \\ x_2 = \beta_{21}x_1' + \beta_{22}x_2' + \beta_{23}x_3' \\ x_3 = \beta_{31}x_1' + \beta_{32}x_2' + \beta_{33}x_3' \end{cases} \tag{3.10}$$

将(3.1)和(3.10)两式写成矩阵的形式,有

$$\begin{bmatrix} x_1' \\ x_2' \\ x_3' \end{bmatrix} = \begin{bmatrix} \alpha_{11} & \alpha_{12} & \alpha_{13} \\ \alpha_{21} & \alpha_{22} & \alpha_{23} \\ \alpha_{31} & \alpha_{32} & \alpha_{33} \end{bmatrix} \begin{bmatrix} x_1 \\ x_2 \\ x_3 \end{bmatrix}$$

$$= \begin{bmatrix} \alpha_{11} & \alpha_{12} & \alpha_{13} \\ \alpha_{21} & \alpha_{22} & \alpha_{23} \\ \alpha_{31} & \alpha_{32} & \alpha_{33} \end{bmatrix} \begin{bmatrix} \beta_{11} & \beta_{12} & \beta_{13} \\ \beta_{21} & \beta_{22} & \beta_{23} \\ \beta_{31} & \beta_{32} & \beta_{33} \end{bmatrix} \begin{bmatrix} x_1' \\ x_2' \\ x_3' \end{bmatrix}$$

于是我们可以立刻看到

$$\begin{bmatrix} \alpha_{11} & \alpha_{12} & \alpha_{13} \\ \alpha_{21} & \alpha_{22} & \alpha_{23} \\ \alpha_{31} & \alpha_{32} & \alpha_{33} \end{bmatrix} \begin{bmatrix} \beta_{11} & \beta_{12} & \beta_{13} \\ \beta_{21} & \beta_{22} & \beta_{23} \\ \beta_{31} & \beta_{32} & \beta_{33} \end{bmatrix} = \begin{bmatrix} 1 & 0 & 0 \\ 0 & 1 & 0 \\ 0 & 0 & 1 \end{bmatrix} \tag{3.11}$$

即

$$\alpha_{ij}\beta_{jk} = \delta_{ik} \tag{3.12}$$

因为 α_{ij} 代表 x_i 与 x_j' 之间的方向余弦,而 β_{ji} 代表 x_j' 与 x_i 之间的方向余弦,所以

$$\alpha_{ij} = \beta_{ji} \tag{3.13}$$

于是(3.12)式可以写成

$$\alpha_{ij}\alpha_{kj} = \delta_{ik} \tag{3.14}$$

这是三维线性正交变换所必须满足的另一条件。

将变换系数 α_{ij} 表示成矩阵形式

$$(\alpha) = \begin{bmatrix} \alpha_{11} & \alpha_{12} & \alpha_{13} \\ \alpha_{21} & \alpha_{22} & \alpha_{23} \\ \alpha_{31} & \alpha_{32} & \alpha_{33} \end{bmatrix} \tag{3.15}$$

则由(3.11)与(3.13)两式可知,线性正交变换条件用矩阵形式表示时,则为

$$(\alpha)\widetilde{(\alpha)} = \mathrm{I} \tag{3.16}$$

其中$\widetilde{(\alpha)}$是(α)的转置矩阵,I 为单位矩阵。

三维线性正交变换在几何上代表坐标系的转动。为了说明这一点,我们假定有一矢量在 S 系中的分量为$(x_1,0,0)$,其长度为 $l^2 = x_1^2$,由(3.6)式和(3.5)式有

$$l^2 = x_1^2 = x_1'^2 + x_2'^2 + x_3'^2 = \alpha_{11}^2 x_1^2 + \alpha_{21}^2 x_1^2 + \alpha_{31}^2 x_1^2$$

由此可得

$$\alpha_{11}^2 + \alpha_{21}^2 + \alpha_{31}^2 = 1 \tag{3.17}$$

另一方面,从(3.15)式可知,这时矢量在 S' 系中的分量为 $x_1' = \alpha_{11}x_1, x_2' = \alpha_{21}x_1, x_3' = \alpha_{31}x_1$。可见,(3.17)式表示 $\alpha_{11},\alpha_{21},\alpha_{31}$ 为 x_1 坐标与 x_1',x_2',x_3' 坐标之间的方向余弦,即三维线性正交变换在几何上代表坐标轴的旋转。

二、物理量按空间变换性质的分类

在三维空间中,物理量可分为标量、矢量、张量等,这种分类是根据物理量在线性正交

变换中,亦即在坐标系作转动变换时所具有的变换性质来规定的。

(1) 标量:在空间没有取向关系,当坐标轴转动时数值不变,则此量称为标量。如质量、电荷、标量位等,它们与坐标变换无关,即

$$\phi' = \phi \tag{3.18}$$

标量也称为零阶张量。

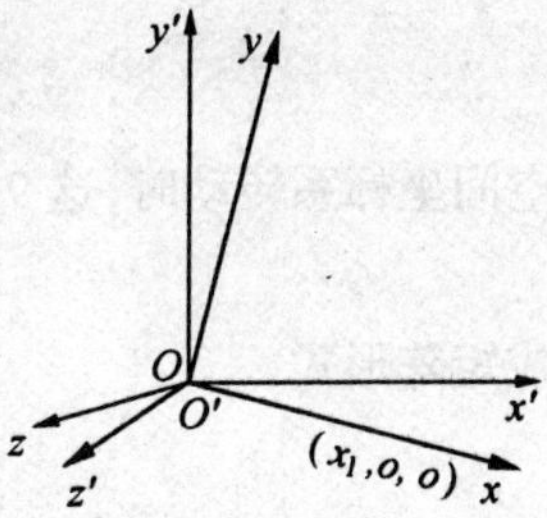

图 3.1

(2) 矢量:在空间中有一定的取向性,这种物理量需用三个数 A_i(坐标分量)来表示,记成 $\boldsymbol{A} = A_i\boldsymbol{a}_i$,其中 $\boldsymbol{a}_i$ 为坐标轴方向的单位矢量,当坐标轴旋转时,该物理量变换关系与坐标的变换关系形式相同,即

$$A_i' = \alpha_{ij}A_j \tag{3.19}$$

写成矩阵形式

$$\begin{pmatrix} A_1' \\ A_2' \\ A_3' \end{pmatrix} = \begin{bmatrix} \alpha_{11} & \alpha_{12} & \alpha_{13} \\ \alpha_{21} & \alpha_{22} & \alpha_{23} \\ \alpha_{31} & \alpha_{32} & \alpha_{33} \end{bmatrix} \begin{pmatrix} A_1 \\ A_2 \\ A_3 \end{pmatrix} \tag{3.20}$$

则这种物理量称为矢量,如速度、力、电场强度等。矢量也称为一阶张量。

(3) 并矢:两矢量 $\boldsymbol{A}$ 和 $\boldsymbol{B}$ 并列(注意,不是 $\boldsymbol{A}\cdot\boldsymbol{B}$),它们之间不作任何运算,称为并矢。

记作:

$$\begin{aligned} \boldsymbol{AB} &= (A_1\boldsymbol{a}_1 + A_2\boldsymbol{a}_2 + A_3\boldsymbol{a}_3)(B_1\boldsymbol{a}_1 + B_2\boldsymbol{a}_2 + B_3\boldsymbol{a}_3) \\ &= A_1B_1\boldsymbol{a}_1\boldsymbol{a}_1 + A_1B_2\boldsymbol{a}_1\boldsymbol{a}_2 + A_1B_3\boldsymbol{a}_1\boldsymbol{a}_3 + A_2B_1\boldsymbol{a}_2\boldsymbol{a}_1 + A_2B_2\boldsymbol{a}_2\boldsymbol{a}_2 \\ &\quad + A_2B_3\boldsymbol{a}_2\boldsymbol{a}_3 + A_3B_1\boldsymbol{a}_3\boldsymbol{a}_1 + A_3B_2\boldsymbol{a}_3\boldsymbol{a}_2 + A_3B_3\boldsymbol{a}_3\boldsymbol{a}_3 \end{aligned} \tag{3.21}$$

写成矩阵形式

$$\boldsymbol{AB} = \begin{pmatrix} A_1B_1 & A_1B_2 & A_1B_3 \\ A_2B_1 & A_2B_2 & A_2B_3 \\ A_3B_1 & A_3B_2 & A_3B_3 \end{pmatrix} \tag{3.22}$$

$$\boldsymbol{AB} \neq \boldsymbol{BA}$$

一般说来并矢是张量的一种特殊情形。

(4) 张量:有些物理量显示出复杂的空间取向性质。这类物理量需用两个矢量指标表示,具有 9 个分量表示为

$$\begin{aligned} \boldsymbol{T} = {} & T_{11}\boldsymbol{a}_1\boldsymbol{a}_1 + T_{12}\boldsymbol{a}_1\boldsymbol{a}_2 + T_{13}\boldsymbol{a}_1\boldsymbol{a}_3 + T_{21}\boldsymbol{a}_2\boldsymbol{a}_1 + T_{22}\boldsymbol{a}_2\boldsymbol{a}_2 + \\ & T_{23}\boldsymbol{a}_2\boldsymbol{a}_3 + T_{31}\boldsymbol{a}_3\boldsymbol{a}_1 + T_{32}\boldsymbol{a}_3\boldsymbol{a}_2 + T_{33}\boldsymbol{a}_3\boldsymbol{a}_3 \end{aligned} \tag{3.23}$$

一般写成

$$\boldsymbol{T} = T_{ij}\boldsymbol{a}_i\boldsymbol{a}_j \tag{3.24}$$

写成矩阵形式:

$$T = \begin{pmatrix} T_{11} & T_{12} & T_{13} \\ T_{21} & T_{22} & T_{23} \\ T_{31} & T_{32} & T_{33} \end{pmatrix} \tag{3.25}$$

当空间坐标系转动时，这9个分量按下列方式变换

$$T_{ij}{}' = a_{ik} a_{jk} T_{kl} \tag{3.26}$$

写成矩阵形式

$$(T') = (a)(T)\widetilde{(a)} \tag{3.27}$$

或

$$\begin{pmatrix} T'_{11} & T'_{12} & T'_{13} \\ T'_{21} & T'_{22} & T'_{23} \\ T'_{31} & T'_{32} & T'_{33} \end{pmatrix} = \begin{bmatrix} \alpha_{11} & \alpha_{12} & \alpha_{13} \\ \alpha_{21} & \alpha_{22} & \alpha_{23} \\ \alpha_{31} & \alpha_{32} & \alpha_{33} \end{bmatrix} \begin{pmatrix} T_{11} & T_{12} & T_{13} \\ T_{21} & T_{22} & T_{23} \\ T_{31} & T_{32} & T_{33} \end{pmatrix} \begin{bmatrix} \alpha_{11} & \alpha_{21} & \alpha_{31} \\ \alpha_{12} & \alpha_{22} & \alpha_{32} \\ \alpha_{13} & \alpha_{23} & \alpha_{33} \end{bmatrix} \tag{3.28}$$

由它们组成的物理量称为张量。张量概念是矢量和矩阵概念的推广。特殊情况，

$$\boldsymbol{I} = \boldsymbol{a}_1\boldsymbol{a}_1 + \boldsymbol{a}_2\boldsymbol{a}_2 + \boldsymbol{a}_3\boldsymbol{a}_3 \tag{3.29}$$

称为单位张量。写成矩阵形式

$$\boldsymbol{I} = \begin{pmatrix} 1 & 0 & 0 \\ 0 & 1 & 0 \\ 0 & 0 & 1 \end{pmatrix} \tag{3.30}$$

三、张量的部分代数运算

(1) 加法

两个张量 $\boldsymbol{T}$ 和 $\boldsymbol{U}$ 相加，分别将相应的分量相加：

$$\boldsymbol{T} + \boldsymbol{U} = (T_{11} + U_{11})\boldsymbol{a}_1\boldsymbol{a}_1 + (T_{12} + U_{12}) + \boldsymbol{a}_1\boldsymbol{a}_2 + \cdots\cdots \tag{3.31}$$

写成矩阵形式

$$\begin{pmatrix} T_{11} & T_{12} & T_{13} \\ T_{21} & T_{22} & T_{23} \\ T_{31} & T_{32} & T_{33} \end{pmatrix} + \begin{pmatrix} U_{11} & U_{12} & U_{13} \\ U_{21} & U_{22} & U_{23} \\ U_{31} & U_{32} & U_{33} \end{pmatrix} = \begin{pmatrix} T_{11}+U_{11} & T_{12}+U_{12} & T_{13}+U_{13} \\ T_{21}+U_{21} & T_{22}+U_{22} & T_{23}+U_{23} \\ T_{31}+U_{31} & T_{32}+U_{32} & T_{33}+U_{33} \end{pmatrix} \tag{3.32}$$

加法服从交换律和结合律。

(2) 标量与张量的积

标量 Φ 与张量 $\boldsymbol{T}$ 之积等于将 Φ 乘 $\boldsymbol{T}$ 的每一个分量

$$\Phi\boldsymbol{T} = \Phi T_{11}\boldsymbol{a}_1\boldsymbol{a}_1 + \Phi T_{12}\boldsymbol{a}_1\boldsymbol{a}_2 + \cdots \tag{3.33}$$

并有

$$\Phi\boldsymbol{T} = \boldsymbol{T}\Phi \tag{3.24}$$

(3) 张量与矢量的标积

张量与矢量的标积蜕化为矢量

$$\boldsymbol{T}\cdot A = T_{11}\boldsymbol{a}_1(\boldsymbol{a}_1\cdot\boldsymbol{A}) + T_{12}\boldsymbol{a}_1(\boldsymbol{a}_2\cdot\boldsymbol{A}) + T_{13}\boldsymbol{a}_1(\boldsymbol{a}_3\cdot\boldsymbol{A}) +$$

$$T_{21}\boldsymbol{a}_2(\boldsymbol{a}_1\cdot\boldsymbol{A}) + T_{22}\boldsymbol{a}_2(\boldsymbol{a}_2\cdot\boldsymbol{A}) + T_{23}\boldsymbol{a}_2(\boldsymbol{a}_3\cdot\boldsymbol{A}) + T_{31}\boldsymbol{a}_3(\boldsymbol{a}_1\cdot\boldsymbol{A}) +$$

$$T_{32}\boldsymbol{a}_3(\boldsymbol{a}_2 \cdot \boldsymbol{A}) + T_{33}\boldsymbol{a}_3(\boldsymbol{a}_3 \cdot \boldsymbol{A}) = T_{ij}A_j\boldsymbol{a}_i \tag{3.35}$$

写成矩阵形式

$$\boldsymbol{T} \cdot \boldsymbol{A} = \begin{pmatrix} T_{11} & T_{12} & T_{13} \\ T_{21} & T_{22} & T_{23} \\ T_{31} & T_{32} & T_{33} \end{pmatrix} \begin{pmatrix} A_1 \\ A_2 \\ A_3 \end{pmatrix} \tag{3.36}$$

$$\boldsymbol{A} \cdot \boldsymbol{T} = A_i T_{ji} \boldsymbol{a}_i \tag{3.37}$$

写成矩阵形式

$$\boldsymbol{A} \cdot \boldsymbol{T} = (A_1 A_2 A_3) \begin{pmatrix} T_{11} & T_{12} & T_{13} \\ T_{21} & T_{22} & T_{23} \\ T_{31} & T_{32} & T_{33} \end{pmatrix} \tag{3.38}$$

一般说来

$$\boldsymbol{T} \cdot \boldsymbol{A} \neq \boldsymbol{A} \cdot \boldsymbol{T}$$

单位张量与矢量的标积还是矢量本身

$$\boldsymbol{I} \cdot \boldsymbol{A} = \boldsymbol{A} \cdot \boldsymbol{I} = \boldsymbol{A} \tag{3.39}$$

四、四维空间

在狭义相对论中，为了讨论问题方便，常常引入四维空间，即三个空间坐标和一个时间坐标所组成的空间。在四维空间中，我们同样按照物理量在线性正交变换时，亦即在坐标系作转动变换时所具有的性质，来定义标量、矢量、张量等物理量。

(1) 标量：在坐标系旋转时，其值不变，即

$$\phi' = \phi \tag{3.40}$$

(2) 矢量：这种物理量在空间有取向性，需用四个坐标分量来表示，记成 $\boldsymbol{A} = A_v\boldsymbol{a}_v$，$\boldsymbol{a}_v$ 代表坐标的单位矢量，当坐标系作旋转变换时，各分量的变换关系与坐标的变换关系相同，即

$$A'_\mu = \alpha_{\mu v} A_v \tag{3.41}$$

在四维空间中，我们用字母 $\mu v \delta \lambda$ 等表示，它们取值从 1 ~ 4，而且同样采用相乘因子的重复指标代表求和的办法。

写成矩阵形式

$$\begin{pmatrix} A'_1 \\ A'_2 \\ A'_3 \\ A'_4 \end{pmatrix} = \begin{pmatrix} \alpha_{11} & \alpha_{12} & \alpha_{13} & \alpha_{14} \\ \alpha_{21} & \alpha_{22} & \alpha_{23} & \alpha_{24} \\ \alpha_{31} & \alpha_{32} & \alpha_{33} & \alpha_{34} \\ \alpha_{41} & \alpha_{42} & \alpha_{43} & \alpha_{44} \end{pmatrix} \begin{pmatrix} A_1 \\ A_2 \\ A_3 \\ A_4 \end{pmatrix} \tag{3.42}$$

或

$$(A') = (a)(A)$$

(3) 二阶张量：这类物理量需用两个矢量指标表示，有 16 个分量，记成

$$\boldsymbol{T} = T_{\mu v}\boldsymbol{a}_\mu \boldsymbol{a}_v$$

写成矩阵形式

$$T = \begin{pmatrix} T_{11} & T_{12} & T_{13} & T_{14} \\ T_{21} & T_{22} & T_{23} & T_{24} \\ T_{31} & T_{32} & T_{33} & T_{34} \\ T_{41} & T_{42} & T_{43} & T_{44} \end{pmatrix}$$

当空间坐标系转动时，这 16 个分量按下列形式变换：

$$T'_{\mu\nu} = \alpha_{\mu\tau}\alpha_{\nu\lambda}T_{\tau\lambda} \tag{3.44}$$

写成矩阵形式

$$\begin{pmatrix} T_{11} & T_{12} & T_{13} & T_{14} \\ T_{21} & T_{22} & T_{23} & T_{24} \\ T_{31} & T_{32} & T_{33} & T_{34} \\ T_{41} & T_{42} & T_{43} & T_{44} \end{pmatrix} = \begin{pmatrix} \alpha_{11} & \alpha_{12} & \alpha_{13} & \alpha_{14} \\ \alpha_{21} & \alpha_{22} & \alpha_{23} & \alpha_{24} \\ \alpha_{31} & \alpha_{32} & \alpha_{33} & \alpha_{34} \\ \alpha_{41} & \alpha_{42} & \alpha_{43} & \alpha_{44} \end{pmatrix} \begin{pmatrix} T_{11} & T_{12} & T_{13} & T_{14} \\ T_{21} & T_{22} & T_{23} & T_{24} \\ T_{31} & T_{32} & T_{33} & T_{34} \\ T_{41} & T_{42} & T_{43} & T_{44} \end{pmatrix} \begin{pmatrix} \alpha_{11} & \alpha_{21} & \alpha_{31} & \alpha_{41} \\ \alpha_{12} & \alpha_{22} & \alpha_{32} & \alpha_{42} \\ \alpha_{13} & \alpha_{23} & \alpha_{33} & \alpha_{43} \\ \alpha_{14} & \alpha_{24} & \alpha_{34} & \alpha_{44} \end{pmatrix} \tag{3.45}$$

或

$$(T') = (\alpha)(T)\widetilde{(\alpha)} \tag{3.46}$$

四维张量的运算与三维张量相同。

习题参考答案

第一章

1.3 $\sqrt{82} = 9.055$

1.4 (1) $\mathrm{div}\,\boldsymbol{A} = (8x + 3y)y$

$\mathrm{rot}\boldsymbol{A} = 4xz\boldsymbol{a}_x + (1 - 2yz)\boldsymbol{a}_y - (z^2 + 3x^2)\boldsymbol{a}_z$

(2) $\mathrm{div}\boldsymbol{A} = 0$

$\mathrm{rot}\boldsymbol{A} = x(2y - x)\boldsymbol{a}_x + y(2z - y)\boldsymbol{a}_y + z(2x - z)\boldsymbol{a}_z$

(3) $\mathrm{div}\boldsymbol{A} = P'(x) + Q'(y) + R'(z)$

$\mathrm{rot}\boldsymbol{A} = 0$

1.5 (1) $(-2, 2\sqrt{3}, 3)$

(2) $(5, 53.1°, 120°)$

1.6 (1) 6 (2) 12

1.7 $75\pi^2$

1.8 (1) $\nabla \cdot \boldsymbol{A} = 2x + 2x^2y + 72x^2y^2z^2$; (2) $\frac{1}{24}$

1.9 8

1.10 $-\pi r_0$

1.11 $\boldsymbol{S} = \boldsymbol{a}_z \pi ab$

1.12 $\nabla r = \frac{\boldsymbol{r}}{r}, \nabla r^n = nr^{n-2}\boldsymbol{r}, \nabla f(r) = f'(r)\frac{\boldsymbol{r}}{r}$

1.14 $6z + 24xy - 2z^3 - 6y^2z$

1.15 $-\boldsymbol{a}_x - 3\boldsymbol{a}_y + 4\boldsymbol{a}_z, \frac{1}{3}$

1.16 (1) 0 (2) 0 (3) $\frac{f'(r)}{r}(\boldsymbol{r} \times \boldsymbol{c})$ (4) 0

1.17 $\frac{\partial \boldsymbol{A}}{\partial \varphi} = (r^2\cos\varphi - \sin^2\theta)\boldsymbol{a}_r - \sin\theta\cos\theta\boldsymbol{a}_\theta + (r^2\sin\theta\sin\varphi + 2r\cos^2\theta)\boldsymbol{a}_\varphi$

1.18 0

第二章

2.1 $E = \frac{q\sqrt{2}}{\pi\varepsilon_o l^2}$，方向由正电线垂直指向负电线

2.2 (1) $E = E_z = \frac{\rho_s}{2\varepsilon_0}\left(1 - \frac{z}{\sqrt{a^2 + z^2}}\right)$

(2) ρ_s 不变，$\alpha \to 0, E \to 0$；$\alpha \to \infty, E \to \frac{\rho_s}{2\varepsilon_o}$

(3) q 不变，$\alpha \to 0, E \to \frac{q}{4\pi\varepsilon_0 z^2}$；$\alpha \to \infty, \rho_s \to 0, E \to 0$

2.3 $\mathrm{B} = \dfrac{\mu_0 a^2 I}{2(a^2 + h^2)^{3/2}}\mathrm{a}_z$

2.7 (1)$\mathrm{E}_1 = \dfrac{qr}{4\pi\varepsilon a^3}(r < a), \mathrm{E}_2 = \dfrac{qr}{4\pi\varepsilon a^3}(r > a)$

$$\rho_p = \left(\frac{\varepsilon_0}{\varepsilon} - 1\right)\frac{3q}{4\pi a^3} \quad (r < a), \rho_p = 0 \quad (r > a)$$

$$\rho_{Sp} = \left(1 - \frac{\varepsilon_0}{\varepsilon}\right)\frac{q}{4\pi a^2}(r = a); q_{p\text{总}} = 0$$

(2)$\mathrm{E}_1 = \dfrac{qr}{4\pi\varepsilon r^3} \quad (r < a), \mathrm{E}_2 = \dfrac{qr}{4\pi\varepsilon r^3} \quad (r > a)$

$$\rho_p = 0; \rho_{Sp} = \left(1 - \frac{\varepsilon_0}{\varepsilon}\right)\frac{q}{4\pi a^2}(r = a)$$

$$q_{p\text{总}} = q_{P\text{球心}} + \oint_s \rho_{sp}\mathrm{d}S = 0, \text{其中 } q_{P\text{球心}} = \left(\frac{\varepsilon_0}{\varepsilon} - 1\right)q$$

2.8 (1)$\mathrm{E}_1 = \dfrac{q_1 r}{2\pi\varepsilon r^2} \quad (r < a), \mathrm{E}_2 = \dfrac{q_1 r}{2\pi\varepsilon_0 r^2} \quad (r > a)$

$$\rho_p = \left(\frac{\varepsilon_0}{\varepsilon} - 1\right)\frac{q_1}{\pi a^2}(r < a), \rho_p = 0(r > a)$$

$$\rho_{Sp} = \left(1 - \frac{\varepsilon_0}{\varepsilon}\right)\frac{q_1}{2\pi a^2}(r = a); q_{p\text{总}} = 0$$

(2)$E_1 = \dfrac{q_1 r}{2\pi\varepsilon r^2}(r < a), E_2 = \dfrac{q_1 r}{2\pi\varepsilon_o r^2}(r > a)$

$$\rho_p = 0; \rho_{sp} = (1 - \frac{\varepsilon_o}{\varepsilon})\frac{q_1}{2\pi a}$$

$$q_{p\text{总}} = q_{P\text{轴线}} + \oint_s \rho_{sp}\mathrm{d}S = 0, \text{其中 } q_{P\text{轴线}} = \left(\frac{\varepsilon_0}{\varepsilon} - 1\right)q_1$$

2.9 $E = \dfrac{q}{2\pi(\varepsilon_1 + \varepsilon_2)r^2} \quad (r > a), E = 0 \quad (r < a);$

$$\rho_{s1} = \frac{\varepsilon_1 q}{2\pi(\varepsilon_1 + \varepsilon_2)a^2}, \rho_{s2} = \frac{\varepsilon_2 q}{2\pi(\varepsilon_1 + \varepsilon_2)a^2}$$

$\rho_{p1} = 0, \rho_{p2} = 0;$

$$\rho_{sp1} = -\frac{(\varepsilon_1 - \varepsilon_0)q}{2\pi(\varepsilon_1 + \varepsilon_2)a^2}, \rho_{sp2} = -\frac{(\varepsilon_2 - \varepsilon_0)q}{2\pi(\varepsilon_1 + \varepsilon_2)a^2}$$

介质 1 与介质 2 的分界面上，$\rho_{sp} = 0$

2.10 $B_\varphi = \dfrac{\mu_0 \mu I}{\pi(\mu + \mu_0)r}; J_M = 0, J_{SM} = 0$，在 $r = 0$ 处有一磁化电流 $I_M = \dfrac{\mu - \mu_0}{\mu + \mu_0}I$ 沿 z 轴流动。

2.11 $\boldsymbol{J}_\mathrm{d} = -1.24 \times 10^{-10} 2\pi \times 50 t\boldsymbol{a}_z \mathrm{A/m^2}$

2.12 $\boldsymbol{J}_\mathrm{d} = -307 \times 10^{-5} r^{-1} \cos 377 t\boldsymbol{a}_r \mathrm{A/m^2}$

2.13 $I_\mathrm{d} = \dfrac{|e|}{2}\left[\dfrac{v^3 t^2}{(v^2 t^2 + a^2)^{3/2}} - \dfrac{v}{(v^2 t^2 + a^2)^{1/2}}\right] = 5.6 \times 10^{-13}\mathrm{A}$

2.14 (1)$\boldsymbol{S} = \boldsymbol{a}_z \zeta_0 {E_0}^2 \cos^2(\omega t - k_0 z) \mathrm{W/m^2}$

(2)$\boldsymbol{S}_{av} = \frac{1}{2} \zeta_0 {E_0}^2 \boldsymbol{a}_z \mathrm{W/m^2}$

2.15 $\boldsymbol{S}_{av} = \frac{1}{2} \mathrm{e}^{-2\alpha z} \zeta_0 E_0^2 \cos\theta \boldsymbol{a}_z \mathrm{W/m^2}$

2.16 $\boldsymbol{S} = \boldsymbol{P}_{av} = \zeta_0 {E_0}^2 \boldsymbol{a}_z \mathrm{W/m}$

2.17 (1)$\boldsymbol{S} = a_z 1325[1 + \cos(4\pi ft - 0.84z)](W/m^2)$;(2)$\boldsymbol{S}_{av} = a_z 1325(\mathrm{W/m^2})$;(3)$P = -270.2\sin(4\pi ft - 0.42)(\mathrm{W})$。

2.18 $\boldsymbol{H} = a_z 2.3 \times 10^{-4} \sin(10\pi x)\cos(6\pi \times 10^9 t - 54.4z) - a_z 1.33 \times 10^{-4} \cos(10\pi x)\sin(6\pi \times 10^9 t - 54.4z)(\mathrm{A/m})$,$\beta = \sqrt{300}\pi(\mathrm{rad/m})$。

2.19 $\boldsymbol{E} = a_z 496\cos(15\pi x)\sin(6\pi \times 10^9 t - 41.5z) + a_z 565.5\sin(15\pi x)\cos(6\pi \times 10^9 t - 41.5z)(\mathrm{V/m})$,$\beta = 13.2\pi(\mathrm{rad/m})$

2.20 (1)$\boldsymbol{H} = \boldsymbol{a}_\varphi \frac{0.389}{r} \cos(10^8 t - 0.5z)(\mathrm{A/m})$

(2)$\boldsymbol{J}_s = \boldsymbol{a}_z 397.9\cos(10^8 t - 0.5z)(\mathrm{A/m})$

(3)$J_\mathrm{d} = -1.24\sin(10^8 t - 0.25)(\mathrm{A})$

第三章

3.1 $\boldsymbol{E} = \frac{k_0}{\omega\varepsilon}(H_y \mathrm{e}^{-\mathrm{j}(k_0 z + \theta)} \boldsymbol{a}_z - H_x \mathrm{e}^{-\mathrm{j}k_0 z} \boldsymbol{a}_y)$

3.3 $\lambda = 1m, f = 3 \times 10^8 \mathrm{Hz}, v = 3 \times 10^8 \mathrm{m/s}, \boldsymbol{H} = \frac{1}{\eta_0} E_x \boldsymbol{a}_y, \boldsymbol{S}_{av} = \boldsymbol{a}_z 13.26 \mathrm{W/m^2}$

3.4 $\varepsilon_r = 1.99, \mu_r = 1.13$。

3.5 $\varepsilon_r = 8, \mu_r = 2$。

3.6 $(a) - a_z 0.375 + a_y 0.273 + a_z 0.886$;$(b) 44.0k\mathrm{W/m^2}$;$(c) \varepsilon_r = 2.49$。

3.7 (1)$E_m = 10\mathrm{V/m} \quad k = 2\pi \quad \lambda = 1\mathrm{m}$

(2)$\boldsymbol{H} = \frac{1}{48\pi}(-\sqrt{3}\boldsymbol{a}_x + \boldsymbol{a}_y + 2\sqrt{3}\boldsymbol{a}_z)\cos[6\pi \times 10^8 t - 0.5\pi(3x - \sqrt{3}y + 2z)] \mathrm{A/m}$

(3)$v_{px} = 4 \times 10^8 \mathrm{m/s}$

$v_{py} = 6.9 \times 10^8 \mathrm{m/s}$

$v_{pz} = 6 \times 10^8 \mathrm{m/s}$

3.8 $f = 1\mathrm{MHz}$ 时,$a = 2.9 \quad \lambda = 2.16\mathrm{m} \quad \eta = 0.187\mathrm{e}^{i\frac{\pi}{4}}$

$f = 100\mathrm{MHz}$ 时,$\alpha = 26.6 \quad \lambda = 33\mathrm{m} \quad \eta = 1.8\mathrm{e}^{\mathrm{j}26°34'}$

3.9 (1)$\lambda = 2.1\mathrm{m} \quad v_p = 1.05 \times 10^6 \mathrm{m/s} \quad \delta = 0.33\mathrm{m}$

(2) 选海平面下一米深处为坐标原点

$\boldsymbol{E} = 2 \times 10^{-5} \cos(\omega t + 171°) \boldsymbol{a}_x \mathrm{V/m}$

$\boldsymbol{H} = 2.15 \times 10^{-5} \cos(\omega t + 216°) \boldsymbol{a}_y \mathrm{A/m}$

3.10 $H(t) = a_y 15\mathrm{e}^{-0.025z} \cos(10^8 t - z + 2816°) \mathrm{A/m}$; $|H| = 14.25\mathrm{A/m}$。

3.11 (1)$a = 1.9 \quad \beta = 4.6 \quad \eta = 160\mathrm{e}^{i\frac{\pi}{8}}$

(2) $\boldsymbol{E} = 10^3 e^{-1.9x} \cdot e^{-j4.6z} \boldsymbol{a}_x$

3.12 $\boldsymbol{H} = 6.25 e^{-1.9x} e^{-j(4.6z - \frac{\pi}{8})} \boldsymbol{a}_y$

3.13 (1) 左旋椭圆极化波

(2) $\boldsymbol{H} = \sqrt{\frac{\varepsilon}{\mu}} (\boldsymbol{a}_y E_1 - a_x E_2) e^{-jkz}$

(3) $\boldsymbol{S}_{av} = \frac{1}{2} \sqrt{\frac{\varepsilon}{\mu}} (E_1^2 + E_2^2) \boldsymbol{a}_z$

3.14 (a) $+ a_z$;(b)3GHz;(c) 左旋圆极化;(d) $H = -a_z 2.65 \times 10^{-7} e^{j(\omega t - 20\pi z + 2\pi z)} + a_y 2.65 \times 10^{-7} e^{j(\omega t - 20\pi z)}$ A/m;(e) $P_{av} = 2.65 \times 10^{-11} \mathrm{W/m^2}$。

3.17 $v_p = \sqrt{\frac{2\omega}{\mu_0 \sigma}} \quad 2v_p = 4\sqrt{\frac{\omega}{2\mu_0 \sigma}}$

3.18 $v_g = 3.1 \times 10^7 \mathrm{m/s}$

3.19 $\frac{(\varepsilon_{11} - \varepsilon_{22}) \pm [(\varepsilon_{11} - \varepsilon_{22})^2 + 4\varepsilon_{12}\varepsilon_{21}]^{1/2}}{2\varepsilon_{21}}$

3.20 $N = 1.24 \times 10^6$ 个 $/\mathrm{m}^3$

$b_0 = 4.13T$

3.21 20.9rad/m 右旋

3.22 $u_x = \frac{c}{2}, U_y = \frac{c}{3}, z = 0.15\mathrm{m}$

3.23 $f_c \approx 1.4\mathrm{MHz}$

3.24 $v_p = c / \sqrt{1 - (\frac{\omega_p}{\omega})^2}$

3.25 右圆波:$R = 0.427, T = 0.528$

左圆波:$R = 1, T$ 为纯虚数

3.26 $\boldsymbol{B} = -(5\boldsymbol{a}_x + 18\boldsymbol{a}_y) 3\mu_0 H_0 \cos\omega t$

3.27 $\varphi = 4.33 \times 10^4 \mathrm{rad/s}$

3.28 $k_{\mp}^2 = \omega^2 \varepsilon (\mu \pm v)$

$$\eta_{\mp} = \sqrt{\frac{\mu \pm v}{\varepsilon}}$$

$$A_{r\mp} = \frac{\eta_{\mp} - \eta_0}{\eta_{\mp} + \eta_0} \quad A_{t\mp} = \frac{2\eta_{\mp}}{\eta_{\mp} + \eta_0}$$

$$R_{\mp} = (\frac{\eta_{\mp} - \eta_0}{\eta_{\mp} + \eta_0})^2 \quad T_{\mp} = \frac{4\eta_0 \eta_{\mp}}{(\eta_{\mp} + \eta_0)^2}$$

$$\boldsymbol{E}_t = (\boldsymbol{a}_x + j\boldsymbol{a}_y) A_{t-} \frac{E_0}{2} e^{-jk_- z} + (\boldsymbol{a}_x - j\boldsymbol{a}_y) A_{t+} \frac{E_0}{2} e^{-jk_+ z}$$

$$\boldsymbol{H}_t = (\boldsymbol{a}_x + j\boldsymbol{a}_y) \frac{E_0}{\eta_- + \eta_0} e^{-jk_- z} + (\boldsymbol{a}_x - j\boldsymbol{a}_y) \frac{E_0}{\eta_+ + \eta_0} e^{jk_+ z}$$

第四章

4.1 平行极化时:反射波 $E_{r0} = 0$,折射波 $E_{20} = 0.577\mathrm{V/m}$;垂直极化时:反射波 E_{r0}

$= -0.5\text{V/m}$,折射波 $E_{20} = 0.5\text{V/m}$。

4.3 $E_t = a_z 6.7\cos(3\pi \times 10^9 t - 20\pi z)\text{V/m}, H_t = a_y 0.036\cos(3\pi \times 10^9 t - 20\pi z)\text{A/m}$。

4.5 $\alpha = \sin^{-1}\frac{1}{\sqrt{\varepsilon_r}} - \sin^{-1}\sqrt{\frac{1}{1+\varepsilon_r}}\sin^{-1} = \frac{1}{\sqrt{\varepsilon_r}} + \sin^{-1}\sqrt{\frac{\varepsilon_r}{\varepsilon_r+1}} - \frac{\pi}{2}$

4.7 $(a)6.38°;(b)e^{j0.66},1.89e^{j0.33};(c)159db$。

4.9 $(a)\theta = 63.4°;(b)50\%$。

4.10 $r_{//} = \frac{r[1-\exp(-j2k_2 d)]}{1-r^2\exp(-j2k_2 d)}, r = \frac{n-1}{n+1}$

4.11 $(a)x = -\frac{3}{2}\text{m};(b)x = -\frac{3}{4}m$。

4.12 $$E_r = \frac{\sqrt{\varepsilon_1}-\sqrt{\varepsilon_2}}{\sqrt{\varepsilon_1}+\sqrt{\varepsilon_2}}(E_1 a_x - jE_2 a_y)e^{j\beta_1 z}$$

$$E_t = \frac{2\sqrt{\varepsilon_1}}{\sqrt{\varepsilon_1}+\sqrt{\varepsilon_2}}(E_1 a_x - jE_2 a_y)e^{-j\beta_2 z}$$

E_r 为左旋椭圆极化波

E_t 为右旋椭圆极化波

4.13 (1) $E_y = -4j\sin(18z)e^{-j10.5x}\text{V/m}$

$H_x = -9.2 \times 10^{-3}\cos(18z)e^{-j10.5x}\text{A/m}$

$H_z = -5.3 \times 10^{-3}\cos(18z)e^{-j10.5x}\text{A/m}$

(2) $v_{px} = 6 \times 10^8\text{m/s}$

(3) $J_s = 9.2 \times 10^{-3}e^{-j10.5x}a_x\text{A/m}$

第五章

5.1 $B = 0, k_x = \frac{m\pi}{a}$

$$E_y = A\sin\frac{m\pi}{a}x\cos(\omega t - \beta_g z)$$

$$H_x = -\frac{\beta_g A}{\omega\mu}\sin\frac{m\pi}{a}x\sin(\omega t - \beta_g z)$$

$$H_z = -\frac{1}{\omega\mu}\frac{m\pi}{a}A\cos\frac{m\pi}{a}x\sin(\omega t - \beta_g z)$$

$$J_{s|x=0} = a_y\frac{1}{\omega\mu}\frac{m\pi}{a}A\sin(\omega t - \beta_g z)$$

$$J_{s|x=a} = -a_y\frac{1}{\omega\mu}\frac{m\pi}{a}A(-1)^m\sin(\omega t - \beta_g z)$$

5.2 (1) $E_y = \frac{-j\omega\mu}{k_c}A\sin\frac{m\pi}{a}xe^{-j\beta_g z}$

$$H_x = \frac{j\beta_g}{k_c}A\sin\frac{m\pi}{a}xe^{-j\beta_g z}$$

$$H_z = A\cos\frac{m\pi}{a}xe^{-j\beta_g z}$$

$E_x = H_y = 0$

(2) 为 TE 波，$\lambda_c = \frac{2a}{m}$，($m = 1,2\cdots$)

(3) $J_{s}|_{x=0} = a_y A e^{-j\beta_g z}$

$J_{s}|_{x=0} = a_y A(-1)^m e^{-j\beta_g z}$ ($m = 1,2\cdots$)

5.3 TE_{10}：$\lambda_c = 12cm$，$\lambda_g = 18.09cm$，$\beta = 0.347rad/cm$，$v_g = 1.66 \times 10^7 m/s$，$Z_{TE10} = 682\Omega$；$TE_{01}$：$\lambda_c = 8cm$，其它无实数解；$TE_{11}$，$TM_{11}$：$\lambda_c = 6.65cm$，其它无实数解。

5.4 $f = 3.01GHz$

5.5 (1)TE_{10}，(2)TE_{10}，TE_{01}

5.7 (1)$k_c = 136.6rad/m$

(2)6.25 ~ 13GHz

5.8 $\triangle t \approx 0.27\mu s$

5.9 (a)$\lambda_g = 21.8cm$，$\lambda_c = 14.428cm$；(b)$\lambda_c = 14.428cm$，$\lambda_g = 14.1cm$，$v_p \approx 4.23 \times 10^8 m/s$。

5.10 (a)$\beta = 94.2rad/m$，$v_p = 5 \times 10^8 m/s$，$Z_{TE10} = 628\Omega$；(b)$\beta = 183.2rad/m$，$v_p = 2.57 \times 10^8 m/s$，$Z_{TE_{10}} = 323\Omega$。

5.11 (a)$\lambda_c = 4.57cm$，$\lambda_g = 3.98cm$，$Z_{TE10} \approx 500\Omega$。

(b)$\lambda_c = 9.14cm$，$\lambda_g = 3.18cm$，$Z_{TE10} = 400\Omega$，TE_{10}，TE_{20}，TE_{30}；

(c)$\lambda_c = 4.57cm$，$\lambda_g = 3.98cm$，$Z_{TE10} = 500\Omega$，TE_{01}，TE_{10}，TE_{11}，TM_{11}。

5.12 (1)1.5cm， (2)1.5m， (3)15m， (4)2500km

5.13 $a = 6.5cm$， $b = 3.5cm$

5.14 $P = 93W$

5.15 $P = \frac{k_g \omega \varepsilon}{k_c^4} \iint |\nabla_{xy} E_z|^2 dx dy$

第六章

6.1 $\nabla^2 A - \varepsilon\mu \frac{\partial^2 A}{\partial t^2} = -\mu J + \varepsilon\mu \frac{\partial}{\partial t} \nabla\phi$

6.3 $0.2\pi\cos(2\pi \times 10^7 t) A$

6.4 $r = 6m$

$E = (16a_r + 9.6a_\theta)e^{j\pi \times 10^6 t}$

$H = a_\varphi j1.6 \times 10^{-3} e^{j\pi \times 10^6 t}$

$r = 60km$

$E = a_\theta 3.8 \times 10^{-6} e^{j(\pi \times 10^6 t - 201\pi)}$

$H = a_\varphi 10^{-8} e^{(\pi \times 10^6 t - 201\pi)j}$

6.5 1.11W

6.6 $\boldsymbol{H} = \frac{a\omega e}{\lambda r}[(\boldsymbol{a}_x \times \boldsymbol{a}_r)e^{-j(kr+\pi)} + (\boldsymbol{a}_y \times \boldsymbol{a}_r)e^{-j(kr+\frac{\pi}{2})}]$

$$\boldsymbol{E} = \frac{a\omega e\eta}{\lambda r}[(\boldsymbol{a}_x \times \boldsymbol{a}_r) \times \boldsymbol{a}_r e^{-j(kr+\pi)} + (\boldsymbol{a}_y \times \boldsymbol{a}) \times \boldsymbol{a} e^{-j(kr+\frac{\pi}{2})}]$$

$$\boldsymbol{P}_{av} = \boldsymbol{a}_r(\frac{a\omega e}{\lambda r})^2\eta(1 - \frac{1}{2}\sin^2\theta)$$

$$P_r = \frac{8}{3}\pi(\frac{a\omega e}{\lambda r})^2\eta$$

6.7 $P_r = 537.3\text{W}, R_r = 0.88\Omega$

6.8 $E_0 = 0.31\text{V}$

6.9 $\boldsymbol{A} = \boldsymbol{a}_z \frac{\mu I_0}{2\pi kr}\frac{\cos(\frac{\pi}{2}\cos\theta)}{\sin^2\theta}e^{-jkr}$

6.10 $I_0 = 10^4 A$

6.11 $D = 1.5, G = 1.5\zeta$

6.13 39.48。

6.14 88.9W;

6.15 45°

6.16 $(a)0.333 \times 10^5\text{W};(b)0.222 \times 10^5\text{W};(c)0.203 \times 10^5\text{W}$。

6.17 $(a)0.314\text{V/m};(b)6\text{V/m}$。

第七章

7.1 (1)
$$\boldsymbol{D} = \begin{cases} 0 & r < r_1 \\ \frac{\rho}{3}(\frac{r^3 - r_1^3}{r^2})\boldsymbol{a}_r & r_1 < r < r_2 \\ \frac{\rho}{3}(\frac{r_2^3 - r_1^3}{r^2})\boldsymbol{a}_r & r > r_2 \end{cases}$$

$$\boldsymbol{E} = \begin{cases} 0 & r < r_1 \\ \frac{\rho}{3\varepsilon}(\frac{r^3 - r_1^3}{r^2})\boldsymbol{a}_r & r_1 < r < r_2 \\ \frac{\rho}{3\varepsilon_0}(\frac{r_2^3 - r_1^3}{r^2})\boldsymbol{a}_r & r > r_2 \end{cases}$$

$$\boldsymbol{P} = \begin{cases} 0 & r < r_1 \\ \frac{\rho}{3}(\frac{\varepsilon - \varepsilon_0}{\varepsilon})\frac{r^3 - r_1^3}{r^2}) & r_1 < r < r_2 \\ 0 & r > r_2 \end{cases}$$

(2) $\rho_p = -\frac{\varepsilon - \varepsilon_0}{\varepsilon}\rho$

(3)
$$\rho_{ps} = \begin{cases} \frac{\rho}{3}(\frac{\varepsilon - \varepsilon_0}{\varepsilon})\frac{r_2^3 - r_1^3}{r^2}) & r = r_2 \\ 0 & r = r_1 \end{cases}$$

7.2 (1) $E = \begin{cases} \dfrac{q}{4\pi\varepsilon_1 r^2}\boldsymbol{a}_r & a < r < r_1 \\ \dfrac{q}{4\pi\varepsilon_2 r^2}\boldsymbol{a}_r & r_1 < r < r_2 \\ \dfrac{q}{4\pi\varepsilon_0 r^2}\boldsymbol{a}_r & r > r_2 \\ 0 & r < a \end{cases}$

(2) $\rho_{ps1} = -\dfrac{q}{4\pi a^2}\left(\dfrac{\varepsilon - \varepsilon_0}{\varepsilon_1}\right) \qquad r = a$

$\rho_{ps2} = \dfrac{q}{4\pi r_1{}^2}\left(\dfrac{\varepsilon_0(\varepsilon_1 - \varepsilon_2)}{\varepsilon_1\varepsilon_2}\right) \qquad r = r_1$

$\rho_{ps3} = \dfrac{q}{4\pi r_2{}^2}\left(\dfrac{\varepsilon_2 - \varepsilon_0}{\varepsilon_2}\right) \qquad r = r_2$

(3) $\rho_{p1} = \rho_{p2} = 0$

(4) $q_{总} = 0$

7.3 $\theta_1 = 30°$

7.4 $\theta_2 = \tan^{-1}\{[\dfrac{\varepsilon_1}{q_2} - \dfrac{\rho_s}{\varepsilon_2 E_1\cos\theta_1}]^{-1}\tan\theta\} \approx 52°$

7.5 $\phi = -\dfrac{A}{6\varepsilon}x^3 + [\dfrac{A\mathrm{d}^2}{6\varepsilon} + \dfrac{U_0}{\mathrm{d}}]x$

$E = (\dfrac{A}{2\varepsilon}x^2 - \dfrac{A\mathrm{d}^2}{6\varepsilon} - \dfrac{U_0}{\mathrm{d}})\boldsymbol{a}_x$

7.6 $\phi_1 = \dfrac{\varepsilon_2 U_0 \ln\dfrac{r}{r_1}}{\varepsilon_1\ln\dfrac{r_3}{r_1} - \varepsilon_2\ln\dfrac{r_1}{r_2}} + U_0$

$\phi_2 = \dfrac{\varepsilon_1 U_0 \ln\dfrac{r}{r_3}}{\varepsilon_1\ln\dfrac{r_2}{r_3} - \varepsilon_2\ln\dfrac{r_2}{r_1}}$。

7.7 (1) $Q = \dfrac{8}{15\pi\rho_o a^3}$

(2) $\phi = \begin{cases} \dfrac{2\rho_0 a^3}{15\varepsilon_0 r} & r > a \\ \dfrac{\rho_o}{\varepsilon_o}(\dfrac{a^2}{4} - \dfrac{r^2}{6} + \dfrac{r^4}{20a^2}) & r \leqslant a \end{cases}$

$E = \begin{cases} \dfrac{2\rho_o a^3}{15\varepsilon_o r^2}\boldsymbol{a}_r & r > a \\ \dfrac{\rho_o r}{\varepsilon_o}(\dfrac{1}{3} - \dfrac{r^2}{5a^2})\boldsymbol{a}_r & r \leqslant a \end{cases}$

7.8 $\begin{cases}\phi_1 = -\dfrac{\rho}{2\varepsilon}x^2 \\ E_1 = \dfrac{\rho}{\varepsilon}x\boldsymbol{a}_x\end{cases} \quad |x| \leqslant \dfrac{d}{2}$

$\begin{cases}\phi_2 = -\dfrac{\rho d}{2\varepsilon_o}x + \dfrac{\rho d^2}{4}(\dfrac{1}{\varepsilon_o} - \dfrac{1}{2\varepsilon}) \\ E_2 = \dfrac{\rho d}{2\varepsilon_o}\boldsymbol{a}_x\end{cases} \quad x \geqslant \dfrac{d}{2}$

$\begin{cases}\phi_3 = \dfrac{\rho d}{2\varepsilon_o}x + \dfrac{\rho d^2}{4}(\dfrac{1}{\varepsilon_o} - \dfrac{1}{2\varepsilon}) \\ E_3 = -\dfrac{\rho d}{2\varepsilon_o}\boldsymbol{a}_x\end{cases} \quad x \leqslant \dfrac{d}{2}$

7.9 $W_e = \dfrac{4.32q^2}{4\pi\varepsilon_0 b}$

7.10 $\varepsilon_r = \dfrac{5}{3}$。

7.12 $0(r < a)$; $-a_r A(1 + \dfrac{a^2}{r^2})\cos\varphi + a_\varphi A(1 - \dfrac{a^2}{r^2})\sin\varphi(r > a)$; $-2\varepsilon_0 A\cos\varphi$。

7.13 66.7V

7.14 147kV。

7.15 0.5cm;0.46cm。

7.16 $[(1 + \dfrac{k}{a})(1 + \dfrac{k}{b})]^{1/2}$。

7.17 $\dfrac{\rho}{3\varepsilon_0}$dV/m。

7.18 (1) $-a_r\dfrac{\rho_{s2}r_1r_2(r_3 - r_2)}{\varepsilon_0(r_2 - r_1)r^2}(r_1 < r < r_2)$, $a_r\dfrac{\rho_{s2}r_2r_3(r_2 - r_1)}{\varepsilon_0(r_3 - r_1)r^2} \quad (r_2 < r < r_3)$

(2) $\rho_{s1} = -\dfrac{r_2(r_3 - r_2)}{r_1(r_3 - r_1)}\rho_{s2}$, $\rho_{s3} = -\dfrac{r^2(r^2 - r_1)}{r_3(r_3 - r_1)}\rho_{s2}$。

7.19 (1) $\dfrac{q}{2\pi r(\varepsilon_0 + \varepsilon)}$, $a_r\dfrac{q}{2\pi r^2(\varepsilon_0 + \varepsilon)}$;

(2) $\rho_{s上} = \dfrac{\varepsilon_0 q}{2\pi a^2(\varepsilon_0 + \varepsilon)}$, $\rho_{s下} = \dfrac{\varepsilon q}{2\pi a^2(\varepsilon_0 + \varepsilon)}$;

(3) $w_e = \dfrac{q^2}{4\pi a(\varepsilon_0 + \varepsilon)}$。

7.20 (1) $\dfrac{q}{4\pi\varepsilon_0 r}(r \geqslant a_2)$; $\dfrac{q}{4\pi\varepsilon}(\dfrac{1}{r} - \dfrac{1}{a_2}) + \dfrac{q}{4\pi\varepsilon_0 a_2}(a_1 \leqslant r \leqslant a_2)$; $\dfrac{q}{4\pi\varepsilon}(\dfrac{1}{a_1} - \dfrac{1}{a_2}) + \dfrac{q}{4\pi\varepsilon_0 a_2}(r \leqslant a_1)$; $a_r\dfrac{q}{4\pi\varepsilon_0 r_2}(r > a_2)$; $a_r\dfrac{q}{4\pi\varepsilon r^2}(a_1 < r < a_2)$;

(2) $\dfrac{4\pi\varepsilon\varepsilon_0 a_1 a_2}{\varepsilon a_1 + \varepsilon_0(a_2 - a_1)}$。

7.21 $[\varepsilon\theta_0 + \varepsilon_0(2\pi - \theta_0)]/\ln\dfrac{b}{a}$。

7.22 (1) $\dfrac{aU_0}{b-a}(\dfrac{b}{r} - 1)$; $a_r\dfrac{abU_0}{b-a}\dfrac{1}{r^2}$; (2) $2\pi ab(\varepsilon_1 + \varepsilon_2)/(b - a)$。

7.23 $S(\varepsilon_2 - \varepsilon_1)/(d\ln\dfrac{\varepsilon_2}{\varepsilon_1})$。

7.24 (1) $\dfrac{\sigma_1\sigma_2 U_0}{\sigma_1 d_2 + \sigma_2 d_1}, \dfrac{\sigma_2 U_0}{\sigma_1 d_2 + \sigma_2 d_1}, \dfrac{\sigma_1 U_0}{\sigma_1 d_2 + \sigma_2 d_1}$, (2) $\dfrac{\varepsilon_1\sigma_2 - \varepsilon_2\sigma_1}{\sigma_1 d_2 + \sigma_2 d_1}U_0$,

(3) $\dfrac{\sigma_1 d_2 + \sigma_2 d_1}{\sigma_1\sigma_2 S}$。

7.25 (1) $E_1 = \dfrac{\sigma_2 U_0}{\sigma_2 d_1 + \sigma_1 d_2}, E_2 = \dfrac{\sigma_1 U_0}{\sigma_2 d_1 + \sigma_1 d_2}$

(2) $\rho_s = \dfrac{\varepsilon_2\sigma_1 - \varepsilon_1\sigma_2}{\sigma_2 d_1 + \sigma_1 d_2}U_0$

$\rho_{ps} = \dfrac{U_0}{\sigma_2 d_1 + \sigma_1 d_2}(\sigma_2\varepsilon_1 - \sigma_2\varepsilon_0 - \sigma_1\varepsilon_2 + \sigma_1\varepsilon_0)$

7.26 (1) $\phi_1 = (4\phi + 13.8)\text{V}$ $\quad \dfrac{\pi}{4} \leqslant \varphi \leqslant \dfrac{\pi}{2}$

$\phi_2 = 21.5\varphi\text{V}$ $\quad 0 \leqslant \varphi \leqslant \dfrac{\pi}{4}$

(2) $I = 2 \times 10^5\text{A}$ $\quad R = 9.6 \times 10^{-6}\Omega$

(3) $\boldsymbol{E}_1 = -\dfrac{4}{r}\boldsymbol{a}_\varphi$ $\quad \boldsymbol{E}_2 = -\dfrac{21.5}{r}\boldsymbol{a}_\varphi$

7.27 (1) $\theta_1 = 74.5°$ $\quad \theta_2 = 13.5°$

(2) $\boldsymbol{H}_2 = (8\boldsymbol{a}_x + 5.3\boldsymbol{a}_y + 40\boldsymbol{a}_z)\dfrac{10^{-2}}{\mu_0}\text{A/m}$

7.28 $\boldsymbol{H} = \dfrac{\boldsymbol{B}_0}{\mu}$ $\quad \boldsymbol{B} = \boldsymbol{B}_0$, $\boldsymbol{M} = (1 - \dfrac{\mu_0}{\mu})\dfrac{\boldsymbol{B}_0}{\mu_0}$

7.29 $\boldsymbol{A} = \dfrac{\mu_0 I}{2\pi}\ln\dfrac{d - y}{y}\boldsymbol{a}_z$

7.30 $$\boldsymbol{A} = \begin{cases} \dfrac{1}{3}J_0[\dfrac{1}{3}\mu_1(a^3 - r^3) - \mu_2 a^3\ln a] + c & r \leqslant a \\ -\dfrac{1}{3}\mu_2 J_0 a^3 \ln r + c & r > a \end{cases}$$

7.31 $B_\theta = \dfrac{\mu_0 IS}{4\pi r^3}\sin\theta$ $\quad B_r = \dfrac{\mu_0 IS}{2\pi r^3}\cos\theta$ $\quad B_\varphi = 0$

7.32 $L_e = \dfrac{\mu_0 l}{2\pi}[\ln\dfrac{l + \sqrt{l^2 + a^2}}{a} + \dfrac{a - \sqrt{l^2 + a^2}}{l}]$

7.33 $M = 0.15\text{H}$

7.34　$-a_y\frac{\mu_0 J_{s0}}{\pi}\mathrm{tg}^{-1}(\frac{w}{2d})$。

7.35　$\frac{1}{2}\mu_0 J(a_z y+a_y x)$。

7.36　$\frac{\mu_0 Ic}{2\pi}\ln\frac{a+b}{a}$。

7.37　$a\frac{\mu_0 I}{4\pi}(1-\frac{r^2}{a^2})(r\leqslant a)$；　$a_z\frac{\mu_0 I}{2\pi}\ln\frac{a}{r}(r\geqslant a)$。

7.38　$a_z\frac{\mu_0\rho_s\omega}{2}[\frac{a^2+2z^2}{\sqrt{a^2+z^2}}-2|z|]$。

7.39　$\frac{\mu_0 I}{2a}(1-\frac{\alpha}{\pi})+\frac{\mu_0 I(1-\cos\alpha)}{2\pi a\sin\alpha}$。

第八章

8.1　$-\frac{k}{12e}x^4+(V_0+\frac{k}{12e}d^4)\frac{x}{d}$。

8.2　$\frac{d-x_0}{\varepsilon_0 d}\rho_s x$，　$\frac{d-x}{\varepsilon_0 \mathrm{d}}\rho_s x_0$。

8.3　(1)$x=\sqrt{\frac{q}{16\pi\varepsilon_0 E_0}}$；(2)$v_0>\frac{1}{2}[\frac{E_0 q^3}{\pi\varepsilon_0 m^2}]^{1/4}$。

8.4　$2.88\times10^9 q$ V。

8.5　(1)$E_{\max}=2.46\times10^6$ V/m；　(2)$E_{max}=3.7\times10^6$ V/m。

8.7　$\boldsymbol{E}=\frac{9\varepsilon_r E_0}{(2\varepsilon_r+1)(\varepsilon_r+2)-2(\varepsilon_r-1)^2(r_1/r_2)^3}\boldsymbol{a}_z$

8.8　$\phi=-[1-(\frac{a}{r})^3]E_0 r\cos\theta$

8.9　$\phi_{in}=\frac{2}{3}V_0[1-\frac{1}{2}\frac{r^2}{a^2}(3\cos^2\theta-1)]$

$\phi_{out}=\frac{2}{3}V_0[\frac{a}{r}-\frac{a^3}{2r^3}(3\cos^2\theta-1)]$

8.10　$\phi_{in}=V_0[\frac{1}{2}+\frac{3}{4}\frac{r}{a}P_1(\cos\theta)-\frac{7}{8}\cdot\frac{1}{2}P_3(\cos\theta)+\cdots]$

$\phi_{out}=V_0[\frac{a}{2r}+\frac{3}{4}\frac{a^2}{r^2}P_1(\cos\theta)-\frac{7}{8}\cdot\frac{1}{2}\frac{a^4}{r^4}P_3(\cos)+\cdots]$

8.11　$z=\sqrt{\frac{q}{16\pi\varepsilon_0 E}}$

8.12　$Q_L=\frac{2\pi\varepsilon_0(h-a)E_0}{\ln\frac{2h-a}{a}}$

8.13　$\rho_s=-\frac{\rho_1}{\pi}\frac{d}{\mathrm{d}^2+y^2}$

8.14 $\phi = \frac{q}{4\pi\varepsilon_0}[\frac{1}{R_1} - \frac{a/d}{R_2} + \frac{a/d}{R_3} \cdot \frac{1}{R_4}]$

其中 $R_1 = \sqrt{x^2 + y^2 + (z-d)^2}$

$R_2 = \sqrt{x^2 + y^2 + (z+d)^2}$

$R_3 = \sqrt{x^2 + y^2 + (z+a^2/d)^2}$

$R_4 = \sqrt{x^2 + y^2 + (z-a^2/d)^2}$

8.15 (1) $\phi_{in} = \frac{q}{4\pi\varepsilon_o}(\frac{1}{r_2} + \frac{1}{R} - \frac{r_1/d}{R'})$

$\phi_{out} = \frac{q}{4\pi\varepsilon_o r}$

(2) $\phi_{in} = \frac{q}{4\pi\varepsilon_0}[\frac{1}{R} - \frac{r^1/d}{R'} + \frac{1}{r_2}] + \frac{Q}{4\pi\varepsilon_0 r_2}$

$\phi_{out} = \frac{q+Q}{4\pi\varepsilon_0 r}$

其中 $R = [r^2 + d^2 - 2rd\cos\theta]^{1/2}$

8.16 $\phi = \frac{4V_0}{\pi}\sum_{n=1}^{\infty}\frac{1}{(2n-1)} \cdot \frac{\sin[(2n-1)\cdot(\frac{\pi x}{a})]}{\mathrm{sh}[(2n-1)(\frac{n\pi b}{a})]} \cdot \mathrm{sh}[(2n-1)\frac{\pi y}{b}]$

8.17 $\phi = 0.086\sin\frac{\pi x}{a} \cdot \mathrm{sh}\frac{\pi y}{a}$

8.18 $\phi = \frac{4V_0}{\pi}\sum_{n=1}^{\infty}\frac{1}{2n-1} \cdot \exp(-\frac{2n-1}{b}\pi x)\sin\frac{2n-1}{b}\pi y$

8.19 $\phi_1 = \frac{2q_1}{\pi\varepsilon_0}\sum_{n=1}^{\infty}\frac{1}{n} \cdot \sin\frac{n\pi}{b}y_0 \cdot \mathrm{sh}\frac{n\pi}{b}x_0 \cdot \sin\frac{n\pi y}{b}\mathrm{e}^{-\frac{n\pi}{b}x}$

$\phi_2 = \frac{2q_1}{\pi\varepsilon_0}\sum_{n=1}^{\infty}\frac{1}{n} \cdot \sin\frac{n\pi}{b}y_0\mathrm{e}^{-\frac{n\pi}{b}x_0} \cdot \mathrm{sh}\frac{n\pi}{b}x \cdot \sin\frac{n\pi}{b}y$

8.20 $\boldsymbol{E} = (1 + \frac{a^2}{r^2})E_0\cos\varphi\boldsymbol{a}_r + (\frac{a^2}{r^2} - 1)E_0\sin\varphi\boldsymbol{a}_\varphi$

$\boldsymbol{E} = \begin{cases} 2E_0\boldsymbol{a}_r & \varphi = 0° \quad r = a \\ 0 & \varphi = 90° \quad r = a \end{cases}$

8.21 $\phi(r、\varphi) = \frac{V_0}{2} + \frac{2V_0}{\pi}\sum_{n=1}^{\infty}(\frac{r}{a})^{2n-1} \cdot \frac{\sin(2n-1)\varphi}{2n-1}$

8.22 $\phi = \sum_{n=1}^{\infty}\frac{2V_0J_0(\mu_{0n}r)\mathrm{e}^{-\mu_{0n}z}}{\mu_{0n}aJ_1(\mu_{0n}a)}$

8.23 $\phi = \frac{4V_0}{\pi}\sum_{n=1}^{\infty}\frac{1}{n}\frac{I_0(n\pi r/\mathrm{d})}{I_0(n\pi a/\mathrm{d})} \cdot \sin\frac{n\pi}{\mathrm{d}}z$

8.24 $\frac{U_0}{a}(a-x)$。

8.25 $\frac{\phi_0}{b}y + \frac{\phi_0}{\pi}\sum_{n=1}^{\infty}(-1)^n e^{-\frac{2n\pi}{b}z}\sin(\frac{2n\pi}{b}y)$。

8.26 $\frac{2\varepsilon_0(b+a)^2}{k}(\frac{b^2}{r^2}-1)E_0\cos\varphi \quad (b \leqslant r \leqslant (b+a))$;

$\left\{\frac{\{\varepsilon[(b+a)^2+b^2]-\varepsilon_0[(b+a)^2-b^2]\}(b+a)^2}{kr^2}-1\right\}E_0 r\cos\varphi(r \geqslant b+a)$,

其中 $k = \varepsilon[(b+a)^2+b^2]+\varepsilon_0[(b+a)^2-b^2]$。

8.27 (1)4.17kV;(2)37.5kV。

8.28 $\phi(2、2) = 1.25 \quad \phi(2、3) = 0.25$

$\phi(3、2) = -0.25 \quad \phi(3、3) = -1.25$

8.29 $\phi(2、2) = -1.0 \quad \phi(2、3) = -0.5$

$\phi(3、2) = -5.0 \quad \phi(3、3) = 0$

8.30 $\phi(2、2) = \phi(2、3) = \phi(3、2) = \phi(3、3) = -4$

参 考 文 献

1 王玉仑,郭文彦.电磁场与电磁波.哈尔滨:哈尔滨工业大学出版社,1985

2 全泽松.电磁场理论.成都:电子科技大学出版社,1995

3 赵家升等.电磁场与波.成都:电子技术大学出版社,1997

4 谢处方,饶克谨.电磁场与电磁波(第二版).北京:高等教育出版社,1987

5 毕德显.电磁场理论.北京:电子工业出版社,1985

6 王一平等.工程电动力学.西安:西北电讯工程学院出版社,1985

7 林德云等.电磁场理论.北京:电子工业出版社,1990

8 方能航.矢量、并矢分析与符号运算法.北京:科学出版社,1996

9 冯恩信.电磁场与波.西安:西安交通大学出版社,1999

10 W.H.Hyet, Engineering Electromagnetics.5th,MeGraw - Hill,1989

11 D.R.Frankl, Electromagnetic Theory.Prentice Hall,Inc.Englewood Cliffs,1986